Modalität im Kontrast:
Ein Beitrag zur übersetzungsorientierten Modalpartikelforschung
anhand des Deutschen und des Französischen

Europäische Hochschulschriften
Publications Universitaires Européennes
European University Studies

Reihe XXI
Linguistik

Série XXI   Series XXI
Linguistique
Linguistics

Bd./Vol. 202

PETER LANG
Frankfurt am Main · Berlin · Bern · New York · Paris · Wien

Cornelia Feyrer

Modalität im Kontrast: Ein Beitrag zur übersetzungsorientierten Modalpartikelforschung anhand des Deutschen und des Französischen

PETER LANG
Europäischer Verlag der Wissenschaften

Die Deutsche Bibliothek - CIP-Einheitsaufnahme

Feyrer, Cornelia:
Modalität im Kontrast : ein Beitrag zur übersetzungsorientierten
Modalpartikelforschung anhand des Deutschen und des
Französischen / Cornelia Feyrer. - Frankfurt am Main ; Berlin ;
Bern ; New York ; Paris ; Wien : Lang, 1998
   (Europäische Hochschulschriften : Reihe 21, Linguistik ;
   Bd. 202)
   Zugl.: Innsbruck, Univ., Diss., 1997
   ISBN 3-631-32360-3

Gedruckt mit Unterstützung durch den Dissertationsfonds
des Rektors der Universität Innsbruck.

ISSN 0721-3352
ISBN 3-631-32360-3
© Peter Lang GmbH
Europäischer Verlag der Wissenschaften
Frankfurt am Main 1998
Alle Rechte vorbehalten.
Satz: SaiCom - Mag. Hannes Sailer, Innsbruck

Das Werk einschließlich aller seiner Teile ist urheberrechtlich
geschützt. Jede Verwertung außerhalb der engen Grenzen des
Urheberrechtsgesetzes ist ohne Zustimmung des Verlages
unzulässig und strafbar. Das gilt insbesondere für
Vervielfältigungen, Übersetzungen, Mikroverfilmungen und die
Einspeicherung und Verarbeitung in elektronischen Systemen.

Printed in Germany 1 2 3 4 5 7

„Tous les moyens de l'esprit sont enfermés dans le langage, et qui n'a point réfléchi sur le langage n'a point réfléchi du tout."
Alain

INHALTSVERZEICHNIS

VORWORT 11

EINLEITUNG 15

1 MODALITÄT UND SPRACHE 17

1.1	Modus und Modalität	17
1.1.1	Der Modalitätsbegriff	17
1.1.2	Die Dichotomie Satztyp und Satzmodus	22
1.1.3	Die Dichotomie Proposition und Kollokution	27
1.1.4	Modalpartikeln und Modalität	28
1.1.5	Modalität und Sprachtransfer	30
1.2	Modalität in Einzelsprachen	31
1.2.1	Modalität im Deutschen	32
1.2.1.1	Ausdrucksweisen von Modalität mit Partikeln	33
1.2.1.1.1	Modalpartikeln als Wortart	34
1.2.1.2	Zum Wesen der Modalpartikeln	36
1.2.1.2.1	Translationsrelevante Charakteristika der deutschen Modalpartikeln	38
1.2.1.2.2	Zum Stellenwert von Modalpartikeln	41
1.2.1.2.3	Funktionen von Modalpartikeln	43
1.2.1.2.4	Modalpartikeln und Semantik - Modalpartikeln und Pragmalinguistik	46
1.2.2	Modalität im Französischen	49
1.2.2.1	Der Ausdruck von Modalität im Französischen	52

2 MODALITÄT IM KONTRAST 57

2.1	Wege der Partikelforschung	58
2.1.1	Zur linguistisch-theoretischen Beschreibung von Partikeln	59
2.1.2	Zur aktuellen Modalpartikelforschung	63
2.1.3	Perspektiven und Analyseansätze	64
2.1.4	Probleme der Partikelforschung	69
2.1.5	Zur kontrastiven Partikelforschung	72
2.1.6	Kontrastive Linguistik und Übersetzungswissenschaft: Komplementarität und Kontrast	74
2.1.7	Zur französischen Partikelforschung	81
2.1.8	Übersetzungsorientierte Partikelforschung: einige Perspektiven und Ansätze	86

2.1.8.1	Französische *marqueurs* und deutsche Partikeln: Parallelen oder Kontroversen?	86
2.1.8.2	Deutsche Partikel- und französische *marqueur*-Forschung: einige synergetische Ansätze	92
2.2	Zur Translationsrelevanz von Modalpartikeln: Übersetzung und Übersetzbarkeit von Modalität	95
2.2.1	Übersetzungstheoretische Rahmenbedingungen	96
2.2.2	Zur Übersetzungsspezifik von Modalpartikeln	102
2.2.3	Modalität in Texten	105
2.2.4	Äquivalenz, Adäquatheit und Modalität	107
2.2.5	Modalität als Sinnelement	112
2.3	Zur Korpusanalyse	114
2.3.1	Theoretische und methodische Vorüberlegungen	114
2.3.2	Grundlegendes zur Korpusanalyse	116
2.3.3	Zur Methodik der Analyse: das Korpus	118
3	DIE MODALPARTIKEL *DOCH* IM ÜBERSETZUNGSORIENTIERTEN SPRACHVERGLEICH	125
3.1	Zur Charakteristik von modalem *doch*	126
3.2	Besprechung der Beispielsätze aus dem *Lexikon deutscher Partikeln*	129
A	*doch* im Aussagesatz	130
B	*doch* im Aufforderungssatz	144
C	*doch* im Exklamativsatz	148
D	*doch* im Wunschsatz	151
E	*doch* im Interrogativsatz	153
3.3	Induktive Gliederung in Varianten	158
3.3.1	Adversative Graduierung: Modalität als Kaleidoskop	159
3.3.2	Ergänzungen nach Franck und Beerbom	165
3.4	Übersetzungsorientierte Klassifizierung anhand des Korpus	169
3.4.1	Zur übergreifenden Beschreibung der Modalpartikel *doch*	170
3.4.2	Korpusanalyse	171
A	*DOCH* IM DEKLARATIV- UND EXKLAMATIVSATZ	172
A.1	*doch* im Deklarativsatz	172
A.1.1	schwach adversatives *doch*	172

A.1.1.1	Vergewisserungseinwand mit impliziter Aufforderung zur Bestätigung	172
A.1.1.1.1	Beseitigung von Unsicherheit	174
A.1.1.2	Bestätigung oder beruhigende Versicherung	176
A.1.1.3	Expliziter Verweis auf Bekanntes zum Ausdruck von Bedauern oder Ungeduld	179
A.1.1.4	Voraussetzungssichernde initiative *doch* - Äußerungen	183
A.1.1.5	schwach adversatives *doch* in der Begründung	187
A.1.1.6	Kommentierendes *doch* in Vermutungen und Folgerungen	192
A.1.1.7	*doch* als Träger von Höflichkeitsnormen	193
A.1.2	stark adversatives *doch*	193
A.1.2.1	*doch* in der Zurückweisung	194
A.1.2.1.1	allgemeine Zurückweisung: ohne Spezifizierung, wogegen sich der Sprecher verwehrt	197
A.1.2.1.2	Zurückweisung durch Erinnern an bekannte Sachverhalte, Evidentes oder Vorerwähntes	199
A.1.2.1.2.1	Ausdruck eines Widerspruchs mit Kritik, Verärgerung, Vorwurf, Gegenvorwurf oder Ungeduld	201
A.1.2.1.3	Zurückweisende explizite Erinnerung an Bekanntes, Evidentes oder Vorerwähntes	205
A.1.2.1.4	*doch* im Nebensatz	208
A.1.2.1.5	Begründung	214
A.1.2.1.5.1	begründete Zurückweisung mit Vorwurf	215
A.1.2.1.5.2	absolute begründete Zurückweisung: keine Möglichkeit zum Widerspruch	218
A.2	*doch* im Exklamativsatz	221
A.2.1	*doch* im Aufforderungssatz	222
A.2.1.1	schwach adversatives *doch*	223
A.2.1.1.1	*doch* in der Aufforderung	223
A.2.1.1.1.1	Beschwichtigung mit *doch*	223
A.2.1.1.1.2	Vorschlag, Empfehlung, Ermutigung zum Handeln	224
A.2.1.1.1.3	*doch* als Träger von Höflichkeitsnormen	226
A.2.1.2	stark adversatives *doch*	228
A.2.1.2.1	*doch* in der dringenden Aufforderung	228
A.2.1.2.1.1	*doch* in der indirekten Aufforderung	231
A.2.1.2.2	*doch* in der negierten Aufforderung	233
A.2.1.2.2.1	Forderung einer Unterlassung	233
A.2.1.2.2.2	*doch* in der negierten indirekten Aufforderung	235
A.2.2	*doch* in der überraschten Exklamation	236
A.2.2.1	schwach adversatives *doch*	237
A.2.2.1.1	*doch* mit neutraler oder positiver emotionaler Färbung	237

A.2.2.2	stark adversatives *doch*	238
A.2.2.2.1	exklamatives *doch* der Zurückweisung als Ausdruck einer spontanen Reaktion	238
A.2.3	emphatische Assertion	240
A.2.3.1	schwach adversatives *doch*	241
A.2.3.1.1	kommentierendes, oft monologisches *doch* in der Assertion	241
A.2.3.2	stark adversatives *doch*	244
A.2.3.2.1	*doch* in der Stellungnahme	244
A.2.3.2.2	assertives *doch* der Zurückweisung mit negativer emotionaler Färbung	246
A.2.4	*doch* im Wunschsatz	247
A.2.4.1	schwach adversatives *doch*	247
A.2.4.1.1	dringender Wunsch bzw. Hoffnung: in der Zukunft erfüllbar	247
A.2.4.2	stark adversatives *doch*	248
A.2.4.2.1	Wunsch mit Bezug auf Vergangenes: unerfüllbar	248
B	*DOCH* IM INTERROGATIVSATZ	249
B.1	Aufforderungen zur Gedächtnishilfe	250
B.2	Suggestiv- bzw. Tendenzfragen	251
B.2.1	Suggestiv- bzw. Tendenzfragen mit bestimmter Antworterwartung	251
B.2.2	Suggestiv- bzw. Tendenzfragen mit rhetorischem Charakter und zur Erfüllung sozialer Höflichkeitskonventionen	254
B.3	Versicherungsfragen	255
B.3.1	indirekte Bitte mit Rückversicherung	255
B.3.2	Tendenzfrage mit Präferenz	257
B.3.3	höfliche Aufforderung mit Berechtigungsanspruch	258
B.3.4	anordnende Aufforderung	259
4.	EVALUIERUNG: DIE MODALPARTIKEL *DOCH* - VARIANTEN UND (TEIL-) ENTSPRECHUNGEN	261
5	ERGEBNISSE UND SCHLUSSFOLGERUNGEN	279
LITERATURVERZEICHNIS		285
A	Korpusgrundlage	285
B	Wissenschaftliche Literatur	286

VORWORT

Eine der grundlegendsten Eigenschaften von uns Menschen ist es, daß wir uns anderen mitteilen möchten. Zu den Wesensmerkmalen unseres Umgangs mit anderen gehört jedoch auch, daß wir nicht immer genau das sagen, was wir meinen, oder mit Rücksichtnahme auf die sozialen Parameter unserer Gesellschaftsstrukturen, auf die Gesetze der Höflichkeit, vieles nicht so explizit ausdrücken, wie wir es meinen. Wir ziehen es dann vor, das, was wir eigentlich sagen möchten, implizit zu vermitteln. Wir sprechen nicht direkt aus, sondern setzen Signale, aus denen dann unser Gesprächspartner auf unsere eigentliche Haltung zum Gesprächsgegenstand schließen kann. Es werden somit Implikaturen gesetzt, wobei wir uns sprachlicher wie auch außersprachlicher Mittel bedienen, um unserem Gegenüber klar zu machen, was wir meinen oder ausdrücken wollen, ohne zu direkt werden zu müssen, ohne Bekanntes wiederholen zu müssen, das zum allgemeinen Wissensstand aller Beteiligten gehören sollte, und ohne Gemütsregungen wie Zorn, Verwunderung, Verärgerung oder Zurückweisung, aber auch Unsicherheit, Verzweiflung oder auch Positives wie Ermunterung und Zuspruch direkt thematisieren zu müssen. Manchmal schwächen wir unsere Aussagen ab, manchmal emphatisieren wir das eine oder andere, immer aber bewegen wir uns in einem komplexen, kommunikativen Ganzen, das sich als multifaktorielles Konglomerat aus Sprache und Nonverbalität zusammensetzt. Innerhalb dieses komplexen Ganzen versuchen wir aber doch, uns selbst als Individuen einzubringen und im Rahmen von sprachlichen wie auch pragmatischen Konventionen und Normen unsere emotionalen Haltungen deutlich zu machen. Kurz: wir geben unseren Aussagen eine bestimmte Modalität.

Modalität in unsere Aussagen einzubringen heißt, uns selbst als Sprecherpersönlichkeiten einzubringen und aus einer rein informativen, objektiven Aussage eine subjektive, von der eigenen individuell-persönlichen Weltsicht geprägte zu machen. Ohne Modalität wäre unsere Sprache trocken, nüchtern und um vieles ärmer, es würde ihr an Individualität und Expressivität mangeln.

Modalität ist jedoch ein sprachliches Universal, das trotz seines universellen Charakters in seiner Ausprägung und seinen Ausdrucksformen kulturell determiniert ist. Die einzelsprachlichen und kulturell determinierten Besonderheiten des Ausdrucks von Modalität sind es auch, die die Translation modaler Strukturen zur Herausforderung für jeden Übersetzer (und jeden Dolmetscher) werden lassen. Der Übersetzer nimmt hier eine verantwortungsvolle Funktion als Mittler zwischen Welten bzw. zwischen Kulturkreisen wahr, eine Funktion, die weit über die rein sprachmittlerische hinausgeht. Dies geht auch aus den Worten von Stolze (1992: 13) hervor, wenn sie schreibt, daß „das

Übersetzen als humanbestimmte Aktivität, der eine wesentliche Mittlerrolle in der zwischenmenschlichen Verständigung zukommt, nicht allein von sprachimmanenten Faktoren bestimmt wird", sondern daß es vielmehr ein „zielgerichtetes Handeln historisch und sozial verwurzelter Individuen darstellt".

Das Deutsche verfügt - im Gegensatz zu manch anderen Sprachen - neben anderen Ausdrucksmitteln für modale Strukturen über ein reichhaltiges Inventar an Modalpartikeln, mit deren Hilfe der deutsche Muttersprachler 'seine' Modalität zum Ausdruck bringt. Die translationsrelevante Betrachtung der Modalpartikeln hat jedoch bis dato nur vereinzelt in die Linguistik und in die Translationswissenschaft Eingang gefunden. Es stellt sich somit die Frage, ob die Übersetzung von Modalität an sich - und im besonderen von Modalpartikeln - etwas ist, was wir als mehr oder weniger gute Sprecher einer bestimmten Fremdsprache im Gefühl haben und was anscheinend keiner näheren Erläuterung oder Beschreibung mehr bedarf, oder ob wir hier vielleicht ein Phänomen übergehen und in die undefinierbare Schublade des 'Sprachgefühls' verbannen, das genauere Beachtung verdienen würde.

Als man sich noch nicht mit Faktoren wie Kommunikationssituation, Sender- und Empfängerpragmatik, Kontext und Interaktionskonstellationen beschäftigte, sondern sich auf die Wortbeschreibung im Rahmen von Grammatik-, Syntax- und Semantiktheorien beschränkte, fielen die Modalpartikeln als uninteressante, bedeutungsarme, wenn nicht sogar bedeutungslose Wortkategorie durch den 'Rost' des linguistischen Interesses. Mit dem Einzug der Pragmatik und der Sprechakttheorie in die Linguistik hatte man nun die geeigneten Instrumentarien gefunden, um der vormals farblosen und uninteressanten Klasse der Partikeln einiges an Interesse abgewinnen zu können. Der Partikelboom setzte ein, es war die Rede von 'Partikologie' als neuer Disziplin, und innerhalb kürzester Zeit erschienen zahlreiche Arbeiten zum Thema 'Partikeln', insbesondere zu den Modalpartikeln. Das Interesse an kontrastiven Studien stellte sich jedoch erst allmählich ein, da Partikeln als einzelsprachliche Phänomene - vor allem des Deutschen - angesehen wurden. Die kontrastive Beschreibung von Modalpartikeln ist jedoch nicht unbedingt mit einer übersetzungsrelevanten gleichzusetzen. Daher - und v.a. wegen der interkulturellen Bedeutung von Modalität im Sprachtransfer - sind nunmehr die folgenden Ausführungen den Belangen der Übersetzung und Übersetzungsrelevanz solcher modaler Strukturen gewidmet, um vielleicht auch auf dieser Ebene einen Beitrag zur sprach- und kulturübergreifenden Verständigung leisten zu können.

Mein Dank gilt Frau em. Univ.-Prof. Dr. Annemarie Schmid und Frau Univ.-Prof. Dr. Maria Iliescu für ihre wertvolle Unterstützung bei der Entstehung dieser Arbeit und für die Begutachtung und Betreuung derselben, weiters Herrn Dr. Peter Holzer vom IÜD Innsbruck sowie Frau Mag. Marie-Laurence Drillon, die mir bei all jenen Fragen eine große Hilfe war, die nur ein Muttersprachler beantworten kann.

EINLEITUNG

Unter den Ausdrucksmitteln für Modalität im Deutschen stellen die Modalpartikeln (MPn) ein Spezifikum dar, das innerhalb der letzten zwei Jahrzehnte besondere Beachtung gefunden hat und innerhalb der germanistischen Forschung von den verschiedensten Perspektiven und Untersuchungsansätzen aus behandelt worden ist. Seit den achtziger Jahren sind auch vermehrt kontrastive Untersuchungen angestellt worden, jedoch ist der translationsrelevante Aspekt der Partikelforschung bislang vernachlässigt worden, da man den MPn als einzelsprachlichem Spezifikum des Deutschen lange Zeit jegliche Translationsrelevanz abgesprochen hat.

Wie schwierig es ist, MPn linguistisch faßbar zu machen, sieht man erst, wenn man sich näher mit dieser Kategorie beschäftigt bzw. wenn man versucht, sie in eine andere Sprache zu 'übersetzen' oder Übersetzungen einer eingehenderen Betrachtung unterzieht. Der Vergleich zwischen Originaltext und zielsprachlicher Variante zeigt, daß aus dem 'Übersetzen' meist ein interpretierendes Übertragen in die Zielsprache wird, da die MPn in alle komplexen Ebenen unserer Kommunikation hineinspielen und nicht nur einen Teil unseres Sprachsystems darstellen, sondern auch die Persönlichkeit des jeweiligen Sprechers widerspiegeln.

In dieser Arbeit soll versucht werden, aus dem komplexen Ganzen, in welches die MPn verwoben sind, einige für den Sprachvergleich Deutsch-Französisch interessante Aspekte exemplarisch herauszugreifen und näher zu erörtern. Es geht um das Wesen der MPn, den Bezug des Muttersprachlers zu ihnen, und die Probleme, mit denen der Übersetzer konfrontiert ist, will er eine adäquate Übertragung erzielen. Die Arbeit soll einen Beitrag zur kontrastiven Modalpartikelforschung leisten, wobei ausgehend von der Bedeutung der MPn im Deutschen und den Ausdrucksweisen von Modalität im Französischen die Fragen der Übersetzung, Übersetzbarkeit, Übersetzungsrelevanz und Äquivalenz der modalen Sprechereinstellung vor translationstheoretischem Hintergrund erörtert werden sollen. Besondere Bedeutung soll dabei den pragmatischen und textlinguistischen Aspekten beigemessen werden. Für die kontrastive Analyse im Rahmen der Arbeit sollen Beispiele aus der Literatur, die eine große Frequenz an gesprochener Sprache und somit auch an MPn aufweisen, im Original und in der professionellen Übersetzung auf Stellenwert, Wirkung und den sprachlichen Umgang mit MPn untersucht werden. Da eine umfassende Betrachtung der deutschen MPn zu weit führen und den Rahmen dieser Arbeit sprengen würde, v.a. aber, da uns für eine übersetzungsrelevante Analyse die genaue Betrachtung einer MP und ihrer Vorkommensvarianten als weitaus zielführender erscheint als eine überblicksmäßige Untersuchung, die mehrere MPn betrifft, haben wir uns für eine einzige MP entschieden, nämlich für die MP *doch*. Unsere Wahl fiel auf diese Partikel, da sie - mit *ja* - zu den häufigsten der deutschen Sprache bzw. zu den in der Forschung am eingehendsten beschriebenen und auch diachron gesehen zu den ältesten MPn zählt und uns somit der kontrastive, übersetzungsrelevante Vergleich als eine wertvolle Ergänzung zur bestehenden einzelsprachlichen Literatur erschien. Es ist jedoch nicht Zielsetzung dieser Untersuchung, eine umfassende Definition, grammatikalische Analyse oder Aufzählung der Charakteristika von MPn zu geben, da solche Arbeiten schon in hervorragender Qualität vorliegen.

Wir verstehen unseren Beitrag somit als translationsrelevante Ergänzung zur bestehenden kontrastiven Partikelforschung und wollen versuchen, anhand ausgewählter deutscher Literaturbeispiele und deren professionellen Übersetzungen am Beispiel der MP *doch* und ihrer französischen Entsprechungen die doch nicht vernachlässigbare Übersetzungsrelevanz von Modalität und im besonderen von Ausdrucksformen von Modalität mit Hilfe von MPn und deren potentiellen zielsprachlichen Entsprechungen im weitesten Sinne zu dokumentieren und den translationstheoretisch und -praktisch relevanten Aspekt der MPn und ihrer Übertragung in die Fremdsprache transparent zu machen. Wenn Franck nunmehr schreibt, daß der „Anspruch der Partikel-Diskussion nicht in der Vollständigkeit der Beschreibung liegt, sondern in ihrem argumentativen Wert für die Einbeziehung konversationeller Kategorien in die linguistische Semantik und Pragmatik" (Franck 1980: XII), so können wir in Anlehnung an diese Aussage behaupten, daß auch der Anspruch einer translationsrelevanten MP-Beschreibung nicht in deren Exhaustivität, sondern in der Demonstration der übersetzungsbezogenen Einbeziehung pragmatischer, interaktioneller, sprechakttheoretischer und kommunikativ-funktionaler Ansätze liegt. Diesen soll auch in den folgenden Ausführungen das Hauptaugenmerk gelten.

1 MODALITÄT UND SPRACHE

Waren die Jahre vor 1970 von Grammatikmodellen wie der Generativen Transformationsgrammatik (GTG)[1] geprägt, die mathematisch ausgerichtet waren, so hat man sich im Zuge der pragmatischen Wende seit Beginn der siebziger Jahre wieder mit der Darstellung und Analyse konkreter sprachlicher Erscheinungen befaßt. In diesem Zusammenhang gewann die Beschreibung mündlichen Sprechens bzw. die Einbeziehung pragmatischer außersprachlicher Faktoren des Kommunikationsgeschehens immer mehr an Bedeutung, wodurch wiederum verstärkt Faktoren wie Modalität und Modus zum Gegenstand sprachwissenschaftlicher Untersuchungen wurden (cf. Raible 1988: 13).

Auch wir möchten uns in unseren Ausführungen mit sprachlicher Modalität beschäftigen und versuchen abzuklären, was in der neueren Linguistik unter Modalität verstanden wird, bzw. wie Modalität im Hinblick auf Partikelgebrauch in verschiedenen Sprachen, in unserem Fall im Deutschen und im Französischen, zum Ausdruck gebracht wird. Hierbei werden wir uns, um vorwegnehmend schon etwas den Gegenstand unserer Untersuchungen einzuschränken, primär auf im Deutschen mit MPn vermittelte Modalität und respektive deren Entsprechungen im Französischen konzentrieren.

1.1 Modus und Modalität

1.1.1 Der Modalitätsbegriff

Im Zuge der verschiedenen linguistischen Strömungen war der Modalitätsbegriff wie viele andere sprachliche Erscheinungen mehrmals einem Wandel unterworfen, sodaß sich unterschiedliche Grundpositionen herauskristallisiert haben[2]. Zudem erschwert das von Sprache zu Sprache unterschiedliche Inventar an Möglichkeiten zum Ausdruck von Modalität auch noch zusätzlich eine einheitliche Sichtweise (cf. Klare 1980: 315). Ludwig (1988: 25-28) unterscheidet in bezug auf Modalität nunmehr nach Klare (1980) mehrere Grundpositionen, welche v.a. auf Bally, Brunot und Martinet zurückgehen. Modalität wird heute im allgemeinen als semantische Größe[3] aufgefaßt, die „die

---

[1] Zur Problematik der MP-Analyse aus generativer Sicht siehe Place (1977: VII ff.).
[2] Man denke nur an Ducrot und Todorov (1972: 9), die beispielsweise Anfang der achtziger-Jahre für einen von der Logik ausgehenden Modalitätsbegriff plädierten, da ihrer Ansicht nach ein solcher erst die „spécificité de langues naturelles" sichtbar macht.
[3] Dies gilt für das Deutsche genauso wie für das Französische (cf. dazu Récanati 1981: 23). Cf. zum Französischen auch Klare (1980: 137-138): „La modalité transmet […] une certaine

Stellungnahme des Sprechers zur Geltung des Sachverhalts, auf den sich die Aussage bezieht, ausdrückt" und „durch verschiedene formale und lexikalische Mittel" (Bußmann ²1990: s.v. 'Modalität') wie unterschiedliche Verbmodi, lexikalische sowie auch syntaktische Mittel zum Ausdruck gebracht werden kann. Jedoch spielt auch der pragmatisch-kommunikative Aspekt beim Ausdruck von Modalität eine große Rolle. Dies wird v.a. beim kontrastiven Vergleich deutlich, der zeigt, auf welch unterschiedlichen Sprachebenen Modalität zum Ausdruck gebracht werden kann. Daher erscheint Ludwig (1988) - wie auch uns - wiederum in Anlehnung an Klare (1980) das v.a. auf Bally (1965) und Brunot (1922) zurückgehende Grundkonzept als das zur Beschreibung von Modalität im Zusammenhang mit MPn geeignetste:

> „Cette [...] définition de la modalité linguistique met en relief l'attitude prise par le sujet parlant à l'égard du contenu sémantique de la phrase de sorte qu'elle puisse rendre compte des facteurs qui traduisent l'intervention du sujet d'énonciation dans l'énoncé. L'activité communicative du locuteur joue donc un grand rôle dans la structuration de l'énoncé [...]." (Klare 1980: 316)

Geht Brunot von drei Klassen von *modalités de l'idée* aus, nämlich von den *modalités du jugement*, den *modalités sentimentales* und den *modalités de la volonté*, wobei er schon auf Effekte der Verstärkung und Dämpfung hinweist (cf. Ludwig 1988: 28-29), so geht Bally von drei Haltungen aus, die der Sprecher dem Sachverhalt entgegenbringen kann, und welche in ihren Grundzügen den *modalités de l'idée* Brunots entsprechen: „Dans le premier cas, on énonce un jugement de fait, dans le second un jugement de valeur, dans le troisième une volition" (Bally 1965: 35). Bei Martinet wiederum findet sich ein einerseits sehr weit gefaßter Modalitätsbegriff, der sich jedoch in bezug auf Modalkategorien wie die MPn andererseits wiederum als sehr eng und daher für deren Betrachtung eher ungeeignet erweist. Martinet versteht unter Modalität die „manière d'être der Substanz bzw. des Prozesses" (Ludwig 1988: 25), wobei zur ersteren die *modalités nominales*, also Genus und Numerus, und zur letzeren die *modalités verbales*, also Tempus, Aspekt, Verbalmodus sowie Negation, Interrogation und Exklamation zu rechnen sind.

Die situative und kontextuelle Bedingtheit von Modalität ist u.a. auch Gegenstand der Textpragmatik, was im besonderen für die Beschreibung von MPn von Bedeutung ist. Bei Lewandowski (⁶1994: s.v. 'Modalität') wird dem auch in der Definition von 'Modalität' Rechnung getragen:

---

mise en rapport de l'énoncé avec la réalité objective du point de vue de celui qui parle. La modalité, elle, exprime l'attitude prise par celui qui parle à l'égard du contenu sémantique de l'énoncé et de la connexion que son contenu doit avoir avec la réalité."

„Eine den *Modus* einschließende übergreifende morphosyntaktische und semantisch-pragmatische (kommunikative) Kategorie, die das Verhältnis des Sprechers zur Aussage und das der Aussage zur Realität bzw. zur Realisierung eines Gegebenen zum Ausdruck bringt und grammatisch und/oder lexikalisch, intonational rhetorisch usw. realisiert werden kann." (ibid.)

Linguistisch war der Begriff der Modalität schon von jeher relativ umstritten[4] - was z.b. Ducrot und Todorov (1972: 389) u.a. auf die Befürchtungen der postsaussureschen Linguistik zurückführen, *langue* und *parole* nicht sauber voneinander trennen zu können. Der Begriff der Modalität wurde und wird zu den verschiedensten Größen (wie kommunikative Ziele, Positivität und Negativität von Sätzen...[5]) in Bezug gesetzt. Es wird je nach Bezugsgröße zwischen verschiedenen Arten von Modalität differenziert, so z.b. bei Bublitz zwischen 'kognitiver' und 'volitiver' Modalität[6] in bezug auf Modalverben und Modalwörter[7], und schließlich ist von 'emotiver Modalität' die Rede, die die Einstellung des Sprechers mit seinen Erwartungen, Annahmen von Gesprächssituation und Rezipient, Emotionen und Präsuppositionen ausdrückt (cf. Bublitz 1978: 6-8)[8]. Andererorts wird wiederum zwischen der 'Modalität der Widerspiegelung' und der 'Modalität der Absicht'[9] unterschieden. Das Fassungsspektrum des Begriffes kann eng, d.h. begrenzt auf das Verhältnis des Sprechers zu seiner Aussage, oder weit, d.h. in Verbindung mit dem Satzbegriff, gesehen werden. Bei Krivonosov (1977a: 51-60) findet sich ein Abriß über die

---

[4] Cf. dazu auch Krivonosov (1977a: 51): „Der Begriff der Modalität hat eine lange Geschichte und wurde in der sprachwissenschaftlichen Literatur zu einem Begriff, den fast jeder Wissenschaftler nach seinen Vorstellungen modifizierte."
[5] Cf. dazu Meibauer (1987: 2ff.).
[6] Als 'kognitive Modalität' wird nach Bublitz (1978: 7) die Sprecherhaltung bezeichnet, wenn der Sprecher sich auf den Wahrheitsgehalt der Äußerung bezieht, und mit 'volitiver Modalität' ist der Bezug auf eine vom Sprecher intendierte Manipulation des Gesprächspartners gemeint.
[7] Da in der Literatur - wie auch Kapitel 1.2.1.1.1. noch zeigen wird - ein sehr hybrider Umgang mit dem Terminus 'Modalwörter' herrscht, verwenden wir ihn in der Regel im Sinne des jeweiligen Autors, den wir referieren oder auf den wir uns beziehen. Wir selbst verstehen den Terminus 'Modalwörter' jedoch als übergeordnete Bezeichnung für Wortarten zum Ausdruck von Modalität im Deutschen. Wenn wir also den Terminus in unserem Sinne verwenden, geben wir dies gesondert an.
[8] Die (v.a. ältere) sprachwissenschaftliche Literatur kennt noch weitere Formen der Modalität, auf die wir hier jedoch nicht näher eingehen möchten, da sie vor der pragmatischen Wende entstanden und somit für unsere Arbeit nicht von tragender Bedeutung sind.
[9] Diese Unterscheidung wurde von Krascheninnikowa getroffen und grenzt die „Widerspiegelung der Wirklichkeit durch den Sprechenden" von der „Bestrebung, d[er] Absicht des Sprechenden, auf diese Wirklichkeit Einfluß auszuüben" (Krivonosov 1977a: 54), ab.

verschiedenen Konzeptionen von Modalität, in dem aufgezeigt wird, daß das Konzept 'Modalität' in Abhängigkeit vom gerade aktuellen linguistischen Forschungsstand und Instrumentarium einem großen Wandel unterworfen war. Der Bogen spannt sich vom logisch-grammatikalischen Begriff des 18. Jahrhunderts bis zum pragmatisch-kommunikativen Begriff bzw. der Trennung zwischen kommunikativer Modalität oder performativer Modalität[10] und Satzmodalität, wie wir sie bei Lüdtke (1981: 301) in Anlehnung an den Begriff der Modalität in der französischen Sprachwissenschaft (Meunier) finden.

Die Verbindung zwischen pragmatischem Kontext und sozialen Gegebenheiten der Kommunikationsteilnehmer determiniert bzw. situiert die Art der Modaliät und somit in sprechakttheoretischer Hinsicht die jeweilige Illokution (cf. Gornik-Gerhardt 1981: 18). Beschäftigt man sich nunmehr mit Modalität im Zusammenhang mit MPn als (mittelbaren) Trägern derselben, so ist die Sprecherhaltung, die Einstellung des Sprechers zum Gesagten, die ausgedrückt wird, das entscheidende Kriterium. Das wird auch von den einzelnen Autoren betont:

„Mit 'Modalität' meine ich die Haltung des Sprechers zu dem, was er sagt. Mithilfe [sic] bestimmter sprachlicher (und auch außersprachlicher) Mittel gibt er zu erkennen, auf welche Weise er an dem Inhalt seiner Äußerung Anteil nimmt, wie er ihn einordnet, bewertet und einschätzt in bezug auf die Umstände der Redesituation und auf den Wahrheitsgehalt, d.h. in bezug auf seine Sicht der Wirklichkeit." (Bublitz 1978: 6)

Krivonosov (1977a: 59) unterscheidet in dieser Hinsicht zwischen 'objektiver Modalität' „als einer Beziehung der Aussage zur Wirklichkeit" und 'subjektiver oder modalexpressiver Modalität' „als ein Verhalten oder eine Stellungnahme des Sprechenden zum Gesagten", die in einem dialektischen Verhältnis der Wechselwirkung zueinander stehen, wobei die 'objektive Modalität' eine obligatorische, die Aussage bedingende Kategorie darstellt, während die 'subjektive Modalität'[11] eine fakultative Kategorie darstellt, auf die der Sprecher nur dann zurückgreift, wenn er bewußt seine emotionale Einstellung ausdrücken will[12]. Diese Unterscheidung entspricht in etwa der bei Admoni zwischen 'logisch-grammatischer'[13] und 'kommunikativ-grammatischer' Modalität

---

[10] Die 'kommunikative Modalität' ist obligatorisch und deklariert die Aussage als Behauptung, Frage oder Befehl. Die 'Satzmodalität' bezieht sich auf das Subjekt des Satzes und kann sich in zahlreichen Formen manifestieren.
[11] Cf. dazu auch Klare (1980: 318).
[12] Diese Sichtweise von Modalität ist charakteristisch für die sowjetische Linguistik und die Funktionale Linguistik der ehemaligen DDR, welche von der sowjetischen Linguistik beeinflußt ist (cf. dazu Hinrichs 1979).
[13] Nähere Definitionen hierzu finden sich bei Ludwig (1988: 32).

getroffenen (cf. Gornik-Gerhardt 1981: 16). Bublitz (1978: 8) verwehrt sich jedoch - wie auch Gornik-Gerhardt[14] (1981: 17) - gegen den seiner Meinung nach mißverständlichen Terminus der 'subjektiven Modalität' und nennt die durch die MP getragene Modalität 'emotive Modalität', eine Benennung, gegen die sich wiederum Beerbom (1992: 30) verwehrt, da sie der Ansicht ist, daß MPn zwar emotive Nuancierungen bewirken können, diese jedoch nicht zu ihrer Bedeutung gehören, sondern erst durch Implikaturen zustande kommen.

Ludwig geht nunmehr bei seiner Klärung der Begriffe 'sprachliche Modalität' und 'Modus' von der Grundannahme aus, daß 'Modus' „etwas über das Verhältnis zwischen dem Sprecher und dem, was in seiner sprachlichen Äußerung mitgeteilt wird" (Raible 1988: 14) aussagt. Zudem weist er (cf. Ludwig 1988: 31) in Anlehnung an Bally (1965) auf den Unterschied zwischen expliziter und impliziter Modalität hin, dem v.a. im Zusammenhang mit MPn im kontrastiven Vergleich große Bedeutung zukommt, da es bei der Suche nach funktionalen Äquivalenten beim Sprachtransfer oftmals zu einer Verlagerung von der Ebene des Impliziten auf die des Expliziten und vice versa kommen kann. Zudem wird bei Ludwig (ibid.: 31), was auch unsere Korpusanalyse bestätigen wird, darauf hingewiesen, daß der Übergang zwischen expliziter und impliziter Modalität ein gradueller und somit fließender ist. In bezug auf Modalität trifft Ludwig - nach den Bühlerschen Sprachfunktionen - eine Unterscheidung zwischen 'expressiver Modalität' im Bereich der Ausdrucksfunktion und 'appellativer Modalität' im Bereich der Appell-Funktion.

Unseres Erachtens sind dies jedoch rein terminologische Problemstellungen. Worauf es unserer Meinung nach bei der Beschreibung von Modalität ankommt, ist, die auch für den Sprachtransfer bedeutende Dialektik zwischen Objektivem und Subjektivem herauszuarbeiten (cf. dazu Klare 1980: 318). Die Differenzierung verschiedener Arten von Modalität dient in der Literatur primär dazu, die MPn als Ausdrucksmittel von Modalität von den Modalwörtern (cf. Beerbom 1992: 28) abzugrenzen, was[15] eines der größten Probleme bei der Definition von MPn darstellt. Der Unterschied zwischen Modalwörtern und MPn besteht z.B. laut Beerbom (ibid.) darin, daß die MPn die im Trägersatz geltenden Wahrheitsbedingungen nicht beeinflussen und daher weggelassen werden können, ohne daß dies eine Änderung des Wahrheitswertes der Aussage zur Folge hat[16]. Erweitert man den Begriff der

---

[14] Die Kritik von Gornik-Gerhardt (1981: 17) richtet sich v.a. dagegen, daß die subjektive Modalität als fakultativ eingestuft wird: „Auch wenn in einer sprachlichen Äußerung kein sprachliches Mittel die subjektive Modalität explizit realisiert, wird in ihr eine Stellungnahme des Sprechers ausgedrückt."
[15] Siehe dazu auch Kapitel 1.2.1.1.1.
[16] Wir möchten im Rahmen dieser Arbeit nicht näher auf die Abgrenzung zwischen Modalwörtern und MPn eingehen, verweisen jedoch im Hinblick auf die Darstellung dieser

'Illokution', wie dies auch vielfach der Fall ist (cf. Franck 1979: 4), so können die MPn als 'Illokutionsindikatoren' bezeichnet werden. Sie leisten also keinen Beitrag zum propositionalen Gehalt einer Aussage[17], sondern wirken vielmehr auf der konnotativen Ebene, indem sie im Zusammenwirken mit pragmatischen Faktoren die Sprecherhaltung verdeutlichen. Daher unterscheidet Klare (1980: 316) auch zwischen 'dictum' und 'Modalität', wobei unter 'dictum' der „contenu représenté en tant que pur et simple" (ibid.) verstanden und 'Modalität' als „opération essentiellement psychique ayant pour l'objet le dictum" (ibid.) beschrieben wird: „La modalité constitue donc un ensemble d'éléments qui indiquent que le *dictum* est jugé réalisé ou non, désiré ou non, accepté avec joie ou regret, et cela par le sujet parlant ou par quelqu'un d'autre que le sujet parlant" (ibid.). Der wohl bedeutendste pragmatische Faktor, der die MPn nunmehr von den Modalwörtern, wie sie Beerbom (1992: 28) definiert, unterscheidet, ist der starke Rezipientenbezug: Durch die MP kann die Reaktion des Gesprächspartners antizipiert und auch manipuliert bzw. gesteuert werden. MPn sind somit im Zusammenspiel mit den konversationellen Bedingungen der einzelnen Sprechakte Instrumente der „interaktionsstrategischen Funktion" (Franck 1985: 118), die hinter der Aussage steht. Sie stellen ein implizites Transportmedium für Sprechereinstellungen dar. Diese Funktion der deutschen Partikeln tritt v.a. bei der Übersetzung von partikelreichen Texten hervor. Der Übersetzer sieht sich meist gezwungen, in der Zielsprache den modalen Gehalt der Aussage explizit zu machen, d.h. die Sprechereinstellung auf der semantischen Oberfläche der Aussage eindeutig zu deklarieren.

1.1.2 Die Dichotomie Satztyp und Satzmodus

Die Diskussion über Modus und Modalität unter kontrastivem Blickwinkel führt unweigerlich zu einer Auseinandersetzung mit der Dichotomie zwischen Satzmodus und Satztyp. Während Satztypen durch formale Kennzeichen voneinander abgegrenzt werden können, kommt bei den Satzmodi die „Ebene der semantischen Repräsentation" (Meibauer 1987: 3) hinzu. Satztypen sind also phonologisch, morphologisch und syntaktisch fundiert, während Satzmodi

---

Dichotomie in der Literatur exemplarisch auf Beerbom (1992: 28-29) bzw. auf Helbig (1981: 14-15): "Während die Modalwörter Einstellungsoperatoren und Kommentare sind, Einstellungen ausdrücken, sind die Partikeln (wenigstens in der Hauptmasse - von den Intensifikatoren bzw. Gradpartikeln sehen wir ab) illokutive Indikatoren, Indikatoren für Sprechhandlungen."

[17] Dagegen beeinflussen die MPn jedoch sehr wohl die propositionale Einstellung des Rezipienten (cf. Koerfer 1979: 17) und sind insofern im konversationellen Rahmen von Bedeutung für die Gesprächsorganisation.

semantisch fundiert sind. Satztyp und Satzmodus stehen jedoch in einem Inklusionsverhältnis zueinander, wobei der formale vom funktionellen Aspekt getrennt betrachtet werden muß. Wie der Übersetzungsvergleich unserer Korpusbeispiele zeigen wird, kommt es bei der Suche nach Entsprechungen für modale Ausdrücke mit großer Frequenz zu Satztypwechseln, sehr häufig wird beispielsweise aus einem Deklarativ- ein Interrogativsatz oder ein Exklamativsatz. Die in den Grammatiken traditionell vorgenommene Einteilung nach Satztypen bzw. Satzarten, nämlich nach Deklarativ-, Interrogativ- und Imperativsatz, führt hier zu Verwirrung und wirft Probleme bei der Klassifikation von Vorkommensvarianten wie auch beim Übersetzungsvergleich selbst auf. Die Satzart legt nicht den illokutionären Akt fest[18], da in der Interaktion für den Sprecher die kommunikative Bedeutung ausschlaggebend, die Form[19] der Aussage jedoch zweitrangig ist (cf. Krivonosov 1977a: 47)[20]. So kann beispielsweise ein Imperativ einen Wunsch ausdrücken, es geht also vielmehr um die „Aufforderungseinstellung und deren Subtypen" (Scholz 1987: 235) im Sinne der Realisierung von intentionalen Einstellungen im Zusammenspiel mit der kommunikativen Funktion einer Aussage. Ebenso kann eine Aufforderung eine Erlaubnis ausdrücken und so sozialen Interaktionsnormen im Höflichkeitskontext gerecht werden, sodaß das interdependente Verhältnis zwischen Grammatik und Pragmatik als Ausdruck der kommunikativen Funktion einer Aussage sichtbar wird. Grammatische und pragmatische Kompetenz stehen so bei jedem Sprecher in einem gewissen Inklusionsverhältnis. Eben die kommunikative Funktion wird jedoch in vielen Aussagen von der modalen Partikel wahrgenommen oder zumindest mitgetragen, daher wurden und werden die MPn auch so oft als 'illokutive Indikatoren' bezeichnet: „Wenn die Partikeln jedoch in ihrer semantischen Funktion minimal und relativ unbestimmt sind, so ist ihre kommunikative Funktion um so bedeutsamer" (Helbig / Kötz ^{2}1985: 16). Bestimmte MPn können im Deutschen als charakteristisch für eine bestimmt Illokution und auch für bestimmte Satzmodi bezeichnet werden. So ist beispielsweise *doch* als typisch für die Illokution der Zurückweisung in der Assertion und im Imperativ anzusehen. Man kann somit von typischen Teilmengen von möglichen MPn im Satzmodussystem sprechen (Altmann 1987:

---

[18] Cf. dazu Helbig und Kötz (^{2}1985: 16): „Die Satzarten sind nur (von der Oberfläche her determinierte) Äußerungsformen, noch keine den Sprecherintentionen direkt entsprechenden kommunikativen Funktionen."
[19] Trömel-Plötz (1979: 319) meint zwar entgegen unserer Behauptung, daß die Bedeutungszuweisung durch die Form der Aussage gesichert wird, räumt jedoch ein, daß die Bedeutungszuweisung nicht vollständig garantiert werden kann.
[20] Krivonosov (1977a: 47) ist allerdings auch der Ansicht, daß der Hörer von der Form ausgeht und sich erst an sekundärer Stelle mit der Bedeutung auseinandersetzt, was wir jedoch angesichts der Bedeutung von kontextuell-situativen pragmatischen Faktoren bezweifeln.

40). In der Übersetzung in die Fremdsprache können die Korrespondenzen für die Illokution und die damit verbundene Modalität jedoch auf ganz anderen Ebenen liegen, somit ist eine fehlende Korrespondenz nicht unbedingt Indikator für eine fehlende Ausprägung an Modalität. Was im Deutschen im Rahmen des Satzmodus geleistet wird, kann in der Fremdsprache auf der Textebene oder der kommunikativ-situativen Ebene geleistet werden.

Heute wird vieles, was vormals in Zusammenhang mit Modalität betrachtet wurde, im Hinblick auf die Theorie der Sprechereinstellung erforscht. In diesem Sinne ergibt sich eine Dichotomie zwischen Einstellungstypen einerseits und Sprechakttypen andererseits (Meibauer 1987: 2). Sprechakttypen wie beispielsweise Assertion, Frage oder Aufforderung sind ihrerseits durch die zugrundeliegenden Satzmodi determiniert, die Kombination dieser Satzmodi unterliegt wiederum pragmatischen Faktoren und Bedingungen, wobei sich auch Übergänge zwischen Satzmodi feststellen lassen, man denke nur an den Bereich der konventionalisierten Höflichkeitsformen. Bei Meibauer (1987: 16) ist daher in Analogie zum „Sprechaktkontinuum" von einem „Satzmoduskontinuum" die Rede, es ist zu vermuten, daß es durch die Sprachkompetenz des einzelnen Sprechers auch möglich ist, Übergänge der Satzmodi festzustellen. Geht man nunmehr von der epistemischen Einstellung aus, die ein Sprecher mit seiner Aussage vermittelt, so können wir mit Meibauer (1989: 13) unter 'Modalität' eine „semantische Kategorie verstehen, die die Stellungnahme des Sprechers zur ausgedrückten Proposition bezeichnet". Insofern sind dann auch Einstellungstypen als semantische Größen zu verstehen, die wiederum die Modalität von Satztypen determinieren (ibid.). Folglich kann sich dann auch der Satzmodus auf mehrere Satztypen erstrecken und als „komplexes sprachliches Zeichen mit einem Form- und Funktionsaspekt" (Altmann 1987: 22) angesehen werden. Nach Lang und Pasch (1988) ergibt sich auf der Grundlage der Unterteilung in die Ebene der Satzbedeutung, der Äußerungsbedeutung und des kommunikativen Sinns eine Definition für den Satzmodus, die Meibauer wie folgt zusammenfaßt: „Satzmodus ist ein Bestandteil der Satzbedeutung eines Satzes, der als Einstellungsoperator ATT sich auf einen als Operand aufgefaßten propositionalen Gehalt PC bezieht" (Meibauer 1989: 13). Eine solche Sichtweise erleichtert die kontrastive Analyse insofern, als sie es ermöglicht, dem Übersetzer für sein translatorisches Handeln Hilfestellungen bei der Suche nach Äquivalenz in der Zielsprache zu geben, wobei erst durch die Trennung zwischen pragmatischen und grammatikalischen Beschreibungsebenen eine befriedigende Analyse von Einstellungs- und Sprechakttypen und den entsprechenden modalen Ausdrucksmitteln möglich geworden ist[21]. Die Suche

---

[21] Cf. dazu Meibauer (1987: 2): „Daß man neuerdings von Satzmodus redet, und sich dadurch begrifflich von dem traditionellen Terminus Satzart distanziert, ist [...] auf die Erkenntnis zurückzuführen, daß der Zusammenhang von Satzarten, Verbmodus und anderen Trägern von

nach Entsprechungen für MPn bezieht nunmehr auch die Interdependenz zwischen subjektiven, emotiven und interaktiven Kategorien mit ein, die auch schon Franck (1980: 171) forderte, bevor Doherty (1985) diesem Postulat in ihrer Arbeit Rechnung trug:

> „Anzumerken ist, daß 'subjektive' und emotive Kategorien in der Sprechhandlungsanalyse wiederum zu wenig beachtet werden, obwohl sie in direktem Zusammenhang mit Handlungskategorien stehen. Eine mehr 'stilistische' Semantik und Pragmatik muß den Zusammenhang 'emotiv-subjektiver' und 'interaktiver Kategorien' genauer erklären. In den traditionellen Grammatiken werden die MP meist nicht unterschieden nach Illokutionsindikatoren wie insbes. Satzmodus, usw." (Franck 1980: 171)[22]

Doherty (1985) versteht nunmehr MPn, die sie 'Einstellungspartikeln' nennt, als Ausdrucksmittel für „epistemische" Einstellungen, die „dem Bestehen oder Nicht-Bestehen eines Sachverhaltes" (Doherty 1985: 15) gelten und das Verhältnis des Sprechers zu dieser epistemischen Einstellung festlegen und dabei den Bezug zu einer weiteren Einstellung zum selben Sachverhalt herstellen. Doherty analysiert die Einstellungspartikeln jedoch nicht als isolierte sprachliche Elemente, sondern setzt sie in Bezug zu bestimmten Kontextklassen, also umfassenden Bereichen der Modalität, unter denen auch die Satzmodi neben Satzadverbien, Modalverben, Kontrastakzent und Satznegation aufscheinen. In bezug auf die MP *doch* beispielsweise bestimmt Doherty deren invariante Bedeutung als „Gegenüberstellung zweier alternativer Einstellungssachverhalte" (Doherty 1985: 66-67), wobei die Interdependenz dieser alternativen Einstellungen in Abhängigkeit vom jeweiligen Satzmodus gesehen wird: „Der Sprecher übernimmt hierbei die Einstellung, die im Skopus von *doch* gilt, d.h. er ist der Einstellungsträger" (Dahl 1987: 5). In einer Aussage wie *Konrad ist doch verreist* bringt der Sprecher durch die MP die Bestätigung der Proposition, nämlich daß Konrad verreist ist, mit Hilfe des Deklarativmodus wörtlich zum Ausdruck, wobei die dabei implizierte alternative Hörereinstellung ebenso in Abhängigkeit vom Satzmodus ausgeschlossen wird (Dahl 1987: 5-6). Dies verdeutlicht das Interdependenzverhältnis zwischen dem Satzmodus und dem Ausdruck von Einstellungen, welches weitgehend unabhängig vom Satztyp gesehen werden muß[23]. Für die translationsrelevante

---

Modalität (als Ausdrucksmittel) mit den durch sie ausgedrückten Einstellungstypen und Sprechakttypen nur zu erforschen ist, indem man versucht, zwischen den verschiedenen grammatischen und pragmatischen Beschreibungsebenen scharf zu trennen."
[22] Bei manchen Autoren wird auch der Plural mit 'MP' abgekürzt, was wir in den entsprechenden Zitaten übernommen haben.
[23] Im Zusammenhang mit solchen linguistischen Teilsystemen wird von 'Modularität' gesprochen, womit Schwierigkeiten beim Aufbau von Komponenten der Sprachbeschreibung

Sprachanalyse ist hierbei von Interesse, daß Doherty (1985: 35) die "affirmative Satzform, die Negation, die Aussage- und Frageform eines Satzes als positionale Ausdrucksmittel" identifiziert, die die Einstellung eines Sprechers zum Sachverhalt ausdrücken. Betrachtet man die Übersetzungsmöglichkeiten für die deutschen MPn ins Französische, so kommt genau diesen Komponenten, die sich in der Translation beispielsweise in Satzartwechsel oder Wechsel von der Assertion zur Negation wiederfinden, Bedeutung im Bereich der Übertragung von Modalität zu.

Äquivalenz in der Übersetzung findet sich im Bereich 'Modalität' nicht in der Beibehaltung eines Satztyps, sondern vielmehr in der des Satzmodus. Daher ist auch jede Suche nach direkten Entsprechungen für eine MP zweckfremd, wenn als oberste Prämisse nicht die Suche nach einer Entsprechung für die durch die Aussage transportierte Modalität, die im Satzmodus ihren Ausdruck findet, steht:

„Eine kontrastive Untersuchung darf nicht bei der Suche nach Äquivalenten etwa für die Modalpartikel *wohl* stehenbleiben, sondern muß auch den jeweiligen Satzmodus, wie er durch Komplementierung, Verbstellung, Intonation, lexikalische Füllung determiniert bzw. modifiziert wird, miteinbeziehen." (Meibauer 1989: 30)

Auch Altmann (1987: 40) sieht MPn als „Lexeme, die per se nicht in die Beschreibung der Satztypen eingehen dürfen", da ihr Vorkommen weniger satztypspezifisch als satzmodusspezifisch ist. Diese Betrachtungsweise ist wiederum für das übersetzerische Handeln von Bedeutung, bei dem es also um Modusentsprechung geht.

Modalität in der Sprache steht aber immer in Zusammenhang mit Sprechhandeln und Handlungssequenzen. Wie die Korpusbeispiele zeigen werden, kann die MP *doch* beispielsweise stark reaktiv oder initiativ ausgerichtet sein, sie kann eine Sprechhandlung des Emittenten verdeutlichen und dessen Erwartung in bezug auf die Nachfolgehandlung des Hörers deutlich machen, also eine metakommunikative Funktion ausüben. Insofern konstituieren diese Partikeln Handlungssequenzen (Settekorn 1977: 396) und bedürfen daher - und dies gilt in besonderem Maße für eine übersetzungsrelevante Analyse - „einer pragmatischen Analyse, die den Einbezug von

---

und deren Interdependenz gemeint sind, was wiederum auch für die translationsrelevante Sprachbetrachtung von Bedeutung ist. Cf. dazu Meibauer (1987: 9): „[...] es ist zu vermuten, daß eine solche Theorie des Satzmodus insofern einen Beitrag zur Frage des modularen Aufbaus von Grammatik und Pragmatik (bzw. zu einer Theorie der sprachlichen Kompetenz und Performanz) beisteuert, als Probleme der Einheitlichkeit oder Markiertheit nicht nur ein Modul betreffen, sondern alle Beschreibungsebenen der Grammatik und Pragmatik gleichermaßen."

Handlungen und Handlungssequenzen" (ibid.) wie auch den Einbezug von argumentativen Interaktionsstrukturen erlaubt.

1.1.3 Die Dichotomie Proposition und Kollokution

Dahl (1987: 14) stellt im Zusammenhang mit der Analyse der Funktionen von Partikeln die Frage, ob deren Funktionspotential „eher im Bereich der Illokution oder im Bereich der propositionalen Einstellung" liegt. Diese Fragestellung ergibt sich, differenziert man zwischen der Proposition[24] der Aussage, einem Begriff, der aus der Logik kommt, und deren Illokution, die sich auf den interaktiven Bereich bezieht. In der Literatur werden die MPn in der Regel als illokutive Indikatoren bezeichnet, Dahl schlägt jedoch - in Anlehnung an Keller[25] - die genauere Differenzierung mittels des Begriffes der 'Kollokution' bzw. des 'kollokutionären Aktes' vor, welcher diejenigen Sprechereinstellungen charakterisiert, die das WIE der Ausdrucksweise, also die Form der Modalität, betreffen und somit „als ZUSÄTZLICHE Einstellungen bzw. HALTUNGEN des Sprechers im Hinblick auf die Art und Weise, wie er etwas sagt" (Dahl 1987: 15) zu verstehen sind. In bezug auf die Vorkommensvarianten von MPn in unserem Korpus heißt dies, daß sich diese Varianten dadurch ergeben, daß der Sprecher durch den Gebrauch der MP seinem Gegenüber eine bestimmte Haltung seinerseits verdeutlichen möchte. Dies spielt v.a. beim Höflichkeitskontext, aber auch in Imperativsätzen oder in Exklamativsätzen eine Rolle. In unserem Schema (cf. dazu Kapitel 4) finden sich auf einer solchen Grundlage basierend Subkategorien oder prominente Merkmale von Varianten wie 'dringende Aufforderung', 'Bekundung von Interesse', 'Ausdruck von Ungeduld' etc. Hierbei müssen jedoch bestimmte „Konsistenzbedingungen", d.h. „Verträglichkeitsbedingungen" (Dahl 1987: 16), zwischen der mit dem Sprechakt verbundenen Einstellung und der mit der MP zum Ausdruck gebrachten Einstellung beachtet werden. Dies wirkt sich auch auf der Satzebene aus, manche MPn können von ihrer Illokutionskompatibilität bzw. ihrer Einstellungsbedeutung her gesehen nur in bestimmten Satzarten vorkommen, sodaß sich auch hier Inkompatibilitäten ergeben können. Meibauer (1989:17) spricht daher auch von „Verträglichkeitsbedingungen zwischen Satzmodus und Einstellungsbedeutung der MP".

---

[24] Die vormals geltende Auffassung, MPn würden nie auf der propositionale Ebene operieren, wie sie z.B. König (1977: 117) vertritt, wenn er sagt: „Modalpartikeln tragen also nichts zum propositionalen Gehalt einer Äußerung bei [...]", ist mittlerweile widerlegt. Cf. dazu etwa Franck (1980: 94): „Proposition und Illokution sind interdependent und stammen z.T. von den gleichen Ausdruckselementen ab."
[25] Für detaillierte Ausführungen cf. Dahl (1987: 15).

1.1.4 Modalpartikeln und Modalität

Die Frage nach der Leistung der MPn im kommunikativen Geschehen wurde immer wieder neu gestellt. Vergleicht man nunmehr zwei Sätze wie *Den Film haben wir schon gesehen* und *Den Film haben wir doch schon gesehen* miteinander, so sieht man, in welchem Maße die Einfügung der Partikel eine Modifikation der Aussage insofern bewirkt, als die Partikel den Wechsel von der objektiven Aussagemodalität zur subjektiven, also von der Sprechereinstellung geprägten, Aussagemodalität bedingt[26], welche sich in der Regel auf den ganzen Sprechakt, wenn nicht auf die ganze Kommunikationssituation bezieht: „Modalpartikeln sind strukturelle Formantien, die vom Sprecher in den Satz eingeführt werden, falls der Sprecher es für nötig hält, seine subjektive Einstellung zum Gesagten oder seine Emotionen auszudrücken" (Krivonosov 1977b: 192)[27]. Allerdings ist beim Umgang mit MPn und deren Bezeichnung als Träger der Sprechereinstellung insofern Vorsicht geboten, als die durch die MP in die Aussage eingebrachte Modalität stark kontextuell bedingt ist und sich „erst aus der Verbindung ihrer Bedeutung mit dem sprachlichen und situativen Kontext" (Beerbom 1992: 28) ergibt. Daher sprachen wir oben auch nur von MPn als 'mittelbaren Trägern von Modalität'. Zum Verhältnis zwischen MPn und Modalität äußert man sich auch in der Literatur eher vorsichtig. Man ist sich zwar einig, daß die Partikeln mit der Modalität des Satzes „zu tun haben" (Krivonosov 1977a: 25), ob sie Modalität nun aber nur verstärken oder als Zeichen derselben fungieren, ist wiederum umstrittener (cf. ibid.). Indikatoren, die nur in Verbindung mit anderen illokutionsanzeigenden Elementen ihrer Funktion gerecht werden können (wie beispielsweise die nicht-performativen Indikatoren), werden bei Franck (1980: 93) „partielle Indikatoren" genannt. Insofern MPn illokutionsanzeigend fungieren, ist diese Funktion eine partielle modifizierende Funktion, die MPn stehen jedoch mit Basisindikatoren[28] wie den Satzmodi in einem Dependenzverhältnis (ibid.). MPn sind wegen ihrer geringen Eigenbedeutung[29] stark kontextbezogen, daher determinieren auch die sie umgebenden pragmatisch-situativen Faktoren das Verständnis der MP in der konkreten Kommunikationssituation. Wie unsere Korpusanalyse noch zeigen

---

[26] Krivonosov (1977b: 190-191) spricht im Zusammenhang mit subjektiver Modalität auch von „konnotativer Bedeutung" bzw. der „subjektiv-modale[n] konnotativen Bedeutung".
[27] Cf. dazu auch Krivonosov (1989a: 31-32). Cf. weiters Métrich et al. (^{3}1993: 32), wo die konnotative Komponente, die durch die Partikelverwendung in die Aussagen eingebracht wird, besonders betont wird.
[28] Wir unterscheiden hier mit Franck (1980: 95-96) nach Basisindikatoren und modifizierenden Indikatoren.
[29] In der Literatur ist in dieser Hinsicht auch die Rede von der „Ablösung der denotativ-semantischen durch die expressiv-semantische" Ebene (G. Schulz, apud Stolt 1979: 482).

wird, kann beispielsweise die MP *doch* je nach pragmatischem Umfeld Träger von starker oder schwacher Adversativität sein. Welcher Grad an Adversativität jedoch in sie hineininterpretiert werden kann, hängt von den Intentionen des Sprechers, der Kommunikationssituation im sprachlichen und außersprachlichen Kontext und den möglichen Fortsetzungssequenzen zur Äußerung ab. Weiters spielen die kommunikativen Rollen der Gesprächsteilnehmer im sozialen Kontext und deren Akzeptanz von konventionalisierten Angemessenheits- und Höflichkeitsnormen eine Rolle. Um diese Faktoren wie Rollenverteilung und Kommunikationssituationskonventionen zu verdeutlichen, können MPn herangezogen werden. Sie dienen dazu, die Modalität der Äußerung im Sinne einer „Kontextualisierungsanweisung" (Franck 1980: 89) zu vermitteln.

In unserem Fall kommt nunmehr durch die MP ein Ausdruck der Ungeduld hinzu, verbunden mit dem Ziel, den Gesprächspartner an Sachverhalte zu erinnern, die ihm eigentlich bekannt sein müßten, wohingegen es sich bei der Aussage ohne MP um eine rein informative, neutrale und wertfreie Äußerung handelt, die einen reinen Informationstransfer bezweckt. Die „propositionale Grundeinstellung" (Altmann 1987: 48) wird durch das Einfügen der MP geändert. Das heißt, der MP kommt in der Kommunikationssituation metakommunikative und folglich auch inhaltlich-modifizierende Funktion zu, sodaß ihre Bedeutung primär über diese Funktionen und nur sekundär über die umstrittene semantische Dimension ergründet werden muß (cf. Linke et al. 1991: 272-273).

Wie diese kurz angerissenen Charakteristika der MPn schon zeigen, nehmen die MPn als Funktionskategorie im Wechselspiel zwischen Implizitem und Explizitem generell einen bedeutenden Stellenwert ein, da sie vom Sprecher zur Vermittlung impliziter Informationen strategisch eingesetzt werden können und mit ihrer Hilfe den sozialen Angemessenheitsnormen entsprechend neben der expliziten Aussage „implizite Zusatzinformationen" (Trömel-Plötz 1979: 319) gegeben werden können. Zum einen kann dadurch die Fortsetzung der Kommunikation gesteuert und in ihren Möglichkeiten eingeschränkt werden, zum anderen entstehen jedoch für den Hörer bei impliziten Aussagen mehr Verstehensmöglichkeiten als bei expliziten Aussagen. Bei Klare (1980: 316) heißt es dazu: „La modalité, pièce maîtresse de l'énoncé, va du plus explicite au plus implicite." Gerade was das Französische anbelangt, erweist sich der Übergang zwischen expliziter und impliziter Modalität als graduell und somit fließend. Ludwig, der v.a. das gesprochene Französisch und dessen Ausdrucksformen untersucht hat, bemerkt dazu: „Je impliziter die lexikalischen und grammatischen Modus-Indikatoren im Satz sind, desto mehr wird deren Aufgabe von *signes musicaux* (Intonation,

Pausen usw.), *interjections* [...], Mimik sowie verbalem und nonverbalem Kontext übernommen" (Ludwig 1988: 31).

1.1.5 Modalität und Sprachtransfer

Im Deutschen spielen bei Ausdrücken der subjektiven Modalität, zu denen eben diejenigen mit MPn zu rechnen sind, außer der Verwendung dieser Partikeln auch die Intonation und der Einsatz von Emphasen auf syntaktischer Ebene eine große Rolle. In der Regel befinden sich diese Komponenten in einem Verhältnis der Wechselwirkung und unterstützen sich gegenseitig. Im mündlichen Sprachgebrauch genügen oft schon intonatorische Mittel alleine zum Ausdruck der modalen Nuance, insofern besteht zwischen dem Gebrauch von Intonation im Mündlichen und der Partikelverwendung im Schriftlichen eine direkte Korrespondenz. Krivonosov (1989a: 32) vertritt sogar die Meinung, daß die Rolle der Intonation als Ausdrucksmittel der subjektiv-konnotativen Bedeutung in der mündlichen Rede durch das Einfügen von Partikeln verdrängt werden kann. Sprachen, die nicht wie das Deutsche über großen Partikelreichtum verfügen, behelfen sich nunmehr primär auf Ebenen wie der Syntax - oder auch der Lexik - mit dem Einsatz von Emphasemitteln zum Ausdruck der modalen Sprechereinstellung. Wo der deutsche Sprecher eine Partikel setzt, arbeitet der Übersetzer im Französischen beispielsweise mit markierter Satzstellung. Beim Sprachtransfer geht es also darum, funktionale Äquivalenzen zu finden und richtig zu verwenden. Daher nimmt Ludwig (1988) in seiner Untersuchung zum gesprochenen Französisch auch ganz allgemein den schon im 17. Jahrhundert als „mouvements de nostre ame" (Arnauld / Lancelot, apud Ludwig 1988: 21) für das Französische beschriebenen Moduswechsel als Ausgangspunkt für seine Untersuchungen zur Modalität des mündlichen Französisch.

Wenn sich nunmehr ein Übersetzer daran macht, Modalitätsstrukturen von einer Ausgangssprache in eine Zielsprache zu übertragen, so läuft dieser Übersetzungsprozeß wie jeder andere Übersetzungsprozeß in zwei Phasen ab: in einer Phase der Textanalyseoperation, wobei der Ausgangstext dekodiert und interpretiert wird, und in einer Phase der Textsyntheseoperation, wobei mit zielsprachlichen Mitteln der Textsinn wiedergegeben werden soll (cf. Beerbom 1992: 93). Daß dabei die inhaltliche Äquivalenz gewahrt bleiben muß, steht außer Frage, es kommt aber auch darauf an, die pragmatische Äquivalenz zwischen Originaltext und zielsprachlicher Version zu gewährleisten. Im Bereich der pragmatischen Äquivalenz sind nun vielfach die Modalitätsstrukturen angesiedelt, und im Falle der Übersetzung von partikelreichen Äußerungen ist dies nicht immer einfach. Wie die Korpusanalyse zeigen wird, sieht sich der Übersetzer oft ausgangs- und zielsprachlichen Zwängen der

Idiomatik, des Sprachusus und der Sprachnorm unterworfen, die es ihm unmöglich machen oder es für ihn gar nicht erstrebenswert erscheinen lassen, jeglichen Ausdruck von Modalität in den zielsprachlichen Text zu übertragen. Hierbei muß jedoch zwischen 'Ausdruck von Modalität' und 'Modalität' strikt unterschieden werden. Wir sind der Ansicht, daß die Modalität eines Textes oder einer Aussage auf jeden Fall im Translat Beachtung finden muß, inwieweit jedoch diese im Textsinn integrierte Modalität mit expliziten Ausdrücken belegt werden muß, oder ob sie einfach aus den pragmatischen, situativ-kommunikativen Faktoren hervorgeht, hängt sehr vom Sprachusus der Zielsprache ab:

„Der Sinn eines Textes, der bei der Übersetzung gewahrt bleiben muß, kommt jedoch nicht allein durch sprachliche Mittel zustande, sondern z.B. auch durch Kenntnis des kulturellen Hintergrunds […]. Deshalb läßt sich der Übersetzungsprozeß nicht allein durch die ihm zugrundeliegenden sprachlichen Gesetzmäßigkeiten erklären; er geht in vielfältiger Weise über die systemhaften Beziehungen zwischen Sprachen hinaus." (Beerbom 1992: 93)

Daher stellt Modalität in der Übersetzung u.E. nicht nur ein sprachenpaarspezifisches Problem dar, sondern v.a. ein kulturell-pragmatisches, weswegen hauptsächlich auf diesen Ebenen nach Übersetzungskongruenzen gesucht werden sollte.

1.2 Modalität in Einzelsprachen

Modalität an sich kann wohl als sprachliches Universal betrachtet werden, daher kann man auch davon ausgehen, daß modale Aussagen prinzipiell von einer Sprache in die andere übersetzbar sind. Wie jedoch die jeweiligen Ausdrucksmittel für Modalität in der Einzelsprache aussehen, wird von der jeweiligen Sprachnorm und vom kulturellen Umfeld der Sprache bzw. vom Status von Modalität in der einzelsprachlichen Kultur bedingt. Es gibt Sprachen wie das Deutsche, die über eine beachtliche Zahl direkter und auch expliziter Ausdrucksmittel für Modalität verfügen, und andere wie das Französische, die zwar auch über - wenn auch heterogenere - Ausdrucksmittel für Modalität verfügen, wo jedoch dieser Ausdruck von Modalität kulturell bzw. situativ-kommunikativ nicht immer denselben prominenten Stellenwert hat, wie dies im Deutschen der Fall ist. In diesen Sprachen ist vieles durch den einmaligen Ausdruck getan und muß nicht immer wieder erneut explizit gemacht oder intensiviert werden. Der große Unterschied zwischen dem Deutschen und dem Französischen liegt also darin, daß das Deutsche im Gegensatz zum Französischen über spezifische Lexeme zum Ausdruck von Modalität verfügt.

1.2.1 Modalität im Deutschen

Die deutsche Sprache verfügt nicht zuletzt dank ihres Partikelreichtums über ein großes Spektrum an Ausdrucksweisen für Modalität. Bei den Partikeln kann wiederum näher spezifiziert und zwischen Grad-, Steigerungs- und Modalpartikeln unterschieden werden. Die Binnengliederung der Partikeln wird in den Grammatiken in der Regel nach semantischen oder intonatorischen bzw. distributionellen Kriterien vorgenommen (cf. Krivonosov 1978: 98)[30]. Nach Helbig und Buscha ([7]1992: 189) beispielsweise wird im Bereich der Partikeln nach syntaktischen und semantischen Aspekten und hier wiederum nach objektiven und subjektiven Merkmalen untergliedert.

Wir möchten jedoch an dieser Stelle festhalten, daß die MPn als Subkategorie der Modalwörter, wobei wir hier den Terminus 'Modalwörter' im Gegensatz zur bisher referierten Literatur und zur Terminologie der meisten Grammatiken in unserem Sinne als übergeordnetes Hyperonym für Ausdrucksformen des Deutschen für Modalität verwenden, natürlich nur eine Möglichkeit unter vielen darstellen, die das Deutsche zur Verfügung hat, um Modalität zum Ausdruck zu bringen. Zu den Modalwörtern zählen u.a. desemantisierte Adverbien, die auch als Konjunktionen auftreten können. Diese Adverbien haben sich zu pragmatischen Adverbien entwickelt, indem sie einen Funktionswandel von einem nur für das Verb zu einem für den ganzen Satz determinierenden Element durchgemacht haben. Auch die MPn stellen in der Regel desemantisierte Adverbien dar, die eine Bedeutungsabschwächung erfahren haben.

Eisenberg spricht nunmehr, abgesehen von Adverbialformen, von Indikativ und Konjunktiv als den „syntaktischen Einheitenkategorien" ([3]1994: 127), welche Modalität signalisieren können, und bei Hentschel und Weydt (1990) werden die Realisierungsmöglichkeiten für Modalität im Deutschen wie folgt präsentiert:

„Es gibt innerhalb einer Sprache meist verschiedene Möglichkeiten, Modalität auszudrücken, d.h. es gibt verschiedene Formen (Wortarten oder grammatische Kategorien), mit denen die sprechende Person ihre Einschätzung der Realität oder der Realisierungsmöglichkeit des bezeichneten Sachverhaltes ausdrücken kann. Im Deutschen stehen hierfür Modalverben

---

[30] Cf. dazu auch Schmidt (1985: 229), die die Unterteilung der Partikeln je nach unbestimmter oder bestimmter semantischer Funktion bzw. bestimmtem oder unbestimmtem semantischen Gehalt in zwei Hauptkategorien, nämlich MPn und Gradpartikeln, beschreibt. Cf. auch Krivonosov (1989a: 30), wo in zwei große Gruppen, nämlich in logische und modale Partikeln, unterteilt wird.

und modifizierende Verben, Modalwörter und schließlich der Modus [...] des Verbs zur Verfügung." (Hentschel / Weydt 1990: 106) Zusätzlich zu den genannten Ausdrucksmitteln für Modalität nennen Helbig und Buscha (^{14}1991: 512) als „Konkurrenzformen (bzw. Paraphrasen) der Modalwörter" zum Ausdruck der Modalität modale Vollverben (oder Adjektive), Modalverben[31] (z.T. in Verbindung mit dem Modus des Verbs), sowie Tempusformen, die einen Modalfaktor enthalten, und Präpositionalgruppen.

Modalität drückt im Deutschen in der einen oder anderen Weise eine Stellungnahme des Sprechers zum Gesagten aus. Generell wird in den Grammatiken zwischen Modalität und Emotionalität unterschieden[32], was jedoch die MPn betrifft, die uns ja hier im besonderen interessieren, so fallen diese Komponenten in der Regel zusammen.

1.2.1.1 Ausdrucksweisen von Modalität mit Partikeln

Wie oben bemerkt wurde, kann im Bereich der modalen Ausdrucksweisen mit Hilfe von Partikeln noch näher spezifiziert und untergliedert werden. In der Linguistik findet sich in diesem Bereich vielfach eine Differenzierung nach dem jeweilig dominierenden Funktionsbereich. So wird beispielsweise bei Helbig und Kötz (^{2}1985: 16-17) zwischen illokutiven Partikeln, bei denen die kommunikative Funktion dominiert, und semantischen Partikeln, bei denen eben diese Funktion dominiert, unterschieden. Dies entspricht in etwa der Untergliederung von Krivonosov (1977a), der in logisch-inhaltliche Partikeln mit dominanter semantischer Funktion und modale und emotionell-expressive Partikeln mit dominanter kommunikativer Funktion untergliedert. Dies wiederum entspricht der Unterteilung in kommunikativ funktionierende MPn und semantisch wirkende Grad- und Steigerungspartikeln, wie wir sie bei Helbig (^{2}1990) finden[33]. Die Subkategorie von Partikeln, die uns für unsere kontrastiven Zwecke interessiert, ist diejenige der MPn, und um deren

---

[31] Im Bereich der Modalverben wird wie bei den MPn auch zwischen Trägern von subjektiver und objektiver Modalität unterschieden (cf. Helbig / Buscha ^{14}1991: 131).

[32] Cf. dazu Helbig und Buscha (^{7}1992:192): „Unter Modalität ist die Einschätzung einer Aussage hinsichtlich des Realitätsgrades zu verstehen; Emotionalität ist eine gefühlsmäßige Einstellung, die unter Umständen zusätzlich zur Modalität hinzutreten kann."

[33] Es gibt natürlich auch noch spezifiziertere Binnengliederungen der Partikeln, cf. dazu beispielsweise Helbig (1989: 205-206).

Standort -, Wesens-, Charakteristik- und Funktionsbestimmung bezüglich der deutschen Sprache[34] soll es nun im Folgenden gehen.

1.2.1.1.1 Modalpartikeln als Wortart

Es versteht sich von selbst, daß jegliche grammatikalische Sprachbeschreibung traditionellerweise auch eine Klassifikation der einzelnen Wortarten enthalten muß und auf die Lehre vom Wort eingegangen wird. Zielsetzung einer solchen Beschreibung ist jedoch immer das Aufzeigen regulärer morphologischer Prozesse bzw. die Formulierung von Regeln, die die syntaktischen Strukturen[35] der zu beschreibenden Sprache transparent machen sollen (cf. Linke et al. 1991: 73). Daß die Abgrenzung von Wortarten ein Problem in der Linguistik darstellt, wird immer wieder betont (cf. z.b. Knobloch / Schaeder 1992: VII). Ein zentraler Punkt in der neueren Wortartenlehre ist sicherlich die Diskussion um „'Zentrum' und 'Peripherie' der einzelnen Wortarten" (ibid.: 35), d.h. um „klassische und zentrale und eher randständige oder periphere Mitglieder" (ibid.) von Wortarten. Wie auch Helbig (1989: 195) bemerkt, muß wegen der unterschiedlichen Bestimmung und Zuordnung der Partikeln zu Wortklassen in linguistischen Arbeiten der Begriff und Terminus 'Partikel' immer wieder neu spezifiziert werden. Für uns stellt sich nunmehr die Frage, inwieweit die Kategorie 'Partikeln' bzw. 'Abtönungs-'[36] oder 'Modalpartikeln' als solche einordnen- und beschreibbar ist, bzw. nach welchen generellen Gesichtspunkten sie erfaßbar ist und erfaßt wird[37].

In der traditionellen Grammatik war lange Zeit die sogenannte 'Zehn-Wortarten-Lehre' vorherrschend[38], die v.a. nach Lexemen und morphologischen Kriterien differenziert und folgende Wortkategorien unterscheidet: Substantiv/Nomen, Verb, Adjektiv, Artikel, Pronomen, Adverb, Konjunktion,

---

[34] Wir bemühen uns in der Folge besonders um eine Wesensbestimmung und Charakteristik der deutschen MPn, da wir der Ansicht sind, daß man umso leichter und sinnvoller Übersetzungskongruenzen im Vergleich mit der Fremdsprache herausarbeiten kann, je genauer man die deutsche Partikelspezifik erfaßt hat.

[35] Dies ist sicherlich auch im Hinblick auf MPn von Nutzen. Cf. z.B. Abraham (1991a: 205 ff.), der das Auftreten von MPn im Deutschen mit der thematisch-rhematischen Charakteristik der deutschen Sprache bzw. den syntaktischen Strukturen des Deutschen in direkt kausalen Zusammenhang bringt.

[36] Dieser Terminus geht auf Weydt (1969) zurück und wird heute synonym zu 'Modalpartikel' gebraucht. Wir werden im Folgenden vornehmlich den Terminus 'Modalpartikel' (MP) verwenden, da sich dieser innerhalb der Linguistik weitgehend durchgesetzt hat.

[37] Zum Begriff der Partikeln bzw. Abgrenzung und Klassifizierung der Partikeln cf. Schmidt (1985: 227-231).

[38] Cf. dazu auch Helbig (1992: 334 ff.).

Präposition, Numerale und Interjektion. Diese Einteilung weist jedoch einige Schwächen auf, die von der neueren Linguistik auch kritisiert werden[39]. Außerdem fällt auf, daß nicht flektierbare Formen wie die Partikeln hier noch nicht als eigene Kategorie erfaßt sind. Die in den fünfziger Jahren von Glinz entwickelte 'Fünf-Wortarten-Lehre'[40], die sich auch in der traditionellen Grammatik und im Schulunterricht durchgesetzt hat, unterscheidet hingegen zwei große Gruppen von Wortarten, einerseits die flektierbaren und andererseits die nicht flektierbaren. Die flektierbaren Wörter werden in 'konjugierbar' (Verben) und 'deklinierbar' unterteilt, letztere wiederum in Lexeme mit festem Genus (Nomen, Substantiv) und variablem Genus (steigerbar mit zwei Flexionsreihen: Adjektiv; nicht steigerbar mit einer Flexionsreihe: Begleiter oder Stellvertreter, d.h. Artikel oder Pronomen). Die nicht flektierbare Gruppe wird nunmehr von den Partikeln gebildet, wobei beachtet werden muß, daß zu dieser Klasse Konjunktionen, Präpositionen, Adverbien, Interjektionen wie auch Partikeln bzw. MPn zu zählen sind. Hier wird also nach syntaktischen Kriterien subklassifiziert[41], was in bezug auf die MPn und v.a. im Hinblick auf die kontrastive Analyse, wo sich gravierende Divergenzen ergeben können, sicher nicht unproblematisch ist. Außerdem stellt sich die Frage nach dem semantischen Gehalt der MPn[42]. Signifié-Angaben benötigen jedoch in der Regel Angaben über die syntaktische Verwendbarkeit des Wortes, womit wieder ein Merkmalskatalog zur Definition einer ganzen Wortart erforderlich wird. Laut Linke et al. (1991: 77) kann dies dadurch erreicht werden, daß man das Merkmal der Wortart, das das Autorenkollektiv als „zugänglich für bestimmte morphologische Prozesse und morphosyntaktische Merkmale" bezeichnet, zusätzlich auflädt, was auf die morphologisch unscheinbaren Partikeln ja zutrifft. (cf. Linke et al. 1991: 72-77)

---

[39] Cf. Linke et al. (1991: 75-76): „Es ist nicht eindeutig entscheidbar, ob die *Zehn-Wortarten-Lehre* Lexeme oder syntaktische Wörter oder Wortformen klassifiziert. [...] Die Kriterien, wonach die zehn Wortarten gebildet sind, sind insgesamt undeutlich, nicht reflektiert. [...] Bei genauerem Hinsehen wechselt die Klassenbildung zwischen morphosyntaktischen, syntaktischen, semantischen und evtl. weiteren Kriterien. Folgen einer solchen Misch-Klassifizierung sind die *Nicht-Distinktivität* der Klassen [...] und die *Nicht-Exhaustivität* der Klassen."

[40] Dieses Schema weist die oben aufgezeigten Schwachpunkte nicht mehr auf. Es klassifiziert Lexeme nach ihrer „prinzipiellen Zugänglichkeit für flexivische morphologische Prozesse, nach ihrer Zugänglichkeit für morphosyntaktische Merkmale" (Linke et al. 1991: 77).

[41] Linke et al. (1991: 59) sprechen in diesem Zusammenhang von „syntaktischen Wörtern", die als „Bündelung von Merkmalen oder Informationseinheiten" mit „innerem Aufbau" gesehen werden.

[42] Auf diese Frage werden wir im Laufe unserer Ausführungen noch mehrmals zurückkommen.

Wie wird nun aber die Kategorie 'Partikeln' (von lat. *particula* 'Teilchen') – und in der Folge die der MPn - definiert, bzw. was sind ihre Charakteristika? Wie wir gesehen haben, versteht die traditionelle Grammatik unter diesen 'Redeteilchen' ein unflektierbares Wort. Generell darf gesagt werden, daß vormals 'Partikeln' einen Sammelbegriff für alle unflektierbaren Wortarten darstellten, während heute viel stärker eingeengt und präzisiert wird[43]. In der Folge soll nun auf die v.a. für die Übersetzung relevanten Wesensmerkmale eingegangen werden.

1.2.1.2 Zum Wesen der Modalpartikeln

Die Sprache als bedeutendstes uns zur Verfügung stehendes Kommunikationsmedium nimmt in unserem Leben einen zentralen Stellenwert ein. Innerhalb dieses Mediums stellt die gesprochene Sprache wahrscheinlich den lebendigsten und spontansten Teil dar, und gerade hier, in der direkt an einen Gesprächspartner gerichteten Rede, finden sich am häufigsten MPn als Ausdruck unserer Emotionen und Träger modaler Schattierungen des Gesagten. Daher definiert Stolt (1979: 478) MPn auch als „vorwiegend rhetorische Mittel der Alltagssprache, eine sprachliche Zweckhandlung wirksam zu machen". Global gesehen liegt das Wesen der MPn darin, die Bedeutung von Sätzen zu verändern und eine „subjektive emotionale Stellungnahme" (Krivonosov 1977a: 242) zum Ausdruck zu bringen: „Die subjektiv-modale oder die emotionale Bedeutung ist mit dem Erscheinen der modalen Partikel im Satz verbunden" (Krivonosov 1977a: 244). Außerdem sind sie Träger einer „pragmatischen Funktion" (Weydt 1989c: 247), deren Übertragung in die Fremdsprache sich der Übersetzer in seiner Funktion als Mittler zwischen zwei Kulturkreisen und Sprachgruppen zum Ziel setzt.

Zudem gibt es noch unterschiedliche Ansätze und Betrachtungsweisen. Man ist sich in der Linguistik jedoch einig, daß die „Abtönungspartikel[44]

---

[43] Cf. dazu Helbig (1989: 195 ff.).

[44] Zur Funktion der Abtönung cf. Hentschel (1986: 2). Wir verwenden, wie gesagt, den Terminus 'Abtönungspartikel' als Synonym zu 'Modalpartikel'. In der Partikelliteratur existiert jedoch eine ganze Reihe von Termini für diese Wortkategorie (*Abtönungspartikeln, Modalpartikeln, Satzpartikeln, Partikeln, Einstellungspartikeln, illokutive Partikeln...*). Cf. dazu auch Zybatow (1990: 11). Schmidt (1985: 229) stellt dies in ihrem Aufsatz auch ausführlich dar, und Métrich (1993: 1) stellt die deutsche Partikelterminologie (*Abtönungspartikeln, Modalpartikeln, Gliederungssignale, diskursorientierende Partikeln, Gesprächswörter...*) der französischen (*modalisateurs, appréciatifs, argumentatifs, charnières du discours, adverbes de phrase, connecteurs, mots de la communication...*) gegenüber. Weydt spricht sich im übrigen selbst gegen eine Vereinheitlichung der Terminologie aus, da dies die unterschiedliche Kriterienauswahl bei der Beschreibung von MPn

unflektierbare Wörtchen sind, die dazu dienen, die Stellung des Sprechers zum Gesagten zu kennzeichnen" (Weydt 1969: 68) und somit auf der Intentionsebene, auf der Interpretationshilfen für den Rezipienten gegeben werden (cf. Hentschel 1986: 2-3), wirksam sind. Allerdings wird auch immer wieder festgehalten (cf. z.B. Weydt 1989b: 333), daß die einzelne MP nur ein Glied in einer Kette von Teilinformationen[45] darstellt, aus denen dann in einem sehr komplexen Schluß- und Verstehensvorgang die Gesamtinformation gebildet bzw. erschlossen wird. Das pragmatisch-situative Umfeld spielt also bei der Beschreibung der MPn als Wortart wie auch bei der Beschreibung einzelner MPn eine entscheidende Rolle.

Diese Faktoren klingen auch schon in der Wortartendiskussion an. Es sei an dieser Stelle aus diesem Bereich jedoch nur vorweggenommen, daß der Bereich der MPn sehr stark in den der „Kategorien der Norm" (Coseriu 1992: 383)[46] hineinspielt, womit das Zusammenspiel zwischen System und Norm auf assoziativer Basis gemeint ist. Daher spricht Coseriu auch von „psychologischen Kategorien" (ibid.), zu denen er Folgendes ausführt:

„Sie [die psychologischen Kategorien] gehören aber nicht eigentlich zur Sprache, sondern zum Sprachgefühl des Einzelnen. Und sie beziehen sich nicht auf das in den Wörtern Gesagte, sondern (für den Sprecher) auf das *mit* ihnen Gesagte, sowie für den Hörer auf das *durch* die Wörter Gesagte. Anders ausgedrückt haben sie in sich keine intersubjektive, sondern nur subjektive Geltung; [...] sie betreffen nicht die eigentliche Mitteilung, sondern das durch die Sprache suggerierte." (Coseriu 1992: 383)

Im Folgenden sollen nun einige für den Sprachbetrachter aber auch für den konkreten Umgang mit dieser Kategorie (Muttersprachler, Übersetzer, Lerner einer Fremdsprache) im weitesten Sinne relevante Aspekte erörtert werden.

---

verschleiern würde (Weydt 1977: 217-218). Wir möchten in diesem Rahmen nicht näher auf die terminologische Problematik eingehen und beschränken uns darauf, hierzu auf Métrich (1993: 17-19) zu verweisen. Zum Begriff der 'Abtönungspartikel' cf. auch Lieb (1977: 155 ff.).

[45] Wir möchten in diesem Zusammenhang auch auf den Artikel von Weydt (1989b) hinweisen, in welchem er die Gestalttheorie auf Verstehens- und Ausdrucksformen der Modalität mit Hilfe von Partikeln anwendet und v.a. auch für den Sprachvergleich interessante Schlüsse über die Betrachtung von Einzelsprachen und deren Ausdrucksformen für Modalität zieht.

[46] In der Folge verwenden wir den Begriff der 'Norm' in unseren Ausführungen in der Regel im Sinne von Coseriu.

1.2.1.2.1 Translationsrelevante Charakteristika der deutschen Modalpartikeln

Seit durch die Einbeziehung pragmatischer Größen in den Objektbereich der Linguistik auch das Interesse an den Eigenschaften der MPn stark gestiegen ist, ist eine Fülle von Publikationen entstanden, die sich mit den Eigenschaften und Funktionsweisen dieser Wortkategorie im Rahmen der Germanistik beschäftigen. Morphologische Untersuchungen, bei denen Kriterien wie die Unflektierbarkeit der Partikeln erörtert werden, reihen sich an semantische und pragmatische Funktionsbestimmungen u.v.m. Wir möchten hier nicht wiederholen, was schon anderenorts umfassend beschrieben wurde, und beschränken uns im Folgenden darauf, einige Aspekte der MPn herauszugreifen, die für die kontrastiv-übersetzungsrelevante Beschreibung von MPn als mittelbaren Trägern von Modalität relevant sein können[47]. Es sind u.E. nunmehr drei Charakteristika der MPn, die v.a. für die Übersetzung von Modalität von Bedeutung sind.

Die für die Übersetzung wohl bedeutendste Eigenschaft der MPn liegt darin, daß mit ihrer Hilfe Bezüge[48] über die Satzgrenze hinaus hergestellt werden können und so die Vertextung auf textimmanenter, aber auch auf pragmatisch-situativer Ebene gewährleistet wird. MPn wirken somit textkonnektierend[49] und verankern die jeweilige Äußerung im Interaktionszusammenhang[50] (Beerbom 1992: 22), sodaß auch die „konversationelle Verwendbarkeit" (Franck 1979: 5) der Äußerung determiniert wird, was wiederum die Wahl der Übersetzungsstrategien beeinflussen kann. MPn beziehen sich auf die ganze Äußerung, den ganzen Satz, und oft auf die gesamte Kommunikationssituation: „Der Skopus von MPn ist der ganze Satz." (Beerbom 1992: 27). Sie bauen eine Situationsdefinition auf, indem sie die Relevanz von Kontexteigenschaften betonen, wirken also indexikalisch[51] und betreffen den

---

[47] Wir verzichten bewußt auf eine Darstellung der morphologischen und syntaktischen Charakteristika von MPn, da diese Bereiche in der Literatur schon mehr als genügend abgedeckt sind und uns im Hinblick auf übersetzungsrelevante Faktoren der semantisch-pragmatische Bereich vor dem Hintergrund von Sprechakttheorie und Kommunikationsforschung als für unsere Untersuchungen weitaus fruchtbarer erscheint. Zur syntaktischen Beschreibung cf. z.B. Helbig und Kötz (1986: 9 ff.) oder Lieb (1977: 158-166).
[48] Bei Weydt (1969: 63) wird schon bemerkt, daß diese Bezüge emotional oder logisch-äußerlich-situationsbedingt sein können.
[49] Cf. dazu auch Helbig (1989: 202).
[50] Daher liegt auch für Weydt (1977: 218) die Funktion von MPn nicht auf der Bedeutungs-, sondern auf der Sinnebene.
[51] Zum Problem der Indexikalität cf. Franck (1980: 8-10). Zur allgemeinen Merkmalsbeschreibung von MPn cf. z.B. Weydt (1977: 218).

nicht-propositionalen Bereich der Aussage[52] (Franck 1980: 9). Das heißt, daß die kontextunabhängige Bedeutung durch ein pragmatisches Interpretationsverfahren auf den Kontext bezogen und gedeutet wird: „Indexikalität wird somit zu einer graduellen Eigenschaft sprachlicher Bedeutung" (Franck 1980: 254). Überdies tragen MPn zur Situationsdefinition von Sprecherseite aus bei und dienen - zumindest in der Verbindung mit sprachlichem und außersprachlichem Kontext[53] - als implizites Mittel zum Ausdruck von Sprechereinstellungen, wobei sie über den thematischen Fokus hinausgehend Zusatzinformationen vermitteln[54] und auch zur „kommunikativen Gliederung" (Krivonosov 1977b: 196) der Information nach Thema und Rhema beitragen können. Die MPn weisen somit rhematischen Charakter auf und determinieren durch ihre fokussierende Wirkung die Thema-Rhema-Struktur der Aussage (cf. Grochowski 1989: 81). Sie zeichnen sich durch einen starken Grad an Emotionalität aus, sind also „eher 'expressive cue' als 'communicated message'" (Franck 1980: 13), und treten daher auch in der gesprochenen Sprache weitaus häufiger auf als in der schriftlichen Sprache. Ähnlich wie Deiktika stellen MPn Situation und Äußerung in einen globalen Zusammenhang (Gornik-Gerhardt 1981: 13) und fungieren als „metakommunikative Deiktika" (Hentschel 1986: 122). Wie auch unsere Korpusanalyse zeigen wird, steigt die Partikelfrequenz wie auch die Tendenz zu Partikelkombinationen in den Aussagen mit dem Grad der emotionalen Involviertheit des Sprechers. Krivonosov (1977b: 211) schreibt daher auch: „Das Emotionale ist [...] die Kehrseite des Rationalen. Dies findet seinen Ausdruck im Gebrauch der Modalpartikeln."

---

[52] Dies grenzt auch die MPn von den Gradpartikeln ab. Während die Gradpartikeln auf semantischer Ebene agieren und - und zwar auch ohne den Wahrheitswert der Aussage zu verändern - eine „quantifizierende oder skalierende Interpretation" (Helbig 1989: 203) hinzufügen, operieren die MPn auf kommunikativer Ebene.
[53] Cf. dazu Beerbom (1992: 28), die die absolute Definition der MPn als Ausdrücke der Sprechereinstellung verweigert, und die MPn nur im erwähnten Zusammenspiel mit sprachlichem und außersprachlichem Kontext als Bedeutungsträger anerkennt. Diese Haltung findet sich z.B. auch bei Krivonosov (1978: 115). Es fällt jedoch auf, daß generell diejenigen Linguisten, die sich mit Modalität in der Übersetzung oder zumindest im Sprachvergleich beschäftigen (wie z.B. Zybatow 1990) im Sinne einer operationellen Bedeutungstheorie MPn sehr wohl als Bedeutungsträger anerkennen. So heißt es auch bei Krivonosov (1989a: 32) dezidiert, daß sich die *Bedeutung* eines Satzes durch das Einfügen einer modalen Partikel ändert.
[54] Bei Franck (1980: 129-130) wird daher auch zwischen deskriptiv und indikatorisch Ausgedrücktem unterschieden. Deskriptiv ausgedrückt sind Sachverhalte, die explizit propositional dargestellt werden, und indikatorisch ausgedrückt ist all das, was nur angedeutet oder angezeigt wird. Letzeres trifft auf die mittels MPn vermittelte Modalität zu. Cf. weiters auch die Ausführungen Krivonosovs (1983) zur sprachmaterialeinsparenden Funktion von MPn.

Ein weiteres Charakteristikum von MPn, das sich aus dem oben genannten ergibt und sich auch direkt auf die übersetzerische Praxis auswirkt[55], da in der Fremdsprache der relative Kontext meist ein etwas anderer ist als in der partikelreichen Ausgangssprache, ist ihre starke Kontextgebundenheit und die Wechselwirkung mit anderen situativ-pragmatischen sprachlichen wie auch außersprachlichen Faktoren, die dann erst im Zusammenspiel bedeutungsdefinierend wirken. Am evidentesten ist dies in der direkten Interaktion zwischen zwei Gesprächspartnern zu beobachten. Daher weist Franck (1980: XII) auch darauf hin, daß der „Schlüssel zu den Verwendungsbedingungen der Modalpartikeln vorwiegend in dialogischen Kontexten gesucht werden muß". Die Frage, ob MPn Bedeutungsträger sind oder nicht, hat zu heftigen Kontroversen in der Literatur geführt, einig ist man sich jedoch über die genannte Wechselwirkung der MPn mit dem sprachlichen und außersprachlichen Kontext. Gerade diese Wechselwirkung erschwert jedoch die Bedeutungsbeschreibung von MPn erheblich (Beerbom 1992: 30).

An eine umfassende Merkmalsbeschreibung stellt die Kategorie 'MPn' den Anspruch, grammatikalisch-syntaktische Eigenschaften im Wechselspiel mit kontextuell-pragmatischen Gegebenheiten zu berücksichtigen, es geht also um das Transparent-Machen von Relationen zwischen System, Norm und Kontextfreiheit bzw. Kontextsensitivität. Franck (1980: 167) schreibt dazu:

„In all ihrer Verschiedenheit illustrieren die MP die [...] These, dass [sic] Kontextfreiheit und Kontextsensitivität von sprachlichen Regeln oder Regelsystemen keine antagonistischen Begriffe sind sondern Eigenschaften, die in der natürlichen Sprache systematisch ineinandergreifen."

Daher wird bei Franck auch zwischen „fester Bedeutung" und durch MPn ausgelösten Implikaturen unterschieden (ibid.). Die Art des Kontextes beeinflußt somit die Art der jeweiligen Illokution bzw. die Interpretation des Gegenübers, sodaß auch die Interaktion letztendlich von Kontextbedingungen determiniert wird. Daher spielen bei der Charakterisierung von MPn und ihrem Wirkungsspektrum die Sprechakttheorie wie auch die Interaktions- und Kommunikationsanalyse eine gleichgeordnete Rolle. Dazu kommt noch der Satzmodus, der, wie Franck (1980: 171) bemerkt, wiederum Hinweise auf die Illokution geben kann. Seine potentielle Funktion als Illokutionsindikator erklärt auch die gegenüber dem Satztyp weitaus größere Bedeutung des Satzmodus in bezug auf die Beschreibung von Partikeleigenschaften.

---

[55] Cf. Beerbom (1992: 31): „Die Forderung, bei der Analyse von MPn ihre Wechselwirkung mit anderen modalen Ausdrucksmitteln einzubeziehen, ist auch für den Übersetzungsvergleich von Bedeutung." Allerdings übersteigt ein Vergleich sämtlicher Ausdrucksmittel von Modalität, die ein Sprachenpaar aufweist, die Grenzen des Machbaren.

Aus der Kontextabhängigkeit von MPn und der sich daraus auch ergebenden situationsdefinierenden Wirkung dieser Wortklasse ergibt sich in der Folge als Charakteristikum die Zuordenbarkeit einer MP zu unterschiedlichen Illokutionen. Man kann also nicht von direkt linearer Zuordenbarkeit sprechen, sondern muß vielmehr von Multifunktionalität[56] ausgehen (cf. Helbig / Kötz ²1985: 15). Dies ergibt zwar für die wissenschaftliche Betrachtung einige Schwierigkeiten, jedoch darf dabei nicht vergessen werden, daß Sprache erst durch den Sprachbenutzer und den Umgang mit ihr lebt. Dies gilt in besonderem Maße für MPn. Sie beziehen ihre 'Bedeutung' aus dem Umgang des Sprechers mit ihnen oder - um mit Coseriu zu sprechen - „weil die Sprache nicht *für* den Wissenschaftler bedeutet, der sie als Gegenstand erforscht, sondern für die Sprecher und die Hörer, und weil alles, was die Sprecher über die Sprache denken, glauben oder fühlen, ebenso Sprachwissenschaft wie die Sprache selbst ist" (Coseriu 1992: 384). Und dies gilt im besonderen für die translationsrelevante, kontrastive Sprachbetrachtung.

1.2.1.2.2 Zum Stellenwert von Modalpartikeln

Die Funktionen der Sprache spielen in der Sprachwissenschaft schon seit jeher eine große Rolle, obwohl der Begriff mehrdeutig Verwendung gefunden hat[57]. Einigkeit besteht jedoch dahingehend, daß die von Bühler beschriebene Darstellungsfunktion, die sich auf den kognitiven oder denotativen Inhalt einer Äußerung bezieht, grundlegend für unseren Umgang mit Sprache ist. Dies führte dazu, daß man sich in der Linguistik v.a. mit Äußerungen beschäftigt hat, denen ein gewisser Wahrheitswert zugeordnet wurde. Die mit den Aussagen verbundenen Sprechereinstellungen, Wertungen und Einschätzungen von Rezipient und Sprechsituation haben erst später Eingang in die wissenschaftlichen Betrachtungen gefunden. Einerseits wurde dies durch die Überlegungen von Sprachphilosophen wie Wittgenstein bedingt, dessen Postulat es war, nicht allein die deskriptive Funktion von Sprache als bedeutend anzusehen, andererseits erklärt sich diese Entwicklung wiederum durch die verstärkte Hinwendung zu pragmatischen Ansätzen. Die kognitive Funktion von Sprache wurde als Untersuchungsgegenstand zugunsten der emotiven

---

[56] Cf. dazu auch Schmidt-Radefeldt (1989: 257), der auf die „pragmatisch polyvalente[n] Funktionen" von Partikeln hinweist, die sich „aus dem oberflächenstrukturellen Vorkommen nicht ableiten lassen".
[57] Cf. dazu Bublitz (1978: 2-5), der als Beispiele hierfür den Gebrauch des Terminus 'Funktion' im Sinne von 'syntaktischer Funktion' oder aber im Sinne von 'gesamtsprachlicher Funktion' bzw. nach Halliday 'macro-function' oder aber nach Austin im Sinne von 'illokutionärer Funktion' anführt.

Funktionen in den Hintergrund gedrängt, und man beschäftigte sich nunmehr eingehender mit den Ausdruckweisen der Sprechereinstellung und den entsprechenden Funktionen von Sprache. Man denke dabei nur an Sprachwissenschaftler wie Bühler, Jakobson, Hymes, Halliday und Weydt, die alle bemüht waren, nicht-kognitive Funktionen von Sprache darzustellen[58] (cf. Bublitz 1978: 3-4). Befaßt man sich nun mit Ausdrücken der Modalität, in unserem Fall mit modalen Partikeln und ihren Entsprechungen, so befindet man sich im Bereich der emotiv-konativ fungierenden sprachlichen Erscheinungen.

Lange Zeit wurde aus der angeblichen semantischen Leere und Vagheit der Partikeln auf deren Nutzlosigkeit geschlossen. Funktionalität wurde dieser Kategorie abgesprochen, höchstens eine etwaige stilistische Bedeutung wurde den Partikeln zuerkannt (cf. Linke et al. 1991: 271). Erst mit der Hinwendung zu pragmatischen Faktoren, dem Text im situativen, soziokulturellen Kontext, der Analyse von verschiedenen Textsorten und deren unterschiedlichen Funktionen bzw. der vermehrten Hinwendung zur gesprochenen Sprache als Untersuchungsgegenstand trat die Funktionalität der Partikeln in ihrem kontextuellen und situativen Umfeld zutage[59].

Obwohl Linke et al. (1991: 272) die Kategorie 'Partikeln' im Kapitel *Gesprächsanalyse* behandeln, hebt das Autorenkollektiv nicht so sehr die gesprächsorganisatorische als vielmehr die „(meta)kommunikative" Funktion hervor, die der „Modifizierung und Kommentierung geäußerter Sachverhalte" (ibid.) dient. Will man der Bedeutung einer Partikel auf den Grund gehen, so ist diese daher „in erster Linie über diese Funktionen und nicht über ihre - oft kaum vorhandenen - semantischen Dimensionen zu erschließen" (Linke et al. 1991: 273)[60]. Erweitert man das Partikelkonzept auf die von Hölker beschriebenen Marker (cf. Hölker 1990: 80-87), so ergibt sich auch hier die Funktionsweise als distinktives Merkmal zur Charakterisierung dieser Größe. Das Problem, das sich bei der Beschreibung von Markern bzw. Partikeln ergibt[61], liegt jedoch in der deutlichen Polyfunktionalität dieser Kategorie, was wiederum die Frage nach der „Transparenz von Markern, also der unterschiedlichen Deutlichkeit, mit der sie etwas markieren" (Hölker 1990: 85) aufwirft. Wir sind der Ansicht, daß hier einzelne Abstufungen einzuführen sind,

---

[58] Vor allem der 'konativen Funktion', die auf den Rezipienten ausgerichtet ist und die Jakobson ähnlich wie Bühlers 'Signalfunktion' beschreibt, und der 'emotiven Funktion', die vielfach in der Forschung zusammengefaßt werden, kommt im Hinblick auf die Beschreibung der modalen Ausdrucksweisen von Sprechereinstellung Bedeutung zu (cf. Bublitz 1978: 4).
[59] Verschiedene Darstellungsvarianten der Funktionen von MPn finden sich beispielsweise bei Gornik-Gerhardt (1981: 21 ff.).
[60] Cf. dazu auch Bublitz (1978: 6), der ebenso auf die Unzulänglichkeit rein auf formale und funktionale Aspekte konzentrierter Analysen aufmerksam gemacht hat.
[61] Cf. dazu auch Kapitel 2.1.4.

die je nach Situationalität und emotiver Stärke der verwendeten Partikeln eine differenziertere Beschreibung gestatten.

Wie oben dargelegt wurde, wird die emotiv-subjektive Sprecherhaltung - zumindest im Deutschen - durch die Verwendung von Partikeln vermittelt. Ihre Leistung in der Sprache besteht also darin, „Aspekte der emotiven Modalität in Äußerungen zu spiegeln" (Bublitz 1978: 9). Die Funktion der Partikeln wird somit allgemein als Instrumente zur „Einstellungsbekundung" bzw. „Qualifikation einer Aussage" (Linke et al. 1991: 272) gesehen, diese globalen Parameter können jedoch beliebig untergliedert werden. MPn sind Funktionswörter bzw. Synsemantika, die bestimmte Relationen herstellen und damit konnex- und kohärenzbildend wirken, über die Art dieser Relationen herrscht jedoch vielfach geteilte Meinung (Beerbom 1992: 34).

1.2.1.2.3 Funktionen von Modalpartikeln

Die Funktionsweisen von (Modal)Partikeln wurden schon auf unterschiedliche Art und Weise umfassend beschrieben, einig ist man sich jedoch darin, daß wegen der geringen denotativen Bedeutung[62] der Partikeln nur unter Einbeziehung pragmatisch-kommunikativer Kategorien eine befriedigende Funktionsbeschreibung dieser Wortklasse erfolgen kann, da auch syntaktische und manche semantische Partikeleigenschaften erst in Abhängigkeit von kommunikativen Funktionen adäquat beschreibbar werden (Helbig / Kötz ²1985: 15). Im Sinne der linguistischen Chronik meinen Helbig und Kötz (ibid.: 14) sehr richtig dazu: „Das, was bisher schwer beschreibbarer Appendix war, wird zum Ausgangspunkt". Gemeint ist damit das „Primat der Sprache als kommunikativer Tätigkeit" (ibid.) im Hinblick auf die soziale interaktive Funktion von Sprache und Sprachverwendung. Dies gilt generell für die Analyse von MPn, deren Ausgangspunkt eine „funktionsorientierte Sprachbetrachtung" (Gornik-Gerhardt 1981: 15) sein muß.

Wenn man somit - wie Gornik-Gerhardt (1981: 27) - im Sinne einer operationellen Bedeutungstheorie vom Wittgensteinschen Postulat ausgeht, demzufolge die Bedeutung eines Wortes sein Gebrauch in der Sprache ist, was ja auch den pragmatisch-kontextuellen Ansätzen vollinhaltlich enstspricht, so werden die MPn im Rahmen einer Funktionstheorie zu Bedeutungsträgern[63].

---

[62] Wir unterscheiden hier mit Beerbom (1992: 33) zwischen 'Bedeutung' im Sinne einer Charakterisierung auf semantischer Ebene und 'Funktion' im Sinne des Zusammenspiels zwischen Bedeutung und Kontextelementen, welches die Äußerungsbedeutung und den kommunikativen Sinn betrifft.
[63] Wobei jedoch der Bedeutungsbegriff nicht mit den gängigen Bedeutungsbegriffen gleichzusetzen ist (cf. dazu Gornik-Gerhardt 1981: 27).

Die Bedeutung eines Wortes wird so als „Summe seiner Gebrauchsbedingungen" (Gornik-Gerhardt 1981: 28) definiert. Gornik-Gerhardt sagt ganz klar, daß sie die „Funktionen der MPn als ihre Bedeutung bezeichne[t]" (1981: 29). Zybatow (1990: 27) kommt seinerseits zu dem Schluß, daß Partikeln sehr wohl eine eigenständige Bedeutung haben und daß ihre semantische Repräsentation als Invariante der verschiedenen kontextbedingten Varianten faßbar ist. Wie wir anhand der Korpusanalyse noch sehen werden, wirft diese Sichtweise die Frage auf, ob man zur Beschreibung von Charakteristik und Funktion(en) von MPn von einer übergreifenden Bedeutung ausgehen oder ob man Funktionsvarianten beschreiben soll. Wir möchten an dieser Stelle nur bemerken, daß das eine das andere nicht ausschließt und beide Ansätze ihre Berechtigung und ihren Nutzen haben, daß man aber für einen übersetzungsrelevanten Zugang u.E. nicht ohne Funktionsvarianten auskommen wird. Es bleibt jedoch auf jeden Fall unbestritten, daß die Sprachkompetenz immer die „Kompetenz zum Gebrauch" (Franck 1980: 35) eines sprachlichen Elementes ist und sich somit die okkasionelle Bedeutung aus der sprachlichen Bedeutung ergibt (cf. ibid.).

Franck (1980: 31) nennt nunmehr als Bedeutungskomponenten von MPn die folgenden MP-Funktionen[64], die im Rahmen des „sozialen Bedeutungsbereiches" (ibid.) im nicht-propositionalen Bereich wirksam werden: die illokutionsmodifizierende[65] Funktion, die situationsdefinierende Funktion, die konversationssteuernde[66] und -konnektierende Funktion, Beziehungsmanagement (MPn erlauben Schlüsse auf persönliche Beziehungen der Kommunikationspartner), Interpretationsstrategien (MPn liefern Hinweise auf die vom Sprecher gewünschte Interpretation seiner Aussage und sind somit interpretationssteuernd) sowie die prädikationsrelativierende und argumentative Funktion (Abschwächung oder Verstärkung der Prädikation bzw. Herstellung eines argumentativen Zusammenhanges durch die MP).

Als für die Übersetzung von MP-Aussagen bedeutendste Funktionen erweisen sich die illokutionsmodifizierende und die situationsdefinierende Funktion, da das Deutsche hier mit den MPn über ein sehr subtiles Mittel der Informationsübermittlung im Hinblick auf Illokutionsveränderung bzw. indirekte Stellungnahme des Sprechers zum Geschehen verfügt, was in anderen Sprachen auf explizitere Weise vollzogen werden muß. Allerdings darf dabei

---

[64] Eine ähnliche Auflistung der MP-Funktionen findet sich auch bei Helbig (^{2}1990: 56-63).
[65] Eine Kontroverse stellt in der Literatur auch die Frage dar, ob MPn illokutive Indikatoren darstellen, wie dies z.B. nach Helbig und Kötz (^{2}1985: 16) bzw. Helbig (^{2}1990: 58) der Fall ist, oder ob dem nicht so ist (cf. Sandig 1979: 89). Es wird daher vielfach zwischen Basisindikatoren und Sekundärindikatoren differenziert oder von 'bedingter' illokutionsmodifizierender Funktion gesprochen, wie dies bei Beerbom (1992: 44) der Fall ist.
[66] Zur Eingliederung der MPn unter die Gesprächswörter cf. Helbig (^{2}1990: 53-54).

nicht außer acht gelassen werden, daß die Sprechereinstellung[67] erst auf der Ebene der Äußerungsbedeutung und des kommunikativen Sinns generiert wird (Beerbom 1992: 36). Daher weist Helbig (^{2}1990: 57) in Anlehnung an Wolski auch darauf hin, daß MPn nicht einfach Einstellungen ausdrücken, sondern vielmehr „einstellungsregulierende Ausdrucksmittel" (ibid.) sind. Weiters spielt die argumentative - und damit auch die interaktionssteuernde - Funktion[68] eine große Rolle für die übersetzerische Praxis, da implizit argumentative Strukturen[69] im Translat vielfach ein Explizit-Machen und somit eine genaue Festlegung durch den Translator verlangen. Daraus wiederum leitet sich allgemein, orientiert man sich an Bühler, eine sehr starke Ausdrucks- und Appellfunktion der MPn ab. Außerdem haben MPn ihren festen Platz in stark konventionalisierten Kommunikationssituationen, in denen sie im Rahmen der Angemessenheitsnormen unserer Höflichkeitsstrukturen ganz bestimmte Funktionen wahrnehmen[70], sodaß sich in diesem Bereich auch feste Übersetzungseinheiten ergeben. Dahl (1987: 12) spricht in diesem Zusammenhang auch von „Verträglichkeitsbedingungen" relativ zu Ko- und Kontext. MPn können Implikaturen auslösen und die Situationseinschätzung der Kommunikationsteilnehmer transparent machen und somit Verstehenshilfen geben. So weist auch Sandig (1979: 89) auf die Funktion der MPn hin, den jeweiligen Sprechakt unter den gegebenen Interaktionsbedingungen deutlich zu machen. MPn sind generell stark rezipientenbezogen und weisen demzufolge in der sprachlichen Interaktion auch starke initiative oder reaktive Komponenten auf. Mit ihrer Hilfe interagiert der Sprecher mit seinem Gegenüber und nimmt aktiv und intentional Einfluß auf dessen Denk- und Handlungsabsichten (Schmidt-Radefeldt 1989: 257). Dies kann sogar bis zur Manipulation des Gegenübers gehen. Bei Bartsch (1979: 367) ist daher auch die Rede vom Suggerieren von Interpretationszwängen. Mittels MPn werden Vorwärts- und Rückwärtskonnexe in der Interaktion hergestellt, sodaß der Fortgang der Kommunikation determiniert und vom Sprecher beeinflußt und in eine bestimmte Richtung gelenkt werden kann. Daher spielt der Kontext nicht nur auf pragmatischer, sondern auch auf semantischer Ebene eine Rolle (Franck 1980: 254).

---

[67] Auch der Begriff der 'Sprechereinstellung' ist in der Literatur nicht ganz unumstritten. Wir verweisen in diesem Zusammenhang auf Beerbom (1992: 36-37).
[68] Bei Franck (1979: 5) ist in diesem Zusammenhang sogar die Rede von „Interaktionsmanagement".
[69] Beerbom (1992: 38) spricht in diesem Zusammenhang von „Indizien für das Vorliegen reduzierter Syllogismen".
[70] Settekorn (1977) und Sandig (1979) haben auch schon im Rahmen sprechakttheoretischer und konversationsanalytischer Untersuchungen auf den Zusammenhang zwischen dem Gebrauch bestimmter MPn und der Rollenbeziehung der Kommunikationsinteraktanten hingewiesen.

1.2.1.2.4 Modalpartikeln und Semantik - Modalpartikeln und Pragmalinguistik

Die Partikelforschung unterscheidet zwischen pragmatischen und semantischen Partikeln. In den Bereich der Semantik wird die Analyse der Darstellungsfunktion verwiesen, dem Bereich der Pragmatik fallen die Untersuchungen von Relationen zwischen Äußerungen und Sprechsituationen und die Analyse der Ausdrucksfunktion, der Appellfunktion, der phatischen und der metasprachlichen Funktion zu (cf. Hölker 1990: 81)[71]. In der Literatur wurde und wird - im Gegensatz zu den Tendenzen der aktuellen MP-Forschung - immer wieder die Meinung vertreten, daß MPn keine[72] isolierbare Bedeutung aufweisen[73]. Wie wir jedoch schon bemerkt haben, finden sich gerade bei Linguisten, die Sprachvergleich und Translationsforschung betreiben, auch solche, die im Wittgensteinschen Sinne der Determiniertheit des Wortes durch seine Gebrauchsbedingungen auch den MPn die Fähigkeit zugestehen, Bedeutungsträger zu sein. Einigkeit besteht dahingehend, daß MPn in der Art von Funktionswörtern Relationen zu anderen sprachlichen Elementen herstellen (Hentschel 1986: 120) und ihre Funktion erst im Zusammenwirken mit diesen anderen Elementen erfüllen können. Die Kontroverse um die Bedeutung oder Bedeutungslosigkeit von MPn war auch einer der Auslöser für die Suche nach kontextunabhängigen, invarianten Bedeutungen von MPn. Was bei Franck schon anklingt, wenn sie von der allgemeinen kontextunabhängigen Bedeutung von MPn spricht, welche sie als eine Art Matrix beschreibt, die bei einer „pragmatischen Interpretation 'ausgefüllt' werden muß" (Franck 1980: 254), wird in der Folge beispielsweise von Doherty (1985) in ihrer auf der Satzebene angelegten Beschreibung der MPn als epistemischen Ausdrucksmitteln bestätigt (cf. Beerbom 1992: 34-35) und dann auch von Zybatow (1990) wieder aufgenommen:

---

[71] Zur Unterscheidung zwischen dem semantischen und dem pragmatischen Aspekt cf. auch Weydt (1986: 395 ff.).

[72] Cf. z.B. Krivonosov (1977a: 310-311), den wir hier exemplarisch nennen und der den MPn jegliche selbständige lexikalische Bedeutung abspricht und sie als „Syntaxeme" (ibid.: 311) bezeichnet und 1978 (116) sogar von der Illusion einer semantischen Klassifizierung der MPn spricht, da er der Auffassung ist, daß in der Regel die modale Bedeutung des ganzen Satzes fälschlicherweise der einzelnen MP zugeschrieben wird.

[73] Weydt (1986: 394) betrachtet diese „laienhafte These" jedoch als widerlegt. Hentschel (1986: 120) betrachtet „die Tatsache, daß MP[n] eine Bedeutung haben", als „Feststellung, die möglicherweise immer noch der Erläuterung bedarf". Zudem gibt es auch andere Thesen: Beispielsweise geht Settekorn (1977: 393) davon aus, daß die kommunikative Funktion der MPn gänzlich an die Stelle der lexikalischen Bedeutung getreten ist, und Abraham (1991a: 208) geht davon aus, daß der semantische Gehalt der MPn von Homonymen aus anderen Wortkategorien abgeleitet werden kann.

„Es handelt sich bei der Bedeutung der Partikeln nicht, wie bei den Autosemantika, um eine Bedeutung im Sinne des Denotierens von Gegenständen und Begriffen der außersprachlichen Realität, sondern um eine Einstellungsbedeutung, die im Zusammenspiel mit anderen sprachlichen Ausdrucksmitteln für Einstellungsbedeutungen die für jeden Satz obligatorische Einstellungskonfiguration konstituiert." (Zybatow 1990: 20)

Laut Beerbom (1992: 33) ist die Kontroverse um den semantischen Gehalt von MPn jedoch neben der Abhängigkeit vom zugrundegelegten Semantikbegriff v.a. eine terminologisch bedingte. Auch Pérennec (1988: 47) weist darauf hin, daß die Ansicht, Partikeln seien semantisch leer, auf „eine Verwechslung von Bedeutung und Bezeichnung" zurückzuführen ist. Die Kontroverse in der Partikelforschung bezieht sich auf die Dichotomie, ob die Partikelbedeutung als Implikatur aus dem Kontext und einer allgemeineren Bedeutung entsteht, oder ob die Partikeln eine eigenständige Bedeutung haben, wodurch man dann von „genuiner Homonymie bzw. *Ambiguität*" (Franck 1979: 12) sprechen könnte. Métrich et al. (^{3}1993: 4) gehen von einer pragmatischeren Sichtweise aus und sehen die MPn als Konstituenten des Kommunikationsaktes, sodaß sie bei Métrich et al. als „mots de la communication" (ibid.) bezeichnet werden.

Viele der neueren einzelsprachlichen Untersuchungen zu den MPn weisen eine Tendenz zum Bedeutungsminimalismus auf, den MPn wird eine übergreifende Grundbedeutung zugestanden, von kontextuell determinierten Funktionsvarianten wird jedoch abgesehen. Wir sind jedoch der Meinung, daß für die translationsrelevante Analyse von MPn im Sprachvergleich die Beschränkung auf einen bedeutungsminimalistischen Ansatz unbrauchbar ist, da dadurch das Spektrum der Variationen und Funktionstypen einer MP nicht mehr beschreibbar wird und somit auch die auf sehr heterogenen Ebenen angesiedelten Entsprechungsmöglichkeiten in der Fremdsprache nicht mehr faßbar sind.

Die Beschäftigung mit gesprochener Sprache erfordert in sehr viel höherem Maße als die Betrachtung schriftlich vorliegender Texte einen funktional-integrativen Analyseansatz, da ja hier pragmatische Komponenten wie die der Adressatenspezifik und -orientierung viel stärker in den Vordergrund rücken und die direkte Interaktion der Gesprächspartner für den Verlauf und die Organisation des Gesprächs von tragender Bedeutung ist. Insofern erklärt sich auch der Umstand, daß die Entwicklung der Partikelforschung mehr oder weniger parallel zu der der Gesprächsanalyse verläuft. Zudem erkannte man gerade im Bereich der Fremdsprachendidaktik die Notwendigkeit, die kommunikative Kompetenz der Lerner in der Fremdsprache zu fördern und zu entwickeln, und dazu gehört im DAF-Bereich nun einmal auch die Beschäftigung mit Partikeln. Erst mit dem gestiegenen Interesse der Wissenschaft an der gesprochenen Sprache kam die „interaktive Potenz" (Linke et al. 1991: 271) der

Partikeln richtig zum Tragen. Vormals wurden die Partikeln aus dem kommunikativen Zusammenhang herausgelöst beschrieben und erschienen, da sie ja ihre eigentliche Wirkung erst im und durch den Kontext erlangen, als bedeutungslos bzw. bedeutungsarm. Linke et al. (1991: 271) sprechen in diesem Zusammenhang sogar von „sprachpflegerischer Diffamierung" der Partikeln, da immer nur schriftliche Texte als Parameter für die Partikelverwendung in der Sprache herangezogen wurden. Dies gilt im besonderen für die Gruppe der MPn:

„Wo man früher aus der semantischen Leere bzw. Vagheit von Partikeln auf deren Nutzlosigkeit geschlossen und ihnen im besten Fall gewisse stilistische Bedeutung zugesprochen hatte, begann man nun, aus der vielseitigen Verwendung dieser Wörtchen auf ihre (funktionale) Bedeutung zu schließen." (Linke et al. 1991: 271)

Die Frequenz der MPn liegt in der mündlichen Kommunikation - und zwar insbesondere in der Umgangssprache[74] - eindeutig höher als im Bereich der Schriftsprache (cf. Gornik-Gerhardt 1981: 16). Dies wird auch bei Weydt (1969: 9) deutlich, wenn er meint: „Wer die deutsche Literatur nach diesen Partikeln durchsucht, wird bei weitem geringere Beute machen als einer, der dem Volk aufs Maul schaut". Der Grund dafür liegt in dem Faktum, daß den MPn als Trägern der subjektiven emotionalen Haltung des Sprechers eine bedeutende psychosoziale Rolle innerhalb unserer Sprachen zukommt, die sich vor allem in der mündlichen Kommunikation, welche sich ja in der Regel durch eine gewisse Lockerheit bezüglich des Stils auszeichnet und dafür rhythmischen Gesetzen der Sprache folgt, bemerkbar macht: „Die subjektive Modalität schließt ferner die sozialen Beziehungen zwischen Sprecher und Hörer ein" (Gornik-Gerhardt 1981: 17). Auch Beispiele aus unserer Korpusanalyse spiegeln, wie wir sehen werden, die starke Partnerbezogenheit und das „subjektive Erlebniselement" (Weydt 1969: 102), dem die Partikeln ihren häufigen Gebrauch in der mündlichen Rede zu verdanken haben, eindeutig wider. Dies hat Weydt schon 1969 hervorgehoben:

„[...] wo Abtönungen reichlich auftauchen, da ist ein starker Partnerbezug vorhanden. [...] So steht also Umgangssprache mit Partnerbezogenheit und Abtönungsreichtum einerseits gegen andererseits Schriftsprache mit Sachbezogenheit und Abtönungsarmut. [...] Auf dieser Partnerbezogenheit mündlicher Rede beruht vor allem die Partikelfrequenz der sogenannten Umgangssprache." (Weydt 1969: 102-103)

Obschon MPn im eigentlichen Sinne keine Gesprächswörter darstellen, wie sie z.B. Linke et al. (1991: 261-291) beschreiben, kommt ihnen vor allem in der gesprochenen Sprache große Bedeutung zu, sodaß auch Analysen solcher Texte

---

[74] Dies betont auch Weydt (1969: 9).

zur Herausarbeitung ihres Stellenwertes und ihrer Wirkung am geeignetsten sind. Ihrer Funktionalität nach ähneln MPn in sehr starkem Maße Intonationsmorphemen und auch nonverbalen Kommunikationsmitteln. Daher spricht auch Krivonosov (1978: 112) von MPn als „subjektiven Kürzelsignalen" des Sprechers bzw. seiner Haltung zum Gesprächsgegenstand, was wiederum erklärt, warum in Sprachen, die weniger partikelreich sind als das Deutsche, vermehrt emphatische Intonationsmuster die Funktion der deutschen Partikel übernehmen. Anhand der Arbeit von Lhote (1994) zur kommunikativen Funktion der Intonation wird deutlich, daß im Französischen mittels der Intonation implizit verschiedene Nuancen zum Ausdruck gebracht werden können, welche im Deutschen z.B. durch MPn verdeutlicht werden. Zudem kann natürlich auch im Deutschen das Intonationsmuster ausreichen, um die sonst durch die Partikel eingebrachte Modalität zu verdeutlichen. Ein- und dieselbe Funktion kann also von unterschiedlichen Elementen wahrgenommen werden, sodaß man von „cross-channel-Entsprechungen" (Beerbom 1992: 33) reden kann.

1.2.2 Modalität im Französischen

Wie generell in der Linguistik, so gibt es auch was die französische Sprache anbelangt ganz unterschiedliche Ansätze und Versuche zur Beschreibung und Definition von Modalität[75]. Nach Ducrot und Todorov (1972: 389) stellen Tempus und Modalität sogar diejenigen sprachwissenschaftlichen Kategorien dar, die „résistent le plus à la réflexion linguistique", was von den beiden Autoren auf die Befürchtungen der post-saussureschen Linguistik zurückgeführt wird, die Sprecherpragmatik in den linguistischen Objektbereich mit einzubeziehen (ibid.). Eben der pragmatische Kontext spielt jedoch gerade im Französischen, das vielfach stärker auf implizite Ausdrucksmittel für Modalität angewiesen ist als das Deutsche, eine tragende Rolle[76]. David und Kleiber (1983: 9) sprechen im Zusammenhang mit den unterschiedlichen Beschreibungsansätzen für Modalität von „facettes multiples", „extension variable" und „définitions multi-aspectuelles" und stellen in ihrem Sammelband zur *notion sémantico-logique de modalité* Untersuchungen zum Modalitätsbegriff einander gegenüber, um zu dem Schluß zu kommen, daß die

---

[75] Cf. dazu Klare (1980: 15): „Il existe diverses approches de la modalité. C'est une des raisons pour lesquelles le terme de modalité est polysémique, voire surchargé de significations."
[76] Cf. dazu Ducrot und Todorov (1972: 418): „Car, justement, on voit mal comment décrire un énoncé sans dire ce qu'il devient dans les différents types de situations où il peut être employé."

„localisation" bzw. „classification" (ibid.: 10) je nach Ausgangsperspektive[77] stark variieren kann. So differenziert beispielsweise Gardies (1983) zwischen engen aristotelischen Modalitätsauffassungen und weiteren der jüngeren Linguistik, um zu einer recht umfangreichen und genauen Klassifizierung von Arten von Modalität zu gelangen, wobei er schließlich Modalität als „foncteur propositionnel à (au moins) un argument propositionnel" (Gardies 1983: 14/16) beschreibt. Auch Stahl (1983: 43 ff.), der wiederum zwischen „vraies modalités", wozu auch die epistemische Modalität gerechnet wird, und „modalités impropres" unterscheidet, entwirft ähnlich wie Pottier (1983) und Zemb (1983) eine 'Chronologie' bzw. Klassifizierung von Arten von Modalität. Abrisse über die Entwicklung des Modalitätsbegriffs von der Logik her finden sich auch in den neueren Grammatiken (cf. beispielsweise Riegel et al. ^{2}1996: 579 ff.), wo nach Bally zwischen *modus* und *dictum* unterschieden und auf den Bezug zwischen Sprechereinstellung und Aussage hingewiesen wird. Weiters werden bei Riegel et al. nach Kerbrat-Orecchioni zwei Aspekte der Subjektivität unterschieden, nämlich „*l'affectif*, qui concerne toute expression d'un sentiment du locuteur" und „*l'évaluatif*, qui correspond à tout jugement ou évaluation du locuteur: appréciations en termes de bon/mauvais (**axiologique**) ou modalisations selon le vrai, le faux ou l'incertain (**épistémique**)" (Riegel et al. ^{2}1996: 580).

Da die MPn ja lange Zeit als lästiges Beiwerk v.a. der deutschen Sprache, als „Füllwörter" und „Läuse im Pelz unserer Sprache" (L. Reiners, apud Beerbom 1992: 21) betrachtet worden sind, scheint es vielleicht auf den ersten Blick müßig, ihren Entsprechungen in einer romanischen Sprache eine Untersuchung zu widmen, da man ja von solch einem spezifischen Charakteristikum des Deutschen nicht erwarten kann, daß es in anderen Sprachen auch im selben Ausmaß vertreten ist. Dies ist jedoch nur dann richtig, wenn man unter 'Entsprechung' ein direktes lexikalisches Äquivalent versteht und auch nur solche als Entsprechungen zuläßt. Weydt schreibt 1969 (69) noch:

„Sprachelemente, die ähnlich wie die deutschen Partikel funktionieren, gibt es auch im Französischen. Sie spielen im Französischen eine weitaus geringere Rolle als im Deutschen; das zeigt sich vor allem in der Häufigkeit ihrer Anwendung und in der Begrenztheit ihres Inventars."

Blumenthal (1987: 107) äußert jedoch schon Zweifel an der Richtigkeit der Tendenz, dem Deutschen ein „Abtönungsmonopol" zuzusprechen, und drängt auf eine Erweiterung desjenigen Elementekatalogs, der als Sammlung der Entsprechungen für die deutschen MPn im Französischen angesehen wird.

---

[77] Da wir hier nicht alle Ansätze referieren können, beschränken wir uns darauf, auf die Beiträge von Stahl (1983), Pottier (1983) und Zemb (1983) im besagten Band zu verweisen.

Nun, auch wenn man nur lexikalische Elemente als Entsprechung zuläßt, so zeigt sich, daß das Inventar an Entsprechungsmöglichkeiten nicht so begrenzt ist, wie man auf den ersten Blick meinen möchte. Dies stellt auch Métrich (1993) exemplarisch unter Beweis. Geht man jedoch über den strengen Rahmen des direkten Äquivalents, mit dem man so manche Sprache - wie auch das Französische - von ihrer Struktur her gesehen in ein Korsett zwängen würde, hinaus und richtet seinen Blick auf die Audrucksformen von Modalität im allgemeinen, so tut sich auch in einer (scheinbar) 'partikelarmen' Sprache wie dem Französischen ein breites Spektrum von Ausdrucksmöglichkeiten auf den unterschiedlichsten sprachlichen Ausdrucksebenen auf, die diese Sprachen in extenso ausschöpfen können[78], um das, was im Deutschen die MPn zum Ausdruck von Modalität leisten, wiedergeben zu können. Settekorn (1977) hat dies im Anschluß an Gülichs Makrosyntax (1970)[79] auch schon für die gesprochene französische Sprache festgestellt, indem er die Gemeinsamkeiten zwischen Gliederungssignalen und Partikeln wie Desemantisierung und den Ersatz der lexikalischen Bedeutung durch die kommunikative Funktion etc. aufgezeigt hat; und auch bei Dahl (1987: 41) findet sich in Anlehnung an Henne eine Aufzählung von „Gesprächswörtern", die im „funktionelle[n] Umfeld" als Entsprechungen für MPn fungieren können, wie beispielsweise Interjektionen, Rückmeldungspartikeln oder Gliederungspartikeln. Bei Blumenthal (1987: 106) findet sich schon die Frage nach eventuellen Abtönungsmitteln des Französischen, die Weydt (1969) übersehen haben könnte. Blumenthal (1987: 107) nennt in diesem Zusammenhang Gliederungssignale und Interjektionen und weist auf die Vielfältigkeit an Abtönungsmöglichkeiten hin, die das Französische auf Systemebene aufzuweisen hat, und welche oft bei der Übersetzung ins Deutsche verloren gehen. Bei Koch und Oesterreicher (1990) hingegen geht schon klar hervor, daß der pragmatisch-außersprachliche Kontext in vielen Sprachen, wozu auch das Französische zählt, eine außerordentlich wichtige Rolle beim Ausdruck von Modalität bzw. Abtönung spielt:

„Unter den Bedingungen kommunikativer Nähe [...] bleiben viele Aspekte der Illokutionen dem nichtsprachlichen Kontext überlassen. Dies legt allein schon die starke Situations- und Handlungseinbindung nahe, verstärkt noch durch Privatheit der Kommunikation und Vertrautheit der Partner. Im übrigen steht auch die Spontaneität einer umfangreichen, durchstrukturierten Versprachlichung illokutionärer Akte entgegen. Ein besonders interessantes, im weiteren Sinne dialogisches Verfahren nähersprachlicher Kommunikation

---

[78] Daher ist z.B. auch bei Dalmas (1989: 229) die Rede von der Kompensation der französischen 'Partikelarmut' bzw. von der „relativen Partikelarmut des Französischen" (ibid.: 231).
[79] Gülich (1970) untersucht die gliedernde Funktion von Partikeln in der gesprochenen Sprache und weist auf deren hohe Frequenz als Gliederungssignale hin.

besteht nun darin, bestimmte interaktionell relevante Kontextbedingungen illokutionärer Akte lediglich durch äußerst sparsame sprachliche Elemente anzudeuten. Man kann hier von **Abtönung** sprechen." (Koch / Oesterreicher 1990: 67-68)

Für den Übersetzer heißt das, daß er von der alleinigen Suche nach direkten Äquivalenten absehen und seine Entsprechungen zum Ausdruck von Modalität auf allen sprachlichen Ebenen suchen muß. Dies ist schon dadurch bedingt, daß Modalität nicht auf der Textoberfläche wirksam wird, sondern erst in einem komplexen Schlußverfahren inferiert werden muß und dadurch auf der Ebene der *parole* zum Tragen kommt. Die Frequenz von direkten Partikelentsprechungen in der Übersetzung ist u.e. sekundär, wenn die Wirkungsäquivalenz auf Textebene gegeben ist. Daher ist auch die pragmatisch-kommunikative Funktion der MP im Deutschen für das translatorische Handeln und die Wahl der Entsprechung in der Zielsprache maßgeblich:

„Die Abtönungspartikeln können [...] Träger pragmatischer „Bedeutungen" werden. In diesen Fällen muß die pragmatische Funktion Ziel der fremdsprachlichen Wiedergabe sein. Sie muß in partikelarmen Sprachen mit den spezifischen Mitteln der Zielsprache erreicht werden, in den meisten Fällen gar nicht mit Hilfe von Partikeln." (Weydt 1989c: 247)

Wie bei Brauße (1982: 246) ganz richtig bemerkt wird, bietet sich hierzu das „Operator-Skopus-Konzept" an, da Zweck und Wirkung hier als entscheidende Kriterien anzusehen sind. Als sehr hilfreich zur Beschreibung modaler Ausdrucksweisen im Französischen erscheinen uns auch die Ansätze aus der Genfer Kommunikations- und Interaktionsforschung. Hier wird u.a. (beispielsweise bei Auchlin und Zenone 1980: 25) unter konversationsanalytischem Gesichtspunkt die starke Kontextabhängigkeit von Sprechakten aufgezeigt, ein Aspekt, der gerade bei der Beschreibung von Modalität im Französischen von Bedeutung ist, da Modalität hier in viel stärkerem Maße als im Deutschen von pragmatisch-kontextuellen Faktoren getragen wird. Dies verlangt dann natürlich wiederum im Hinblick auf die Translation eigene Übersetzungsstrategien, die es erlauben, den Ko- und Kontext in viel größerem Umfang mit einzubeziehen.

1.2.2.1 Der Ausdruck von Modalität im Französischen

Will man im Französischen nunmehr die verschiedenen Ausdrucksformen von Modalität beschreiben, so sieht man sich einer Fülle von unterschiedlichen und kaum kategorisierbaren Varianten gegenüber, die alle auf die eine oder andere Art und Weise dem Gehalt einer deutschen Partikel entsprechen, ohne daß sie im Französischen so einfach einer Wortklasse 'Partikeln' zuordenbar wären[80]. Daher ist es gerade in bezug auf das Französische besonders schwierig, in diesem Bereich Klassifizierungen zu erstellen. Klare (1980: 316) meint deswegen auch sehr richtig: „Pour exprimer les modalités dans la communication, le français a tout un inventaire jusqu'ici ni exhaustivement inventorié ni systématiquement classé de moyens linguistiques surtout sous forme de verbes, d'adjectifs, de substantifs ou d'éléments grammaticaux divers"[81]. Der Verbmodus stellt somit nur e i n Ausdrucksmittel für Modalität unter vielen dar und bezieht sich v.a. auf die objektive Modalität, während die subjektive Modalität im Französischen auf sehr heterogene Art und Weise zum Ausdruck gebracht werden kann. Diese Ausdrucksmittel sind innerhalb des französischen Sprachsystems auch keinesfalls disjunkt, z.B. zählen auch Imperativ oder Konditional zu den Ausdrucksmitteln für Modalität im Französischen. Weiters fallen im Rahmen unserer Korpusanalyse vielfach Interjektionen, prosodischer Sprachgebrauch, syntaktische[82] Verschiebungen mit Modaleffekt oder auch besonderer Gebrauch von einzelnen Wortarten wie den Adverben auf; alle Entsprechungen zu gliedern, ist jedoch ein anspruchsvolles Unterfangen. Ihre Analyse wirft sowohl empirische wie auch theoretische Probleme[83] auf. Zu diesen Schwierigkeiten zählen v.a. die Polyfunktionalität, Transparenz und Indexikalität (cf. Hölker 1990: 83) solcher Ausdrücke. Schon Weydt (1969: 52) wies darauf hin, daß einzelne französische Ausdrücke, wie z.B. *déjà* oder *mais*, Doppelbedeutungen haben und somit Bedeutungsänderungen aufweisen, wenn sie wie eine deutsche MP verwendet werden. Dies ist jedoch nur ein Spezifikum unter vielen, durch die sich manche französischen Entsprechungen für deutsche MPn auszeichnen[84]. Daher gibt es auch nicht allzu viele bzw. oftmals nur unvollständige Beschreibungen dieser Ausdrücke im Französischen[85]. Bei Ducrot und Todorov (1972: 406-407/426) wird schon

---

[80] Dies ist mit ein Grund, warum man vielfach dazu übergegangen ist, diese heterogenen Elemente unter der sehr weit dehnbaren Kategorie 'Gesprächswörter' zusammenzufassen, in welche Gliederungssignale, Interjektionen, MPn u.v.m. einordenbar sind (cf. zur Problematik der Gesprächswörter Koch / Oesterreicher 1990: 71).

[81] Dies erklärt vielleicht auch, warum bei Ducrot und Todorov (1972: 393) Modus und Modalität quasi gleichgesetzt werden.

[82] Kongruenzen in der Syntax heben die französischen Entsprechungen generell von der deutschen Wortkategorie 'MPn' ab, da diese als Wortart ja in der Regel in den Satz integriert ist.

[83] Zur Problematik von Ausdrücken für Modalität im Französischen cf. auch Kapitel 2.1.7.

[84] Die Gemeinsamkeiten und Unterschiede hinsichtlich des Ausdruckes von Modalität hat schon Weydt (1969: 73 bzw. 115 ff.) zusammenfassend geschildert.

[85] Allerdings dürfen wir an dieser Stelle auf Untersuchungen wie z.B. Dalmas (1989) verweisen, wo versucht wird, in Analogie zur Herausarbeitung einer übergreifenden Bedeutung in bezug auf deutsche MPn auch französischen Entsprechungen eine solche

zwischen „termes modalisants", semantischen und intonatorischen Mitteln und „fonctions syntaxiques" zur Herstellung modaler Nuancen unterschieden. Klare (1980: 321) listet seinerseits vier Hauptkategorien für modale Ausdrucksmittel im Französischen auf, nämlich „les verbes modaux ou auxiliaires de modalité, les adjectifs modalisants, les adverbes de modalisation" und „la forme modale du verbe dictal", weist aber in Anlehnung an Cristea darauf hin, daß die modale Form des *dictum* an sich schon eines der Hauptausdrucksmittel für Modalität darstellt, über die die französische Sprache verfügt (ibid.).

Zentrales Kriterium muß jedoch sicherlich der sprachpragmatische Faktor bleiben, da Modalität je nach Sprechsituation, Emittent bzw. Rezipient, Intention und beabsichtigter Wirkung des Gesagten unterschiedlich gestaltet und sprachlich umgesetzt wird. Dies gilt umso mehr für das Französische, wo wir uns nicht wie im Deutschen auf eine bestimmte Wortkategorie konzentrieren können, wo dafür jedoch der kommunikativ-funktionale Aspekt an Bedeutung gewinnt. Daher heißt es auch bei Klare (1980: 317): „Ce n'est pas un hasard si ceux qui conçoivent une langue dans sa fonction communicative font de la modalité un de leurs concepts fondamentaux et précisent ainsi leur point de vue en se confrontant aux conceptions non communicativo-fonctionnelles". Bei den neueren Grammatiken wie Riegel et al. (^{2}1996) wird bei der Beschreibung des französischen Inventars an Ausdrucksformen für Modalität auch schon verstärkt dem sprachpragmatischen Faktor Rechnung getragen. Riegel et al. (^{2}1996: 580-583) nennen als grammatikalische Kategorien, die die Grundlagen des Ausdrucksinventars für subjektive Modalität im Französischen bilden, folgende Wortkategorien: affektive und evaluative Nomina, affektive und evaluative Adjektiva, Verben „dont le sémantisme exprime un sentiment" (ibid.: 581), Adverbia oder *locutions adverbiales*, wozu die „compléments circonstantiels [...] exprimant un commentaire du locuteur sur son énoncé" (ibid.) gezählt werden, sowie die Intonation[86] und Interjektionen zum Ausdruck von Spracheremotionen und Tempus- und Modusformen wie Futur oder Konditional[87]. Etwas abstrakter ausgedrückt heißt dies - was auch durch unsere Korpusanalyse bestätigt wird -, daß die Ebene der Lexik bzw. Semantik im Französi-

---

übergreifende Bedeutung zuzuweisen. So beschreibt Dalmas (1989: 233) für die Verwendung des adverbiellen *bien* 'in Partikelfunktion' das Verweisen „auf das Tatsächliche, das Wirklich-Sein" als Grundbedeutung von *bien*. Ličen (1989: 172) wiederum beschreibt übergreifende Entsprechungen in der Zielsprache, in ihrem Fall Serbokroatisch.

[86] Interessanterweise weisen die Autoren (Riegel et al. ^{2}1996: 582) im Zusammenhang mit der Intonation und dem Ausdruck von Modalität im Schriftlichen auf die besondere Bedeutung der Interpunktion hin, was auch bei unseren Korpustexten eine große Rolle spielt. Diese neueren Erkenntnisse stehen jedoch im Gegensatz zur traditionell angenommenen „Tonlosigkeit der Partikeln" (Rudolph 1986: 74).

[87] Wobei Riegel et al. (^{2}1996: 582) jedoch ganz richtig anmerken: „Il n'est d'ailleurs pas toujours facile de séparer les valeurs temporelles et modales de ces temps verbaux."

schen neben unterschiedlichen Emphasemitteln, welche auf syntaktischer wie auch auf pragmatischer Ebene wirken können, beim Ausdruck von Modalität eine bedeutende Rolle spielt.

Auch wir können nur empirisch vom gewählten Korpus ausgehend die unterschiedlichen auftretenden Ausdrucksweisen von Modalität beschreiben, ohne eine wirklich repräsentative und umfassende Darstellung der französischen Entsprechungen für unsere deutschen MPn geben zu können. Es soll jedoch versucht werden, zumindest etwas Einblick in die Möglichkeiten zu geben, über die die französische Sprache verfügt, um modale Nuancen zum Ausdruck zu bringen und somit aufzuzeigen, worauf der Übersetzer oder auch der Lerner bzw. der Anwender der Sprache zu achten hat, will er neben dem rein sprachlichen auch den pragmatischen Transfer von Inhalten in die jeweilige Zielsprache gewährleisten. Wir möchten hier auch auf die „formbezogene Klassifikation" von Markern[88] verweisen, die Hölker (1990: 82) vorschlägt. Hölker untergliedert formbezogen in prosodische Einheiten (z.B. Intonationskonturen), syntaktische Eigenschaften (z.B. Deklarativ-, Interrogativ-, Imperativsatz) und Ausdrücke, die er wiederum in morphologisch einfache (*donc, alors, puis*) und morphologisch komplexe (*finalement, décidément, justement*), in syntaktisch einfache (*donc, finalement, certes*) und syntaktisch komplexe (*ça, par exemple*) untergliedert, und die auch nach syntaktischem Aufbau und den Morphemen und Wörtern, aus denen sie sich zusammensetzen, weiterklassifiziert werden können (cf. Hölker 1990: 82). Grammatikalisch gesehen handelt es sich hier natürlich um Kategorien wie Adverbien, *locutions* oder auch Imperativformen, die die modalisierende Nuance verdeutlichen, zur Klassifizierung von Großgruppen sind aber sicherlich die von Hölker angewandten Kriterien dienlicher, da doch immer der pragmatische Aspekt ein wichtiges Analysekriterium darstellen wird.

Die Beschäftigung mit Modalität ist, v.a. in bezug auf eine Sprache wie das Französische, die die unterschiedlichsten Ausdrucksvarianten von modalen Nuancierungen kennt, u.E. nur dann sinnvoll, wenn man von einer möglichst breiten und vor allem pragmatischen Analysebasis ausgeht und sich primär vor Augen zu führen sucht, was Ausdrücke der Modalität in unseren Sprachen überhaupt leisten. Wir beziehen uns hier etwa auf Bublitz (1978: 6), der bei seiner kontrastiven Analyse von Sprechereinstellungen auch von einem sehr allgemeinen pragmatischen Begriff der Modalität ausgeht.

---

[88] Hölker (1990) verwendet das Konzept der Marker, um komplexe Ausdrücke der Modalität von bestimmten Wörtern und Morphemen als Ausdrucksmittel derselben abzugrenzen. Wir beziehen uns hier weniger auf diese Abgrenzung, da unser Korpus ein breites und sehr unterschiedliches Spektrum von solchen Mitteln der Modalität aufweist, sondern verwenden den Terminus aufgrund der charakteristischen Eigenschaften von Markern, die Hölker beschreibt und die auf unsere Partikelentsprechungen im Französischen sehr gut anwendbar sind.

Das Französische zeichnet sich nunmehr durch eine sehr große Komplexität an Ausdrucksmöglichkeiten aus, wobei naturgemäß das Mündliche gegenüber dem Schriftlichen noch ein viel breiteres Spektrum an Variationsmöglichkeiten aufweist (cf. Raible 1988: 18). Daher findet auch Métrich (1993: 1) in bezug auf die Bezeichnung von Ausdrucksmöglichkeiten für Modalität im Französischen „que l'on peut risquer *mots de la communication* en français".

Wenn schon nach Helbig und Kötz (^{2}1985: 17) für das Deutsche gilt, daß es illokutive Indikatoren gibt, „die nicht Partikeln im syntaktisch-semantischen Sinne sind, jedoch eine ganz ähnliche kommunikative Funktion ausüben", so gilt das für eine Sprache wie das Französische erst recht. Ein dementsprechender Untersuchungsansatz muß jedoch wegen der großen Heterogenität an Ausdrucksmöglichkeiten bzw. dem Fehlen einer mit den deutschen MPn vergleichbaren Wortart onomasiologisch ausgerichtet sein, um das Zusammenwirken von syntaktischen, semantischen und pragmatischen Faktoren zum Ausdruck von Modalität faßbar zu machen. Daher erachten wir auch im Hinblick auf eine übersetzungsorientierte kontrastive Betrachtung von MPn das Herausarbeiten von Funktionsvarianten und Illokutionen, welche auf „universalen Interaktionsmustern" (Koch / Oesterreicher 1990: 67) beruhen, für unabdingbar. Was die Beschreibung von Modalität anbelangt, ist man sich in der Linguistik jedoch auch generell der Tatsache bewußt, daß dies nur auf interdisziplinärem onomasiologischen Weg in umfassenderem Rahmen möglich ist[89]. Zudem würde sich auch in bezug auf die Problematik der MPn und ihrer Funktionsvarianten ein Rückgriff auf den Peirceschen Interpretantenbegriff lohnen, dem zufolge die Zeichenbedeutung veränderlich ist und somit ein Wort in verschiedenen Kontexten eben nicht dasselbe bedeuten muß (cf. Siever 1996: 173).

---

[89] Cf. dazu Klare (1980: 319): „On a donc commencé à inventorier, pour plusieurs langues, tous les moyens situationnels, syntaxiques, morphologiques, lexicaux, prosodiques prêts à exprimer la catégorie ou le champ fonctionnalo-sémantique de la modalité."

2 MODALITÄT IM KONTRAST

Obwohl die MPn in hoher Frequenz in unserer Sprache - und hier besonders in der Alltagskommunikation - auftreten, hat man sich, im Vergleich zu anderen sprachlichen Kategorien, erst relativ spät eingehender mit ihnen auseinandergesetzt, nämlich nach Einsetzen der pragmatischen Wende, welche erst durch die Überschreitung der Satzgrenze und die Hinwendung zum Text-in-Funktion unter Einbeziehung situativ-kontextueller Textmerkmale eine sinnvolle Beschreibung der MPn, der (ehemaligen) Stiefkinder unter den Wortarten des Deutschen, ermöglichte. Die Wertschätzung der Partikeln als funktional bedeutende Elemente unseres Sprachsystems ist somit erst in neuerer Zeit entstanden[1]. In den traditionellen Sprachbetrachtungen galten Partikeln in der Regel als „überflüssige manierte Sprach-Einsprengsel, die einen (schriftlichen) Text unnötig aufblähten und inhaltlicher Klarheit eher abträglich seien" (Linke et al. 1991: 271). Dementsprechend wurden sie - v.a. von den Vertretern der normativen Stilistik -, wie schon erwähnt, als 'Läuse im Pelz der deutschen Sprache' bzw. etwas gemäßigter als 'Füllwörter' bezeichnet (Linke et al. 1991: 271). Bei Weydt (1969: 23/83-84) ist eine Auflistung der Negativbewertungen der MPn nachzulesen, und auch Hentschel (1986: 1) legt sehr eindrucksvoll dar, daß man sich vormals mit MPn nur beschäftigte, „um sie zu schmähen oder gar für vogelfrei zu erklären und ihnen jegliche Existenzberechtigung innerhalb des Systems der deutschen Sprache abzusprechen".

In den letzten Jahren wurde das Interesse an den Partikeln innerhalb der Linguistik jedoch immer stärker, sodaß von einem „akzelerierten Rhythmus in der Forschung" (Weydt 1981: 45) bzw. sogar von einem „Partikelsog" (Zybatow 1990: 11) die Rede ist[2].

---

[1] Diese Aussage muß allerdings relativiert werden. Man denke nur daran, daß wir Weydt den Hinweis darauf verdanken, daß schon von Gabelentz im 19. Jahrhundert die Bedeutung von MPn für die sprachliche Kommunikation erkannt und beschrieben hat, eine Erkenntnis, die später wieder verloren ging (Dittmann 1980: 52). Unter Einbeziehung dessen müßte man eigentlich von einer 'MP-Renaissance' sprechen.

[2] Es ist im Rahmen dieser Arbeit sicherlich nicht möglich, angesichts der Fülle an Literatur zu Partikeln im allgemeinen und zu MPn im speziellen einen erschöpfenden Überblick über den Stand der Forschung zu geben. Daher begnügen wir uns im Folgenden damit, im Hinblick auf die vergleichende, übersetzungsorientierte Sprachbetrachtung die wichtigsten Aspekte der Partikelforschung anzusprechen und ansonsten auf die weiterführende Literatur zu verweisen.

2.1 Wege der Partikelforschung

Nach den Kriterien der traditionellen Grammatik, die sich in der Regel primär für morphologische und die syntaktische Strukturierung betreffende Prozesse interessiert, wird mit 'Partikel' ein unflektierbares Wort bezeichnet, wobei zu beachten ist, daß der Terminus ursprünglich zur Beschreibung des Griechischen und Lateinischen verwendet und erst später zur Beschreibung weiterer, typologisch nicht mit diesen beiden Sprachen vergleichbarer Sprachen herangezogen wurde, wodurch sich ein anderer Gebrauch ergab, mit dem wir heute umgehen[3]. Da nicht alle Sprachen die Wortkategorie 'Partikel' kennen, gibt es zwangsläufig keine generell anerkannte Definition[4], aber auch jene Sprachen, die die Verwendung des Begriffs zulassen, weisen weder eine einheitliche Verwendung noch eine allgemein akzeptierte Definition auf (Hölker 1990: 77). Hölker spricht deshalb ganz zu Recht von einem „Wirrwarr in der Partikelforschung" (ibid.: 78). Dieser hybride Umgang mit der Terminologie besteht sowohl im linguistisch-sprachwissenschaftlichen Umfeld als auch in der rein grammatikalischen Beschreibung dieser Kategorie. Die erst in den letzten drei Jahrzehnten in den Mittelpunkt eines breiteren Forschungsinteresses gerückten Partikeln wurden und werden von den unterschiedlichsten Forschungsrichtungen ausgehend von sehr verschiedenen Ansätzen und Zielsetzungen her untersucht und beschrieben[5]. Der Schwerpunkt der Untersuchungen liegt sicherlich im Bereich der deskriptiven Betrachtung, die die Gefahr in sich birgt, zu sehr auf Einzelphänomene einzugehen, wodurch der globale Zusammenhang immer schwieriger faßbar wird. Helbig (^{2}1990: 18) spricht in diesem Zusammenhang von einer „unkoordinierten und heterogenen Menge von Einzelansichten", die zwar ein „notwendig zu durchlaufendes Durchgangsstadium[6] darstellen", jedoch vielmehr „aufeinander bezogen und in ein komplexeres Modell eingeordnet" werden müßten. Wir können uns diesem Wunsch nach integrativen Analyseansätzen nur anschließen. Die Partikelforschung spiegelt heute die verschiedenen Tendenzen und Ansatzweisen der neueren Sprachwissenschaft wider und ist weit davon entfernt, vereinheitlicht

---

[3] Der Terminus 'Partikel' findet daher leider, wie wir schon bemerkt haben, sehr heterogene Verwendung.

[4] Daher fordert Helbig (1989: 195) auch mit Recht, daß der Begriff und der Terminus 'Partikel' in jeder linguistischen Arbeit wieder neu definiert werden sollten.

[5] Bei Gornik-Gerhardt (1981: 19 ff.) werden beispielsweise einige jüngere und ältere Forschungsansätze beschrieben.

[6] Cf. dazu auch Abraham (1991b: 10): „Every field of research, at least if it is a delimitable research paradigm and if it has goals and methods of its own, will undergo certain stages of development."

werden zu können⁷. Dies ist umso mehr der Fall, als man sich seit einigen Jahren mit kontrastiven Analysen auseinandersetzt, ein sehr interessantes und vielversprechendes Feld, das jedoch eine große Anzahl von Problemen aufwirft, die in den unterschiedlichen Strukturen der einzelnen Sprachen begründet liegen. Einerseits besteht großes Interesse an solchen Studien, die vor allem, was ja für die Translationswissenschaft und das praktische Übersetzen sehr positiv und fruchtbringend ist, auf empirisch-pragmatischen Grundlagen basieren, andererseits werden jedoch auch Stimmen laut, die die Sinnhaftigkeit solcher Untersuchungen für eine Wissenschaftstheorie bezweifeln, die sich mit Phänomenen beschäftigt, die zwar in Sprachen wie dem Deutschen oder dem Holländischen grundlegd für die Kommunikation sind, in anderen Sprachen jedoch nicht in dieser Form bestehen. Unseres Erachtens besteht jedoch die Herausforderung solcher Untersuchungen darin, daß andere Sprachen wie eben das Französische zwar keine Kategorie 'Partikeln' bzw. in unserem Fall 'Modalpartikeln' kennen, jedoch über andere Elemente verfügen, die das leisten, was im Deutschen oder Holländischen die modalen Partikeln leisten, nämlich die subjektive Weltsicht des Sprechers zu verdeutlichen⁸. Dies ist auch der Aspekt, auf den sich in der Folge in der Korpusanalyse unsere Untersuchung konzentrieren soll.

2.1.1 Zur linguistisch-theoretischen Beschreibung von Partikeln

Die eigentliche Partikelforschung hat erst relativ spät eingesetzt, sie begann in den sechziger Jahren und steht, was durchaus nicht verwunderlich ist, in engem Zusammenhang mit der pragmatischen Wende. Im Zuge der Rezeption der analytisch/linguistischen Philosphie in der Linguistik, der Entwicklung der

---

[7] Ein umfassender Überblick über Tendenzen und Ansätze bzw. die Entwicklung der Partikelforschung bis zum Ende der siebziger Jahre, den wir im Rahmen dieser Arbeit nicht in aller Ausführlichkeit geben können, findet sich bei Weydt (1981: 46 ff.), die weiterführende Entwicklung ab den achtziger Jahren ist bei Meibauer (1994: 2 ff.) beschrieben.

[8] Cf. dazu Tobin (1991: 94), der den philosophisch-soziokulturellen Rahmen und die Berechtigung für die kontrastive Partikelanalyse wie folgt definiert: „This cognitive spatio-temporal-existential cline does not merely comprise objective physical facts, but ultimately implies everything included in the German word *Weltanschauung*, that is, Man's attitude towards himself and his total environment from multifarious points of view: physical, emotional, spiritual, scientific, philosophical, social, linguistic, etcetera. Thus we can naturally expect all languages to possess forms whose meanings are related to these fundamental 'existential' concepts which may differ from culture to culture, society to society, as well as from individual to individual. It is no wonder then that individual languages possess specific forms whose meanings segment different aspects of the semantic domain of 'existence' in diverse ways."

Sprechakttheorie, der Pragmatik mit ihrer Hinwendung zur Funktionalität, der Konversationsanalyse und der Textlinguistik, entstand das Interesse der Linguisten an der Sprache im Kontext und im soziokulturellen pragmatischen Umfeld. Man wandte sich nunmehr verstärkt den Analysen der gesprochenen Sprache, des spontanen Sprechens und dialogischer Diskurse zu und stieß dabei, zumindest im Deutschen, immer wieder auf die aussagemodifizierende Wirkung v.a. der modalen Partikeln, was diese Kategorie für die Forschung besonders interessant machte (Hölker 1990: 77)[9]. Im Grunde ermöglichte erst die kommunikativ-pragmatisch orientierte Linguistik die Bereitstellung eines „Erklärungsrahmens für die Partikeln" (Helbig [2]1990: 17)[10], der die komplexe Funktionsweise der Partikeln sichtbar gemacht hat und womit durch neuere, empirischere Ansätze (wie z.B. die Arbeit mit authentischem Gesprächsmaterial...) adäquate Grundbedingungen für die Analyse geschaffen wurden.

Die pragmatische Wende erwies sich jedoch als äußerst inhomogene Erscheinung innerhalb der Linguistik, was sich in der Partikelforschung in der Anwendung sehr unterschiedlicher theoretischer Konzepte auf die Kategorie 'Partikeln' äußerte[11]. Zybatow (1990: 14) geht sogar so weit, angesichts der Kontroversen und Methodenvielfalt das Wissen um die schwere Beschreibbarkeit der Partikeln als den einzig erkennbaren Konsens in der Partikelforschung zu bezeichnen. Die ersten Arbeiten zur Partikelforschung, wobei sicherlich Weydts (1969) Untersuchung grundlegend war, lagen noch in der strukturalistischen Tradition und waren teils distributionalistisch (z.B. Krivonosov 1977a), teils funktional (z.B. Weydt 1969) ausgerichtet, wohingegen in den siebziger und achtziger Jahren sowohl logische Methoden (insbesondere für Untersuchungen der Gradpartikeln) wie auch sprechakttheoretische und konversationsanalytische Ansätze, die v.a. für die Betrachtung von MPn maßgeblich waren, als theoretischer Rahmen für Untersuchungen herangezogen wurden (cf. Helbig [2]1990: 19). Weydt (1981: 50 ff.), auf dessen Darstellung wir hier verweisen möchten, beschreibt mehrere Phasen der

---

[9] In der normativen Stilistik hingegen versuchte man, Partikeln zu vermeiden, um die Sprache nicht unnötig zu belasten (cf. Hölker 1990: 77-78). Dies äußert sich in den vielen, nahezu unbrauchbaren Wörterbucheinträgen, die bar jedes Kontexts eine Darstellung von Partikeln zu geben suchen.

[10] Bei Helbig ist in diesem Zusammenhang in Anlehnung an Franck, Weydt und Henne sogar von einer „Blüte der Partikelforschung" bzw. von Termini wie „Partikologie" und „Partikel-Linguistik" die Rede (cf. Helbig [2]1990: 16).

[11] Cf. dazu Helbig ([2]1990: 18): „Diese divergierende Entwicklung brachte es mit sich, daß die unterschiedlichen Richtungen nicht nur unterschiedliche **Antworten** hervorbrachten, sondern bereits unterschiedliche **Fragen** an die Partikeln richteten, die jeweils unterschiedliche **Aspekte** eines komplexen und vielfältigen Phänomens darstellen." Eine Aufzählung der verschiedenen Forschungsrichtungen, von denen ausgehend die Partikeln diskutiert wurden, findet sich auch schon bei Franck (1980: 4).

Partikelforschung. Auf eine erste, auf Wort- und Bedeutungsuntersuchung konzentrierte Phase folgte eine Phase der transformationellen Grammatik und der sprechakttheoretischen Betrachtungen bzw. der Beschäftigung mit Themenschwerpunkten zur paradigmatischen Semantik, wohingegen die jüngeren Arbeiten konversationsanalytische Standpunkte einnehmen, wobei sowohl semasiologisch wie auch onomasiologisch gearbeitet wird. Nach Weydt (1981) sind vier Paradigmen von Bedeutung für die Genese der Partikelforschung, nämlich der Strukturalismus, die Transformationsgrammatik, die Sprechakttheorie und die Konversations- bzw. Interaktionsanalyse[12]. Vor allem die Empfängerpragmatik und das Bewußtsein, daß der Rezipient durch seine Interpretationsleistung aktiv am Interaktionsgeschehen beteiligt ist, haben das Verständnis für modale Strukturen und die Entstehung von Modalität im Rahmen des kontextuellen Umfeldes der Kommunikationssituation und der Interaktion zwischen Sprecher u n d Hörer maßgeblich erleichtert. Franck (1980: 6) bringt die Erkenntnisse über die Empfängerpragmatik genau auf den Punkt, wenn sie schreibt: „[...] verbale Interaktion ist mehr als eine Reihe nacheinander erfolgender einzelner Sprechakte".

Hat sich Helbig noch 1990 in seinem kommunikativ-pragmatisch ausgerichteten Forschungsbericht über den „unbefriedigenden Stand" (Helbig ^{2}1990: 14) der Partikelforschung beklagt, der in der - laut Helbig - minimalen oder fehlenden denotativen Bedeutung der Partikeln begründet ist und sich v.a. in der mangelhaften Beschreibung der Kategorie in den Wörterbüchern äußert[13] (was allerdings noch immer der Fall ist), so spricht Meibauer 1994 schon von einer „Fülle von Studien" (Meibauer 1994: 1) zur (deutschen) Partikelforschung[14]. Es gibt mittlerweile tatsächlich ein beeindruckendes Inventar an Untersuchungen zur Partikel-Frage, jedoch beschäftigen sich die meisten dieser Betrachtungen mit sehr spezifischen, unterschiedlichen Phänomenen und

---

[12] Zu den Partikeluntersuchungen im Rahmen dieser vier Paradigmen cf. auch Zybatow (1990: 14 ff.).

[13] Helbig (^{2}1990: 14-15) spricht in diesem Zusammenhang von einem „Ungleichgewicht in bezug auf die tatsächliche Sprachverwendung und die Wörterbuchdarstellung" bzw. von einem „Ungleichgewicht zwischen dem linguistischen Forschungsinteresse und der Umsetzung in den Wörterbüchern", was sich durch den zeitlichen Décalage zwischen theoretischer Entwicklung, praktischer Anwendung und Aufbereitung für die Sprachbenutzer ergibt. Die lexikographische und fremdsprachendidaktische Aufarbeitung der Partikelforschung wäre ein weiteres interessantes Thema - wir verweisen hier auf das *Lexikon deutscher Partikeln* von Helbig (^{2}1990) -, würde uns aber im Rahmen dieser Arbeit zu weit vom eigentlichen Untersuchungsgegenstand wegführen.

[14] Meibauer verweist in diesem Zusammenhang auf die sehr umfassende Partikelbibliographie von Weydt und Ehlers (1987).

Eigenschaften der Partikeln[15]. Dies spiegelt zwar die unglaubliche Komplexität dieser Kategorie deutlich wider, entfernt die Forschung jedoch immer mehr von einer integrativen Beschreibung. Auch Abraham bemängelt diese fragmentarischen Beschreibungsweisen, wobei er sich im Besonderen auf MPn bezieht. Er spricht von „a number of striking lacunae in the research tradition" (Abraham 1991b: 9) und weist auf die sehr heterogenen Untersuchungsweisen in der Forschung hin. Die Gründe für dieses Phänomen liegen v.a. in den Partikeln selbst, die sich durch eine enorme Komplexität auszeichnen und daher eben nicht wie Autosemantika beschrieben werden können, weiters größtenteils nur geringe eigenständige Bedeutung[16] haben und daher nur schwer von Syntax und Semantik her beschrieben werden können, dafür jedoch als Lexeme vielseitig verwendbar und polyfunktional sind, sodaß sich unterschiedliche, heterogene Subklassen ergeben (cf. Helbig ²1990: 15). So gibt es zwar sehr umfassende Beschreibungen der Gradpartikeln, da diese über die Syntax leichter beschreibbar sind als die MPn, wohingegen die Literatur zu den MPn mittlerweile zwar genauso umfassend ist, jedoch keineswegs alle sprachlichen Besonderheiten abdeckt[17]. Zudem wurden beispielsweise die Gradpartikeln eher mit logischen Methoden untersucht, wohingegen bei den MPn v.a. Methoden der Konversationsanalyse eingesetzt wurden, was eine übergreifende Beschreibung noch erschwert. Bereits die Definitions- und Klassifizierungsproblematik der Partikeln zeigt schon die theoretisch-antagonistischen Ansätze, die hier aufeinandertreffen. Wir treffen je nach theoretischem Hintergrund auf sehr weite und sehr enge Partikelbegriffe, die der Klärung, Gegenüberstellung und Abgrenzung vor dem jeweiligen linguistischen Hintergrund bedürfen[18]. Partikeln bedürfen der Subklassifizierung, werden jedoch nach sehr heterogenen Kriterien eingeordnet, was wiederum zu Überschneidungen führt und der terminologischen Transparenz abträglich ist.

---

[15] Wir möchten im Rahmen dieser Arbeit nicht im Detail auf die einzelnen Ansätze und Untersuchungsmethoden eingehen, da sie zu zahlreich sind, um alle hier vollständig erfaßt werden zu können und da für uns, auf Grund unserer Untersuchungsprämissen, primär die Suche nach integrativen Lösungen interessant ist, wir jedoch Einzeluntersuchungen nur bedingt in unsere Analyse einbringen können.

[16] Die Frage der Bedeutung von Partikeln löst seit Jahren innerhalb der Linguistik große Kontroversen aus, wir können im Rahmen dieser Untersuchung jedoch nur insofern darauf eingehen, als die Frage für die übersetzerische Praxis relevant ist.

[17] Cf. Abraham (1991b: 9): „There is an enormous, ever growing literature on MPs, almost exclusively on descriptive aspects, with large areas completely untouched and important questions not even asked".

[18] Wir gehen in Kapitel 1.2.1.1.1 (siehe oben) näher auf das Definitions- und Kategorisierungsproblem ein.

2.1.2 Zur aktuellen Modalpartikelforschung

Auch im Rahmen der neueren MP-Forschung bestehen diese Probleme der linguistischen Beschreibung. Dies gilt auch hier wiederum in besonderem Maße für kontrastive Sprachbetrachtung, wo sich verstärkt die Kategoriefrage stellt. Abraham sieht diesen Zustand folgendermaßen:

„Modal particle linguistics (MPL) lacks an explicit descriptive goal [...] there is no agreement among researchers as to which level of description one should most fruitfully have to explore in order to come to grips with the enigmatic phenomenon as such, in the first place, and the equally enigmatic fact that MPs do not exist as a category in every (type of) language." (Abraham 1991b: 10)

Dazu bedarf die MP-Forschung im besonderen einer „theory of grammaticalization" (Abraham 1991b: 13), die sich auf alle sprachlichen Ebenen beziehen sollte. Diese Forderung wird auch bei Meibauer (1994: 2) deutlich, der in bezug auf die Kategorisierung als MP die Abhängigkeit der MPn von „zugrundeliegenden Annahmen über ihre grammatikalischen Eigenschaften" betont, welche „selbst der Explikation und der Einbettung in eine gesamtgrammatische Theorie bedürfen". Doch auch hier finden wir die besagte Dichotomie zwischen theoretisch-kognitiv orientierter Linguistik und den praktisch ausgerichteten Untersuchungen.

Andererseits liegt in der Zugänglichkeit der Partikeln für die unterschiedlichsten Beschreibungsverfahren[19] auch der Reiz, den sie auf die neuere Linguistik ausüben. Weydt (1981: 45-46) sieht für das zunehmende aktuelle Interesse an den Partikeln fünf Hauptgründe: die komplexe Strukturiertheit der Partikeln und die sich daraus ergebenden vielfältigen Funktionsweisen, das verfeinerte und fortschrittliche linguistische Untersuchungsinstrumentarium, das heute zur Verfügung steht, die Hinwendung zu empirischen, auf authentischem Material basierenden Verfahren, die Ausdehnung des linguistischen Objektbereiches und der Definition der sprachlichen Grundeinheiten sowie die verstärkte Einbeziehung sozio-kommunikativer Aspekte. Generell gesehen ist für die neuere Partikelforschung maßgeblich, daß die MPn nicht mehr als isolierte Einzelelemente im Sprachsystem, sondern als Teile eines umfassenden Systems von sprachlichen Ausdrucksmitteln betrachtet werden. MPn werden somit - in der Terminologie von Doherty (1985) - als Ausdrucksmittel für epistemische Einstellungen gesehen, was wiederum den übersetzungsorientierten Zugang im Hinblick auf die kontrastive Sprach-

---

[19] Cf. dazu Weydt (1981: 45): „Die Partikeln sind sozusagen ein Brennpunkt verschiedener Methoden geworden, in dem sich viele Ansätze sammeln und an denen sie auch erprobt werden können."

betrachtung erleichtert. Zur Betrachtung grammatikalischer Konventionen kommt somit diejenige von kommunikativen bzw. sprechhandlungs- und interaktionsspezifischen Konventionen hinzu. Weiters werden analytische Grundlagen der Semantik auf die MPn angewandt, und die semantische Spezifik von MPn rückt in den Mittelpunkt des Interesses (Hartmann 1986: 144-145). Dahl (1987: 9) unterscheidet schließlich zwischen zwei großen Gruppen von Analyseansätzen, nämlich den pragmatischen und den interaktionsstrategisch[20] orientierten Ansätzen, wobei nicht vergessen werden darf, daß gerade in den letzten Jahren immer mehr Arbeiten entstanden sind, die beides zu vereinen trachten[21].

2.1.3 Perspektiven und Analyseansätze

In den siebziger Jahren wurde Partikelforschung fast ausschließlich unter pragmatischen Gesichtspunkten betrieben. Wegbereitend dafür war sicherlich die Arbeit von Weydt (1969), dem wir eine grundlegende Funktionsbestimmung des Forschungsgegenstands 'Partikeln' verdanken. Partikeln wurden in der Folge z.B. als illokutionäre Indikatoren (Helbig: 1977) oder als Mediatoren der subjektiven Sprechereinstellung (Bublitz: 1978) untersucht und auf ihre Funktion in authentischen Gesprächen hin analysiert. Bublitz beispielsweise sieht in seiner Arbeit die MPn[22] als „Ausdrucksweisen der emotiven Modalität" (Bublitz 1978: 31) bzw. in der Tradition der Sprechakttheorie als „Indikatoren bestimmter illokutionärer Rollen" (ibid.: 11), versucht aber auch semantische Kategorien in seine Betrachtungen mit einzubeziehen[23]. Speziell die

---

[20] Wir verweisen hier exemplarisch auf Rudolph (1986). In diesem Artikel wird die textuell-konnektive Funktion von MPn im Rahmen der kommunikativen Interaktion untersucht, wobei die Autorin zwischen konversationeller und argumentativer Verwendungsweise von Partikeln unterscheidet.

[21] Diese Tradition wurde von Franck (1980) begonnen und hat sich bis zu Beerbom (1992) fortgesetzt. Auch wir sind der Meinung, daß ein übersetzungsorientierter Ansatz beide Komponenten vereinen muß. Allerdings stehen wir hier etwas im Gegensatz zu Dahl (1987: 10), der gerade wegen seines kontrastiven Untersuchungsgegenstandes einen rein sprechakt-theoretisch-traditionellen Ansatz verfolgt. Wir sind jedoch der Meinung, daß gerade bei kontrastiven Analysen über diesen Ansatz hinausgehend interdisziplinär gearbeitet werden sollte.

[22] Die MPn stehen hier im Gegensatz zu den Modalwörtern, die er der „kognitiven Modalität" (Bublitz 1978: 31) zuordnet.

[23] Für Bublitz (1978) ist die Theorie der linguistischen Pragmatik grundlegend für die Analyse von MPn. Er betont die Bedeutung der illokutionären Rolle eines Satzes in der Gesprächssituation, welche durch Intonation, Kontext und „emotive Mittel der Sprechereinstellung" (Bublitz 1978: 11) angezeigt wird. Dies ist auch der Grund, weswegen

Betrachtung von MPn als illokutive Indikatoren wurde in der Folge jedoch etwas relativiert und zugleich präzisiert, da man gesehen hat, daß sie sowohl der Indizierung wie auch der Modifizierung von Sprechakten dienen[24]. Gornik-Gerhardt (1981: 25) schreibt beispielsweise, daß MPn zwar funktionsbedingte Affinitäten zu Illokutionen aufweisen, die Illokution jedoch nicht durch die MP alleine und kontextunabhängig zum Ausdruck kommt. Ein weiteres Thema der Partikelforschung war und ist immer noch die Frage, ob von Funktionsvarianten oder Gesamtbedeutung der Partikeln im allgemeinen zu sprechen ist[25]. Nachdem man zuerst die Partikeln als bedeutungsarm eingestuft hatte, trat deren kommunikativer Wert in den Mittelpunkt, in den letzten Jahren wurde jedoch immer öfter die Frage nach den „invarianten Gesamtbedeutungen der Partikeln"[26] (Helbig [2]1990: 68) gestellt.

Bei der Durchsicht der Literatur zur Partikelforschung trafen wir immer wieder auf die schon seit langem bestehende und immer noch nicht überwundene Dichotomie zwischen der Sprachbetrachtung als kognitivem Phänomen und der Auffassung von Sprache als wichtigem Medium der Interaktion. Solche antagonistischen Sprachauffassungen bestehen noch immer und treffen auch in der Partikelforschung aufeinander. In der neueren Partikelforschung gibt es beispielsweise, da seit den achtziger Jahren verstärkt die Einbeziehung von Semantik und Syntax gefordert wird, in diesem Sinne neuere Ansätze, die die Partikeln unter kognitiven Aspekten betrachten. Meibauer (1994: 2) faßt diese Entwicklung als „modulare Fragestellungen" zusammen, wobei er unter 'Modularität' eines grammatischen oder pragmatischen Systems versteht, „daß es in Komponenten mit je eigenen Einheiten, Regeln und Prinzipien strukturierbar ist, welche bei der Erzeugung und Interpretation sprachlicher Ausdrücke zusammenwirken" (ibid.: 3). Dieses modulare Vorgehen bei der Modalpartikelanalyse wiederum hat einerseits den bedeutungsminimalistischen Ansatz - wie er z.B. von Posner (1979) vertreten wird (siehe dazu Hartmann 1986: 143) - und andererseits den bedeutungsmaximalistischen Ansatz hervorgebracht[27], was wiederum zu einer Spaltung innerhalb der Partikelforschung geführt hat[28]. Während nunmehr ein Teil der

---

wir es in dieser Arbeit als zwingend notwendig erachten, ein Korpus aus zusammenhängenden literarischen Texten zu bearbeiten.

[24] Nähere Angaben dazu sowie zu den Prinzipien und Methoden der Partikelforschung (mit bibliographischen Verweisen) siehe Helbig ([2]1990: 59-71).

[25] Auf diese Frage werden wir im Rahmen unserer Korpusanalyse zur MP *doch* auch noch näher eingehen.

[26] Die Wege zur Ermittlung dieser invarianten Grundbedeutung werden bei Zybatow (1990: 25) beschrieben.

[27] Die beiden Ansätze werden bei Foolen (1989) näher diskutiert.

[28] Mit 'Bedeutungsminimalismus' bzw. 'Minimalismus' ist gemeint, daß bei der Betrachtung eines lexikalischen Elements möglichst wenige Bedeutungen angenommen werden,

Forschung versucht, mit pragmatisch-sprechakttheoretischen Prinzipien die Partikeln auf ihre Funktion und Spezifika hin zu analysieren, wobei v.a. auf die illokutive Funktion und die Illokutionsrelevanz der Kategorie eingegangen wird, sprechen radikal minimalistische Ansätze den Partikeln eben diese illokutiven Eigenschaften ab[29]. Meibauer etwa wählt schließlich einen kognitiv-semantisch orientierten, bedeutungsminimalistischen Ansatz.

Bei Meibauer (1994: 3) findet sich zudem eine Warnung vor einer Gleichsetzung der Isomorphie modularer Theorien mit dem menschlichen Geist / Gehirn, was auf die MPn bezogen zu einer Differenzierung in Gradpartikeln als semantische Partikeln und MPn als pragmatische Partikeln führen würde. Interessanterweise finden wir eine ebensolche Untergliederung in der französischen Partikelforschung wieder (cf. Hölker 1990: 78), was wiederum die einzelsprachlichen und theoretischen Divergenzen und Sachzwänge unter Beweis stellt, da für das Französische eine solche Einteilung sehr dienlich ist.

Was die neueren Analyseverfahren betrifft, so gibt Hölker (1990) eine sehr hilfreiche Unterscheidung zwischen Objektbereich und Analyseverfahren vor, wonach die pragmatischen Marker[30] durchaus mit semantischen Methoden zu untersuchen sind. Hölker bezieht sich hier zwar primär auf die französische Partikologie, diese Überlegungen scheinen uns jedoch allgemein für die Partikelforschung wertvoll zu sein. So zieht er auch nach Austin wieder sprechakttheoretische Konzepte zur Beschreibung von pragmatischen Markern heran, indem er die sprechakttheoretische Differenzierung zwischen deskriptivem und performativem Zeichengebrauch als Kriterium einsetzt:

„In diesem Sinn sind Marker sprachliche Einheiten, die nicht dazu verwendet werden, Sachverhalte zu beschreiben, sondern dazu, sprachliche Handlungen auszuführen, z.B. illokutionäre Akte, also vielmehr dazu, neue Sachverhalte zu schaffen." (Hölker 1990: 81)

Äußere Form und illokutionärer Akt müssen sich nicht unbedingt entsprechen. So kommt die Verwendung eines Imperativs nicht immer einer Aufforderung gleich. Sie kann sowohl Zeichen der Höflichkeit sein (*Permettez-moi de vous inviter*) als auch modalisierende Eigenschaften haben (*Vas-y, continue*). Um hier das richtige Verstehen einer Aussage gewährleisten zu können, bedürfen

---

wohingegen bedeutungsmaximalistische Ansätze ('Bedeutungsmaximalismus' / 'Maximalismus') lexikalischen Elementen eine Reihe von Bedeutungen zuordnen, „ohne eine Reduktion auf interagierende Module und damit die Ermittlung einer Grundbedeutung überhaupt anzustreben" (Meibauer 1994: 4).

[29] Bei Meibauer (1994: 3) wird in diesem Zusammanhang beispielsweise auf Abraham (1991a) verwiesen.

[30] Der Begriff stammt aus der französischen Partikelforschung. Siehe dazu Kapitel 2.1.7.

wir eines „Inferenzssystems [...], das es gestattet, aus der wörtlichen Bedeutung einer Äußerung und generellen und speziellen Annahmen über ihren Ko- und Kontext eine andere (oder zusätzliche) Bedeutung abzuleiten" (Hölker 1990: 83). Hier liegt der Bezug zum Griceschen Implikatursystem nahe (cf. Levinson 1990: 103-120)[31], wodurch erklärt werden kann, wie ein Sprecher, ohne sich direkt zu äußern, über die wörtliche Bedeutung hinaus implizit Wertungen, Urteile und Einstellungen vermitteln kann. Hier befinden wir uns also wieder im interaktional ausgerichteten Bereich der Sprachbetrachtung, der den Akzent auf die sozial bedingte Kommunikation im konkreten soziokulturellen Umfeld legt. In diesem Sinne faßt Hölker auch die Zielsetzungen der Partikelforschung folgendermaßen zusammen[32]:

> „Das allgemeine theoretische Ziel der Partikel- / Markerforschung sollte es natürlich sein, die Relation des Markierens und die verschiedenen Subtypen dieser Relation zu definieren, und ihr empirisches Ziel sollte es sein, Marker in einem solchen theoretischen Rahmen zu analysieren." (Hölker 1990: 87)

Über die kommunikativ-pragmatischen, sprechakttheoretischen[33], konversationsanalytischen[34] und kognitiven Ansätze hinaus bedarf die Partikelforschung jedoch eines brauchbaren Instrumentariums von Untersuchungsmethoden, das eine theorieübergreifende Analyse gewährleistet. Hier bleibt noch viel Arbeit zu leisten, daher auch die Forderung von Abraham nach „structural techniques of investigation" (Abraham 1991b: 10). Es stellt sich somit die Frage nach der Interaktion zwischen Syntax, Semantik und pragma-

---

[31] Cf. dazu auch die sehr klare Definition von Hölker (1990: 84), aus der auch die indirekte Verwandtheit von Implikatur- und Partikelgebrauch hervorgeht, die beide implizit verschiedene Sprechereinstellungen vermitteln können: „Eine Implikatur (das Implikat einer Implikatur) ist also eine Information, die der Sprecher mit einer Äußerung übermittelt, ohne sie explizit auszusagen, oder das, was der Sprecher mit der Äußerung andeutet, meint, zu verstehen gibt, ohne es zu sagen. Implikaturen können Teil der (pragmatischen) konventionellen Bedeutung von Wörtern sein oder sich daraus inferieren lassen, daß eine Äußerung in einem bestimmten Ko- oder Kontext vorkommt."

[32] Hölker bezieht sich hier natürlich primär auf die französische Partikelforschung, wir meinen jedoch, daß - abgesehen von der Divergenz 'Marker' / 'Partikel' - diese Aussage von allgemeiner Gültigkeit ist.

[33] Sprechakttheoretische Merkmale gelten jedoch nicht alleine für die MPn, sondern für „several conditions 'conspiring' to what appears to be an illocutive characteristic" (Abraham 1991b: 10). Cf. dazu auch die Kritik Abrahams (ibid.): „MPL [Modal particle linguistics] is dominated by research on its place and function in discourse and, by that very asset, on its association with speech act classifications. [...] Speech act classifications are fleeting and subjective."

[34] Cf. dazu beispielsweise Tobin (1991), der die auf den Sprecher fokussierende Wirkung der Partikeln analysiert.

tisch-kommunikativen Faktoren im sozialen Umfeld, womit wir wieder bei der Forderung nach integrativen Ansätzen wären.

Wir möchten uns hier keiner dieser für unsere Analysezwecke sehr engen und restriktiven Betrachtungsweisen von Analysekriterien anschließen, sondern unsere Überlegungen ausgehend von den sich aus dem Untersuchungsgegenstand und durch die Korpuswahl ergebenden Kriterien anstellen: Unsere Untersuchung soll einen Beitrag zur kontrastiven, aber v.a. übersetzungsorientierten Modalpartikelforschung darstellen und hauptsächlich für jene dienlich sein, die sich im Rahmen der Translationswissenschaft und der übersetzerischen Tätigkeit mit modalen Partikeln beschäftigen. Somit steht die Frage der Suche nach zielsprachlicher Äquivalenz[35] im weitesten Sinne und der pragmatisch-sprachbezogenen Analyse für uns im Vordergrund. Die neueren Theorien und Fragestellungen der Partikelforschung, wie wir sie eingangs beschrieben haben, haben zwar alle ihre Berechtigung, sind aber größtenteils v.a. für die germanistische Partikelforschung relevant. Die kontrastive Analyse einer Kategorie wie der der Partikeln, die im eigentlichen Sinne ein deutsches Spezifikum darstellt und in der Fremdsprache vielfach nur die Suche nach indirekter Äquivalenz zuläßt, verlangt, wie wir schon bemerkt haben, einen integrativen, möglichst viele Ebenen der Sprache - und hier ist v.a. von der gegenüberzustellenden Sprache die Rede - umfassenden Analyseansatz.

Wir werden sehen, daß das Französische die unterschiedlichsten Modi kennt, Modalität zum Ausdruck zu bringen, was uns zwingt, sowohl pragmatische wie auch semantische, syntaktische, grammatikalische und lexikalische Elemente in unsere Betrachtungen mit einzubeziehen. Zudem erscheint uns die empirische Beschreibung, von der dann induktiv abstrahiert werden kann, der einzig gangbare Weg zum Erfassen der Ausdrucksweisen von Modalität in der kontrastiven Gegenüberstellung. Wir schließen uns deshalb an dieser Stelle Kertész (1995: 8-9)[36] an, der in seinem Bereich auch auf das Problem antagonistischer Sprachauffassungen gestoßen ist, jedoch sehr wohl der Meinung ist, daß für Analysezwecke die Kluft zwischen kognitivem und interaktivem Ansatz überbrückbar ist. Für uns stellt dies sogar eine zwingende

---

[35] Wir verwenden den Begriff 'Äquivalenz' hier im vorexplikativen Sinn und werden in Kapitel 2.2.4 näher darauf eingehen.

[36] Kertész' Ausführungen beziehen sich zwar auf die gegensätzlichen Theorien im Bereich der Untersuchungen des Grammatik-Pragmatik-Verhältnisses, scheinen uns aber auch für unseren Untersuchungsgegenstand mehr als zutreffend zu sein. Cf. dazu Kertész (1995: 8): „Auf eine einfache Formel gebracht besteht diese Dichotomie zwischen den Ansichten, die Sprache primär als ein 'kognitives', 'abstraktes', 'strukturbezogenes', 'grammatisch geprägtes' Phänomen zu betrachten, wobei ihre 'funktionalen', 'interaktionalen', 'pragmatischen', 'sozialen' Aspekte für nachrangig gehalten werden, und denjenigen, die Sprache grundsätzlich als 'sozial determiniert', auf die 'Kommunikation' ausgerichtet, 'pragmatisch geprägt', 'funktions- und interaktionsbezogen' ansehen."

Notwendigkeit dar, soll unsere Analyse wenigstens in beschränktem Rahmen aussagekräftig sein und praktischen Nutzen bringen. Wir werden somit versuchen, sowohl die abstrakt theoretische Ebene wie auch Einzelerscheinungen zu berücksichtigen, sofern dies für die kontrastive Darstellung von Ausdrucksvarianten der Modalität zweckmäßig erscheint. Zielsetzung dieser Arbeit muß somit sein, die sprachlichen und außersprachlichen Ebenen, auf welchen Modalität im Französischen zum Ausdruck gebracht werden kann, faßbar zu machen, sodaß die Ergebnisse für den angewandten Umgang mit Sprache dienlich sein können.

Aus diesen Überlegungen heraus erklärt sich auch unser Partikelbegriff. Wir differenzieren hier sehr stark zwischen dem deutschen und dem französischen Partikelbegriff, da wir glauben, daß diese Differenzierung durch die unterschiedlichen Sprachsysteme notwendig ist. Wir verstehen somit, wenn wir auf die deutsche Sprache bezogen von 'Modalpartikeln' sprechen, einen sehr eng gefaßten Teilbereich der Partikeln, die wir nach Helbig (^{2}1990) in Steigerungs-, Grad- und Modalpartikeln gliedern, von welchen jedoch ausschließlich die modalen Partikeln Gegenstand unserer kontrastiven Untersuchungen sind[37], legen jedoch im Französischen nach Hölker (1990) einen sehr weit gefaßten Rahmen im Sinne der 'pragmatischen Partikeln' und 'Marker' an, da das Französische eine sehr komplexe Vielfalt von Ausdrucksmöglichkeiten und Entsprechungen für unsere deutschen MPn kennt. Wenn wir also von französischen 'Partikeln' oder 'Markern' sprechen, meinen wir dezidiert 'Entsprechungen für die deutschen MPn', wobei solche Entsprechungen als Morpheme, Lexeme, aber auch als komplexe Ausdrücke und grammatikalische Besonderheiten vorliegen können.

2.1.4 Probleme der Partikelforschung

Eine der Hauptschwierigkeiten, denen sich die Partikelforschung gegenübersieht, liegt sicher in der Polyfunktionalität der Partikeln. Da sie ihre eigentliche semantische und pragmatische Bedeutung erst aus dem jeweiligen Kontext beziehen, gestaltet sich eine Abgrenzung der Funktion einer einzelnen Partikel als sehr schwierig. Zuordnungsprobleme von Partikelfragen zu einzelnen linguistischen Objektbereichen wie sie z.B. Hartmann (1986: 143) beschreibt,

---

[37] Dies gilt primär für die anschließende Korpusanalyse. Was die theoretische Auseinandersetzung mit der Partikelforschung und dem Stellenwert und der Bedeutung der Partikeln für die deutsche Sprache bzw. ihre Äquivalente im Französischen betrifft, haben wir wegen der Komplexität des Gegenstandes und seiner inter- und intrakategorialen Überschneidungen und multifunktionalen Komponenten nicht diese strenge Ausgrenzung anderer Partikelklassen und Wortarten vorgenommen.

sind in der Partikelliteratur keine Seltenheit. So wird - um nur ein Beispiel zu nennen - in vielen Partikel-Untersuchungen die Frage nach der Abgrenzung zwischen Semantik und Pragmatik laut. Wegen der Kontextdeterminiertheit und der dadurch entstehenden Notwendigkeit des Interpretierens findet man in der Literatur auch immer wieder den Vorwurf eines zu subjektiven Herangehens an die Erforschung der Partikeln (beispielsweise bei Krivonosov 1977a: 43 und 1978: 114). Dazu kommt die Beziehung einzelner Partikeln untereinander, die herausgearbeitet werden muß, möchte man z.b. eine Beschreibung der Funktionsvarianten der sogenannten Partikelketten geben. Vor allem die neuere Partikelforschung, die nicht mehr nur Wörter und Morpheme untersucht, sondern mit einem erweiterten Konzept arbeitet, das auch Marker im Sinne komplexer Ausdrücke mit einbezieht, ist in sehr starkem Maße mit Schwierigkeiten konfrontiert. Zu diesen Schwierigkeiten zählt die Frage der Transparenz von Markern bzw. Partikeln, also der spezifisch unterschiedlichen Deutlichkeit, mit der sie etwas markieren, oder aber auch die Frage ihrer linguistisch nur schwer faßbaren impliziten Indexikalität, womit gemeint ist, daß sie die Faktoren der Sprechsituation, die wiederum den Bezug auf die jeweilige Gesprächssituation verdeutlichen, nicht angeben (cf. Hölker 1990: 85). Dies trifft auch auf die französische Partikelforschung zu. Bei kontrastiven Untersuchungen treten solche Schwierigkeiten natürlich noch in gesteigertem Maße auf, da es hier oft unmöglich ist, interlinguale Parallelen zu ziehen, bzw. da in der zu vergleichenden Sprache - bedingt durch Sprachsystem, -konventionen und -usus - ganz andere Probleme auftreten können.

Zudem ergeben sich aus den vielen unterschiedlichen Forschungstendenzen und der spezifischen Zweckgebundenheit der jeweiligen Untersuchung zusätzliche Problemfelder. Eine der Hauptschwierigkeiten, mit denen sich jede Partikelbetrachtung auseinanderzusetzen hat, ist - wie gesagt - die große Kontextdeterminiertheit der Partikeln, die jedoch u.E. gerade den Reiz der Partikeln als Untersuchungsgegenstand ausmacht. Mit der Kontextdeterminiertheit, die Partikelanalysen nur im Rahmen eines anzunehmenden Minimalkontextes[38] sinnvoll erscheinen läßt, geht die Indexikalität der Partikeln einher, die wiederum linguistisch nicht immer einfach beschreibbar ist.

Obwohl man sich v.a. in den letzten Jahren bemüht hat, die Problemstellungen der Partikelforschung näher zu definieren, sind immer noch vielfach keine Lösungen gefunden worden. Als bisher ungelöste Probleme der Modalpartikelforschung nennt Meibauer (1994: 1) das der Homonymie, das Problem der akzentuierten MPn und das Problem der Kategorisierung als Wortart der Klasse der MPn[39]. Da sich Partikeln durch eine außerordentlich große

---

[38] Zur Problematik, aber auch Notwendigkeit der Bereitstellung von Minimalkontexten cf. Franck (1980: 111).
[39] Cf. dazu Kapitel 1.2.1.1.1.

Merkmalsheterogenität auszeichnen, ist bei Beerbom (1992: 24) in bezug auf die Zusammenfassung der Partikeln als Wortart sogar die Rede von einer „Papierkorbkategorie". Das Homonymieproblem ergibt sich aus der charakteristischen Eigenschaft der MPn, sich von Gegenstücken abgrenzen zu müssen, die zwar eine identische Wortform aufweisen, jedoch einer anderen Wortart angehören und dementsprechend unterschiedliche syntaktische und semantische Spezifika aufweisen. Ebenso umstritten ist die Frage der Betonung der MPn. Man hat gesehen, daß MPn Akzente tragen können und daß diesen Akzenten auch Bedeutung zukommt, andererseits wurde jedoch immer wieder festgestellt, daß MPn unbetonbar seien, weshalb ihre Akzentuierung als Emphase zu sehen und als Randphänomen zu betrachten sei (cf. Meibauer 1994: 1). Gerade bei den französischen Entsprechungen unserer modalen Partikeln werden wir jedoch beobachten, daß Intonation und Akzent sogar selbst modalisierend wirken und daß Elemente aus anderen Kategorien durch bestimmte Akzentuierung modalen Charakter annehmen können. Auch im Deutschen erweist sich die stärkere oder schwächere Betonung der modalen Partikel als zu bestimmten Funktionsvarianten linear zuordenbar [40]. Die Kontroverse 'übergreifende Bedeutung oder Funktionsvarianten' stellt wiederum ein anderes Problem der Partikelforschung dar, das Hentschel und Weydt (1983: 4) sogar dazu veranlaßt hat, von einem „Partikelparadoxon" zu sprechen:

„[...] die Beschreibung einzelner Varianten verstellt dem Benutzer das Verständnis dafür, wie diese Varianten zusammenhängen; die Beschreibung der übergreifenden Bedeutung hingegen, bleibt zu allgemein, um den Einzelfall zu erklären, und ist oft zu umständlich, um die Einzelfälle plausibel werden zu lassen." (ibid.)

Was die übersetzungsorientierte Partikelanalyse anbelangt, so werden auch wir uns dieser Problematik im Vorfeld unserer Korpusanalyse noch zuwenden müssen.

Das Problem der Wortartenzuordnung von Partikeln ist für unsere Betrachtungen insofern von Interesse, als es sich am meisten auf kontrastive Analysen auswirkt. Im Deutschen wird die Kategorie der MPn meist sehr eng gefaßt, wohingegen in anderen Sprachen unter dem Begriff 'Partikel' die unterschiedlichsten Elemente subsumiert werden, was natürlich den kontrastiven Vergleich erschwert[41]. Die Betrachtungsweise und Kategorisierung steht also einerseits in engem Zusammenhang mit dem theoretischen Hintergrund, den

---

[40] Cf. dazu unsere Untersuchung der Beispielsätze aus Helbigs *Lexikon deutscher Partikeln* (^{2}1990) im Rahmen der Korpusanalyse.

[41] Man vergleiche hierzu nur Kapitel 2.1.7, das deutlich erkennen läßt, daß in diesem Bereich zwar auch die Rede von 'Partikeln' ist, unter diese Kategorie jedoch weitaus mehr und vor allem andere Elemente subsumiert werden als in der deutschen Literatur.

Perspektiven, die man als Rahmen vorgibt, andererseits aber auch mit den spezifischen Gegebenheiten und Möglichkeiten der zu untersuchenden Sprachen. Es ist daher eine zwingende Notwendigkeit, sich um Explizität und Transparenz theoretischer Kriterien zu bemühen[42] und den Zweck und die Rahmenbedingungen der jeweiligen Untersuchung zu definieren.

2.1.5 Zur kontrastiven Partikelforschung

In den siebziger und achtziger Jahren entstanden immer mehr kontrastive Arbeiten zum Partikelbestand in den verschiedenen Sprachen, jedoch beschränkten sich diese Untersuchungen meist auf die Darstellung von Einzelphänomenen[43]. Man sah, daß man mit Mitteln der strukturellen Linguistik nicht in der Lage war, MPn adäquat zu beschreiben, sodaß die Forderung nach „höheren sprachlichen Einheiten als sie der Satz darstellt" (Krivonosov 1977a: 318) laut wurde. Die deutsche Partikelspezifik hat auch eine lexikographische Gegenüberstellung von Partikeln bzw. Partikel-Äquivalenten mehrerer Sprachen sehr erschwert. Métrich (1993: 198) merkt dazu ganz richtig an, daß auch im zweisprachigen Wörterbuch die Äquivalenzbeziehung zwischen zwei Lexemen keine abstrakte, die *langue* betreffende, sein kann, sondern eine über eine „équation sémique" hinausgehende „relation de substitution contextuelle" (ibid.) im Sinne eines funktionalen Äquivalents darstellen muß. Da im zweisprachigen Wörterbuch jedoch die angegebenen Äquivalente meist die Ebene der *langue* betreffen, „sind der Einbeziehung der *parole* allerdings Grenzen gesetzt" (Beerbom 1992: 71). Pragmatische Betrachtungsweisen machen zwar kontrastive Analysen möglich und tragen somit dazu bei, die „Lücke in der Grammatik und im Lexikon" zu schließen, „[...] die sich vor allem auf den Fremdsprachenunterricht und die Übersetzungsproblematik negativ auswirkte, also eine Anforderung der Praxis an die Linguistik darstellte" (Helbig [2]1990: 17). Die Übersetzung wie auch die kontrastive Gegenüberstellung bleibt jedoch mit Schwierigkeiten verbunden und wurde bis heute vernachlässigt, weil andere Sprachen in der Regel nur wenige direkte Äquivalente für die deutschen Partikeln aufweisen bzw. eine Beschränkung auf direkte Äquivalente sich als zu restriktiv erweisen und den Ausdrucksweisen für Modalität in einer Einzelsprache nicht gerecht werden könnte und zudem schon in der deutschen Partikelforschung einige Verwirrung bezüglich Kategorisierung, Stand, Zielsetzung und Analyseansätze herrscht. Wir meinen jedoch, daß eine übersetzungsorientierte Betrachtung von MPn und deren möglichen Entsprechungen

---

[42] Cf. dazu Meibauer (1994: 1), der genau dies bemängelt.
[43] Ein Überblick über kontrastive Arbeiten zu romanischen Sprachen findet sich bei Beerbom (1992: 102-107).

in der Fremdsprache eine lohnende Aufgabe darstellt, da einerseits die praktische Notwendigkeit, nämlich die übersetzerische Praxis, gegeben ist und andererseits auch sowohl über einzelsprachliche Spezifika im Bereich 'Modalität' wie auch über sprachenpaarspezifische Charakteristika wertvolle neue Erkenntnisse gewonnen werden können, wenn man den übersetzungstheoretischen und -praktischen Rahmen in adäquatem Ausmaß in die Betrachtungen mit einbezieht[44].

Da nunmehr schon der Begriff der 'Äquivalenz' gefallen ist, wir aber nicht das in der Übersetzungswissenschaft breiten Raum einnehmende Äquivalenzproblem in extenso behandeln wollen, soll an dieser Stelle nur bemerkt werden, daß sich der Begriff der 'Äquivalenz' in bezug auf MPn u.E. noch größeren Kontroversen ausgesetzt sieht, als dies in der Übersetzungswissenschaft ohnehin schon der Fall ist. Geht man davon aus, daß, abgesehen von direkten Äquivalenten oder direkten Teiläquivalenten für MPn, auch eine ganze Reihe pragmatisch determinierter, sprachlicher und außersprachlicher und sich durch extreme Heterogenität auszeichnender Elemente zum Träger von Modalität werden können, so stellt sich die Frage, ob sich die Suche nach Äquivalenz nicht selbst ad absurdum führt. Solange der Skopos erfüllt ist und Wirkungsäquivalenz bzw. -konstanz erreicht wird, kann die Übertragung von Modalität von einer Ausgangssprache in eine Zielsprache u.E. als gelungen betrachtet werden. Ob dies mit Hilfe direkter Äquivalente, der Herstellung von pragmatischer Äquivalenz oder anderen zielsprachlichen Mitteln erzielt wird, ist dabei sekundär. Gerade in subjektiv belasteten Bereichen wie dem der Modalität muß das Primat des Skopos vor dem der Suche nach Äquivalenten gelten.

Nun aber zurück zur kontrastiven Analyse von Partikeln. Schon bei Settekorn (1977: 391) wird deutlich, daß in Anbetracht der bedeutenden kommunikativen Funktion der MPn im Interaktionsgeschehen eine syntaktisch-semantische Analyse nicht ausreicht. Dies ist umso mehr der Fall, wenn es gilt, zwei oder mehrere Sprachen kontrastiv in bezug auf Ausdrucksweisen der Modalität zu betrachten, da - wie auch Dahl (1985: 11) feststellt - die Wiedergabemöglichkeiten in der Zielsprache stark von der kommunikativen Funktion der MP im Deutschen determiniert werden, was sich dann natürlich auch auf die übersetzerische Praxis auswirkt:

„[...] chaque traduction représente un travail de communication dépassant le niveau unilingue par lequel une personne essaie de reproduire un texte donné dans une langue cible, tout en faisant que celui-ci garde sa même valeur

---

[44] Ausnahmen zur nur dürftig aufgearbeiteten Übersetzungsspezifik stellen z.B. - neben den Monographien von Zybatow (1990), der jedoch einen sehr konservativen Standpunkt einnimmt, und Beerbom (1992) - Artikel wie derjenige von Albrecht (1977) dar.

communicative et cela, en tenant compte des critères sémantiques comme pragmatiques." (Schmitt 1981: 152)

Die theoretische Einbettung von kontrastiven Untersuchungen gestaltet sich wegen der hohen Kontextabhängigkeit der deutschen MPn und deren vager[45], übergreifender Bedeutung relativ schwierig (cf. Beerbom 1992: 198), ein befriedigendes allgemeingültiges Beschreibungsmodell existiert unseres Wissens nicht. Außerdem ist die kontrastive Beschreibung von MPn nicht unbedingt mit einer übersetzungsrelevanten gleichzusetzen. Weydt (1989c) kommt jedoch - wie bei der globalen Beschreibung der MPn - auch bei der Einbeziehung dieses Aspektes eine Vorreiterrolle zu, wenn er die Frage stellt, was der Übersetzer mit deutschen Partikeln machen soll. Diese Frage ist nunmehr unseres Wissens immer noch nicht befriedigend beantwortet.

2.1.6 Kontrastive Linguistik und Übersetzungswissenschaft: Komplementarität und Kontrast

Der Bereich der kontrastiven Linguistik (KL), welche in ihren Anfängen hauptsächlich systemorientiert war, da sie ihre Entstehung dem Strukturalismus verdankt und sich v.a. im Zuge des amerikanischen Strukturalismus entwickelte (Beerbom 1992: 85-86), wurde im allgemeinen eher eng gefaßt und auf die sprachvergleichende Beschreibung strukturell-grammatikalischer Erscheinungen beschränkt. Die KL fand ihre Entstehung in der kontrastiven Grammatik und wurde auch lange so bezeichnet (cf. Coseriu 1981: 189):

„Hauptprobleme der K.L. [kontrastive Linguistik] sind die Auswahl eines für die Beschreibung der zu vergleichenden Sprachen geeigneten Grammatikmodells sowie die Auffindung eines <tertium comparationis> als Grundlage der Kontrastierung von Einheiten beider Sprachen." (Bußmann [2]1990: s.v. 'kontrastive Linguistik')

Daher wurde die KL auch sehr lange als Disziplin der *langue* betrachtet, die sich vorwiegend mit Sprachnorm, Sprachtypus und Sprachsystem auseinandersetzt (Beerbom 1992: 85). Da sich jedoch durch den Gegenstand der Untersuchungen Bezüge zur Sprachtypologie und v.a. auch zur Fremdsprachendidaktik und Übersetzungswissenschaft (ÜW) herstellen lassen, rückte ein

---

[45] Allerdings ist diese 'Vagheit' durchaus positiv zu sehen. Wir sind hier mit Franck (1979: 11-12) ganz einer Meinung, wenn sie schreibt: „Die Vagheit der Partikeln ist weniger eine prinzipielle Undeutlichkeit, sondern eine *Flexibilität* der Bedeutung, die es ermöglicht, die Äußerung genau in den jeweiligen Kontext einzupassen, diesen Kontext gezielt in die Gesamtbedeutung mit einzubeziehen und damit auch eine Definition des Kontextes, so wie er aktuell relevant ist, zu (re-)konstruieren und, ohne dies zu thematisieren, zu vermitteln."

etwas weiter gefaßter Begriff in den Mittelpunkt des Interesses, der auch pragmatische Fragestellungen[46] in der Diskussion zuläßt. Mit der Hinwendung zu stärker anwendungsorientierten pragmatischen Fragestellungen ergab sich ein neuer Zugang zur Saussureschen Grundannahme, die die Sprache als ein *fait social* sieht, und damit „befreite sich die KL vom Korsett einer ausschließlich grammatischen Ausrichtung und öffnete sich zu einer kontrastiven Kulturkunde" (Kühlwein / Wilss 1981: 10). Damit fanden auch für die Übersetzungswissenschaft wichtige Fragestellungen Eingang in die Betrachtungen der KL, sprachliche Phänomene wie Register, Idiomatik, kontrastive Wortschatzanalyse und Textologie fanden Beachtung (ibid.), und das sind genau jene Bereiche, die auch in unserem Korpus als Ausdrucksmittel von Modalität in der Übersetzung fungieren können. Genauso wirkte jedoch auch die pragmatisch neuorientierte KL befruchtend auf die ÜW:

„An die Stelle der notorischen übersetzungstheoretischen Kontroverse zwischen wörtlicher und freier Übersetzung ist die Forderung nach einer Neuorientierung der ÜW am Begriff des interlingualen, d.h. des gleichzeitig as [ausgangssprachlich] und zs [zielsprachlich] determinierten *tertium comparationis* getreten." (Kühlwein / Wilss 1981: 12)[47]

Erst diese Neuansätze ermöglichen Untersuchungen, wie auch die vorliegende Arbeit eine darstellt, deren Ziel es ist, so komplexe und sich in so vielfältigen sprachlichen Komponenten manifestierende Phänomene wie das der sprachlichen Modalität im Sprachvergleich zu betrachten und dabei über die Satz- und Wortgrenze hinaus eine global-textuelle Sichtweise einzunehmen, die auch den pragmatisch-situativen Kontext mitberücksichtigt. Dadurch wird über die Suche nach direkten Äquivalenten hinausgehend die Suche nach Entsprechungen auf textueller und pragmatisch-situativer, kontextueller Ebene möglich, wodurch wiederum erst ein sprachübergreifender Vergleich von Modalitätsstrukturen möglich wird.

Unter 'kontrastiver' bzw. 'konfrontativer' Linguistik versteht man heute einen Bereich der synchron vergleichenden Linguistik, der

„die Aufdeckung und Darstellung von Gemeinsamkeiten und Unterschieden von Sprachen durch systematischen Vergleich auf phonetisch-phonologischer, grammatischer und lexikalischer Ebene mit dem Ziel der Erarbeitung

---

[46] Cf. dazu Lewandowski (⁶1994: s.v. 'konfrontative Linguistik'): „Bei bestimmten lexikalischen Beständen können sich nur Teil-Äquivalente ergeben. Zur Feststellung sprachspezifischer Ausdrucksmöglichkeiten kann ein Wechsel der sprachlichen Ebene notwendig werden."

[47] Cf. dazu auch Schreiber (1993: 213-214): „Genau wie der Übersetzungsvergleich für die kontrastive Linguistik genutzt werden kann [...], können [...] auch Kategorien der kontrastiven Linguistik für die Beschreibung von Übersetzungen genutzt werden."

von Grammatiken oder Teilgrammatiken" (Lewandowski ^{6}1994: s.v. 'konfrontative Linguistik')

zum Gegenstand hat, wobei ausgehend von interlingual bestehenden lexikalischen und grammatischen Inhalten „Gemeinsamkeiten und Unterschiede aufgrund der Spezifik des Verhältnisses von Form (*Kongruenz*) und Bedeutung (*Äquivalenz*)" (ibid.) ermittelt werden sollen. Hierbei ergeben sich die schon erwähnten Bezüge zur Fremdsprachendidaktik, Lexikographie, Terminologie, Sprachtypologie und Übersetzungswissenschaft, da der praktische und anwendungsorientierte Bereich im Gegensatz zur historisch-vergleichenden und zur typologisch-vergleichenden Sprachwissenschaft[48] in ausschließlich synchroner Perspektive im Vordergrund steht und das Bemühen der KL darin liegt, Äquivalenzbeziehungen als funktionale Bedeutungsübereinstimmungen zwischen zwei oder mehreren Sprachen herauszuarbeiten, welche das „onomasiologische tertium comparationis" (Lewandowski ^{6}1994: s.v. 'konfrontative Linguistik') bilden. Zudem beschreibt die KL auch intralingual regionale, stilistische oder soziokulturelle Varietäten.

Vor allem in Osteuropa ist auch die Bezeichnung 'konfrontative Linguistik' gebräuchlich, wobei die 'konfrontative Linguistik' als Bereich des Sprachvergleichs, der sich mit Gegensätzen u n d Entsprechungen befaßt, von der 'kontrastiven Linguistik', die sich mit der Analyse der sprachlichen Gegensätze begnügt, abgehoben wird. Bei dieser Unterscheidung handelt es sich jedoch eher um eine terminologische als um eine inhaltliche, da sich beide Bereiche per se mit sprachlichen Gegensätzen u n d Entsprechungen beschäftigen und diese systemhaft zu beschreiben suchen[49]. Sinnvoller ist, will man überhaupt eine Trennung in zwei Bereiche vollziehen, wie Kühlwein und Wilss (1981: 7-8) zwischen 'Konfrontativer Linguistik' als Bezeichnung für den theoretischen Sprachvergleich und 'Kontrastiver Linguistik' als Bezeichnung für den explizit anwendungsorientierten Sprachvergleich zu differenzieren[50]. Unsere Untersuchung, die ja translationsrelevant und somit explizit anwendungsorientiert sein soll, wäre dem zufolge als 'kontrastiv' zu bezeichnen. Da unsere Untersuchungen jedoch v.a. dem Postulat der Translationsrelevanz

---

[48] Die historisch-vergleichende Sprachwissenschaft sucht genetisch verwandte Eigenschaften zwischen Einzelsprachen herauszuarbeiten, während die typologisch-vergleichende Sprachwissenschaft Sprachen aufgrund struktureller Gemeinsamkeiten zu klassifizieren sucht (Beerbom 1992: 83-84).
[49] Cf. dazu Kühlwein / Wilss (1981: 7): „Erkennt man struktural-systemhafte Betrachtungsweisen sprachlicher Erscheinungen als eines der Axiome von Linguistik neuerer Prägung, so wäre eine Linguistik, die beim Untersuchen sprachlicher Gegensätze die ja ebenfalls sprachsystem-konstituierenden Entsprechungen außer acht ließe, ein Widerspruch in sich."
[50] Zur weiteren Spezifizierung zwischen theoretischer und angewandter KL siehe Beerbom (1992: 89).

Genüge tun und 'übersetzungsrelevant' sein sollen, was, wie die Korpusanalyse zeigen wird, nicht unbedingt mit 'kontrastiv' gleichzusetzen ist, wollen wir auf eine genauere Unterscheidung zwischen 'kontrastiv' und 'konfrontativ' verzichten - wir bleiben also bei der Bezeichnung 'Kontrastive Linguistik (KL)' - und uns dem Bezug zwischen ÜW und KL zuwenden.

Die Relation zwischen KL und ÜW bzw. die Abgrenzung der beiden Bereiche der Sprachbetrachtung ist noch weithin ungeklärt und hat immer wieder zu Kontroversen geführt; beide Bereiche sind jedoch dem Gebiet des synchron-deskriptiven Sprachvergleichs zuzuordnen[51]. Mit der Hinwendung zu pragmatischen Fragestellungen und zu einem dynamischen Konzept der Übersetzungsäquivalenz (Kühlwein / Wilss 1981: 15) gewann die KL auch an Bedeutung für die ÜW, für die es bei der Analyse des Übersetzungsprozesses v.a. auf pragmatische Äquivalenzen ankommt, und wurde zu einer ihrer Basiswissenschaften, da sich beide Bereiche gegenseitig komplementär ergänzen:

„Je stärker kulturkundliche und soziolinguistische Bedingungen in die KL Eingang finden, desto greifbarer wird ihre Chance, nunmehr auch Erscheinungen der sprachlichen Variation im Wechselspiel von Norm und Varietät kontrastiv erfassen zu können." (Kühlwein / Wilss 1981: 10)

Gerade Objektbereiche wie auch der Untersuchungsgegenstand unserer Arbeit, nämlich Modalität, bedürfen in hohem Maße des interdisziplinären Zusammenwirkens von Wissenschaftsbereichen[52]. Modalität kann in so vielen Varianten auftreten, daß sich sowohl strukturell-grammatikalische und semiotische Fragestellungen im Sinne der Triade von Morris ergeben, wie es auch kulturkundlicher oder soziologischer Beschreibungs- und Analysezugänge bedarf. Über die Beschreibung der einzelsprachlichen Phänomen hinaus bis hin zur kontrastiven Gegenüberstellung in den unterschiedlichen Bereichen unserer Sprache, kommt für die ÜW die - an und für sich die gesamte Linguistik betreffende - Forderung hinzu,

„Methoden für die übersetzungsorientierte Textanalyse, für die Beschreibung und Erklärung interlingualer Übersetzungsprozeduren und für die Bewertung des Übersetzungsresultats zu entwickeln sowie die für einen objektiven

---

[51] Diese Zuordnung wird allerdings mittlerweile von Wilss (1996: 73-74) in Frage gestellt. Wilss meint, daß mit dieser Zuordnung „nichts Substantielles über die spezifischen Aufgabenbereiche der beiden Subdisziplinen und auch noch nichts Erhellendes über ihren methodologischen Status innerhalb des synchron-deskriptiven Sprachvergleichs ausgesagt" wird, wie auch jeder Hinweis auf eine zu treffende Unterscheidung zwischen einer theoretischen und einer angewandten Perspektive fehlt.

[52] Allerdings müssen wir mit Wilss (1996: 71) mit Bedauern feststellen, daß sich die von ihm erhoffte „Intensivierung des Dialogs zwischen kontrastiver Linguistik und Übersetzungswissenschaft" (Wilss 1981: 16) nicht so recht einstellen will.

Darstellungs- und Begründungszusammenhang maßgeblichen Adäquatheitsbedingungen und Adäquatheitskriterien festzulegen." (Kühlwein / Wilss 1981: 11)

Für den Bereich der Modalität und des interlingualen Transfers von Modalität heißt dies sicherlich, daß der Übersetzer im Rahmen einer vom Text und dessen Kontext ausgehenden und der Textgebundenheit des Übersetzungsprozesses verpflichteten Orientierung danach trachten wird, einen möglichst adäquaten Zieltext zu schaffen, der v.a. dem Skopos des Ausgangstextes gerecht wird und somit eine Synchronisierung von ausgangssprachlicher und zielsprachlicher Variante zuläßt. Dazu stehen sicherlich in der Regel mehrere Verfahrensweisen zur Verfügung, die jedoch alle das „semiotische Textverständnis" und die „textadäquate Transferkompetenz" (Kühlwein / Wilss 1981: 11) des Übersetzers voraussetzen. Texte, die stark von Modalität geprägt sind, weisen einen weitaus höheren Grad an Implizitheit auf als modalitätsarme Texte. Dies bedeutet, daß der Bezug zwischen Text und Kontext hier ein viel engerer ist, was wiederum eigene übersetzungsmethodische Vorgangsweisen in der Textanalyse bzw. -rezeption und in der Textproduktion bedingt. Wichtig ist eine funktionale Betrachtungsweise, die auch mehrere qualitativ vergleichbare Entsprechungsvarianten in der Übersetzung zulassen und dann aufgrund der pragmatisch-situativen Faktoren eine Auswahl aus den potentiellen Übertragungsmöglichkeiten treffen kann[53]. Daher spricht man in der Literatur zur kontrastiven Suche von Entsprechungen gerade im Bereich von Modalität auch von „konfrontativer Polysemie" als einer „beim Übersetzen in eine andere Sprache im Hinblick auf die Bezeichnungsäquivalenzen operationell anzunehmende[n] Polysemie" (Coseriu 1981: 192). Daß in bezug auf mögliche Äquivalenz die Intuition des Übersetzers eine tragende Rolle spielt und es sehr schwierig ist, hier objektive Kriterien festzumachen, liegt in der Natur der Sache. Wie jedoch Kühlwein und Wilss (1981: 13) betonen, ist die Intuitionsbestimmtheit der Übersetzungsäquivalenz kein Anlaß, „daraus eine prinzipielle Unwissenschaftlichkeit und Nichtoperationalisierbarkeit des Begriffes der Übersetzungsäquivalenz abzuleiten".

---

[53] Cf. dazu auch Coseriu (1981: 191): „In der Übersetzung geht es aber nicht um unmittelbare Entsprechungen zwischen den Bedeutungen verschiedener Sprachen, sondern um Klassen von Bezeichnungen in einer Sprache im Vergleich mit einer anderen Sprache, und zwar je nach der Bezeichnungsäquivalenz, d.h. um Bedeutungsvarianten; und eine Bedeutungsvariante weist in jedem Fall mehr Züge als die ihr entsprechende funktionelle Einheit auf, da zu den einzelsprachlich gegebenen Zügen bei jeder Variante noch die kontextuell und situationell gegebenen Züge hinzukommen."

Der Begriff der Äquivalenz ist in der KL wie auch in der ÜW ebenso zentral wie von Kontroversen umgeben[54]: „Für beide Wissenschaften [KL und ÜW] gilt indessen, daß der Äquivalenzbegriff erst ansatzweise, unscharf oder heuristisch-tentativ definiert ist" (Koller 1979: 176). 'Äquivalenz' als Begriff muß jedoch zu bestimmten Größen, zu Bezugspunkten, in Relation gesetzt und so definiert werden, um aus einem an sich inhaltsleeren Begriff einen inhaltlich definierten zu machen (Beerbom 1992: 91). Genau darin, in der theoretischen Beschreibung von Kriterien und Bezugspunkten, liegt jedoch nach Koller (1979: 179) die Schwäche der KL. Ein Grundproblem der KL stellt dabei die Suche nach besagtem *tertium comparationis* dar, das nach der Zielsetzung der jeweiligen Analyse gewählt werden muß. Als deskriptive Wissenschaft ohne eigenen methodischen Wert (Beerbom 1992: 96) benötigt die KL, will sie nicht eine der untersuchten Sprachen als Bedeutungssystem annehmen, ein *tertium comparationis*, das es ermöglicht, auf gleicher Ebene einen Sprachvergleich zu unternehmen. Dies könnte eine Drittsprache als unabhängiges Bezeichnungssystem sein, was jedoch nur schwer durchführbar wäre, da ein solches onomasiologisches Vorgehen „adirektional bzw. bilateral" (Beerbom 1992: 91) ist, oder aber eben ein unidirektionaler Vergleich, bei dem eine der untersuchten Sprachen als Maßstab für die andere(n) dient, wobei jedoch die Ergebnisse nicht reversibel sind. Bei der unilateralen Vorgehensweise werden in einem ersten Schritt in einer semasiologischen Betrachtung die Bedeutungsstrukturen der Ausgangssprache ermittelt, welche dann in einem zweiten, nunmehr onomasiologischen Schritt zu den Bedeutungsebenen der Zielsprache in Bezug gesetzt werden, um so die in Frage kommenden Entsprechungen in der Zielsprache erfassen zu können. Diese sollten dann ihrerseits einzelsprachlich untersucht und voneinander abgegrenzt werden, um divergente Relationen zwischen den Sprachen vereindeutigen zu können (cf. Coseriu 1981: 187 und Beerbom 1992: 92). Letztere ist die meistgewählte Methode, die auch wir in unserer Untersuchung anwenden.

Allerdings müssen wir hier zwischen dem Äquivalenzbegriff der KL und dem der ÜW insofern unterscheiden[55], als sich nach Koller (1979: 183) in der

---

[54] Das theoretische Feld ist hier so umfassend, daß wir im Rahmen unserer Untersuchung nicht in extenso auf die Kontroversen um Begriffsbestimmung und Definition des Äquivalenzproblems in der ÜW eingehen können. Zur Äquivalenz in der KL siehe Koller (1979: 176-183).

[55] Cf. dazu auch Koller (1979: 183-184): „Die Übersetzungswissenschaft untersucht die Bedingungen von *Äquivalenz* und beschreibt die Zuordnungen von Äußerungen und Texten in zwei Sprachen, für die das Kriterium der Übersetzungsäquivalenz gilt; sie ist Wissenschaft der *parole*. Die *kontrastive Linguistik* dagegen untersucht Bedingungen und Voraussetzungen von *Korrespondenz* (formaler Ähnlichkeit) und beschreibt korrespondierende Strukturen und Sätze; sie ist Wissenschaft der *langue*."

KL Äquivalenz primär auf den Systemvergleich auf der Ebene der *langue*, also der überindividuellen Struktur, bezieht, während Übersetzungsäquivalenz primär auf der Ebene der *parole* anzusiedeln ist:

„Übersetzungsäquivalenz bezieht sich auf *parole*-Sprachvorkommen. Übersetzt werden immer Äußerungen und Texte, der Übersetzer stellt Äquivalenz her zwischen AS-Äußerungen/Texten und ZS-Äußerungen/Texten, nicht zwischen Strukturen und Sätzen zweier Sprachen." (Koller 1979: 183)

Der umfassende Bezugspunkt zwischen KL und ÜW liegt nunmehr darin, daß sich beide Wissenschaftszweige mit dem Übersetzungsvergleich sowie Übereinstimmungen und Divergenzen zwischen Sprachenpaaren oder mehreren Sprachen beschäftigen (cf. Beerbom 1992: 92). Eine vollständige KL, die die Ebene der Sprachnorm[56] als Ganzes erfaßt (cf. dazu Coseriu 1981: 193), muß jedoch ein Desiderat bleiben, da wir es mit Texten zu tun haben, die auf der Ebene der *parole* generiert und interpretiert werden. Hierin liegt auch die Problematik der Anwendbarkeit der KL auf die ÜW. Eine KL, die - wie dies traditionell der Fall war - nur auf die Ebene der *langue* ausgerichtet ist, kann für die ÜW, die auf der Ebene der *parole* agieren muß, keine Grundlage darstellen, dies vermag erst eine pragmatisch auch auf die *parole* orientierte Sichtweise. Daher ist auch bei der Beschreibung des Verhältnisses zwischen KL und ÜW ein permanentes Schwanken zwischen Bezeichnungen wie 'Voraussetzungswissenschaft' und 'Hilfswissenschaft' feststellbar (cf. Kühlwein / Wilss 1981: 15 und Beerbom 1992: 94). Eine *parole*-orientierte KL, die ihren Objektbereich auch auf die Ebene der Sprachnorm ausdehnt, liegt jedoch durchaus im Bereich des Möglichen (cf. Coseriu 1981: 194) und würde für die ÜW einen großen Gewinn darstellen. Da dies jedoch nur teilweise realisiert ist und zu einem großen Teil noch ein Desiderat darstellt, ist jedoch die wirkliche Relation zwischen KL und ÜW bis dato nicht eindeutig definiert[57]. Im Rahmen der ÜW wie auch der KL ist jedoch innerhalb der neueren Entwicklungen eine verstärkte Hinwendung zur Empirie zu verzeichnen, was Wilss (1996: 77) sehr treffend als „Re-empirisierung" beschreibt. Als Gemeinsamkeit zwischen den beiden Disziplinen hebt Wilss (ibid.: 78) ihre Transferorientiertheit hervor, während er sie dahingehend voneinander abgrenzt, daß er die KL der Systemlinguistik und die ÜW der Sprachverwendungslinguistik zuordnet (ibid.: 81).

Die linguistisch orientierte ÜW hat es sich nunmehr zum Ziel gesetzt, die Mechanismen, die beim Sprachtransfer ablaufen, transparent zu machen und

---

[56] Wir verwenden in diesem Kapitel und in der Folge den Begriff der 'Norm' im Sinne von Coseriu. Zum Normbegriff Coserius cf. auch Thun (1978: 49).
[57] Was die aktuelle Einschätzung der Gemeinsamkeiten und Unterschiede zwischen KL und ÜW betrifft, dürfen wir jedoch auf Wilss (1996: 75 ff.) verweisen.

systematisch zu erfassen, wobei wiederum die Frage der Äquivalenz einen zentralen Begriff darstellt. Für die ÜW ist jedoch neben der inhaltlichen v.a. die pragmatische Äquivalenz ausschlaggebend, da das Bemühen um pragmatische Äquivalenz auch den Übersetzungsprozeß an sich stark beeinflußt: „In der kontrastiven Linguistik ginge es nämlich darum festzustellen, für welche Bezeichnungen die und die Bedeutungen gebraucht werden, in der Übersetzung hingegen darum, nach Bedeutungen zu suchen, die für die und die Bezeichnung eingesetzt werden dürfen" (Coseriu 1981: 194). Den Übersetzungsprozeß bedingen somit über die systemhaften *langue*-determinierten Beziehungen zwischen Ausgangs- und Zielsprache hinausgehend die *parole*-orientierten konkreten Texte in ihrer jeweiligen Funktion. Der Übersetzer muß außersprachliche kulturelle Faktoren wie auch Textsortenkonventionen und Sprachusus in der Zielsprache berücksichtigen und kann erst nach Erwägung dieser Faktoren entscheiden, wann in seinem Translat pragmatische Äquivalenz erreicht ist. Übersetzung ist somit „textbedingt" (Coseriu 1981: 194). Dies gilt v.a. für den Bereich der Modalität und die Suche nach Entsprechungen für MPn. Nur weil sich in einer Übersetzung keine direkte Entsprechung für eine im deutschen Text gesetzte MP findet, heißt dies indes noch lange nicht, daß die mittels der MP eingebrachte modale Nuance nicht übertragen werden konnte. Die pragmatische Äquivalenz kann sich auf einer anderen sprachlichen, aber auch auf einer außersprachlichen Ebene finden, daher ist bei der kontrastiven Betrachtung von modalen Strukturen auch der Bezug zum Textganzen, zum Text als Ausprägung der *parole*, von großer Bedeutung:

> „Texte sind Erscheinungsformen der *parole*; sie werden in konkreten Kommunikationssituationen erzeugt und rezipiert und weisen daher auch in ihrer sprachlichen Gestaltung Merkmale dieser jeweils spezifischen Situation auf." (Beerbom 1992: 93)

Eine translationswissenschaftlich orientierte, kontrastive Betrachtung von Modalitätsstrukturen muß genau dem Rechnung tragen. Aus diesem Grunde werden auch immer wieder Übersetzungsgrammatiken gefordert (cf. Coseriu 1981), die sprachenpaarspezifisch und unidirektional angelegt sein müßten (Beerbom 1992: 93).

2.1.7 Zur französischen Partikelforschung

Die in der mündlichen Interaktion auftretenden Partikeln[58] werden vielfach als 'pragmatische Partikeln' bezeichnet. Sie bilden heute im Wesentlichen den

---

[58] Der Gesprächsfunktion von Partikeln scheint in den romanischen Sprachen im Vergleich zur syntaktisch-grammatikalischen Beschreibung generell das Hauptinteresse der Linguisten

Gegenstand der Partikelforschung, die sich mittlerweile ein akzeptables und auch anerkanntes Instrumentarium an Untersuchungsmethoden geschaffen hat[59], um diese Kategorie adäquat analysieren zu können, sodaß heute im Zusammenhang mit Partikeln nicht mehr von nutzlosen 'Füllwörtern' oder 'Flickwörtern' die Rede sein muß. Jedoch konzentriert sich die Partikelforschung v.a. auf den Bereich der Germanistik, erst in den letzten Jahren wurden verstärkt kontrastive Arbeiten bzw. Arbeiten zu Partikeln in romanischen oder slawischen Sprachen etc. verfaßt.

Dies betrifft auch das Französische, das ja Gegenstand unserer Untersuchungen sein soll. Es gibt zwar schon Untersuchungen zum französischen Partikelbestand, jedoch kann die Kategorie 'Partikeln' in einer Sprache wie dem Französischen nie so genau differenziert und abgegrenzt werden wie im Deutschen, da es zum einen, im engen germanistischen Sinne gesehen, keine dem Deutschen wirklich vergleichbaren, spezifischen Lexeme gibt, sondern nur Elemente, die als mehr oder weniger adäquate Entsprechungen der deutschen Partikeln angesehen werden können. Zum anderen verfügt das Französische, was unsere MPn anbelangt, zwar über Ausdrucksweisen von Modalität, diese sind aber sehr unterschiedlich und schließen die verschiedensten sprachlichen Ebenen mit ein. Allerdings können auch Erkenntnisse, die für illokutive Indikatoren des Deutschen gelten, durchaus auf das Französische übertragen werden. Wenn Helbig und Kötz ([2]1985: 17) beispielsweise schreiben, daß es illokutive Indikatoren gibt, die „nicht Partikeln im syntaktisch-semantischen Sinne sind, jedoch eine ganz ähnliche kommunikative Funktion ausüben", so gilt dies für das Französische sogar in höherem Maße als für das Deutsche. Das Französische zieht zum Ausdruck von Abtönungen sowohl die Grammatik (Modus, Zeitensetzung…) heran wie auch syntaktische, semantische und pragmatische Instrumente der Sprachgestaltung. Direkte Entsprechungen im Sinne eigener Lexeme (wie z.B. Adverbien oder *locutions*) stellen somit im Französischen nur e i n Element unter vielen Ausdrucksmitteln für Modalität dar. Dies macht auch das Erfassen und Gliedern der französischen Partikelforschung, so man von einer solchen im engeren Sinne sprechen kann, noch um einiges schwieriger als das der deutschen. Hölker (1990: 78) meint dazu:

> „Partikelforschung ist in den letzten Jahren insbesondere in der germanistischen Linguistik betrieben worden, wo man sich primär mit den

---

zu gelten. Auch Beerbom (1992: 52) hat z.B. für den Forschungsstand zu den spanischen Partikeln Ähnliches festgestellt.

[59] Dies heben auch Helbig und Kötz ([2]1985: 15) deutlich hervor: „So können manche syntaktischen und semantischen Eigenschaften pragmatik- und kommunikationsunabhängig gar nicht adäquat beschrieben werden." Eine Feststellung, die nicht nur für das Deutsche, sondern v.a. auch für das Französische und den Ausdruck von Modalität im Französischen gilt.

sogenannten Abtönungs-/Modalpartikeln beschäftigt hat [...], weniger dagegen in der romanistischen und in der theoretischen Linguistik, sodaß detaillierte Analysen der pragmatischen Partikeln des Französischen noch weitgehend ausstehen und die Funktionsweisen von pragmatischen Partikeln erst im Ansatz verstanden werden, was sich u.a. an dem terminologischen Wirrwarr zeigt, der in der Partikelforschung herrscht."

Dennoch weist das LRL einen eigenen Artikel zur französischen Partikelforschung auf, eben den oben zitierten Artikel von Hölker, auf den wir uns im Folgenden beziehen.

Hölker (1990: 78-86) geht zwar eindeutig von der Existenz von Partikeln im Französischen aus, subsumiert aber unter dem Terminus 'Partikeln' sowohl Adjektive wie auch Adverbien bzw. adverbiell gebrauchte Adjektive. Diese Wortarten zählen zwar ganz richtig zu den vielen Entsprechungen, die das Französische den deutschen Partikeln entgegensetzt, die Subsumierung unter eine Wortart 'Partikeln' kann jedoch nur ein sehr weit gefaßter und von pragmatischen bzw. sprechakt- und diskursanalytischen Theorien ausgehender Ansatz rechtfertigen. Hölker legt bei seinen Betrachtungen den Schwerpunkt auch eindeutig auf den pragmatischen Aspekt, da nur so eine erste Klassifizierung der französischen Ausdrucksweisen für Modalität möglich ist. Er unterscheidet für den Bereich der französischen Partikeln zwischen semantischen und pragmatischen Partikeln[60], kann aber auch keinen stichhaltigen Kriterienkatalog zur Differenzierung dieser Klassen anbieten. Zudem ist bei einer Reihe von Elementen wie *car*, *donc* oder *enfin*, die multifunktional sind, keine eindeutige Zuordnung möglich[61]. Man muß ihnen vielmehr sowohl semantischen wie auch pragmatischen Gehalt zugestehen. Hölker löst dieses Zuordnungsproblem insofern, als er als Kriterium die t e i l w e i s e Einordenbarkeit einer Partikel zu den folgenden Merkmalskategorien akzeptiert, was jedoch die gesamte Gliederung relativiert. Unter 'semantischen Partikeln' faßt Hölker jene zusammen, die zu den Wahrheitsbedingungen bzw. zum propositionalen Gehalt einer Äußerung beitragen, was nur zu einer negativen Definition der 'pragmatischen Partikeln' gereicht, die noch zusätzlich durch das Kriterium der Situation abgegrenzt werden, wobei Hölker zwischen der Situation als Gesprächsgegenstand und der eigentlichen Gesprächssituation differenziert[62]. Interjektionen lassen sich somit beispielsweise als pragmatische Partikeln

---

[60] Wobei Hölker anmerkt, daß „die Unterscheidung zwischen semantischen und pragmatischen Partikeln in der Literatur nicht vollständig expliziert ist" (Hölker 1990: 78).

[61] Das Französische zeichnet sich generell durch eine höhere Polysemie aus als das Deutsche.

[62] Cf. dazu Hölker (1990: 79): „[...] eine semantische Partikel bezieht sich auf die Situation, über die gesprochen wird, während sich eine pragmatische Partikel auf die Sprechsituation bezieht". Weiteres zu den Abgrenzungskriterien zwischen semantischen und pragmatischen Partikeln findet sich bei Hölker (1990: 78-79).

charakterisieren, da hier auch der Bezug auf außersprachliche Komponenten der Gesprächssituation gegeben ist. Ebenso lassen sich dann auch Elemente mit argumentativer Funktion wie die *connecteurs*, die - wie wir anhand einer Reihe von meist kausalen Konjunktionen im Rahmen der Korpusanalyse sehen werden - in manchen Funktionsvarianten als explizierende Entsprechungen für die deutsche MP *doch* dienen können, unter die pragmatischen Partikel subsumieren. Moeschler und Reboul (1994) gehen im Rahmen der Beschreibung von Kohärenzkriterien auch auf die *connecteurs pragmatiques* ein, welche - wie auch unsere Korpusanalyse zeigen wird - beim Ausdruck von Modalität im Französischen eine bedeutende Rolle spielen, da sie transphrastische Bezüge herstellen können und so textkonstituierende Funktion haben:

> „Un exemple classique de connexité transphrastique (ou inter-énoncés) peut être donné par les connecteurs pragmatiques, comme *mais, et, car, donc, quand même, pourtant, cependant, aussi, or, en fait, d'ailleurs*, etc. Un *connecteur pragmatique* est un mot grammatical (conjonction, adverbe, locution) dont la fonction est d'une part de relier des segments de discours (les énoncés), et d'autre part de contribuer à la constitution d'unités discursives complexes à partir d'unités discursives simples." (Moeschler / Reboul 1994: 465)

Sprachfunktional terminologisch gesehen, wobei auf Jakobson bzw. Bühler Bezug genommen wird, ist nach Hölker auch eine Untergliederung nach der Funktion möglich[63] (cf. Hölker 1990: 78-80).

Im Französischen gibt es allerdings, im Gegensatz zum Deutschen, über Wörter und Morpheme hinausgehend auch komplexere Ausdrücke, die der Funktion nach als Äquivalente unserer deutschen Partikeln eingesetzt werden. Diese Ausdrücke weisen die oben erwähnten Charakteristika pragmatischer Partikeln auf, sind jedoch nicht immer in die Satzstruktur integriert, stellen also auch auf syntaktischer Ebene eine Korrespondenz für die deutschen Partikeln dar. Hölker bezieht hier auch „strukturelle Einheiten phonologischer und syntaktischer Natur, wie z.B. steigende Intonation und Inversion bei der Bildung von Interrogativen" (1990: 80), mit ein[64].

Gerade die Partikelforschung verlangt nach einem erweiterten Objektbereich, der es erlaubt, systematische Relationen zwischen Partikeln und anderen Einheiten zu verdeutlichen. Um eine mißverständliche Erweiterung des

---

[63] Semantische Partikeln haben demnach referentielle bzw. denotative und/oder kognitive Funktion, wohingegen pragmatische Partikeln emotive/expressive, Ausdrucks-, Symptomfunktion, konative Funktion, Appell-, Signalfunktion, phatische oder metasprachliche Funktion haben.
[64] Cf. dazu auch die Ergebnisse unserer Korpusanalyse.

Terminus 'Partikel' zu vermeiden, subsumiert Hölker (1990: 80) diese Einheiten unter dem Terminus '(pragmatische) Marker', was verdeutlichen soll, daß diese Ausdrucksformen etwas kennzeichnen, indizieren, markieren oder signalisieren. Aber auch hier muß sich Hölker wiederum mit der teilweisen Zuordenbarkeit zu den pragmatischen Kriterien begnügen:

„Ein Marker ist demnach eine sprachliche Einheit, die mit einem Teil ihrer Bedeutung einen Beitrag zu anderen Bedeutungsaspekten einer Äußerung als propositionalen Gehalt leistet oder sich zumindest teilweise auf die Situation bezieht, in der gesprochen wird, oder zumindest teilweise Ausdrucksfunktion, Appellfunktion, phatische oder metasprachliche Funktion hat. Pragmatische Partikeln stellen somit eine Teilklasse der Marker dar." (Hölker 1990: 81)

Somit ist eine funktionsbezogene Unterscheidung von Markern im Französischen möglich, was jedoch wegen der großen Heterogenität dieser Kategorie nicht unproblematisch ist. Hölker wiederum unterteilt nach der Funktion in expressive, appellative, phatische und metasprachliche Marker (cf. Hölker 1990: 83), wobei für die Analyse der Modalität im Französischen v.a. die ersten drei Gruppen von Bedeutung sind. Bezeichnenderweise zieht Hölker auch den Texttyp sowie die Differenzierung nach geschriebener oder gesprochener Sprache als Kriterien heran, was wiederum den pragmatischen Hintergrund der modalen Nuancierung in unseren Sprachen verdeutlicht.

Was die Anwendbarkeit von Ergebnissen der deutschen Partikelforschung auf die französische anbelangt, so ergeben sich zwar einerseits aufgrund der sprach- und auch kulturspezifisch doch im Deutschen und im Französischen recht unterschiedlich angelegten Ausdrucksweisen für Modalität Schwierigkeiten, was beispielsweise auch schon von Gülich und Kotschi (1985: 253) anhand syntaktischer Charakteristika aufgezeigt wurde, andererseits kann eine reziproke Anwendung jedoch auch neue Perspektiven eröffnen, wie wir in Kapitel 2.1.8 zu zeigen versuchen.

Allgemeine theoretische Zielsetzung der französischen Partikelforschung ist somit die Definition und Darstellung des Markierens (Relationen, Subtypen) an sich wie auch die empirische Analyse dieser Kategorie, die jedoch vor einem bestimmten theoretischen Hintergrund stattfinden sollte, um aussagekräftig sein zu können. Wie es auch in der deutschen Partikelforschung der Fall ist, weist die französische Partikelforschung sehr unterschiedliche Ansätze auf, deren Divergenz ein systematisches Eingehen auf noch offene Forschungsfragen zusätzlich erschwert. Zu diesen noch zu behandelnden Themen zählen beispielsweise die Frage nach den Relationen zwischen Funktionen und Eigenschaften von Markern, wobei auch die phonetisch-phonologische Ebene einzubeziehen wäre, sowie die Frage nach der syntaktischen Beschaffenheit der französischen Marker. Zudem sind kontrastive Untersuchungen sowohl von Bedeutung für die Translationswissenschaft und die übersetzerische Tätigkeit wie auch für die Erstellung von Wörterbüchern, Glossarien und Handbüchern und v.a. auch für den Fremdsprachenunterricht. Überdies wäre auch eine verstärkte Hinwendung zu diachronen Untersuchungen wünschenswert (cf. Hölker 1990: 86-87).

2.1.8 Übersetzungsorientierte Partikelforschung: einige Perspektiven und Ansätze

Sehr viele neue Ergebnisse zu Markern des Französischen im Bereich der Illokution und der kommunikativen Interaktion finden sich in den *Cahiers de linguistique française* (Genf). Unseres Erachtens könnte eine nähere Anwendung dieser Ansätze im Sinne einer übersetzungsrelevanten kontrastiven Partikelbetrachtung neue, vielversprechende Perspektiven eröffnen. Daher sollen im Folgenden quasi als Ausblick auf Weiterführendes einige der Genfer Ansätze partikelorientiert Anwendung finden.

2.1.8.1 Französische *marqueurs* und deutsche Partikeln: Parallelen oder Kontroversen?

Im Rahmen der Genfer Forschungen wird aus konversationsanalytischer Perspektive im Sinne einer „photographie instantanée d'une recherche" (Roulet 1980a: 3) zu sprechakttheoretisch-konversationsanalytischen Themenstellungen der kommunikativen Interaktion v.a. im Bereich der gesprochenen Sprache Stellung genommen. Auffallend ist dabei die immer wiederkehrende eingehende Untersuchung von *marqueurs* unterschiedlicher Kategorien[65]. Die Beschreibung dieser *marqueurs* ergibt, daß sie im Französischen sehr oft ganz ähnliche Funktionen wie die deutschen MPn innehaben und sich nur ihre Funktionsweise bisweilen von jener der deutschen MPn unterscheidet. Außerdem ist im Französischen die Polyfunktionalität solcher Elemente innerhalb des Sprachsystems zu berücksichtigen: So muß argumentativ gebrauchtes *mais* von der Konjunktion funktional und konversationsanalytisch unterschieden werden, um nur ein Beispiel zu nennen.

Es liegt in der Natur des Französischen an sich und seiner Ausdrucksformen für Modalität, die im Vergleich mit dem Deutschen in verstärktem Maße

---

[65] So untersuchen Auchlin und Zenone (1980) - um nur ein Beispiel zu nennen - die *marqueurs d'interaction*, welche für den Ausdruck von Modalität im Französischen eine bedeutende Rolle spielen.

auf textueller und kontextueller sowie auf situativ-pragmatischer Ebene zu finden sind, daß sich auch die Analyse modaler Ausdrucksmittel auf die Ebene der Pragmatik und der *parole* konzentriert. Die Beschreibung von argumentativen oder illokutiven *marqueurs* muß somit als Begleiterscheinung dieser Analysen gesehen werden, die sich als Teilbereich aus der Beschäftigung mit der Gesamtproblematik ergibt.

Einige dieser Aspekte, die auch auf die kontrastive bzw. v.a. die übersetzungsrelevante Partikelforschung angewendet werden können, sind z.B. die Einbeziehung des Interaktionskonzepts in den sprechakttheoretischen Rahmen (cf. Auchlin / Zenone 1980), in welchen dann auch die *marqueurs* oder Partikeln eingebettet werden können (cf. Spengler 1980), oder die Betrachtung von *marqueurs* im Hinblick auf ihre Rolle im kommunikativen Interaktionsgeschehen (cf. Roulet 1980). Diese Ansätze eignen sich dann wiederum sehr gut, um Verbindungen zu Funktionsbeschreibungen der deutschen Partikeln als Konnexitäts-Indikatoren herzustellen. Ein solcher Ansatz liegt beispielsweise von Rudolph (1986) vor.

Bezieht man nunmehr diese kommunikationsanalytischen Ansätze der *marqueur*-Forschung zum Französischen auf die Beschreibung bzw. auf die Übersetzung der deutschen MPn, so kann dies neue und u.E. durchaus fruchtbringende Perspektiven ergeben. Wir möchten nunmehr exemplarisch einige dieser Ansätze herausgreifen und versuchen, Anwendungen auf unsere Themenstellung im Bereich der Modalität und der MPn zu finden, wobei wir uns, was das Deutsche anbelangt, v.a. auf die von uns untersuchte MP *doch* beziehen.

Bei Roulet (1980) wird zwischen 'Illokution' und 'Interaktion' unterschieden. In der deutschen Partikelforschung werden die MPn zwar generell als illokutionsmodifizierend bezeichnet und somit dem Bereich der Illokution zugeordnet, führt man jedoch, was auch schon bei Franck (1980) in Ansätzen verlangt wird, zusätzlich den Begriff der Interaktion in die Diskussion ein, so stellt sich heraus, daß die deutschen MPn nicht nur illokutionsmodifizierend, sondern auch interaktionsmodifizierend bzw. -definierend wirken. Beispielsweise wird dann - um bei unserer MP *doch* zu bleiben - die Zurückweisung mit *doch* zu einem interaktiven Schachzug, mit dem der Sprecher versucht, sein Gesicht zu wahren (Roulet 1980: 80). Roulet geht in Anlehnung an Goffmann, Brown und Levinson davon aus, daß „tout individu, dans l'interaction sociale, tient avant tout à sauvegarder sa face propre et celle des autres participants" (1980: 80) und unterscheidet in diesem Zusammenhang zwischen *face négative*, dem Bestreben, seinen eigenen, persönlichen Bereich zu verteidigen und *face positive*, dem Bestreben, vom Gegenüber anerkannt und respektiert zu werden[66].

---

[66] Zur näheren Bestimmung der *face*-Konzeption verweisen wir auf Langner (1995: 25 ff.).

Jeder illokutive Akt ist somit ein potentiell aggressiver oder bedrohlicher Akt für den Sprecher oder den Rezipienten und kann sich gegen die *face positive* oder die *face négative* richten. Danach werden dann die illokutiven Akte auch - entgegen den Ansätzen von Austin und Searle - nach Bedrohung der einen oder anderen *face*-Seite von oder durch den Sprecher oder Hörer klassifiziert. Kritik oder Vorwurf richten sich so gegen die *face positive* des Hörers, wie sich Entschuldigung oder Geständnis gegen die *face positive* des Sprechers und Angebot oder Versprechen gegen die *face négative* desselben richten. Wie die Korpusanalyse bezüglich der MP *doch* zeigen wird, lassen sich die Verwendungsvarianten der MP nach der Graduierung an inneliegender Adversativität in schwach und stark adversative Varianten untergliedern, diese Untergliederung entspricht auch in etwa der Unterscheidung nach Angriffen gegen die jeweilige *face*. So entspricht die stark adversative Zurückweisung, der Vorwurf oder die Aufforderung als Ausdruck von Kritik und Tadel, Angriffen gegen die *face positive*, und schwach adversative *doch*-Varianten wie Bestätigung, beruhigende Versicherung oder Vorschlag, Empfehlung, Ermutigung zum Handeln entsprechen einem Angriff auf die *face négative* des Sprechers. Diese Interaktionsbeziehungen determinieren in der Folge die ganze Argumentations- und Gesprächsstruktur, was sich v.a. auf pragmatisch-kontextueller Ebene auswirkt. Das pragmatisch-kontextuelle Umfeld ist nunmehr in einem sehr hohen Prozentsatz der Fälle der Ort, an dem sich - wie die Korpusanalyse auch zeigen wird - im Französischen die modale Nuance, die im Deutschen durch die MP in die Aussage eingebracht wird, niederschlägt.

Für den Übersetzer heißt das, daß er umso leichter Entsprechungen finden oder erkennen kann, je intensiver er versucht, die erwähnten Interaktions- und Argumentationsstrukturen in seinem Text für sich sichtbar zu machen und im Zieltext mit den Mitteln und nach den Konventionen der Zielsprache nachzuvollziehen. Sehr evident kommt dies im Bereich des Impliziten zur Geltung. Was im Deutschen beispielsweise mittels einer rhetorischen Frage oder der MP implizit mit in die Äußerung hineingelegt wird, muß im Französischen oft explizit gemacht werden. In der Übersetzung verlangt dies dann aber auch ein Transparent-Machen der Interaktions- und Argumentationsstrukturen. Der Sprecher - bzw. der Übersetzer - muß die Aussage 'deklarieren' und so aus ambiguen, der Interpretation des Gegenübers größeren Freiraum lassenden Aussagen, welche in hohem Maße konversationelle Implikaturen zulassen, eindeutige machen, aus denen die Art der Modalität klar hervorgeht. Dem Expliziten und dem Impliziten entsprechen nunmehr nach den Ausführungen von Roulet (1980: 86) eigene Arten von illokutiven *marqueurs*, zu denen Roulet die performativen Verben für den expliziten Bereich zählt („marqueurs dénominatifs d'acte illocutoire") und Adverbialformen wie *quand même*, die Roulet zu den impliziten Markern („marqueurs indicatifs d'acte illocutoire") rechnet. So gesehen zählen, wieder auf unsere MP *doch* bezogen, argumentatives *mais* oder emphatisches *bien* oder *donc* zu den impliziten *marqueurs*, da hier implizite Argumentationsstrukturen vermittelt werden, wohingegen z.B. Konjunktionen wie *puisque* oder *car* für den kausalen Bereich zu den expliziten *marqueurs* gerechnet werden können[67].

Ebenso ist dieses Konzept der Betrachtung sprachlicher Interaktion auf Höflichkeitsstrukturen anwendbar, da es auch hier primär auf das „ménagement de la face de l'interlocuteur" (Roulet 1980: 88) ankommt. Wie wir sehen werden, finden sich in unserem Korpus viele *doch*-Äußerungen, in denen die MP z.B. in der Aufforderung dazu dient, eine Order abzuschwächen, da Gleichrangigkeit im sozialen Interaktionsverhältnis eine Order nicht zuläßt, wohingegen eine höfliche Aufforderung jedoch angebracht ist. Dies gilt auch für adverbielles *bien* in der Versicherungsfrage. Auch hier dient der modale *marqueur* im gegebenen Fall dazu, eine als höfliche Frage getarnte Aufforderung zu verdeutlichen. Dasselbe gilt für den folgenden Beispielsatz und die in der Interrogativform gewählte Übersetzungsvariante mit *ne crois-tu pas...*:

Es ist *doch* wirklich wárm im Zimmer.[68]

Ne crois-tu pas qu'il fait trop chaud ici?

Greifen wir also auf die von Roulet postulierte Differenzierung zwischen Illokution und Interaktion zurück, so haben wir hier auf der Ebene der „valeur illocutoire littérale" (Roulet 1980: 89) einen informationsermittelnden Sprechakt, jedoch ergibt sich auf der Ebene der Interaktion eine abgeleitete Aufforderung, ein „valeur dérivée de requête" (Roulet 1980: 89), oder - je nach Kontext - auch eine höfliche Zurückweisung. In der Terminologie von Roulet stellt das einleitende *ne crois-tu pas* einen „marqueur de dérivation illocutoire" (1980: 89) dar, wodurch auf interaktiver Ebene ein von der reinen Illokution abweichender oder dazu sogar konträrer „valeur dérivée" entsteht. Ein Deklarativsatz kann also sowohl eine Assertion wie auch Bestätigung oder Versprechen sein, genauso wie ein Interrogativsatz Medium sowohl für Informationsbeschaffung wie auch für Suggestionen oder Direktiven sein kann. In Anlehnung an die Dichotomie zwischen Satztyp und Satzmodus können wir

---

[67] Zu den argumentativen *marqueurs* möchten wir exemplarisch auf Spengler (1980) verweisen, die eine Gliederung der argumentativen *marqueurs* vorlegt, welche die einzelnen argumentativen Funktionen der *marqueurs* aufzeigt. So werden z.B. *mais, quand même* oder *pourtant* als kontrastive *marqueurs* von adverbiellem *bien* als konfirmativem *marqueur* abgegrenzt (Spengler 1980: 131). Dies sind Kriterien, die genau den in unserem Korpus auftretenden Entsprechungen der deutschen MPn in unterschiedlicher illokutiv-kommunikativer Funktion entsprechen.

[68] Bei den deutschen Beispielen markieren wir in den Kapiteln 2.1.8.1 und 2.1.8.2 den Satzakzent.

hier von einer Dichotomie zwischen Illokution und Interaktion sprechen. Wie der Satzmodus sich auf mehrere Satztypen erstrecken kann, kann die illokutive Grundbedeutung mehrere abgeleitete interaktive Bedeutungen[69] haben, sodaß man in Anlehnung an Meibauer (1987) auch von einem 'Interaktionskontinuum' sprechen kann. Bezeichnenderweise sieht Roulet (1980: 91) auch in den Satzarten „marqueurs d'orientation illocutoire", also illokutive Marker, die die Relation zwischen den Interaktanten verdeutlichen. Die Intonation wird dann ebenso zum 'prosodischen Marker', was umso bedeutender ist, je weniger andere illokutive oder interaktive Marker die Äußerung aufweist. Auch dies können wir anhand unseres Korpus zeigen.

Diese etwas erweiterte Sichtweise von Illokution und Interaktion erleichtert uns auch unsere Bemühungen, die im Rahmen unserer Korpusanalyse auftretenden Entsprechungsformen für die deutsche MP *doch* in einen linguistischen und übersetzungsrelevanten Rahmen zu bringen. Differenziert man nämlich zwischen 'Illokution' und 'Interaktion' bzw. zwischen 'Satztyp' und 'Satzmodus', und gesteht man dem Satzmodus mehrere Erscheinungsformen im Bereich des Formalen zu, so kann man auch dem Interaktionspotential einer Aussage mehrere Erscheinungsformen zugestehen. Die Elemente, die wir nunmehr in unserem Korpus auf der Ebene der Interaktion als Entsprechungen für den deutschen Ausdruck von Modalität finden, können demnach als Instrumentarien der Modalität, als *marqueurs d'actes interactifs* mit *valeur modale* angesehen werden. Damit erklärt sich der vielfach auftretende Satztypwechsel wie auch der Wechsel von der Assertion zur Negation als Mittel der Interaktionsstrategie mit *valeur modale*. Auch die im Korpus auftretenden Verbalformen, das Explizit-Machen von Modalität im Wechselspiel mit Verben des Wissens, Sagens, Meinens oder allgemein mit explizierend-deklarierenden Verben sind im Sinne von Roulet (1980: 88) *marqueurs dénominatifs* von Interaktionsbeziehungen wie auch die explizierenden Konjunktionen wie *car, puisque* etc. *marqueurs indicatifs* darstellen.

Weiters werden wir in unserem Korpus feststellen, daß im Französischen oft ein *marqueur* gesetzt werden kann, dies jedoch nicht immer obligatorisch ist. Wenn z.B. auf pragmatischer Ebene die Modalität zum Ausdruck kommt, stellt der modale *marqueur* oft nur eine zusätzliche Intensivierung oder Verdeutlichung dar. Auch hierfür findet sich eine Entsprechung bei Roulet (1980: 96), der innerhalb der Interaktionsbeziehungen zwischen „marqueurs de dérivation obligatoire" und „marqueurs de dérivation facultative" unterscheidet. Generell gesehen ist Roulets Einteilung der *marqueurs* auch für die Einteilung

---

[69] Wir verwenden hier den Begriff 'Bedeutung' als Entsprechung für den französischen 'valeur'-Begriff.

der französischen Entsprechungen für deutsche MPn hilfreich. Roulet (1980: 97) beschreibt 'illokutive *marqueurs*', zu denen prosodische, syntaktische und morphologische *marqueurs* zählen, wobei bei den 'morphologischen *marqueurs*' die Verben (Verbkategorien, Modus, Tempus...) von anderen Lexemen wie Adverben, *locutions adverbiales*, Interjektionen und Konjunktionen unterschieden werden. Weiters sieht Roulet das *détachement de la phrase*, also die syntaktische Emphase, die markierte Satzstellung, als illokutiven *marqueur* an - ein Phänomen, das uns in sehr unterschiedlicher Wirkungsweise als Emphasemittel im Korpus begegnen wird.

Vergleicht man diese Unterteilung mit den durch das Korpus belegten Entsprechungen der MP, so ergeben sich frappierende Parallelen. Genau auf den Ebenen, auf denen die illokutiven Marker ansetzen, setzen auch die Äquivalente oder Teiläquivalente für modale Ausdrücke im Rahmen der Übersetzung an. Für den Übersetzer heißt dies, daß er Ausdrücke der Illokution in der Fremdsprache in einem weitaus umfassenderen sprachlichen Bereich suchen muß, als dies in der Germanistik der Fall ist. Zudem stehen die einzelnen Ebenen in einem Inklusionsverhältnis, mehrere Markerarten können zusammenspielen und sich ergänzen. Auch dies können wir anhand unseres Korpus beobachten. Sehr oft werden beispielsweise syntaktische Emphasestrukturen mit direkten lexikalischen oder prosodischen Entsprechungen für die deutsche MP kombiniert, die Gesamtäußerung wird somit im Translat noch viel deutlicher zum Träger der Modalität als im Ausgangstext.

Wie die Korpusanalyse zeigen wird, liegt in vielen Fällen im Translat die Entsprechung für Modalität im Satztypwechsel, der alleine oder im Wechselspiel mit weiteren modalen *marqueurs* Modalitätsträger sein kann. Auch hier können uns Ansätze aus der Forschung zu den französischen *marqueurs* weiterhelfen. So beschäftigt sich Récanati (1981) mit der pragmatischen Äquivalenz zwischen Satztypen. Er untersucht das assertive illokutionäre Potential von Deklarativsätzen und zeigt, daß mittels indirekter illokutiver Akte auch andere kommunikative Funktionen wie etwa Aufforderungen wahrgenommen werden können. Wenn wir also in unserem Korpus Satztypwechsel als Entsprechungen für die im Deutschen mit Hilfe der MP explizierte Modalität finden, so handelt es sich um solche pragmatischen Äquivalente auf Syntaxebene, wobei ein Satztyp für verschiedene Satzmodi herangezogen werden kann. Der Unterschied liegt hierbei auf der semantischen Ebene. Drückt ein Deklarativsatz eine Assertion aus, so entspricht dies seinem illokutiven Potential, drückt ein Deklarativsatz aber eine bestätigungsheischende Versicherungsfrage, eine Bitte oder eine Aufforderung (z.B. *Du wirst jetzt in die Schule gehen*) aus, so handelt es sich um indirekte illokutive Akte[70], die in der Übersetzung zu Ausdrucksmitteln von Modalität werden können. Aber auch Untersuchungen einzelner *marqueurs* des Französischen sind für die translationsrelevante Analyse hilfreich. So zeigen beispielsweise Moeschler und Spengler (1981) das argumentative Potential von *quand même* auf, und Zenone (1981) beschreibt im Rahmen der verschiedenen Verwendungsweisen des *marqueur donc* das diskursive *donc* als *connecteur pragmatique*, eine Verwendungsweise, die als direkte Korrespondenz zum modalen *doch* im Deutschen angesehen werden kann, da beide Elemente auf Bekanntes verweisen bzw. inferieren lassen, daß bestimmte Sachverhalte als bekannt vorausgesetzt werden, also metadiskursiven Charakter und auch starken Emphasecharakter haben. Dabei werden genau dieselben illokutiven Varianten isoliert, die sich auch bei der Beschreibung der deutschen Partikel herauskristallisieren lassen, wie z.B. *donc* in der Forderung einer Unterlassung, in der Aufforderung, im Ratschlag usw. Wie das modale *doch* im Deutschen, kann *donc* sich auf ganze Sprechakte oder Äußerungssequenzen beziehen und entspricht diesem also auch auf diskursiver Ebene.

2.1.8.2 Deutsche Partikel- und französische *marqueur*-Forschung: einige synergetische Ansätze

Die vergleichende Beschreibung von Ausdrucksweisen für Modalität im Deutschen und im Französischen zeigt, daß wegen der hohen Heterogenität von modalen Ausdrucksweisen die Einbeziehung von Ko- und Kontext im Französischen noch um vieles bedeutender ist als im Deutschen. Daher ist auch die Einbeziehung von Kommunikations- und Interaktionsforschung bzw. von konversationsanalytischen Ansätzen zur übersetzungsrelevanten Beschreibung von Modalität im Französischen unabdingbar. Die Konversationsanalyse stellt ja, da sie sich nicht mehr mit einzelnen Sprechakten, sondern mit Sequenzen von aufeinanderfolgenden Sprechakten oder Kommunikationseinheiten beschäftigt, quasi die Weiterführung der Sprechakttheorie dar. Die Genfer Perspektiven und Forschungsansätze zur Interaktionsforschung erscheinen uns in dieser Hinsicht als wertvolle Fundgrube zum Transparent-Machen modaler Strukturen der französischen Sprache für die übersetzerische Praxis. Einige dieser Anwendungsbereiche möchten wir nunmehr im Folgenden kurz ansprechen.

---

[70] Récanati steht hier im Widerspruch zu Roulet (1980), der sich gegen den Begriff der indirekten illokutiven Akte ausspricht, wir denken jedoch, daß dieser Begriff für eine translationsrelevante Analyse hilfreich ist, da so implizite sprachliche Mechanismen in der kontrastiven Gegenüberstellung von Sprachen aufgezeigt werden können.

Wie wir schon bemerkt haben, wird im Französischen Modalität viel stärker durch den Kontext, d.h. durch situative Elemente, getragen als im Deutschen. Ein Sprechakt und die damit verbundene Illokution, die wiederum modalen Gehalt haben kann, kann also nur unter Einbeziehung des kontextuell-pragmatischen Rahmens richtig interpretiert werden. Dieser Rahmen erweist sich jedoch im Französischen als viel weiter als im Deutschen. Um die durch das Textganze bzw. die Kommunikationssituation als übergeordnete Größe transportierte Modalität erfassen zu können, muß der Übersetzer über Minimaleinheiten, wie sie einzelne Aussagen und Repliken mit den dazugehörigen Illokutionen darstellen können, hinausgehen und den Gesamttext bzw. die gesamte Kommunikation auf ihre interaktive, modale Kohärenz hin prüfen. Genau dieses Postulat läßt sich auch bei Auchlin und Zenone (1980: 25) inferieren, wenn es dort heißt: „[...] hors contexte il n'est possible ni de déterminer les relations qui existent entre les occurrences[71] d'un échange, ni d'attribuer aux combinaisons ainsi réalisées de ces occurrences un statut d'unité complète et autonome". Daher verlangen die beiden Autorinnen auch die Einbeziehung eines „point de vue relationnel" (ibid.), und genau darauf kommt es bei der Übersetzung von Modalität an. Wie sich aus einem Frage-Antwort-Schema in der Interaktion eine Konversation ergibt, so ergibt sich Modalität durch das Zusammenwirken der Aktionen und Reaktionen aller Beteiligten am Interaktionsgeschehen.

Was nunmehr Auchlin und Zenone anhand von Beispielsätzen über Illokutionen ableiten, gilt auch für Fragen der Modalität. Auchlin und Zenone (1980: 26-27) führen folgendes Beispiel an:

A: Tu viens demain?

Auf diese Frage können - je nach inferiertem Minimalkontext und Intonation - in ganz unterschiedlicher Art und Weise Antwortrepliken gesetzt werden. Wird die Frage als Aufforderung verstanden, könnte B *Bon d'accord* antworten, wird die Frage als Versicherungsfrage interpretiert, wäre *Oui oui, je n'ai pas oublié* als Antwort denkbar. Auchlin und Zenone bemerken dazu ganz richtig: „La caractérisation illocutoire d'une occurrence n'est donc pas univoque" (1980: 27). Der Rezipient muß in einem komplizierten Schlußverfahren die beabsichtigte Illokution aus dem Zusammenspiel von Sprachlichem und Außersprachlichem inferieren, wobei es durchaus auch zu Mißverständnissen, d.h. - um in der Griceschen Terminologie zu sprechen- zum Mißglücken der Kommunikation kommen kann. Auch dazu findet sich bei Auchlin und Zenone (ibid.) ein Beispiel:

---

[71] Unter 'occurrence' verstehen die beiden Autorinnen „le produit d'un acte d'énonciation réalisant un seul acte de langage" (Auchlin / Zenone 1980: 43).

A: Tu viens demain?

B: Bon d'accord.

A: Mais ce n'était qu'une question!

Hier wird durch adversatives *mais* in der zurückweisenden Replik As deutlich, daß B falsch interpretiert hat: „Un marqueur [*mais*], interactif cette fois [...], est présent dans la troisième occurrence et indique une relation contrastive entre cet acte et les précédents" (ibid.). Für B wird dessen falsche Schlußfolgerung wohlgemerkt aber erst in der zweiten Aussage As erkennbar. Im Deutschen hätten wir in beiden Aussagen As ein modales *doch*, jedoch handelt es sich im ersten Fall um ein schwach adversatives *doch* der Versicherungsfrage und im zweiten Fall um ein stark adversatives *doch* der Zurückweisung:

A: Du kómmst *doch* morgen?

...

A: Aber das war *doch* nur eine Fráge!

Beide *doch*-Varianten determinieren in gewisser Weise die Folgesequenzen des Gesprächspartners und können somit interaktionsstrategisch eingesetzt werden. Wenn also bei Auchlin und Zenone (1980: 31) vom „acte source de la fonction illocutoire" im Sinne eines „acte directeur" die Rede ist, sodaß man von „fonction réctroactive" und „fonction proactive" (ibid.: 32) sprechen kann, so ergeben sich hier eindeutige Parallelen zum reaktiven bzw. initiativen Charakter einzelner Funktionsvarianten des modalen *doch* (siehe dazu die Korpusanalyse). Wir meinen daher, daß die Ergebnisse der Genfer Interaktionsforschung im Hinblick auf übersetzungsorientierte Betrachtungen weitgehend auf die Partikelfrage im Sprachvergleich Deutsch-Französisch übertrag- und anwendbar sind. Daher scheint es uns auch sinnvoll, in bezug auf die dem Übersetzer zur Translaterstellung im Französischen zur Verfügung stehenden (und im Falle des *doch* adversativen) Marker von *marqueurs de modalité* zu sprechen.

Wie nun Auchlin und Zenone aus der Kontextdeterminiertheit der Interpretation der Aussagen je nach dem Vorkommen bestimmter *marqueurs* auf unterschiedliche *valeurs* einer Aussage im Sinne von unterschiedlichen potentiellen Interpretationsmöglichkeiten schließen und diese gegenüber der *fonction* im Sinne der „relation actuelle et unique d'une occurrence avec un autre constituant" (Auchlin / Zenone 1980: 28) abgrenzen, so läßt sich u.E. - greift man die Anregungen aus diesen Gesprächsanalysen auf - der Analogieschluß auf unterschiedliche modale *valeurs* ziehen, die je nach Kontext zu unterscheiden sind. Im Fall des modalen *doch* können so nach der adversativen Graduierung die damit einhergehenden Funktionsvarianten unterschieden werden. Führt man den Analogieschluß zu den Ergebnissen von Auchlin und Zenone in bezug auf die Unterscheidung zwischen *valeur* und *fonction* weiter, so kann man sagen, daß es im Hinblick auf modale Aussagen zwar viele *valeurs*, nämlich die Funktionsvarianten, gibt, aber nur eine *fonction*, nämlich diejenige, Modalität zum Ausdruck zu bringen. Dementsprechend ergeben dann die Funktionsvarianten unterschiedliche *valeurs interactives*, was auch der Definition von Auchlin und Zenone für *valeur interactive* entspricht: „Par *valeur interactive* nous entendons le type da caractérisation qui permet une identification suffisante d'un acte d'après la relation qu'il entretient avec une autre occurrence" (ibid.: 43).

Zu den im Vorhergehenden angesprochenen Synergien zwischen der deutschen Partikelforschung und der *marqueur*-Forschung zum Französischen ließen sich noch zahlreiche weitere hinzufügen, die wir hier nicht mehr nennen können. Wir hoffen jedoch, mit unseren exemplarischen Ausführungen die reziproke Anwendbarkeit der unterschiedlichen Ansätze aus Interaktions- und Partikelforschung und deren Relevanz und Nutzen für die übersetzungsorientierte, kontrastive Analyse von deutschen MPn und französischen *marqueurs* illustriert zu haben.

2.2 Zur Translationsrelevanz von Modalpartikeln: Übersetzung und Übersetzbarkeit von Modalität

Da Ausdrucksweisen von Modalität nicht primär auf der Textoberfläche angesiedelt sind, sondern erst im Zusammenspiel von grammatikalischen, semantischen und pragmatischen Faktoren vom Textrezipienten erschlossen werden müssen, wie auch Modalität an sich im Bereich des Konnotativen operiert, gestaltet sich auch eine übersetzungsrelevante Betrachtung von Modalität als translationsrelevanter Größe relativ schwierig. Modalität stellt ein sprachliches Universal dar, sodaß man auch von der generellen Transladierbarkeit modaler Aussagen ausgehen kann[72]. Der Sprachtransfer von einer an spezifischen Lexemen zum Ausdruck von Modalität reichen Sprache wie dem Deutschen, welches eben über die Wortart 'MPn' verfügt, in eine Sprache, die nicht auf solch spezifische Lexeme zum Ausdruck von Modalität zurückgreifen kann, muß jedoch aufgrund dieser sprachenpaarspezifischen Divergenz zwangsweise eigene Charakteristika aufweisen.

---

[72] Zur Universalientheorie und der Annahme der prinzipiellen Übersetzbarkeit cf. Stolze (1994: 39-41).

2.2.1 Übersetzungstheoretische Rahmenbedingungen

Da man zu Beginn des Partikelbooms in der Linguistik das Phänomen 'MPn' ausschließlich als einzelsprachliche Größe ansah, ging man von der Annahme aus, MPn seien als spezifisches Charakteristikum des Deutschen unübersetzbar bzw. nicht übersetzungsrelevant. Die Annahme der Unübersetzbarkeit oder Übersetzbarkeit von MPn hängt jedoch letztendlich vom jeweils angewendeten Übersetzungsbegriff ab[73]. Geht man von einem sehr engen übersetzungstheoretischen Rahmen aus, wie dies vor der pragmatischen Wende der Fall war[74], und sieht man die MPn nur als sinnarme oder gar sinnleere Wortkategorie an, so sind sie nicht übersetzbar und damit auch nicht translationsrelevant. Geht man jedoch von einem pragmatisch orientierten Übersetzungsbegriff aus, der den kommunikativ-funktionalen Aspekt des Textganzen als Ausgangspunkt der Translation und vor allem das Primat des Zwecks, des Skopos[75], bzw. das der Wirkungsäquivalenz berücksichtigt, so ergibt sich sehr wohl eine in der Wechselwirkung zwischen Partikel und Kontext entstehende Bedeutung[76] der MP-Aussage, die auch übersetzt werden kann[77]. Genau darin liegt nunmehr die Herausforderung für den Übersetzer[78]. Er muß in der Lage sein, die Wechselwirkung von MPn mit anderen Ausdrucksmitteln der Modalität zu erkennen, deren Funktion und Effekt zu isolieren und mit den in der Zielsprache verfügba-

---

[73] Cf. dazu auch Le Hir (1979: 2).

[74] Cf. auch Reiß (1983), wo sehr schön die Übersetzungspostulate vor und nach der pragmatischen Wende dargestellt werden.

[75] Wir möchten zum Terminus 'Skopos' noch anmerken, daß Nord (1993: 8) den Terminus 'funktionale Translation' vorzieht, da sie ihn für unmißverständlicher hält, wir jedoch in Anlehnung an Reiß und Vermeer (^{2}1991) beim Terminus 'Skopos' bleiben.

[76] Wie wir schon mehrfach bemerkt haben, ist die Frage nach der Bedeutung von MPn in der Linguistik mehr als umstritten. Interessanterweise schreiben jedoch all jene Forscher, die sich auch mit MPn im kontrastiven Vergleich beschäftigt haben, den MPn eine eigene Bedeutung zu. So spricht z.B. schon Weydt (1969: 21) von der „eigene[n] spezielle[n] Bedeutung" der MPn, und auch Zybatow (1990: 34) sieht die invariante Bedeutung der Partikeln als geeignetes *tertium comparationis* für den Sprachvergleich an.

[77] Wie Krivonosov (1989a: 33) ganz richtig bemerkt, wird nicht die MP selbst, sondern die „subjektive Bedeutung der gesamten Aussage oder auch des Textes übersetzt".

[78] Cf. dazu auch Schmitt (1981: 155): „Le traducteur qui doit faire un transcodage en langue-cible, ou plutôt un nouveau codage en celle-ci, ne doit pas se contenter de l'analyse des données du texte en langue-source, de la constatation des caractéristiques propres de l'information, de la compréhension et de la mise en relation des mots-clés, de la recherche des stratégies pragmatiques. Puisqu'il doit traduire dans une langue-cible qui ne se prête pas de la même façon à la traduction de la même situation culturelle, il essaiera de transformer dans la langue-cible la texture d'éléments langagiers donnée, conditionnée par des données intralinguistiques et extralinguistiques et constituée des éléments linguistiques et paralinguistiques du texte source."

ren Mitteln dieselbe Wirkung[79] beim zielsprachlichen Rezipienten zu erzielen, die der Ausgangstext auf den ausgangssprachlichen Empfänger ausübt, um zu vermeiden, daß - wie Zybatow (1990: 31) sich ausdrückt - aus einem einstellungsreichen ein einstellungsarmer Text wird. Daher ist gerade die Frage nach einzelsprachlichen Mitteln zum Ausdruck von Modalität für die Praxis des Übersetzens unter dem Postulat einer funktionalen Übersetzung[80] von Bedeutung, da erst dadurch die Voraussetzungen für die Erfassung von Übersetzungskongruenzen im konstrastiven Vergleich geschaffen werden. Gerade für die übersetzungsorientierte Partikelbetrachtung ist somit ein funktional-holistischer Ansatz, wie ihn auch Vermeer (1995: 244) ganz allgemein für translationsrelevante Betrachtungen fordert, wünschenswert. Weydt (1989b: 338 ff.) bringt in diesem Zusammenhang das Prinzip der Übersummativität ins Spiel, wenn er sagt: „Das Ganze ist mehr als die Summe seiner Teile" (ibid.). In der Tat gehören zur Charakteristik von MPn in der übersetzungsorientierten Betrachtung übersummative Parameter. Dies wird auch bei Stolze (1982: 356) deutlich, wenn sie schreibt: „Es wird nicht die Textstruktur übersetzt, sondern der verstandene übersummative Sinn des Ganzen", wobei Stolze den Text als „übersummative Sinneinheit" (ibid.: 31) bzw. als „Systemeinheit, [...], wo das Ganze mehr als die Summe seiner Teile ist" (ibid.: 32), betrachtet. Der Übersetzer muß sich darüber im Klaren sein, daß zum Ausdruck von Modalität „universelle und sprachenpaarspezifische Formen der Gestaltherstellung" (ibid.: 339) gehören und daß nur eine ganzheitliche Sichtweise Kohärenzbrüche im Text verhindern kann.

Die Skopostheorie, wie sie Reiß und Vermeer (^{2}1991: 95 ff.) explizieren, stellt wohl im Rahmen einer komplexen Handlungstheorie[81] d i e entscheidende translationstheoretische Grundlage für die übersetzungsorientierte Betrachtung von Modalität im kontrastiven Vergleich dar, da sie „im Gegensatz zu einer am Ausgangstext ausgerichteten Übersetzungstheorie, die 'Äquivalenz' zwischen Ausgangs- und Zieltext postuliert, diese aber gleichzeitig als jeweils nur annähernd und unter 'Opfern' zu erreichendes Idealziel darstellt", von der Übersetzung „'Skoposadäquatheit' oder Funktionsgerechtigkeit, d.h. die Eigenschaft, für die Verwirklichung der mit der Translationshandlung intendierten Funktion(en) geeignet zu sein" (Nord 1993: 14) verlangt. Vermeer selbst definiert die Skopostheorie an anderer Stelle folgendermaßen:

---

[79] Zum Begriff der 'Wirkung' cf. Nord (^{2}1991: 149 ff.).
[80] Im Sinne von Nord (1993).
[81] Wir verwenden den Terminus 'komplexe Handlungstheorie' in der Definition von Reiß und Vermeer (^{2}1991: 95). Zum Text als kommunikativer Handlung cf. auch Nord (^{2}1991: 17): „Der Text ist eine kommunikative Handlung, die durch eine Kombination aus verbalen und non-verbalen Mitteln realisiert werden kann."

„Nach der Skopostheorie wird ein Translat nicht nur als (mehr oder minder von einer gegebenen Situation losgelöstes, 'eigenständiges') sprachliches Phänomen betrachtet, sondern als kommunikatives Handlungselement in Situation." (Vermeer ³1992a: 26)

Das Primat des Zwecks bzw. der Funktion ist somit die Grundlage, auf der der Übersetzer beim Transfer modaler Strukturen zu arbeiten hat, da sich, wie auch die Korpusanalyse noch zeigen wird, nur mit Zweck- und Wirkungsorientiertheit[82] Übersetzungskongruenzen im Bereich der Modalität umfassend in einen Beschreibungsrahmen stellen lassen. Modalität in der Übersetzung ist extrem rezipientenorientiert und wegen der Notwendigkeit zur Interpretation auch rezipientendeterminiert. Die Skopostheorie wird auch dem Anspruch einer verstärkten Einbeziehung des Rezipienten gerecht, wenn es bei Reiß und Vermeer (²1991: 101) heißt: „Der Skopos ist als rezipientenabhängige Variable beschreibbar".

Generell darf gesagt werden, daß sich, je stärker expressiv ein Text angelegt ist, desto größere Übersetzungseinheiten für den Übersetzer ergeben[83]. Es muß von variablen Übersetzungseinheiten im Sinne pragmatisch-funktionaler Größen ausgegangen werden (cf. dazu Koller 1979: 116 ff.). Zudem werden bei der Übersetzung subjektive Momente - zu denen auch der Ausdruck von Modalität gehört - im Inklusionsverhältnis zwischen Sprachlichem und Außersprachlichem wirksam. Daher bietet sich in bezug auf Modalität in der sprachlichen Interaktion[84] - und v.a. auch in bezug auf die kontrastive MP-Forschung - auch die Einbeziehung handlungstheoretischer Ansätze an:

„Die Aufgabe einer handlungstheoretischen Sprachwissenschaft besteht nicht darin, die überkommene Sprachauffassung um einige handlungsbezogene Kategorien zu erweitern, sondern darin, die sprachlichen Formen auf das sprachliche Handeln selbst zu beziehen, indem sie als Formen dieses Handelns abgeleitet werden. Dies setzt eine Theorie komplexen Handelns voraus, das als gesellschaftliches Handeln bestimmt ist. Die Handlungstheorie von Sprache ist linguistische Pragmatik." (Ehlich 1987: 281)

---

[82] Im Hinblick auf die Wirkungsorientiertheit kann sich auch die Orientierung am Konzept der *scenes-and-frames* als hilfreich für den Übersetzer erweisen. Cf. dazu Stolze (1994: 146): „Die **Aufgabe des Übersetzers** könnte man nun so umschreiben, daß er weitgehend die *scenes*-Struktur der Textvorlage erhalten und sich andererseits vergewissern sollte, ob die in seinem Sprachbewußtsein von den *scenes* aufgerufenen *frames* auch wirklich adäquat sind für die *scenes*, die sie in der Übersetzung bei anderen Lesern aufrufen sollen". Cf. weiters Vermeer (1992b).
[83] Der Text stellt schon deshalb die letztlich gültige Übersetzungseinheit dar, da er „vom Empfänger als Ganzes wahrgenommen und rezipiert wird" (Nord 1993: 23).
[84] Genaueres zum Begriff der Interaktion findet sich bei Schmidt-Radefeldt (1989: 257 ff.).

Ein solchermaßen handlungstheoretisch fundierter Ansatz wurde von Heinrichs (1980 und 1981) vorgelegt, der den drei sprachlichen Ebenen der Semiotik nach Morris (Syntax, Semantik und Pragmatik) noch eine vierte Ebene hinzufügt, nämlich die sigmatische Dimension[85]. Heinrichs geht nunmehr davon aus, daß diese vier Dimensionen der Sprache in einem permanenten dynamischen Verhältnis der Kopräsenz zueinander stehen[86] (cf. ibid: 25), wobei das Zusammenwirken von semantischer, pragmatischer und sigmatischer Ebene zur Sinnkonstituierung führt, während die syntaktische Ebene der Formgebung dient. Wenden wir diesen Ansatz nun auf Fragen der Modalität an, so kann in der Tat gesagt werden, daß Modalität aus der Kopräsenz und dem Zusammenspiel der drei Ebenen der Semantik, Pragmatik und Sigmatik entsteht, während der syntaktischen Ebene teilweise nur eine sekundäre Rolle zufällt[87].

Auch die Bedeutung handlungstheoretischer Gesichtspunkte, wie sie Holz-Mänttäri (1984) beschreibt, spielt gerade im Bereich von Modalität in der Übersetzung eine nicht unbedeutende Rolle. Wie wir schon bemerkt haben, geht es bei der Übersetzung modaler Strukturen nicht nur um Sprachtransfer, sondern v.a. auch um kulturellen Transfer[88], um Interaktion innerhalb einer Sprach- und Kulturgemeinschaft, sodaß Holz-Mänttäris Worte auch für den Bereich der Modalität Gültigkeit haben, wenn sie schreibt: „Es geht um Handlungen in Welten" (Holz-Mänttäri 1984: 5). Handlungen stehen wiederum in einem Dependenzverhältnis zum handelnden Individuum. Daher wirkt sich gerade beim Ausdruck von Modalität die Sender-Empfänger-Pragmatik sehr stark auf die Interpretation des Textes und damit auch auf die Übersetzung aus, wo je nach individueller sprachlicher und pragmatischer Konstellation vom Translator eine funktions- und situationsadäquate Übersetzungsvariante ausgewählt werden muß. Translation ist, wie auch Reiß und Vermeer (^{2}1991: 4) betonen, nur dann möglich, wenn man die kulturellen und sprachlichen Paradigmen kennt. Dies gilt auch für strukturverwandte Sprachen. Äußerungen bzw. Texte sind im Interaktionsprozeß zu sehen, dessen Teil sie sind, und der

---

[85] In der sigmatischen Dimension wird der Bezug einer Äußerung bzw. eines Textes auf einen realen oder fiktiven Sachverhalt, „auf bezeichnete einzelne Wirklichkeit" (Heinrichs 1981: 18), also ein Ausschnitt aus der Wirklichkeit, betrachtet.

[86] Heinrichs (1981: 24) spricht auch von „dialektischer Präsenz des Ganzen".

[87] Dies wird auch in unserer Korpusanalyse deutlich. Wie wir sehen werden, sind sowohl einzelsprachlich wie auch im kontrastiven Vergleich die Grenzen zwischen Satztypen als fließend anzusehen, sodaß sich Übersetzungskongruenzen oft gerade aus einem Wechsel der Satzart ergeben können.

[88] Die Interdependenz von Sprache und Kultur wird auch bei Reiß und Vermeer (^{2}1991: 1/18) von Anfang an betont. Zum Kulturbegriff selbst verweisen wir auf Vermeer (^{3}1992a: 31 ff.) bzw. auf Nord (1993: 20 ff.). Was das Übersetzen anbelangt, so ist bei Stolze (1992: 35) die Rede von der „doppelten **Enkulturation**", die der Übersetzer anstreben muß, um seiner Aufgabe als Mittler zwischen Kulturen gerecht werden zu können.

wiederum ist für die Wahl der Übersetzungsstrategie maßgeblich. Der Übersetzer hat also aufgrund seiner Kenntnisse der Sprachenpaarspezifik und der beiden Kulturkreise zu entscheiden, wie das Zielpublikum „im Rahmen eines intendierten Ziels ('Skopos') optimal angesprochen werden kann" (Vermeer ³1992a: 57). Der Interaktionsprozeß ist somit in gewissem Maße kulturell determiniert, was in der Übersetzung von Modalität sehr stark spürbar wird. Nicht umsonst sprechen Reiß und Vermeer vom Übersetzer als Entscheidungsträger im Translationsprozeß: „Er [der Übersetzer] ist es, der letzten Endes entscheidet, was, wann und wie übersetzt [...] wird, und zwar kraft seiner Kenntnis von Ausgangs- u n d Zielkultur u n d -sprache." (Reiß / Vermeer ²1991: 86). Daher ist auch bei Holz-Mänttäri neben dem 'Text-in-Funktion' bzw. der 'Situation-in-Funktion' auch vom „Translator-in-Funktion" (1984: 44) die Rede.

Zudem möchten wir betonen, daß bei allem, was Modalität in sprachlicher Kommunikation betrifft, die Empfängerpragmatik[89] eine entscheidende Rolle spielt, da Modalität erst in einem vom Rezipienten zu leistenden Schluß- und Interpretationsverfahren entsteht, was wiederum die Arbeit des Übersetzers determiniert: „Man übersetzt bzw. dolmetscht so, wie die Zielkultur form- und funktionsspezifisch erwartet, informiert zu werden" (Reiß / Vermeer ²1991: 85). Die Regeln zur Information des Rezipienten sind aber „kultur-, sprach- und funktionsspezifisch" (ibid.: 87), betreffen also sowohl den Norm- wie auch den Systembereich, d.h. die Ebene der *parole* wie auch die der *langue*. Übersetzen heißt unter anderem auch, auf hermeneutischer Basis „den Umgang des Menschen mit seiner Lebenswelt zu reflektieren" (Stolze 1992: 13). Wenn also Holz-Mänttäri (1984: 7) schreibt, daß der Translator für jede Vertextungssituation „eine eigene Relevanzstruktur erarbeiten muß, weil er in jedem Fall die zweckbezogene Kooperations- und Kommunikationsfähigkeit des Individuums-in-Situation berücksichtigt", so hat das für Modalität in der Übersetzung besondere Gültigkeit und verlangt auch nach der Einbeziehung von Parametern der kommunikativen Interaktionsforschung.

Es mögen zwar nicht alle Sprachen im gleichen Maße über spezifische lexikalische Elemente zum Ausdruck von Modalität verfügen, jede Sprachgemeinschaft verfügt aber über ihre eigenen Mittel, um das auszudrücken, was im Deutschen die MPn leisten: „Da [...] jede Sprache über verschiedene Mittel, die konnotativen Bedeutungen auszudrücken, verfügt, wird diese konnotative

---

[89] Nord (1993: 9) rechnet z.B. auch den Empfänger zu den zweckbestimmenden Faktoren der kommunikativen Situation einer Translationshandlung: „Die wichtigsten Faktoren dieser Situation sind (a) die kommunikative Funktion des Textes als konstituierendes Textualitätsmerkmal [...] und damit (b) der Empfänger oder Rezipient, der - nach moderner Auffassung von Textkommunikation - als letztes Glied in der Kette der Kommunikationsteilnehmer dem Text im Akt der Rezeption eine bestimmte Funktion zuschreibt."

Bedeutung in jeder Sprache immer anders übersetzt" (Krivonosov 1989a: 33)[90]. Daher darf sich der übersetzungsorientierte Sprachvergleich auch nicht auf die Beschreibung von Lexemen zum Ausdruck von Modalität beschränken, sondern muß vielmehr die sprachlichen und auch außersprachlichen Ebenen faßbar zu machen suchen, auf denen Modalität generell zum Ausdruck gebracht werden kann. Ein solcher Zugang kann nur pragmatisch orientiert sein, da, wie wir betont haben, Ausdrucksweisen der Modalität nicht auf der systemorientierten Seite unserer Sprache operieren, sondern auf der *parole*-Seite. *Parole*-Faktoren wiederum können erst aus dem Zusammenspiel zwischen Syntax, Semantik und Pragmatik inferiert werden und bedürfen der Interpretation des Rezipienten. Daher können auch Übersetzungen, die stark die *parole*-Ebene betreffen, nicht linear und strukturgleich sein[91]. Aufgabe einer kontrastiven, übersetzungsorientierten Sprachbetrachtung muß es sein, „neben einer Beschreibung der übergreifenden kommunikativen Bezüge [...] eine detaillierte Erfassung und systematische Aufbereitung der *Entsprechungen* aller Art und der aufs engste mit ihnen verknüpften Übersetzungstechniken und Anwendungsbedingungen" (Wotjak 1982: 119) bereitzustellen. Der Übersetzer darf außerdem nicht zum Sklaven einer *calque*-Übersetzung werden (cf. Schmitt 1981: 258), sondern muß danach trachten, Entsprechungen zu finden, die mit Schreiber (1993: 216) als „'neue' Lehnphänomene auf *parole*-Ebene" bezeichnet werden können. Bei Holz-Mänttäri findet sich schon die allgemeine Forderung nach „pragmatischer Qualifikation" (1984: 21) des Übersetzers, die Holz-Mänttäri neben der sachlichen Qualifikation als die Hauptvoraussetzung für das translatorische Handeln ansieht, da das translatorische Handeln erst durch seine Funktionen im Rahmen unserer Kommunikation und sozial-interaktiven Organisation seine Identität gewinnt (ibid.).

Sprachliche Elemente können in unterschiedlichen Sprachen einen unterschiedlichen Stellenwert innehaben, sodaß keine lineare Substituierung oder Paraphrasierung mit zielsprachlichen Mitteln möglich ist. Wie Vermeer (1995: 282) sich ausdrückt, hat eine Zielkultur „per definitionem eine andere Konstellation als die Ausgangskultur". Daher sehen Reiß und Vermeer auch zu

---

[90] Dies erklärt auch im umgekehrten Fall, also in der Übersetzung von (partikelarmen) Sprachen ins Deutsche, wie MPn in die deutschen Übersetzungen gelangen. Sie sind eben Ausdrucksmittel für Modalität, die im deutschen Text gesetzt werden müssen und oft in Bereichen konventionalisiert sind, wo in anderen Sprachen kein modales Lexem gesetzt wird. Zur Frage der Übersetzungsspezifik von MPn in deutschen Übersetzungen, welche wir hier leider nicht behandeln können, die aber weiterführende Arbeiten verdienen würde, möchten wir auf O'Sullivan und Rösler (1989) verweisen.

[91] Cf. dazu auch Reiß und Vermeer (^{2}1991: 144): „Die Möglichkeit, in einem Zieltext Äquivalenz zu erreichen, kann von der Verschiedenheit der Strukturen zweier Sprachen beeinträchtigt werden [...]".

Recht die Translation insofern als eine Art Imitation, als das Translat eine Nachahmung des ausgangssprachlichen Vorbildes „in einem anderen Sprach- u n d Kulturkode und abhängig von einem dieser Nachahmung vorgegebenen Zweck" (Reiß / Vermeer ²1991: 90) darstellt. Diese Imitation muß jedoch auf formaler, semantischer wie auch pragmatischer Ebene erfolgen. Es geht also in der Übersetzung auch darum, den Stellenwert, den sprachliche Elemente innerhalb einer Einzelsprache und -kultur haben, bei der Übersetzung zu berücksichtigen, um auch auf dieser Ebene Funktionskonstanz im Translat zu erlangen, da sich Handlungs- und Sprachmuster durch ihre Kulturbedingtheit auszeichnen, weswegen sprachliches Handeln als kulturspezifisches Handeln zu betrachten ist (Holz-Mänttäri 1984: 42). Und dies gilt im besonderen für die Übersetzung von Modalität:

> „Translation bedeutet kulturellen und sprachlichen Transfer. Kulturen und Sprachen bilden je eigene Gefüge, in denen jedes Element seinen Wert durch die Stellung zu anderen Elementen desselben Gefüges erhält („où tout se tient"), kurz: Kulturen und Sprachen sind Individua, damit sind auch Texte als Gefüge aus Teilen kultureller und sprachlicher Gefüge Individua." (Reiß / Vermeer ²1991: 104)

2.2.2 Zur Übersetzungsspezifik von Modalpartikeln

Sprachtransfer beinhaltet immer auch einen kulturellen Transfer von einer Ausgangs- in eine Zielkultur und ist somit ein „Phänomen von A[usgangs]- und Z[iel]kultur" (Reiß / Vermeer ²1991: 83). Dieser Komponente kommt gerade bei der Übersetzung von Modalität besondere Bedeutung zu, da Modalität in den einzelnen Sprachen und Kulturen eine unterschiedliche Gewichtung erfährt und sich in der Folge der relevante Kontext erheblich ändern kann, was sich wiederum in der übersetzerischen Praxis auf die zu wählenden translatorischen Strategien auswirkt. Ebenso weist Modalität von Sprache zu Sprache und von Kultur zu Kultur unterschiedliche Ausdrucksformen auf, wie auch die einzelnen Kultur- und Sprachgemeinschaften nicht immer eine gleich starke Tendenz aufweisen, Modalität explizit zum Ausdruck zu bringen. Vermeer meint deswegen auch sehr treffend: „Was in der Ausgangskultur nicht gegeben ist, kann nicht transkulturell kommuniziert werden; was in der Zielkultur nicht möglich ist, kann dort nicht realisiert werden" (Vermeer ³1992a: 108). Wenn Reiß und Vermeer (²1991: 33) nunmehr schreiben, daß es genaugenommen keine Situationskonstanz gibt, so gilt dies für die Übersetzung von modalen Strukturen im besonderen, da Modalität in den einzelnen Sprachen neben sehr heterogenen Ausdrucksweisen auch die besagte unterschiedliche kulturelle Gewichtung aufweist und somit auch die modale Situationsdefinition im

Sprachtransfer mitunter eine andere wird. Es erscheint logisch, daß partikelreiche Sprachen wie das Deutsche um vieles expliziter und auch direkter Modalität ausdrücken, während Sprachen, die nicht so großzügig mit modalen Lexemen ausgestattet sind, in stärkerem Maße auf kontextuell-pragmatische Mittel zum Ausdruck von Modalität zurückgreifen und damit verstärkt diejenigen Ebenen - wie eben Intonation, Sprecher-Hörer-Pragmatik, außersprachliche Faktoren etc. - für den Ausdruck von Modalität herangezogen werden, die im Deutschen oft nur unterstützende Funktion haben: „Unter Umständen kann kulturspezifisches Verhalten in der einen Kultur verbal, in einer anderen äquivalenten non-verbal signalisiert werden" (Reiß / Vermeer ²1991: 33-34). Weiter heißt es bei den beiden Autoren im Hinblick auf die Translation: „Translation ist immer auch ein non-verbaler, über das Verbale hinausgehender kultureller Transferprozeß. 'Information' kann verbal oder nonverbal sein" (ibid.: 67). Das heißt wiederum, daß der Anspruch einer lexikalischen Übersetzung im Falle des Transfers von Modalität und MP-Aussagen bei weitem nicht immer gegeben sein muß[92] bzw. daß Nonverbalität im Sinne der expliziten Nullentsprechung[93] in der Übersetzung als adäquate Entsprechung angesehen werden kann[94], sofern die Modalität im Rahmen der kulturellen Vorgaben der Sprachgemeinschaft der Zielkultur auf irgendeine andere Weise im Translat zum Tragen kommt. Andererseits können gerade die deutschen MPn auf sehr subtile Art und Weise unterschwellige Sprechereinstellungen zum Ausdruck bringen und erlauben auch eine erkleckliche Anzahl an Nuancierungen, wo andere Sprachen zum Explizit-Machen gezwungen sind und nur in geringerem Maße Nuancierungsmöglichkeiten zur Verfügung haben. Aus dieser Interdependenz zwischen Explizitem und Implizitem ergibt sich gerade für die übersetzungsorientierte Analyse ein gewisses MP-Paradoxon, ein Wechselspiel zwischen explizit und implizit Vermitteltem, dem wir in der Korpusanalyse immer wieder begegnen werden[95].

---

[92] Dies bemerkt auch schon Zybatow (1990: 33), der ganz klar sagt, daß es auch nicht erwartbar ist, in jedem Fall für eine MP ein sprachliches Mittel in der Zielsprache vorzufinden, was jedoch der prinzipiellen Übersetzbarkeit von MP-Aussagen keinen Abbruch tut.

[93] Wir möchten in diesem Zusammenhang auch auf den Bereich der Didaktik verweisen. Der deutsche Muttersprachler neigt dazu, in der Fremdsprache nach einem Äquivalent zu suchen, das der Partikelverwendung im Deutschen entsprechen würde (cf. Beerbom 1992: 50), obwohl dies oft in der Zielsprache unidiomatisch wirken kann und damit die Qualität der Übersetzung deutlich herabsetzen kann.

[94] Cf. dazu Reiß und Vermeer (²1991: 144): „[...] die Einschätzung von Äquivalenz : Nicht-Äquivalenz ist eine Frage der Bewertung".

[95] Cf. dazu auch Stolze (1992: 49): „Die außersprachliche Wirklichkeit steht hinter den Texten, und das **Gemeinte**, die Mitteilung, ist nicht unmittelbar mit den Textstrukturen, dem **Gesagten**, identisch."

Welche Konsequenzen ergeben sich jedoch daraus für den Übersetzer? Wie wir gesehen haben, können MPn bestimmte Funktionen in der sprachlichen Interaktion ausüben. Der Übersetzer muß also - wie gesagt - die Funktion der MP im Ausgangstext isolieren, um dann in der Zielsprache diejenigen sprachlichen Ebenen ausfindig machen zu können, auf denen Entsprechungen zur Aufrechterhaltung der Funktionskonstanz verfügbar sind. Dies ist auch die Zielsetzung unserer Korpusanalyse. Funktionale Äquivalenz muß für den Übersetzer die maßgebliche Orientierungseinheit darstellen. Dies wird auch bei Holz-Mänttäri (1984: 127) deutlich: „Wesentlich ist […] im Gegensatz zur absoluten oder textsortenspezifischen Äquivalenz- oder Adäquanz-Forderung zwischen Ausgangstext und Zieltext der […] Massstab [sic] 'Zieltextfunktion'". Ob diese Funktions- und Wirkungskonstanz jedoch durch den Einsatz spezifischer Lexeme gesichert wird, oder ob sie sich durch die Einbeziehung außersprachlicher Faktoren erreichen läßt, ist zweitrangig: „Was man tut, ist sekundär im Hinblick auf den Zweck des Tuns und seine Erreichung" (Reiß / Vermeer ^{2}1991: 98)[96]. Diese Auffassung wird auch bei Stolze (1994: 164) deutlich, wo es heißt: „Weil der Skopos alles regiert, ist es wichtiger, daß ein gegebener Translationszweck erreicht, als daß eine Translation in bestimmter Weise durchgeführt wird"[97]. Wird also Modalität nicht durch ein Lexem, sondern beispielsweise durch außersprachliche Faktoren der Kommunikationssituation zum Ausdruck gebracht, so würden wir in der Terminologie Holz-Mänttäris (1984: 77) unter Berücksichtigung „kulturspezifischer Präferenzen" von einer Schwerpunktverlagerung „von einem Botschaftsträger im Verbund auf einen anderen" (ibid.) sprechen. Vermeer (^{3}1992a: 9) sagt sogar ganz klar, daß „gerade die Verknüpfung mit der nichtverbalen 'Außenwelt' […] zu von Sprache zu Sprache voneinander abweichenden Verbalisierungen" führen muß. Von Bedeutung ist dagegen, das Translat unter das Postulat des kommunikativen Übersetzens zu stellen, da nur so über die sprachlichen hinausgehend auch pragmatische und kulturelle Besonderheiten mit einbezogen werden können[98]. Wir beziehen uns hier mit Reiß (1983: 199) auf Schmidt, für den eine Übersetzung kommunikativ und damit gut ist, wenn sie „den zielsprachlichen Leser in einen ursprünglich nur zwischen ausgangssprachlichem Autor und ausgangssprachlichem Leser intendierten Kommunikationsprozeß einbezieht". Vermeer (1995: 245) bringt die Forderung nach einer holistischen Denkweise, die auch hinter den Ausführungen von Reiß steht, auf den Punkt, wenn er

---

[96] Auf diese Phänomene ließe sich gut der von Reiß (1995: 122) geprägte Terminus der 'versetzten Äquivalente' anwenden.
[97] Cf. dazu auch Reiß (1983: 208): „Eine Übersetzung ist gut, wenn sie ihren Zweck erfüllt."
[98] Vermeer (1995: 269) bezieht sich in diesem Zusammenhang sogar auf Cicero, der in seinen Übersetzungen auch versuchte, „Saft und Kraft des Ausgangstexts - also Sinn und Wirkung - zu übertragen".

schreibt, daß „*vor* dem Übersetzen eine holistische Kompetenz" steht, „die wiederum nicht nur Textkompetenz ist. [...] Und *diese* ganzheitliche Kompetenz muß ein Übersetzer beherrschen". Translatorisches Handeln[99] ist somit holistisches Handeln, und daraus lassen sich auch die Primate für den Übersetzer in bezug auf den Umgang mit Modalität ableiten.

2.2.3 Modalität in Texten

Generell gesehen, kann jeder Text in der einen oder anderen Art und Weise von Modalität geprägt sein. Wie groß jedoch die Rolle der Modalität im einzelnen Text ist, hängt u.a. stark vom jeweiligen Texttyp, der Textsorte und den damit verbundenen Textfunktionen ab[100]. Daher ist z.B. bei Laurén und Nordmann (1996: 128) die Rede von „textsortenbedingter Modalität". Wir wollen nun die von uns als Korpus gewählten Textsorten als konkretes Beispiel einer näheren Betrachtung unterziehen. Es handelt sich dabei um literarische Texte, die wiederum in dialogische Theaterstücke und Prosatexte, nämlich Romane bzw. Erzählungen, untergliedert werden können. Während nunmehr von einem textlinguistischen Standpunkt aus die Zuordnung zu Textsorten maßgeblich ist, so ist ausgehend von einer funktionalen Translationstheorie die Zuordnung zu Texttypen ausschlaggebend, was eine „gröbere und abstraktere Differenzierung von Texten im Hinblick auf ein generelles translatorisches Verhalten" (Reiß 1995: 81) zuläßt. Die hier vorliegenden Textsorten sind also beispielsweise nach Heinemann und Viehweger (1991) dem ästhetisch wirkenden Texttyp zuzuordnen. Sie beziehen sich auf eine fiktive Welt bzw. erzeugen eine fiktionale Welt und dürfen laut Heinemann und Viehweger (1991: 153) als polysem betrachtet werden:

„Texte, die primär ästhetisch wirken sollen, können die [...] Grundfunktionen des SICH AUSDRÜCKENs und SELBSTDARSTELLENs (vor allem bei lyrischen Texten), des INFORMIERENs (Erzählungen, Novellen, Dramen...) und natürlich auch des STEUERNs (alle literarischen Gattungen) überlagern; in der Regel dürfen ästhetische Texte - auch aus dieser Sicht - als polysem angesehen werden." (ibid.)

---

[99] Welches von Holz-Mänttäri (1984: 119) allgemein als „analytisch-synthetisch-evaluatives und kreatives Handeln" aufgefaßt wird, was ja auch für Modalität in der Übersetzung und das damit verbundene translatorische Handeln seine Gültigkeit hat.

[100] So gibt es z.B. auch Untersuchungen zur Modalität in Fachtexten, ein Aspekt, mit dem wir uns im Rahmen dieser Untersuchung nicht auseinandersetzen können. Wir möchten dazu jedoch exemplarisch auf Laurén und Nordmann (1996: 121 ff.) verweisen.

Gehen wir nunmehr von der translationswissenschaftlichen Texttypologie von Reiß aus (cf. Reiß 1971, 1976 und 1995), welche wiederum in Anlehnung an Bühlers Zeichenmodell auf der kommunikativen Funktion als grundlegendem Kriterium für die Typologisierung basiert, so sind alle unsere Korpustexte dem expressiven Texttyp zuzuordnen. Reiß unterscheidet den expressiven vom informativen bzw. operativen Texttyp. Natürlich spielt der Ausdruck von Modalität in allen drei Texttypen eine Rolle, jedoch ist die Bedeutung von Modalität als Ausdrucksform - und somit auch die Frequenz des Vorkommens von MPn - wohl im expressiven Texttyp weitaus am höchsten, da hier die Einbettung des Textes in die Sprach- und Kulturgemeinschaft bzw. sein Status in derselben am bedeutendsten ist und der ästhetisch-künstlerische Anspruch der Textgestaltung den subtilen Umgang mit Sprache und somit auch mit Modalität fördert. Dies geht auch aus der von Reiß (1995: 83) gegebenen Definition dieses Texttyps hervor:

> „Will der Autor mit seinem Informationsangebot künstlerisch organisierte Inhalte vermitteln, wobei er einen Inhalt bewußt nach ästhetischen Gesichtspunkten gestaltet, - eine Intention, die sich der Ausdrucksfunktion der Sprache zuordnen läßt, - so sprechen wir vom *expressiven* Texttyp." (ibid.)

Schreiber (1993: 84-85) unterscheidet wiederum pragmatische von literarischen Texten. Während zu den pragmatischen nach Schreiber die informativen und operativen Texte nach Reiß zu zählen sind, sind zu den literarischen die expressiven Texte zu rechnen. Schreiber (ibid.) begründet seine bipolare Unterscheidung damit, daß sich eben die literarischen Texte „nicht auf eine bestimmte kommunikative Funktion reduzieren lassen", was auch den Bereich der Modalität ganz stark kennzeichnet.

In der von Neubert[101] (cf. Reiß / Vermeer ²1991: 46-48) getroffenen Unterscheidung nach vier Arten von Ausgangstexten, nämlich nicht spezifisch ausgangssprachlich-gerichtete Texte, spezifisch ausgangssprachlich-gerichtete Texte, sowohl spezifisch ausgangssprachlich-gerichtete als auch nicht spezifisch ausgangssprachlich-gerichtete Texte und spezifisch zielsprachlich-gerichtete Texte, fallen unsere Korpustexte wohl in die Kategorie der sowohl spezifisch ausgangssprachlich-gerichteten als auch nicht spezifisch ausgangssprachlich-gerichteten Texte. Diese Texte entstehen in Zusammenhang mit einer charakteristischen Situation oder aber einem charakteristischen Bedürfnis des ausgangssprachlichen Rezipienten, „transzendieren" darüber

---

[101] Wir müssen jedoch zu Neuberts Typologie anmerken, daß sie von Reiß und Vermeer (²1991: 47-48) insofern kritisiert wird, als sie vornehmlich auf eine Inhaltsanalyse von Texten abzielt, der funktionale Aspekt jedoch nicht in ausreichendem Maße einbezogen wird. Der funktionale Aspekt ist jedoch auch in bezug auf Modalität von großer Bedeutung.

hinaus jedoch auch „diese Bedingtheit und erhalten eine allgemein menschliche Dimension" (Reiß / Vermeer ²1991: 47), wodurch diese Texte eine zweifache Pragmatik aufweisen (cf. ibid.). Genau dies gilt für die Übersetzung von Modalität. Modalität bringt Expressivität in Texte. Der Ausdruck von Expressivität ist jedoch ein Kulturspezifikum, das von Sprachgemeinschaft zu Sprachgemeinschaft stark divergieren kann, sodaß auch die betreffenden Textsortenkonventionen[102] bzw. die Konventionen der kommunikativen Interaktion (wie beispielsweise Höflichkeitsnormen) unterschiedlich ausfallen können. Dies gilt u.a. auch für die Verwendung von Partikeln im Deutschen bzw. für diejenige ihrer Entsprechungen in anderen Sprachen. In der Übersetzung muß nunmehr der Translator diese zweifache Pragmatik berücksichtigen.

MPn als Ausdrucksmittel von Modalität können somit als Charakteristika expressiver Texte angesehen werden und sind auch für die Übersetzungskritik[103] insofern von Bedeutung, als die Verwendung von MPn Aufschluß über den adäquaten bzw. inadäquaten Stil von Übersetzungen (Liefländer-Koistinen 1989: 195) geben kann, wie auch beim fortgeschrittenen Deutschlerner der Partikelgebrauch über dessen innerkulturellen Sozialisationsprozeß Aufschluß gibt.

2.2.4 Äquivalenz, Adäquatheit und Modalität

Wegen ihrer starken Kontextdeterminiertheit kann nur das Textganze an sich bzw. die Aussage im pragmatisch-kommunikativen Umfeld die übergeordnete Übersetzungseinheit für Aussagen mit MPn sein. Dies wird auch bei Reiß und Vermeer (²1991: 30) deutlich, wo es heißt: „Die primäre Translationseinheit ist der Text". Was die beiden Autoren generell für die übersetzerische Praxis postulieren, gilt in bezug auf Modalität im besonderen. Insofern ist auch das Problem der Entsprechungen und der Äquivalente für MPn kein Problem der Wortäquivalenz, sondern der Textäquivalenz (Weydt 1983: VII)[104]. Äquivalenz kann auf unterschiedlichen sprachlichen Ebenen erzielt werden und gilt als dynamischer Begriff (cf. Reiß / Vermeer ²1991: 170). Der Übersetzer muß sich in jedem Fall bewußt sein, daß es nicht um das Übersetzen einer modalen Partikel geht, sondern um die Übersetzung der subjektiv-modalen, d.h. konnotativen Bedeutung eines Satzes oder einer Textpassage (cf. Krivonosov

---

[102] Hierbei darf nicht vergessen werden, daß es auch im Bereich der Rezeption von Texten und von Übersetzungen Konventionen gibt, die zu beachten sind (cf. Nord 1993: 18).
[103] Mit Übersetzungskritik können wir uns in unserer Untersuchung in theoretischem Rahmen nur marginal auseinandersetzen, daher müssen wir uns mit einigen Anmerkungen begnügen.
[104] Zur 'Textäquivalenz' cf. Reiß und Vermeer (²1991: 142 ff.).

1989a: 32-33). Die Bedeutung modaler Aussagen kann als Universal betrachtet werden, das es unter Einhaltung von Konstanz auf der Inhalts- und Wirkungsebene in eine andere Sprache zu übertragen bzw. mit deren Mitteln auszudrücken gilt. Die Mittel zum Ausdruck konnotativer Bedeutungen können jedoch von einer Sprache zur anderen stark divergieren. Wenn wir nun in bezug auf die Übersetzung von modalen Strukturen mit Reiß und Vermeer (^{2}1991: 32) zwischen Bedeutungskonstanz und Bedeutungsäquivalenz unterscheiden, so ist mit ersterem „Konstanz innerhalb einer tolerierbaren Variantenmenge" (ibid.) gemeint[105]. Die Konstanzparameter, um die es bei der Translation von Modalität geht, sind nunmehr die der Funktions- und Wirkungskonstanz. Mit welchen Mitteln dieselbe erzielt wird, fällt in den 'Toleranzbereich'[106] der übersetzerischen Tätigkeit[107]. Die Frage, die sich uns somit im Hinblick auf die Übersetzbarkeit und Übersetzungsrelevanz von MPn stellt, ist die, auf welchen sprachlichen Ebenen man in der Zielsprache nach Entsprechungen für die expressive Funktion der MPn suchen kann und muß. Dabei stellt sich nunmehr auch die Frage nach der Adäquatheit bzw. Äquivalenz[108] von Entsprechungen.

Nach Reiß und Vermeer (^{2}1991) wird in der deskriptiven Translationswissenschaft strikt zwischen 'Adäquatheit' und 'Äquivalenz' unterschieden[109]. Einigkeit besteht jedoch darüber, daß Äquivalenz nur als Resultat eines Interpretationsprozesses gesehen werden kann (Siever 1996: 171)[110]. Die

---

[105] Im Falle des Ausdrucks von Modalität verfügt ja sogar das Deutsche über Korrelate, welche MPn entsprechen können (Richter 1989: 49).
[106] Wir sprechen hier von Toleranz, da ja nicht jeder Empfänger gleich reagiert und somit durch das subjektive Element, das Modalität auszeichnet, auch dem Bestreben um Wirkungsgleichheit gewisse Grenzen gesetzt sind.
[107] Siehe dazu die Definition für 'Wirkungsgleichheit' bzw. die 'wirkungsbetonte Übersetzung' bei Schreiber (1993: 244): „Ich spreche dann vom *Primat der Wirkung*, wenn die Wirkung oder ein eng damit zusammenhängender Faktor als ranghöchste Invariante der Übersetzung fungiert". Als Sonderfall von Wirkung sieht Schreiber (ibid.: 246) emotionale Konnotationen oder Assoziationen an, was ja auch auf MPn zutrifft.
[108] Wobei die Linguistik und die Übersetzungswissenschaft noch immer nicht über ausreichend qualifizierte Instrumente zur Meßbarkeit von Äquivalenz verfügen. Angesichts der Ergebnisse unserer Untersuchung zu Belangen der Modalität stellt sich uns jedoch die Frage, ob dies angesichts der enormen Komplexität, durch welche sich dieser Themenbereich auszeichnet, überhaupt möglich ist.
[109] Da es uns im Rahmen dieser Arbeit nicht möglich ist, die Äquivalenzdiskussion im Rahmen der Übersetzungswissenschaft eingehender zu behandeln, verweisen wir hier exemplarisch auf Siever (1996), der die Herkunft des Äquivalenzbegriffes wie auch die Problematik und die Interpretationsweisen von Äquivalenz in der Literatur diskutiert, wie auch auf Snell-Hornby (1986).
[110] Zur Übersetzungsäquivalenz siehe auch Wotjak (1982).

Definitionen für die beiden Größen lauten bei Reiß und Vermeer folgendermaßen[111]:

„A d ä q u a t h e i t bei der Übersetzung eines Ausgangstextes (bzw. -elements) bezeichne die Relation zwischen Ziel- und Ausgangstext bei konsequenter Beachtung eines Zweckes (Skopos), den man mit dem Translationsprozeß verfolgt. Man übersetzt adäquat, wenn man die Zeichenwahl in der Zielsprache konsequent dem Zweck der Übersetzung unterordnet. [...] Ä q u i v a l e n z bezeichne eine Relation zwischen einem Ziel- und einem Ausgangstext, die in der jeweiligen Kultur auf ranggleicher Ebene die gleiche kommunikative Funktion erfüllen (können)." (Reiß / Vermeer [2]1991: 139-140)

Weiters merken die Autoren noch an, daß Äquivalenz im Rahmen ihrer Definition eine „Sondersorte von Adäquatheit" (ibid.) darstellt, nämlich „Adäquatheit bei Funktionskonstanz zwischen Ausgangs- und Zieltext" (ibid.). Dieser Anspruch ist auch bei unseren Korpustexten und deren Übersetzungen ins Französische gegeben. Der Zweck dieser Translate ist idealiter die Aufrechterhaltung der Funktionen des Ausgangstextes im Zieltext. Eine der auf sprachlicher Ebene festzustellenden Hauptfunktionen[112] der Ausgangstexte ist deren Expressivität[113]. Wenn also Reiß und Vermeer ([2]1991: 134) schreiben „Die Dominante aller Translation ist der Zweck (Skopos)", so liegt bei Funktionskonstanz auch der Zweck unserer Korpustexte in deren Textexpressivität, d.h. in der beim Zielpublikum durch den Zieltext zu erreichenden Wirkung. Diese muß der des Ausgangstextes entsprechen, sodaß wir in unserem Falle unter dem

---

[111] Reiß definiert 1995 (106) 'Adäquatheit' als „Angemessenheit", als „Relation Mittel vs. Zweck" und hebt deren prozeßorientierten Charakter deutlich hervor, während 'Äquivalenz' als „Gleichwertigkeit", als „Relation zwischen zwei Produkten - dem Ausgangs- und dem Zielprodukt" (ibid.) definiert wird.

[112] Das Isolieren solcher Hauptfunktionen ist zur Abklärung von Äquivalenzbezügen insofern wichtig, als die Kriterien der Äquivalenzforderungen an den individuellen Einzeltext gebunden sind (Stolze 1982: 169). Cf. dazu auch die fünf Äquivalenzparameter (außersprachlicher Sachverhalt, Konnotationen, Text- und Sprachnormen, Empfänger, formal-ästhetische Eigenschaften), die Koller (1979: 186-187) angibt, und welche auch für unsere Belange anwendbar sind. Zum Primat der Funktion cf. auch Holz-Mänttäri (1984: 5): „[...] der Text als Träger einer Botschaft gewinnt seine Inhalts- und Formstruktur aus dem Primat seiner Funktion".

[113] Cf. dazu die Bemerkungen Benjamins zum Wesen der Übersetzung, wie sie Vermeer (1996b: 157) beschreibt: „Übersetzung [...] soll die Erhaltung des Wesens eines Kunstwerks als Dasein durch Adaptation seines Soseins garantieren. Nur diejenige Übersetzung ist adäquat, die solches leistet".

Skopos die Wirkungsäquivalenz[114] des Translats, die in der Übersetzung wiederum auf pragmatischer Äquivalenz basiert, verstehen können. Auf unsere Korpustexte bezogen heißt dies, daß in unserem Falle, nämlich bei der Übertragung von Modalität in expressiven Texten, Adäquatheit und Äquivalenz zusammenfallen.

Textäquivalenz zwischen Original und Übersetzung besteht dann, wenn beide Texte innerhalb der beiden jeweiligen Kultur- und Sprachgemeinschaften gleichwertige Funktionen erfüllen (cf. Reiß / Vermeer [2]1991: 142). Ausgangstextadäquatheit garantiert jedoch noch lange keine Textäquivalenz, welche die Einbeziehung des sprachlichen Makrokontextes wie auch des situationellen und soziokulturellen Kontextes bzw. der Funktion des Textes innerhalb des Kommunikationsgeschehens verlangt (Reiß 1995: 107). 1995 unterscheidet Reiß dann wie folgt zwischen 'Adäquatheit', 'Äquivalenz' und 'Textäquivalenz':

„Während *Adäquatheit* also die *zielorientierte Sprachzeichenwahl im Blick auf einen mit der Übersetzung verfolgten Zweck* ist (der nicht derselbe Zweck sein muß, dem der Ausgangstext dienen sollte), ist Äquivalenz die Relation der Gleichwertigkeit von Sprachzeichen in jeweils zwei Sprachsystemen (der langue-orientierte Äquivalenzbegriff der Konstrastiven Linguistik), und *Textäquivalenz* ist die *Relation der Gleichwertigkeit von Sprachzeichen eines Textes in je zwei verschiedenen Sprachgemeinschaften* mit ihrem je eigenen soziokulturellen Kontext (der parole-orientierte Äquivalenzbegriff der Übersetzungswissenschaft)." (Reiß 1995: 108)

Für die Suche nach Entsprechungen für modale Strukturen ergibt sich unter dem Postulat der Wirkungsäquivalenz bzw. der pragmatischen Äquivalenz ein sehr breites Feld, das auch durchaus heterogene Entsprechungsmöglichkeiten und - ebenso unter der Voraussetzung der Aufrechterhaltung der Expressivität des Textes mit einbezieht. Zudem handelt es sich bei der Frage nach Äquivalenz im Zusammenhang mit Modalität, welche ja auf der konnotativen Ebene zum Tragen kommt, um die Suche nach „konnotativer Äquivalenz" (Koller 1979: 187) bzw. „konnotativer Analogie" (Stolze 1982: 181). Stolze zieht den Terminus der 'konnotativen Analogie' dem von Koller gewählten vor, da sie davon ausgeht, daß es eine „systematische Korrelation von Konnotationen zwischen zwei Sprachen gar nicht geben kann" (Stolze 1982: 181)[115]. Mit dieser

---

[114] Cf. dazu Nida (apud Reiß / Vermeer [2]1991: 38), der 'Wirkungstreue' folgendermaßen definiert: „to reproduce in his [i.e. the translator's] audience something of the same effect which is understood to have existed in the response of the original hearers".

[115] Ebenso spricht sich Stolze (1982: 184-185) gegen den Terminus der 'pragmatischen Äquivalenz' aus und verwendet statt dessen den der 'pragmatischen Wirkungsgleichheit', da sie den Äquivalenzbegriff nur auf die *langue*-Ebene bezieht, eine Unterscheidung, die wir in

Aussage bringt Stolze das Grundproblem der Übersetzung von Modalität auf den Punkt: Will man Modalität nicht explizit zum Ausdruck bringen, so gehört sie zum Bereich des Konnotativen und damit vielfach zum Bereich des Außersprachlichen oder zumindest Impliziten, und der Übersetzer kann bzw. muß - v.a. in Sprachen, die nicht über ein so reiches Inventar an expliziten lexikalischen Ausdrucksmöglichkeiten verfügen wie das Deutsche - auch auf diesen Ebenen nach Übersetzungskongruenzen suchen. Somit kann man bei der Suche nach Entsprechungen in der Übersetzung das enge Korsett der Suche nach d i r e k t e n Entsprechungen ablegen und auch sowohl auf situativ-kommunikativer bzw. pragmatischer wie auch beispielsweise auf prosodisch-intonatorischer Ebene Äquivalenzbeziehungen zwischen deutschen MPn und zielsprachlichen Ausdrucksmitteln für Modalität im weitesten Sinne annehmen. Das Desiderat für den Übersetzer ist also nicht, in der Zielsprache eine Zeichenmenge nachzubilden[116], die dem Ausgangstext entspricht, sondern adäquate zielsprachliche Mittel zu finden, um einer bestimmten Funktion und der damit verbundenen Wirkung gerecht werden zu können, auch wenn dies im Zieltext z.B. auf syntaktischer Ebene zu gewissen Änderungen im Vergleich zum Ausgangstext führt (Stolze 1982: 185). Welche Faktoren bei solch einem „kommunikativen Übersetzen" (cf. Reiß / Vermeer ²1991: 135) überdies eine Rolle spielen, bzw. wie eine Klassifikation dieser Entsprechungen vorgenommen werden kann, soll anhand der Korpusanalyse gezeigt werden. Die Korpusanalyse stellt hier insofern ein geeignetes Medium zum konkreten Aufzeigen der Anforderungen an den Übersetzer sowie der Schwierigkeiten, denen er sich stellen muß, dar, als es sich beim Übersetzen von modalen Strukturen aufgrund ihrer Kontextgebundenheit und ihrer subjektiven Komponente immer um eine auf Interpretation basierende Entscheidungsfindung handelt[117], zu der es in der Regel mehrere Variationsmöglichkeiten gibt[118]. Aus diesen gilt es dann, die für die konkrete Übersetzung und ihren Skopos adäquateste zu wählen, sodaß man nicht von voll linear systematisierbaren Prozessen sprechen kann, da einzelsprachliche Besonderheiten hier Berücksichtigung finden müssen: „Übersetzt werden nicht Bedeutungen,

---

unserer Terminologie nicht treffen. Wenn wir von 'pragmatischer Äquivalenz' sprechen, so beziehen wir uns in der Regel auf die *parole*-Ebene.

[116] Cf. dazu auch Stolze (1982: 189): „Das Prinzip der 'formalen Äquivalenz' kollidiert [...] mit dem grundlegenden Begriff des Übersetzens als Transfer einer Sinn- und Wirkungskonstante."

[117] Was Stolze (1982: 198 ff.) über die Unvollendbarkeit der Übersetzung schreibt, weist indirekt auch auf die Problematik der Übersetzung von Modalität hin, welche oft in der subjektiven Interpretation liegt.

[118] Cf. dazu auch Reiß (1983: 202), wo betont wird, daß Übersetzungsvarianten, die sich durch mehrfach interpretierbare Texte ergeben, nicht absolut gesehen werden dürfen, sondern nur in Relation zu „einer intersubjektiv begründbaren Interpretationsmöglichkeit".

sondern das Gemeinte in einem Text. Dieses wird mittels einzelsprachlicher Bedeutungen ausgedrückt" (Stolze 1982: 171). Stellt man somit zwei Sprachen kontrastiv gegenüber, so sind deren bedeutungstragende Elemente keineswegs immer „eindeutig aufeinander abbildbar" (Albrecht 1977: 30). Daher kommt es in der Übersetzung auch in vielen Fällen zu einer Größendivergenz der Übersetzungseinheiten. Unter dem Postulat eines funktionalen Übersetzens ist auch verständlich, daß das Translat eine Neuordnung[119] des Textes in bezug auf Inhalt und Form verlangen kann, will man die Einbettung des Translats in die zielsprachliche soziokulturelle Gemeinschaft voll gewährleisten. Dies kann des weiteren eine Hierarchisierung von Äquivalenzbedingungen bzw. das Setzen von Prioritäten bei der Suche nach Entsprechungen erfordern (cf. Reiß 1983: 203). Wie Stolze (1982: 325-326) ganz richtig bemerkt, ist in der Übersetzung „nicht die Identität von Einzelphänomenen [...] entscheidend, sondern die Stimmigkeit der Gesamttextkomposition". Hierarchisierung und Selektion sind im übrigen auch genau die beiden Prinzipien, die Reiß (1995: 114) als bestimmend für die Erstellung von Äquivalenzkriterien ansieht.

2.2.5 Modalität als Sinnelement

Modalität als Ausdrucksgröße unserer Kommunikation wird über den Sinn[120] vermittelt, welcher ja einen integrativen Teil des Textinhaltes ausmacht und sowohl über sprachliche wie auch über außersprachliche und pragmatische Elemente transportiert werden kann[121]. Coseriu hat dies sehr treffend formuliert, indem er sagt:

„Zum Textinhalt gehört aber [...] nicht nur die Bezeichnung[122], sondern auch - und sogar an erster Stelle - der Sinn, und der Sinn wird nicht durch sprachliche Mittel als solche (d.h. durch Bedeutungen, die jeweils etwas bezeichnen) vermittelt, sondern auch durch außersprachliche Mittel bzw. durch nicht rein sprachliche Anwendungen der Sprache selbst." (Coseriu 1981: 186)

---

[119] Cf. dazu auch Reiß (1995: 116-117).
[120] Wir verwenden den Begriff 'Sinn' hier in Anlehnung an Coseriu (1981).
[121] Cf. dazu Vermeer (apud Stolze 1982: 29): „Wenn einem Text-in-Situation ein Sinn zukommt, dann wird durch jede neue Situation ein anderer Text entstehen". Daher bezeichnet Stolze (ibid.) Texte auch als „Individualitäten".
[122] Unter 'Bezeichnung' versteht Coseriu (1981: 185) „die außersprachliche Referenz", den „Bezug auf die jeweils benannte außersprachliche Wirklichkeit" und unter 'Bedeutung' den „in der Einzelsprache [...] und durch die sprachlichen Oppositionen dieser Sprache gegebenen Inhalt, und zwar sowohl im Bereich der Grammatik als auch im Bereich des Wortschatzes".

Sprache ist über die kommunikative Funktion hinaus ein „Medium zur Wirklichkeitskonstitution" (Stolze 1982: 351), sodaß mittels sprachlicher Kommunikation „ein Sinnbildungsprozeß" (ibid.) ausgelöst werden kann. Dies wird auch in dem von Heinrichs (1981) vorgelegten Ansatz deutlich, den der Autor selbst als „Sprachsynthetik" (ibid.: 17) verstanden haben will. Folgt man dem Grundansatz Heinrichs', der Sprache als Vermittlungsform von Sinn sieht, so stellt Sprechen an sich Sinnvollzug dar: „Sprache ist Vermittlung von konkreter Weltwirklichkeit, von allgemeinen Bedeutungen, von interpersonaler Kommunikation sowie von Sinn überhaupt" (ibid.: 18). Wenn wir in einer Kommunikationssituation stehen, so versuchen wir, Sinn zu vermitteln, erwarten uns diese Sinnvermittlung aber auch von unserem Gegenüber. Dementsprechend verarbeiten wir jegliche Information so lange, bis für uns Sinn entsteht. Dies gilt auch für Modalität in der sprachlichen Kommunikation, und zwar sowohl für mit sprachlichen wie auch für mit außersprachlichen Mitteln ausgedrückte Modalität.

Was die MPn im interaktiven Geschehen anbelangt, so haben wir gesehen, daß MPn situationsdefinierende und kontextualisierende Funktion wahrnehmen können, was gerade in expressiven Texten stark zur Geltung kommt. Der Text oder die Äußerung an sich stellt wiederum auch nur einen Teil eines kommunikativen Rahmens dar, aus dem sich das Kommunikationsganze konstituiert. Die Einordnung der jeweiligen Äußerung in einen bestimmten Interaktionszusammenhang wird nunmehr von der MP in sehr starkem Maße mitgetragen. Diese Verankerung in den Interaktionszusammenhang ist laut Weydt (1977: 218) als indirekte Funktion der MPn zu sehen, die nicht auf der Bedeutungs-, jedoch sehr wohl auf der Sinnebene[123] zum Tragen kommt, wobei sich auch eine stark kreative[124] Komponente ergibt: „[…] jeder Sprecher greift mit jeder Äußerung kreativ über die bestehende Sprache hinaus" (Stolze 1982: 201)[125]. Dies gilt in besonderem Maße für die sich durch ihren subjektiven Charakter auszeichnenden Ausdrücke von Modalität. Nimmt man einem Text die modale Komponente, was geschehen kann, wenn MPn in der Übersetzung unberücksichtigt bleiben, so verliert er den Ausdruck an Subjektivität und Individualität des Textemittenten und erfährt auch semantisch eine Reduktion, wenn nicht sogar eine Verfälschung. Kurz: der Sinn wird geändert.

Modalität als Sinnelement wird in hohem Maße von situativ-kontextuellen Faktoren in Wechselwirkung mit sprachlichen Elementen zum Ausdruck gebracht. Der Sinn entsteht also nicht auf der Systemebene, der

---

[123] Auch Weydt verwendet hier den Terminus 'Sinn' in Anlehnung an Coseriu.
[124] Zur Übersetzungskreativität cf. auch Stolze (1992: 33-34).
[125] Bei Stolze (1982: 355) findet sich generell für die Übersetzung literarischer Texte die Forderung an den Übersetzer, das Offene und Polyvalente für die „Deutungserfahrung" des Lesers zu bewahren. Dies gilt in besonderem Maße für modale Ausdrücke.

langue, sondern auf der Ebene der *parole*. Wie beim zielsprachlichen Rezipienten muß auch beim Übersetzer ein Interpretationsprozeß ablaufen, ein Sinn erfaßt werden, der dann in der Zielsprache ausgedrückt wird. Dieser erfaßte und nunmehr wiederzugebende Sinn ist jedoch an die jeweilige Situation gebunden. Der Übersetzer überträgt also, wenn er Modalität von einer Ausgangs- in eine Zielsprache übersetzt, Sinn-in-(pragmatischer)-Situation[126]. Daher muß auch im Übersetzungsprozeß bei der Suche nach Entsprechungen für Ausdrücke der Modalität auf der Ebene der *parole*[127], also auf der Ebene der Rede, und nicht auf Systemebene gesucht werden. Dies gilt in besonderem Maße für die stark kontextabhängigen und als Ausdruck der Sprechereinstellung, wenn nicht als Ausdruck der Sprecherpersönlichkeit an sich, oftmals stark mit Emotionen besetzten MPn. Die Fähigkeit, den Sinn zu erfassen und durch die Herstellung von Äquivalenzrelationen Sinn in der Zielsprache entstehen zu lassen, gehört zu den Faktoren, an denen die translatorische Kompetenz des Übersetzers gemessen wird: „*Äquivalenz zwischen Ausgangs- und Zieltext besteht in der gleichwertigen Relationierung von Inhalt(en) und Form(en) eines Textes in ihren Funktionen zur Erreichung des Textsinns*" (Reiß 1995: 123). Daher ist auch die Fähigkeit zur Übertragung von Modalität als Sinnelement als eine Komponente der translatorischen Kompetenz anzusehen.

2.3 Zur Korpusanalyse

2.3.1 Theoretische und methodische Vorüberlegungen

Die vorliegende Analyse beschränkt sich zwar auf die Übertragung von Modalität vom Deutschen ins Französische, ist also nicht symmetrisch bidirektional ausgerichtet, soll nach Möglichkeit jedoch auch für den umgekehrten Sprachtransfer Hilfestellung bieten. Daher legen wir in der Korpusanalyse auch großen Wert auf die Beschreibung der Vorkommens-

---

[126] Cf. dazu Reiß und Vermeer (^{2}1991: 58): „Translation setzt Verstehen eines Textes, damit Interpretation des Gegenstandes 'Text' in einer Situation voraus. Damit ist Translation nicht nur an Bedeutung, sondern auch an Sinn/Gemeintes […], also an Textsinn-in-Situation gebunden."
[127] Cf. dazu auch Beerbom (1992: 71): „MPn [haben] in der Regel keine direkten Äquivalente auf Systemebene […]."

varianten der untersuchten MP *doch*[128]. Außerdem stellt die Übertragung von Modalität von einer partikelreichen Sprache in eine partikelärmere Sprache aufgrund der in der Regel sehr heterogenen Ausdrucksmittel für Modalität in der Zielsprache u.E. das größere translationsrelevante Problem dar.

Unsere Wahl fiel auf die MP *doch*, da diese mit *ja* zu den ältesten deutschen MPn zählt und auch in der deutschen Sprache die höchste Frequenz aufweist (Beerbom 1992: 118). Die deutsche Partikelliteratur verfügt über ein sehr großes Inventar einzelsprachlicher Untersuchungen, sodaß auch die kontrastive Analyse dieser MP vielversprechend erscheint. Für den lexikographischen Bereich des Sprachenpaares Deutsch-Französisch hat Métrich (1993) dazu schon wertvolle Arbeit geleistet, aber auch Weydt (1969) hat *doch* bereits, wenn auch auf sehr allgemeiner Grundlage, in den Objektbereich seiner Untersuchungen aufgenommen[129].

Da wir unseren Beitrag unter das Postulat der Übersetzungsrelevanz stellen wollen, verzichten wir auch weitgehend auf die in der KL geforderte einzelsprachliche Darstellung der möglichen Entsprechungen für die deutsche MP, da diese Entsprechungen eben nicht nur in direkten Äquivalenten bestehen, sondern auf sehr unterschiedlichen sprachlichen und auch außersprachlichen Ebenen angesiedelt sein können, welche besondere Beachtung von Seiten des Übersetzers verlangen. Wir hoffen, in der vorangegangenen Darstellung der Relation zwischen KL und ÜW deutlich gemacht zu haben, daß aufgrund des generell schwer und oft nur extrem unzureichend festzumachenden *tertium comparationis* ein für unsere Belange relevanter Zugang primär unidirektional sein muß, da sich nur so die pragmatisch-kommunikativen Äußerungs- und v.a. Textfunktionen als Grundlage für den kontrastiven Vergleich heranziehen lassen. Wie Beerbom (1992: 110-111) sehr treffend bemerkt, muß es möglich sein, „das, was im Deutschen von MPn bewirkt wird, auch in anderen Sprachen zum Ausdruck zu bringen. Ob und mit welchen Mitteln dies geschieht, ist eine andere Frage". Genau diese Frage ist aber für die Praxis des Übersetzens, das translatorische Handeln, unter dem Postulat einer funktionalen Übersetzung[130] von entscheidender Bedeutung.

Da Partikeln im allgemeinen in der Übersetzung ein unidirektionales Problem darstellen (cf. Beerbom 1992: 112), werden in der vorliegenden Untersuchung nur deutsche Beispiele, zu denen wir selbst mögliche Übersetzungsvarianten anzubieten versuchen, bzw. Texte der deutschsprachigen Literatur mit ihren professionellen Übersetzungen als Korpusgrundlage

---

[128] Cf. dazu auch Beerbom (1992: 111): "[...] eine genaue und ausführliche Darstellung der Verhältnisse in der Ausgangssprache [ist] erforderlich, um eine Basis für den Vergleich mit der Zielsprache zu schaffen".

[129] Weitere Verweise auf Untersuchungen zu dieser MP finden sich in der Korpusanalyse.

[130] Wir verwenden den Begriff der 'funktionalen Übersetzung' im Sinne von Nord (1993).

herangezogen. Bei so heterogenen Entsprechungsmöglichkeiten, wie sie der Vergleich des Sprachenpaares Deutsch-Französisch aufweist, ist die Erstellung einer vollständigen, exhaustiven Typologie von potentiellen Übertragungsmöglichkeiten ein Ding der Unmöglichkeit und wird von uns auch nicht angestrebt. Es geht uns vielmehr darum, Tendenzen aufzuzeigen und den Blick des Übersetzers für diejenigen sprachlichen Bereiche zu schärfen, in denen in der Zielsprache der Ausdruck von Modalität überhaupt möglich ist, um ihm so im Einzelfall die Wahl der adäquaten Übersetzungsstrategie zu erleichtern. Die von uns verfolgten Zielsetzungen bestehen darin, auf induktivem Weg anhand von Einzelanalysen Schlußfolgerungen zu ziehen, die dann auch unabhängig von einer bestimmten Sprachenpaarspezifik auf die Problematik der Übersetzung von Modalität und MPn anwendbar und übertragbar sind. Unsere Analyse der deutschen MP *doch* und ihrer Entsprechungsmöglichkeiten im Französischen ist im Hinblick auf das Postulat der Übersetzungsorientiertheit vornehmlich textlinguistisch und pragmatisch ausgerichtet, da wir der Ansicht sind, daß nur so Sinnäquivalenz, und um diese geht es uns in unseren Ausführungen, in befriedigendem Maße transparent gemacht werden kann. Wir werden versuchen, die primäre Funktion der jeweiligen Partikelverwendung zu isolieren und die Mechanismen und Tendenzen zur Herstellung von Sinnäquivalenz im Französischen zu beschreiben und nach Möglichkeit zu klassifizieren bzw. zu systematisieren. Alle bei der Übersetzung von Modalität und im besonderen bei der Übertragung von MPn auftretenden Probleme werden dabei sicherlich nicht gelöst werden können, daher werden wir uns im Folgenden auf die Darstellung von Übersetzungskongruenzen, zu systematisierenden Tendenzen und auf die Zuordnung der französischen *marqueurs* und der übrigen Ausdrucksweisen für Modalität im weitesten Sinne zu den jeweiligen Funktionsvarianten des deutschen *doch* beschränken.

Natürlich wäre auch eine Studie der Fälle von großem Interesse, bei denen sich der Übersetzer aus dem Französischen bemüßigt sieht, im Deutschen MPn zu setzen, die Beleuchtung dieser Seite der kontrastiven, übersetzungsorientierten Partikelforschung müssen wir jedoch weiterführenden Arbeiten überlassen. Dafür hoffen wir jedoch, etwas zur Sensibilisierung des übersetzerischen Umfeldes für Fragen der Partikelverwendung im Deutschen sowie der Übertragung von Modalität in die Fremdsprache beitragen zu können.

2.3.2 Grundlegendes zur Korpusanalyse

Im Folgenden möchten wir uns nun konkreten Texten zuwenden, anhand derer ein kleiner, aber im Rahmen des Machbaren möglichst repräsentativer Ausschnitt der Möglichkeiten aufgezeigt werden soll, die dem Übersetzer bei der Translation als Entsprechungen für die deutsche Modalpartikel *doch* im Französischen zur Verfügung stehen. Wir gehen hier, wie auch die vorausgegangenen theoretischen Ausführungen gezeigt haben dürften, bewußt sehr vorsichtig mit dem Begriff der 'Übersetzbarkeit' bzw. der 'Übersetzung' um, da man, wie schon bemerkt wurde, im engeren Sinne bestenfalls von 'Übertragung' oder einer 'Suche nach Entsprechungen für Ausdrücke der Modalität' sprechen kann oder im weiteren Sinne von 'interlingualem Transfer von Modalität'. Setzt man den Terminus 'Übersetzung' mit 'semantischer Äquivalenz' gleich, so ist er für die Übertragung von MPn sicher nicht ganz zutreffend. Unseres Erachtens ist der Terminus 'Übersetzung' jedoch sehr wohl anwendbar, wenn man von einem Skoposbegriff im weiteren Sinne ausgeht. Wie wir schon festgestellt haben, kann es sich beim Übertragen von Modalität von der Ausgangssprache in die Zielsprache nicht um vom pragmatischen illokutions- und situationsbedingten Kontext losgelöstes Transladieren handeln, sondern nur um ein Verfahren, das zum Ziel hat, im Zieltext dem gleichen Skopos gerecht zu werden wie im Ausgangstext. Wir möchten in diesem Zusammenhang noch einmal ausdrücklich darauf hinweisen, daß es uns nicht darum geht, in Wörterbuch-Manier Übersetzungsvorschläge für Partikeln in der Form direkter Entsprechungen zu geben, sondern darum, Ausdrucksvarianten von Modalität im kontrastiven Vergleich aufzuzeigen. Übersetzt werden ja Texte und nicht Worte je nach spezifischer Wortart. Unsere Arbeit soll eine Hilfe für die übersetzerische Praxis darstellen, indem sie dem Übersetzer bewußt machen soll, welche Formen und Varianten von Modalität in der einen oder anderen Sprache möglich sind, bzw. auf welchen (sprachlichen und außersprachlichen) Ebenen generell je nach der modalen Funktionsvariante nach Ausdrucksformen für Modalität in der Zielsprache gesucht werden kann. Wir sind uns jedoch bewußt, daß keine lineare Systematisierung im Sinne einer Auflistung von ausgangssprachlichem Phänomenen und zugehöriger zielsprachlicher Variante oder vice versa möglich ist. Dies wäre auch auf keinen Fall wünschenswert, da dann das eintreten würde, was Weydt (1989a: 420) als „Übersetzerparadoxon"[131] bezeichnet. Wir schließen uns hier voll und ganz seiner Meinung an, wenn er sagt, daß der entscheidende Aspekt bei derartigen übersetzungstheoretischen und -praktischen Überlegungen, wie auch wir sie anstellen wollen, darin liegt, „ein falsches Verständnis des Wesens der Übersetzung" (ibid.: 423) zu vermeiden. Das Problem, oder besser gesagt die

---

[131] Cf. Weydt (1989a: 420): „Je mehr Mühe sich der Übersetzer gibt, für einen Satz, der eine Abtönungspartikel enthält, eine möglichst idiomatische und die Funktion dieser Partikel berücksichtigende Entsprechung zu finden, je geglückter und idiomatischer die jeweilige Einzellösung ist, desto weniger entspricht der Gesamttext den Strukturen der entsprechenden Sprache und desto überladener und unfranzösischer, unenglischer, unungarischer wird der Text in seiner Gesamtheit."

Herausforderung, des Übersetzens liegt nämlich nicht darin, einzelne Wörter oder Satzelemente wiederzugeben, ist also nicht - wie wir schon bemerkt haben - ein Problem der „Wortentsprechung und Wortübersetzung" (ibid.: 424), sondern ist vielmehr auf der Ebene des Textes[132] in seinem wirkungspragmatischen Kontext anzusiedeln. Weydt drückt dies mit Bezug auf die Partikel *doch* und deren Entsprechungen in der einen oder anderen Zielsprache sehr gelungen aus:

> „Es geht überhaupt fast nie um die Übersetzung materiell auftretender Einzelelemente. [...] Was man übersetzt, ist vielmehr etwas völlig anderes, nämlich ein Text, und auf der Ebene des Textes müssen auch die Äquivalenzen gefunden werden. - Das bedeutet, grob gesagt, daß Äquivalenz für das, was mit Hilfe der Partikel *doch* vermittelt wird, in konversationsanalytischer und poetischer Ebene in der entsprechenden Zielsprache geleistet werden muß, wenn auch vielleicht mit anderen Mitteln." (Weydt 1989a: 424)

Was hier für die Partikel *doch* angesprochen wird, gilt allgemein für die kontrastive Beschäftigung mit Partikeln. Überdies wird deutlich, daß wir uns, um mit Saussure zu sprechen, ab dem Zeitpunkt der praktischen Textanalyse nicht mehr auf der Ebene der *langue* befinden, sondern auf der Ebene der *parole*, denn nur auf dieser Ebene ist eine sinnvolle Korpusanalyse möglich, die die pragmatischen Faktoren voll einbezieht. Zumindest was unsere Untersuchungen und unser Korpus anbelangt, können wir uns nur auf dieser Ebene eine zielführende Untersuchung vorstellen, die dem Wesen von Modalität im interlingualen Transfer einigermaßen gerecht werden kann. Die Problematik der Beschreibungsebenen für sprachliche Phänomene tritt gerade beim Thema 'Modalität' stark zutage. Traditionellerweise wird Sprachbeschreibung auf phonologischer, syntaktischer und lexikologisch-semantischer Ebene betrieben, der pragmatischen Ebene im weiteren Sinne wurde jedoch lange Zeit nicht die erforderliche Aufmerksamkeit geschenkt. Es finden sich daher Postulate, die eine „Theorie der Alltagskenntnis" und eine „Theorie der sozialen Interaktion" (W. Bierwisch, apud Meibauer 1987: 4) fordern, was der funktionsorientierten Analyse modaler Strukturen sehr entgegenkommen würde.

2.3.3 Zur Methodik der Analyse: das Korpus

Auf der Grundlage von Beispielsätzen aus der Didaktik bzw. authentischen literarischen Texten sollen im Rahmen unserer Korpusanalyse die potentiellen Ebenen für die Entsprechungen für die deutsche MP *doch* im Französischen

---

[132] Weydt spricht in diesem Zusammenhang auch vom Text als „übersummativer Gestalt" (Weydt 1989a: 427), was uns bei unserer Analyse sehr entgegenkommt.

ermittelt werden. Natürlich ist ein Korpus, das nie verläßlich alle Vorkommensweisen einer MP umfassen kann, keine grundlegende Gewähr für die Repräsentativität der Aussagen, was auch schon bei Hentschel (1986: 122) bemängelt wird. Wie Beerbom (1992: 113) schreibt,

„spricht dies jedoch nicht grundsätzlich gegen das Verfahren der Korpusanalyse, denn es würde wohl kein(e) Linguist(in) die Meinung vertreten, daß ein Korpus als alleiniges Erkenntnisinstrument ausreicht und die daraus abgeleiteten Ergebnisse verabsolutiert werden dürfen."

Vielmehr hegen wir mit Beerbom (ibid.) Bedenken gegen die alleinige Verwendung von selbstkonstruierten, kontextlosen Beispielen, die auch u.E. nicht dazu geeignet sind, einen dermaßen kontextuell determinierten Bereich wie den der modalen Ausdrücke einer Sprache zu illustrieren. Daher werden wir in unserer Korpusanalyse auf der Grundlage von Minimalkontexten arbeiten und so versuchen, die Kontextklassen zu systematisieren. Wie sich zeigen wird, ist die Differenzierung nach Satztypen v.a. bei der kontrastiven, übersetzungsrelevanten Betrachtung des Partikelvorkommens nicht gerade unproblematisch, was durch die Vermischung von Satztypen und Verwendungstypen im interlingualen Transfer bedingt ist; als Ausgangspunkt für die deutsche Variantenklassifikation eignet sie sich jedoch sehr wohl. Weiters haben sich konversationsanalytische und sprechakttheoretische Kriterien als hilfreich für die Klassifikation erwiesen, daher legen wir besonderen Wert auf die Unterscheidung zwischen initiativen und reaktiven Varianten bzw. auf die Beschreibung illokutiver und interaktiver Funktionen. Da bei manchen Korpusbeispielen eine eindeutige Zuordnung zu einzelnen Vorkommensvarianten nicht möglich ist und sie vielmehr potentiell zu mehreren zuordenbar wären, verzichten wir auch gänzlich auf Frequenzangaben[133] von Varianten. Die von uns angestrebte Klassifizierung nach Vorkommens- bzw. Bedeutungsvarianten mag zwar von einem bedeutungsminimalistischen Standpunkt aus „überflüssig erscheinen, ist jedoch als Ausgangspunkt für eine kontrastive Analyse nötig und sinnvoll, um zu detaillierten Aussagen über zielsprachliche Entsprechungen zu gelangen" (Beerbom 1992: 122).

Für unser Korpus haben wir uns im Bereich literarischer Texte für unterschiedliche Texte der neueren deutschen Literatur entschieden[134], wobei es sich um Prosatexte bzw. Theaterstücke handelt. Theaterstücke sind deshalb ein dankbares Medium für die Untersuchung von MPn, da sie gesprochene Sprache

---

[133] Bezüglich der Erstellung von Frequenzanalysen verweisen wir exemplarisch auf Liefländer-Koistinen (1989). In ihrem Beitrag findet sich sogar eine Frequenzanalyse der MP *doch* zu einem der von uns als Korpusgrundlage verwendeten Werke, nämlich der *Verlorenen Ehre der Katharina Blum* von Heinrich Böll.
[134] Zu MPn im Erzähltext cf. Beerbom (1992: 284-294).

in schriftlicher Form beinhalten und MPn als Übersetzungsproblem in fiktiven Texten, welche zur mündlichen Darbietung gedacht sind, besondere Relevanz zukommt (cf. dazu auch Beerbom 1992: 116). Schon Weydt hat 1969 auf die bedeutende stilistische Funktion von MPn in den Werken von Schriftstellern der Weltliteratur wie Goethe, Fontane und Kafka hingewiesen[135]. Die häufige Verwendung von Partikeln ist für Weydt (1969: 85) ein Indiz für bewußtes Schreiben. Ebenso hebt Liefländer-Koistinen (1989: 190) die stilistische Funktion der MPn hervor, welche bezüglich der Gesamtkomposition eines Werkes von großer Bedeutung sein kann. Zudem erweist sich laut Liefländer-Koistinen (ibid.) auch das Auftreten von Partikeln als abhängig von literarischen Strömungen.

Da sich Modalität hauptsächlich auf das Textganze im pragmatisch-situativen Umfeld bezieht, stellt die Übertragung von Modalität und den mittels MPn in die Aussagen eingebrachten modalen Nuancen v.a. für den Übersetzer häufig ein Problem dar - und hier wieder deutlich stärker in der Allgemein- als in der Fachsprache, welche sich um möglichst hohe Eindeutigkeit und Emotionslosigkeit der Rede bemüht. Den Dolmetscher betrifft dies weniger, da letzerem in der konkreten Dolmetschsituation meist ganz einfach die Zeit fehlt, um über direkte konventionalisierte Äquivalente hinausgehend effizient nach Entsprechungen für Modalität zu suchen.

Unser Korpus umfaßt nunmehr ausgewählte Ausschnitte aus sieben literarischen Texten und deren professionellen Übersetzungen. Es handelt sich hierbei um *Frost* von Thomas Bernhard (Übersetzung von Boris Simon und Josée Turk-Meyer), den ersten Roman Bernhards, das Volksstück *Geschichten aus dem Wiener Wald* von Ödön von Horváth (Übersetzung von Sylvie Muller unter Mitarbeit von Henri Christophe) sowie um die beiden Komödien *Der Besuch der alten Dame* (Übersetzung und Adaptierung von Jean-Pierre Porret) und *Der Meteor* (Übersetzung von Claude Chenou) von Friedrich Dürrenmatt[136], weiters um die Erzählung *Die verlorene Ehre der Katharina Blum* von Heinrich Böll (Übersetzung von S. und G. de Lalène). Zudem wurden als Beispiel der neueren österreichischen Literatur der Erstlingsroman von Robert Schneider, *Schlafes Bruder* (Übersetzung von Claude Porcell), und als

---

[135] Cf. dazu Weydt (1969: 85): „Jede Partikelfrequenz hat ihren Stilwert. Ganz allgemein läßt sich sagen: gemäßigte Anwendung glättet den Stil, das Fehlen von Partikeln an Stellen, wo man Partikeln erwartet, macht den Text schroff und unverbindlich. Außerdem gibt es den Fall, daß ungewöhnlich viele Partikeln in einem Text auftauchen. Das ist oft bei Autoren zu beobachten, die sehr bewußt schreiben. Sie setzen dann die Partikel, ihrer Funktion gemäß, an bezeichnenden Stellen ein [...]."

[136] Wobei der *Besuch der alten Dame* im Titel als „tragische Komödie" (Dürrenmatt 1985: II) bezeichnet wird.

Beispiel aus der Belletristik der Roman *Die Bucht der schwarzen Perlen* von Heinz G. Konsalik (Übersetzung von Rosemarie Lipka) gewählt. Oberstes Kriterium bei der Auswahl der Texte war es natürlich, Texte mit hoher Partikelfrequenz zu wählen, dadurch ergab sich automatisch die Suche nach Texten mit einem großen Anteil an gesprochener Sprache[137]. Weiters bemühten wir uns, nach Möglichkeit Texte zu verwenden, die von französischen Muttersprachlern ins Französische übersetzt wurden. Thomas Bernhard und Ödön von Horváth wurden ausgewählt, da es sich bei beiden Autoren um Schriftsteller handelt, die dafür bekannt sind, die Ausdruckskraft des Wortes auf sehr subtile Art und Weise in ihren Werken einzusetzen und „die Sprache als Seismograph unserer allgemeinen moralischen Befindlichkeit zu beobachten"[138] (Meier 1972: 19). Gerade Horváth, der dafür bekannt ist, auf sprachlicher Ebene einen großen Teil seiner Figurencharakterisierung anzusiedeln, bietet sich für eine übersetzungsrelevante Analyse an, da „individuelle Sprachwahl eine Kennmarke schriftstellerischer Leistung" (Stolze 1982: 187) darstellt und die als autorenspezifisch erkannten Charakteristika eines Textes nach besonders subtilen expressiven Entsprechungen in der Zielsprache verlangen. Dies kommt gerade in bezug auf Modalität in besonderer Weise zum Tragen. Die Erzählung Bölls ist wegen ihrer Gesellschaftskritik und des Abzielens auf politische Wirkung, was sich auch in der sprachlichen Gestaltung äußert, für den Übersetzer von Interesse, und Robert Schneider, dessen Buch derzeit in 24 Sprachen übersetzt wird und schon namhafte Literaturpreise - wie z.B. in Frankreich den *Prix Médicis* - erhalten hat, stellt mit seinem extravaganten archaisierten Stil sicherlich eine Herausforderung für jeden Übersetzer dar. Wie bedeutend Modalität an sich auch für Literaten sein kann, geht aus den Worten Friedrich Dürrenmatts hervor, der zur Ausgabe des *Meteor* auf den Vorwurf, er sei „unverbindlich", über sich selbst schreibt, er sei mißtrauisch gegenüber Eindeutigem, was sich ja auch in seinem Umgang mit Sprache zeigt:

„Es ist hier vielleicht noch dem Vorwurf entgegenzutreten, der immer wieder gegen mich erhoben wird, ich sei unverbindlich. Nun gebe ich zu, daß ich mißtrauisch gegen eindeutige Antworten bin; die heutige Welt läßt sie nicht zu - es sei denn, sie werde nach der Methode der Ideologen derart vereinfacht, daß eindeutige Antworten herausspringen." (Dürrenmatt 1985: 167)

---

[137] O'Sullivan und Rösler (1989: 205) gehen z.B. davon aus, daß für bestimmte Textsorten bzw. Gesprächssituationen auch eine bestimmte Partikelfrequenz angenommen werden kann und schlagen vor, „eine Art Fahndungsraster für 'partikelverdächtige' Textstellen aufzubauen" (ibid.: 210).
[138] Soweit Meier (1972), die wir hier nur exemplarisch für die vielen Abhandlungen zum Thema 'Sprache in literarischen Texten' zitieren, zum Werk Ödön von Horváths.

Um das Bild vom Seismographen wiederaufzunehmen, könnte man behaupten, daß die MPn als Seismographen unserer Gemütsbewegungen und Einstellungen zum Gesagten fungieren und in diesem Sinne von relativ großer Bedeutung für unser kommunikatives Verhalten und vor allem auch - von der Rezipientenseite her gesehen - für unser Interpretieren von Äußerungen im Kontext sind. Wir verstehen hier die MPn ganz einfach als Indikatoren für Modalität, deren Funktion in einer anderen Sprache selbstverständlich von anderen sprachlichen Mitteln übernommen werden kann, die aber in ihren Grundzügen, wenn auch mit allgemein sprachspezifisch unterschiedlicher Gewichtung, gewahrt werden sollte. In diesem Zusammenhang müssen wir auch Weydt widersprechen, wenn er meint, daß „es noch nicht einmal wichtig ist, daß die Information, die durch die Abtönungspartikel übermittelt wird, in der anderen Sprache überhaupt in irgendeiner Weise ausgedrückt wird" (Weydt 1989a: 426)[139]. Es ist zwar richtig, daß viele Sprachen - wie auch vielfach das Französische - zuweilen auf expliziter Ebene darauf verzichten, „den Typ von Information zu übermitteln, der im Deutschen durch die Abtönungspartikeln transportiert wird" (ibid.), die pragmatische Information wird jedoch in der Zielsprache auf jeden Fall beibehalten, wenn auch zuweilen stark eingeschränkt. So kann es der Fall sein, daß die pragmatische Information der deutschen Partikel zwar nicht im entsprechenden französischen Satz hervortritt, für den französischen Muttersprachler, der nicht so sehr auf Modalitätsrekurrenz besteht wie der deutsche, jedoch durchaus noch aus dem situativen Kontext erschließbar ist.

Als Grundlage für die von uns vorgenommene erste Klassifikation von Vorkommensvarianten der MP *doch* innerhalb der deutschen Sprache dienen uns im ersten Teil der Korpusanalyse die Beispielsätze aus dem *Lexikon deutscher Partikeln* von Helbig ([2]1990). Helbig unterscheidet bei den einzelnen Partikeln verschiedene Varianten, die er nach Funktionsklassen untergliedert, wobei er hervorhebt, daß die Funktion „v.a. bei den Abtönungspartikeln im Schnittpunkt unterschiedlicher, sich zum Teil überlagernder Aspekte (Sprecherhandlung, Einstellung, Gespräch, Interaktion, Text) liegt" (Helbig [2]1990: 78). Daher steht bei Helbig auch der kommunikativ-pragmatische Aspekt im Vordergrund: „Vor allem die Abtönungspartikeln haben unterschiedliche und komplexe Funktionen, die in den kommunikativ-pragmatisch orientierten Richtungen der gegenwärtigen Sprachwissenschaft deutlich herausgearbeitet

---

[139] Weydt unterscheidet hier zwischen einer nicht näher definierten Information der Partikel, die wir als kontext- und situationskonnektierend einstufen würden, und der pragmatischen Information der Partikel, die über den direkten situativen Kontext hinausgehend die Einstellungsmodalität des Sprechers tradiert. Wir sind jedoch der Ansicht, daß sowohl die erste wie auch die zweite Informationsvariante in den Bereich der Pragmatik fallen, da zur Pragmatik sowohl die situationsspezifische wie auch die allgemeine Emittent-Rezipient-Pragmatik gehören.

worden sind" (ibid.: 56). Als Funktionen der MPn nennt Helbig die Funktion als Einstellungsausdrücke[140], als situationsdefinierende und entweder illokutionsindizierende[141] oder -modifizierende[142] Elemente, also als Elemente, die auf jeden Fall eine illokutionsbezogene Funktion ausüben, sowie als konversationssteuernde, interaktionsstrategische[143] und textkonnektierende Elemente im Diskurs.

Wir erachten es als sinnvoll, die einzelnen Beispiele vorerst nach Satzarten[144] zu untergliedern, da dies in einer ersten, groben Gliederung die Unterscheidung von Funktionsvarianten erleichtern kann, was teilweise auch für das Französische gilt. Wie wir sehen werden, unterscheiden sich im Französischen nämlich die Ausdrücke der Modalität je nach Satzart und *valeur illocutive*. Im Deutschen wie auch im Französischen läßt sich außerdem beobachten, daß die Satzart nicht unbedingt dem Sprechhandlungstyp entsprechen muß (cf. Helbig [2]1990: 35).

Wir möchten im Rahmen dieser Bemerkungen noch einmal darauf hinweisen, daß wir uns in diesem praktisch-pragmatischen Teil unserer Untersuchungen auf der Ebene der *parole* bewegen und die Ebene der *langue* verlassen. Zudem sehen wir uns dem Problem der Abgrenzung zwischen Pragmatik und Semantik gegenüber, da - gerade was eine Untersuchung wie die unsere anbelangt, die sich massiv mit pragmatisch-soziokulturellen Phänomenen und ihrem sprachlichen Niederschlag beschäftigt - diese Unterscheidung nicht konkret getroffen werden kann, da die Grenzen zwischen diesen beiden Bereichen fließend sind. Wir möchten jedoch behaupten, daß ein Analyse-

---

[140] Cf. dazu Helbig ([2]1990: 56): „Sprechereinstellungen sind solche modalen Einstellungen des Sprechers, die sich auf seine Ansichten, Haltungen, Erwartungen, Annahmen, Emotionen sowie auf die seines Hörers sowie auf die jeweilige soziale Rollenverteilung beziehen."

[141] Hierbei darf jedoch der Faktor der Multifunktionalität sprachlicher Einheiten nicht außer acht gelassen werden, da ja mit ein und demselben lokutiven Akt unterschiedliche illokutive Akte vollzogen werden können (cf. Helbig [2]1990: 58).

[142] Damit ist gemeint, daß MPn ja nicht immer Sprechakte indizieren, sondern auch zu deren Modifizierung herangezogen werden können, da „mit ihrer Hilfe der Sprechakt auf die Gegebenheiten der Interaktion bezogen wird" (Helbig [2]1990: 59).

[143] MPn „verankern die konkrete Äußerung im konversationellen oder argumentativen Kontext, verleihen auch der emotiven Seite des Beziehungsgegenstandes zwischen den Interaktanten Ausdruck" (Helbig [2]1990: 60) und ordnen sie in den Interaktionszusammenhang ein.

[144] Cf. dazu Helbig, der bei seiner Partikelbeschreibung der deutschen Sprache auch die „Restriktionen, die sich bei den Abtönungspartikeln aus den Satzarten" (Helbig [2]1990: 76) ergeben, betont: „Die Abtönungspartikeln zeigen bestimmte Restriktionen hinsichtlich der Sprecherhandlung und der Satzart: Es gibt zwar Partikeln, die in Aussage-, Frage- und Aufforderungssätzen verwendet werden können (z.B. *doch*) - wenn auch mit unterschiedlicher Funktion. Die Mehrzahl der Abtönungspartikeln ist jedoch auf bestimmte Satzarten festgelegt" (ibid.: 35).

gegenstand wie der unsere die Interaktion und das Aufeinanderbeziehen dieser beiden Forschungsbereiche erfordert, um zu Schlüssen und Erkenntnissen zu gelangen, die für die übersetzerische Praxis verwertbar sind. Daher möchten wir uns in diesem Rahmen gar nicht erst auf eine Diskussion zur Abgrenzungsproblematik einlassen, sondern uns auf das Wesentliche unserer Arbeit, nämlich die eigentliche Korpusanalyse, konzentrieren.

3 DIE MODALPARTIKEL *DOCH* IM ÜBERSETZUNGS-ORIENTIERTEN SPRACHVERGLEICH

Die MP *doch* zählt zu denjenigen MPn, die in der Forschung am umfassendsten beschrieben wurden. Die Partikelliteratur kennt vielfältige Beschreibungsansätze: von der Darstellung im 19. Jahrhundert (Gabelentz 1977) über das japanische Lehrgespräch (Sekiguchi 1977)[1] zu synchronen (z.B. Franck 1980) und diachronen (Hentschel 1986). Je nach Forschungsstand und prominenten Tendenzen der neueren Linguistik wurde das modale *doch* von den verschiedensten Blickwinkeln und Perspektiven aus wie Syntax und Grammatik, Semantik und Pragmatik, Kommunikations- und Diskursforschung - um hier nur einige Ansätze zu nennen - beschrieben. Wir möchten der umfassenden Literaturliste, die zur MP *doch* existiert, hier nicht noch eine weitere, v.a. auf den Sprachgebrauch des Deutschen ausgerichtete Auflistung von Verwendungsarten hinzufügen, sondern vielmehr versuchen, eine für die übersetzerische Praxis relevante Beschreibung zu geben, deren Ziel es sein soll, den Übersetzern, die aus dem Deutschen in die Fremdsprache arbeiten, einige translationsrelevante Anhaltspunkte für den Umgang mit modalem *doch* zu geben. Daher ist für uns v.a. der Bereich der Semantik[2] und Pragmatik interessant, auf grammatikalische Abgrenzungen gegenüber Adverbien, Konjunktionen und anderen Wortarten sowie auf eine genauere syntaktische Beschreibung der Vorkommensvarianten der MP verzichten wir bewußt, da diese Aspekte in der Partikelliteratur schon ausreichend dokumentiert sind[3]. Im Bereich der Semantik und Pragmatik legen wir jedoch großen Wert auf die ausgehend vom Deutschen zu erstellende Klassifizierung in Funktionsvarianten, da wir glauben, daß die Analyse von MPn und ihren Entsprechungen die Auseinandersetzung mit Sprechhandlungsmustern, welche wiederum die Zuordnung von Situationstypen bedingen, und entsprechend zuordenbaren Äußerungstypen voraussetzt[4]. Es geht uns hierbei nicht um eine wirklich exhaustive Aufarbeitung a l l e r Vorkommensvarianten einer MP, was durch unser Korpus alleine auch nicht abdeckbar wäre. Das Hauptaugenmerk der Betrachtungen soll vielmehr auf der Relevanz für die übersetzerische Praxis

---

[1] Das Lehrgespräch des japanischen Linguisten stammt aus dem Jahre 1939, wurde jedoch erst 1977 bei Weydt abgedruckt (cf. Beerbom 1992: 172). Dasselbe gilt für Gabelentz.
[2] Zur semantischen Beschreibung von *doch* im Kontrast zu *ja* möchten wir auf Lindner (1991) verweisen, die mittels eines minimalistischen Ansatzes die MPn zu beschreiben sucht und ihre Untersuchung auf der Ebene der Semantik und der Pragmatik ansetzt.
[3] Cf. dazu etwa Weydt (1969), Helbig (1977), Bublitz (1978), Franck (1980), Lindner (1991), den Dikken (1995) u.v.m.
[4] Cf. dazu Settekorn (1977: 413).

liegen. Die Partikelliteratur verfügt zwar mittlerweile über kontrastive Arbeiten zu ganz unterschiedlichen Sprachen, jedoch ist ein kontrastiver Ansatz nicht unbedingt übersetzungsrelevant. Während die kontrastive Analyse v.a. auf struktureller Ebene sprachvergleichend arbeitet, muß die translationsrelevante Analyse den Übersetzungsvorgang, also den Translationsprozeß, unbedingt in ihre Betrachtungen mit einbeziehen, um dem Übersetzer für seine Arbeit Hilfestellung geben zu können. Der Anspruch einer übersetzungsbezogenen, kontrastiven Partikelforschung liegt somit nicht in einer exhaustiven Beschreibung, sondern vielmehr in der Einbeziehung translationsrelevanter Kategorien in die Sprachbetrachtung.

Zu diesem Zweck möchten wir den Versuch einer Gliederung der Varianten des modalen *doch* unternehmen. Hierbei werden wir, um zu einer ersten Gliederung zu gelangen, die Beispielsätze zur MP *doch*, die Helbig ([2]1990: 111-117) in seinem *Lexikon deutscher Partikeln* anführt, heranziehen, um in der weiteren Folge, auf dieser ersten Gliederung aufbauend, zu einer übersetzungsrelevanten Gliederung der MP-Varianten im Deutschen zu kommen[5]. Um die Untersuchung übersetzungsrelevant zu halten, sollen zuerst die oben genannten Beispielsätze in Gegenüberstellung zu möglichen französischen Übersetzungen analysiert werden, um in der Folge anhand der Untersuchung unserer Korpusbeispiele zu einer etwas differenzierteren und auf den Sprachtransfer hin ausgerichteten Gliederung zu kommen, wobei vor allem der situativ-pragmatische Kontext mit etwaigen auch interkulturell konventionalisierbaren oder konventionalisierten Normen eine Rolle spielen soll.

3.1 Zur Charakteristik von modalem *doch*

Als übergreifendes Charakteristikum der MP *doch* gilt, daß diese MP immer einen Widerspruch zwischen zwei Bezugsgrößen ausdrückt und somit eine adversative Komponente beinhaltet: „Mit *doch* bestätigt der Sprecher eine Einstellung zum Gesagten oder das Bestehen/Nicht-Bestehen eines Sachverhaltes (im Gegensatz zum Vorausgehenden)" (Helbig [2]1990: 119).

---

[5] Man mag sich an dieser Stelle vielleicht fragen, warum nicht auch die Arbeit von Métrich (1993) als für die kontrastive Beschreibung der MP *doch* im Sprachenpaar Deutsch - Französisch maßgebliches Werk einbezogen wird. Wir beziehen die Arbeit sicherlich in unsere Betrachtungen als wertvolle Hilfe für die kontrastive Analyse direkter Entsprechungen für die MP *doch* zwischen den beiden genannten Sprachen ein. Da die Arbeit jedoch vom lexikographischen Standpunkt aus geschrieben ist und nur direkte Äquivalente in ihre Betrachtungen aufnimmt, also jegliche Äquivalenz auf der Ebene der Pragmatik, des Kontextes oder auch außersprachlicher Parameter unberücksichtigt läßt, ist sie für unser Unterfangen, das sich mit den Ausdrucksmöglichkeiten der durch *doch* transportierten Modalität an sich befassen soll, nur begrenzt hilfreich, da sie nur einen Teilbereich dessen umfaßt, was für uns als Entsprechungen in Frage kommen kann.

Diese Beschreibung findet sich übereinstimmend immer wieder in der Literatur zu *doch*. Bei Weydt (1969: 39) ist von einer „leicht adversativen Nuance" die Rede, Doherty (1985: 66) spricht von der „Gegenüberstellung zweier alternativer Einstellungssachverhalte", und auch Hentschel (1986: 143) spricht von „Gegensatzstruktur". In der Partikelliteratur gibt es zur einzelsprachlichen Darstellung von MPn jedoch zwei unterschiedliche Standpunkte: Entweder man geht primär von einer invarianten Grundbedeutung aus (z.B. Doherty 1985, Hentschel 1986, Dahl 1987), also von der Herausarbeitung einer übergreifenden Bedeutung, indem man nach einer semantischen Gemeinsamkeit sucht, oder aber man gibt der Beschreibung von Vorkommensvarianten nach Kontextklassen den Vorzug (z.B. Franck 1980, Helbig ²1990, Beerbom 1992). Die Herausarbeitung einer invarianten Grundbedeutung oder eines übergreifenden Merkmals ist sicherlich für ein „produktives Verständnis der Partikel" (Doherty 1985: 66) sinnvoll, jedoch erachten wir neben der Beschreibung der generellen semantischen Gemeinsamkeit für den kontrastiven Vergleich die Illustration von kontextabhängigen Varianten für unabdingbar, da nur sie die Herausarbeitung von Übersetzungskongruenzen ermöglicht[6].

Modales *doch* muß von der Antwortpartikel (dem Satzäquivalent) bzw. der koordinierenden Konjunktion und dem Adverb *doch* unterschieden werden. Es hat stark deiktischen Charakter, verweist auf bekanntes Wissen und signalisiert dem Hörer, daß er dieses Wissen berücksichtigen solle. Somit zeichnet sich *doch* in seiner Eigenschaft als konsens-bildendes Element durch starken Partnerbezug aus und verlangt auch - je nach kommunikativem Umfeld - eine spezifische Intonation (cf. Thurmair 1989: 111-112). Die Intonation selbst kann als Träger von subjektiver Modalität fungieren, dies ist v.a. in Sprachen, die nicht so partikelreich wie das Deutsche sind, von Bedeutung für den Ausdruck von Modalität und somit auch für die Translation. Im Deutschen ergibt sich vielfach eine Wechselwirkung zwischen Intonation, syntaktischer Emphase und Partikelverwendung:

> „Die subjektiv-modale (konnotative) Bedeutung entsteht im Satze [sic] aus dem Zusammenwirken der Modalpartikel mit der syntaktischen Struktur des Satzes und mit seiner Intonationsform. Intonation und modale Partikeln dienen denselben Zielen - sie sind Mittel für den Ausdruck der subjektiv-modalen Bedeutung." (Krivonosov 1977b: 191)

---

[6] Außerdem wurden auch wegen des hohen Abstraktionsgrades trotz der beachtlichen Kohärenz und Systematizität von Untersuchungen wie der Dohertys Zweifel an einer ausreichenden Erfaßbarkeit der MPn durch solche Analysen laut (cf. Dahl 1987: 6). Cf. auch Métrich (1993: 5), der zur pragmalinguistischen Analyse Folgendes bemerkt: „[…] celle-ci [l'analyse pragmalinguistique] se donne pour objectif fondamental la saisie d'un signifié unique commun à l'ensemble des emplois de la particule, signifié nécessairement très abstrait dont les valeurs concrètes de la particule sont ensuite dérivées par calcul […]".

Für die *doch*-Äußerungen heißt dies, daß sie je nach Intonationsvariante interpretiert werden müssen und die Intonation auch die Satzart bestimmen kann. Der Intonation kommt so in vielen Fällen neben kontextuellen Merkmalen auch die Funktion eines Illokutionsindikators zu, allerdings kann die linguistische Forschung in diesem Bereich noch nicht auf allzu viele Untersuchungen verweisen. In der Translation spielt dies natürlich v.a. beim Dolmetschen, aber auch bei der Übersetzung von schriftlich festgehaltener mündlicher Rede eine große Rolle, da hier die Erstinterpretation des Textes für die Sinnwiedergabe in der Zielsprache maßgeblich ist.

Mit *doch* wird in der Regel ein Bezug zwischen dem aktuellen Sprechakt und einem im weitesten Sinne vorangegangenen hergestellt: „Es ist also kein propositionaler oder abstrakt-anaphorischer Bezug, sondern ein indexikalischer, der von dem konversationellen hic-et-nunc der aktuellen (DOCH-Träger-) Äußerung ausgeht" (Franck 1980: 177). In diesem Sinne dient die MP als „Kontextualisierungsanweisung" (ibid.: 89) für den Rezipienten, indem diesem mit Hilfe der Partikel verdeutlicht wird, wie er die Situation zu interpretieren hat. Der pragmatisch-situative Kontext spielt also bei *doch* eine entscheidende Rolle, da *doch* - wie die meisten Partikeln - ein performatives Potential bzw. Gemeinsamkeiten mit Sprechakten hat, aus denen sich dann auch die für die Übersetzung relevanten Regeln der Partikelverwendung ergeben (Dahl 1987: 7). Dies ist umso mehr der Fall, als die Partikel sich durch ihre starke Kontextgebundenheit immer auf den ganzen Satz bzw. den ganzen betreffenden Sprechakt bezieht (Franck 1980: 176), daher wird *doch* auch bei Franck (ibid.: 177) als „Konversations-Konnektiv" bezeichnet. Die MP verknüpft Sprechakte miteinander und kann daher reaktiv oder auch initiativ, d.h. sprechaktsequenzeröffnend, angelegt sein. Durch die MP *doch* wird, aufgrund ihrer Gegensatzstruktur (cf. Beerbom 1992: 172), im allgemeinen irgendeine Form von Kritik ausgedrückt, andererseits kann mit *doch* in bestimmten Kontexten, in denen Höflichkeitsnormen und Angemessenheitsregeln gelten, auch einfach Überraschung bzw. Erstaunen gegenüber einer Tatsache, die im Widerspruch zur Welteinschätzung des Sprechers liegt, zum Ausdruck gebracht werden. In der einen oder anderen Form emphatisiert die modale Partikel einen Aspekt der Illokution. Nach der mittels der MP aufgebauten Interaktionsbeziehung unterscheidet demgemäß Lindner (1991: 190-191) zwei Großgruppen von Vorkommensvarianten, nämlich Assertion, Exklamation und Aufforderung, „where there is an interaction between the MP and a general condition for a solicitous utterance" versus Wunschsatz und Gedächtnisfrage, „[where] the MP interacts with other characteristic components of the illocution type" (ibid.).

Die MP ist in der Regel unbetont[7] und kann in Aussagesätzen und Aufforderungssätzen sowie in Ergänzungsfragen stehen, findet sich aber auch „in Sätzen, die der Intonation nach Entscheidungsfragen sind, aber die Wortstellung von Aussagesätzen haben (Zweitstellung des finiten Verbs)" (Helbig ²1990: 115). Weiters kann die MP *doch* in Exklamativsätzen und in Wunschsätzen stehen.

Nach dieser globalen Einteilung unterscheidet Helbig[8] (²1990: 111-117) sieben Varianten des modalen *doch* und gibt zu den jeweiligen Subklassen auch sehr signifikante Beispiele. Da diese Beispiele einerseits sehr klar die Charakteristik der einzelnen Subklassen veranschaulichen, andererseits jedoch auch wieder neue Fragen aufwerfen, möchten wir nun vorerst näher auf diese Beispielsätze und ihre Übersetzbarkeit ins Französische eingehen.

3.2 Besprechung der Beispielsätze aus dem *Lexikon deutscher Partikeln*

Das Hauptaugenmerk bei dieser Betrachtung der Beispielsätze aus Helbigs *Lexikon deutscher Partikeln* (²1990) soll primär auf dem semantischen Aspekt und den Korrespondenzen mit dem Französischen liegen, die wir zumindest ansatzweise zu geben versuchen; die Einteilung in Varianten soll vorerst nur eine sekundäre Rolle spielen.

Da der illokutive Wert und die semantische Komponente der Partikeln generell in sehr hohem Maße kontextgebunden sind, sich bei Helbig jedoch aus dem etwaigen Kontext losgelöste Einzelsätze als Beispiele finden, werden wir zu den jeweiligen Sätzen Minimalkontexte[9] angeben, um so Mehrdeutigkeiten bei unserer semantischen Interpretation möglichst auszuschließen.

---

[7] Zur genaueren Betrachtung der Komponente 'unbetont' cf. Beerbom (1992: 173). Wir möchten jedoch hinzufügen, daß es sehr wohl auch bei der MP Kontexte gibt, in denen auch die MP eine stärkere Betonung erfährt (siehe dazu die Analyse der Beispielsätze).
[8] Cf. dazu das *Lexikon deutscher Partikeln* (Helbig ²1990: 111-117), aber auch das lernerzentrierte Werk von Gerhard und Agnes Helbig *Deutsche Partikeln - richtig gebraucht* (1995: 40-49).
[9] Diese Vorgangsweise wählte schon Gabelentz im 19. Jahrhundert (1977). Cf. auch Gornik-Gerhardt (1981: 49): „Um die Bedeutung der MPn zu eruieren, mußten konstante Kontext- und Situationseigenschaften ermittelt werden." Cf. weiters Franck (1980: 102): „Die Bedeutung der Äußerung im Kontext muß beschrieben werden durch die Zuordnung aller sich daraus ergebenden Interaktionsbedingungen."

A *doch* im Aussagesatz

Zunächst wenden wir uns nun dem *doch* im Aussagesatz zu. Im Aussagesatz unterscheidet Helbig zwei *doch*-Varianten. Das Unterscheidungskriterium liegt in der Funktion der MP. Wohingegen das *doch*$_1$ assertiven Charakter hat, zeichnet sich das *doch*$_2$ durch seinen reaktiven Charakter aus. Die Art der Interaktion zwischen den Kommunikationspartnern wird somit zum Kennzeichen für eine Funktionsvariante der modalen Partikel. Das *doch*$_1$ wird von Helbig folgendermaßen eingeführt: Es

„bestätigt eine Einstellung, drückt eine Verstärkung aus durch Erinnerung an Bekanntes, aber Vergangenes und in Vergessenheit Geratenes, das auf diese Weise vom Sprecher in das Bewußtsein des Hörers zurückgerufen werden soll. Mit *doch* wird an [sic] gemeinsame Wissensbasis appelliert, Sprecher [sic] will seine Einstellung auf Hörer [sic] übertragen und ihn illokutiv zur Zustimmung auffordern (dabei einen leichten Widerspruch ausräumen). *doch*$_1$ setzt Konsens voraus, thematisiert den schon bestehenden Konsens ausdrücklich und wirkt im Dialog konsens-konstitutiv." (Helbig [2]1990: 111)

Mit *doch* können also pragmatische Präsuppositionen im Sinne Stalnakers ausgelöst werden: „To presuppose a proposition in a pragmatic sense is to take its truth for granted, and to assume that the others involved in the context do the same" (R.C. Stalnaker, apud Gornik-Gerhardt 1981: 51). Franck (1980: 81) unterscheidet hier noch zwischen 'expliziten' und 'impliziten' Präsuppositionen, bei den ersteren wird explizit auf den Gegenstand der Präsupposition hingewiesen, bei den letzteren muß dies mit Bekanntem aus dem Kontext erschlossen werden.

Im Deutschen erwarten wir uns somit als Antwort auf ein solches *doch*$_1$ in irgendeiner Form die Zustimmung des Rezipienten, aus der die Akzeptanz des Gesagten hervorzugehen hat. Im *doch*$_1$ liegt jedoch auch ein leichter Vorwurf, der ebenso Gegenvorwurf bzw. auch Rechtfertigung zur Entkräftung eines vorausgegangenen Vorwurfs sein kann. Als Rechtfertigungen mit *doch* fungieren in der Regel Aussagen, „die durch ihre Form den Status genereller Sätze beanspruchen und damit zugleich den Anspruch auf Zustimmung erheben" (Settekorn 1977: 401).

Ebenso liegt im *doch*$_1$ eine Betonung eines gemeinsamen (allgemeingültigen) Wissens. Ein erstes Beispiel dazu lautet bei Helbig ([2]1990: 111):

Diesen Plan haben wir *doch* neúlich schon besprochen. (Das mußt du zugeben.)[10]

---

[10] Wo nötig, markieren wir in der Folge den Satzakzent in den deutschen Beispielsätzen.

Wie wir gleich sehen werden, kann in diesem Satz das modale *doch* verschieden interpretiert[11] werden bzw. auch mehrere Schattierungen von Modalität tragen. Es geht also darum, die d o m i n a n t e modale Nuance (im Kontext) zu suchen. Als Kontext könnte man sich dazu vorstellen, daß zwei Personen, die an einem Projekt arbeiten, sich zum wiederholten Male zu einer Besprechung treffen. Der eine Kommunikationsteilnehmer fängt von dem bewußten Plan zu sprechen an, der andere macht ihn jedoch darauf aufmerksam, daß dieser Plan schon besprochen wurde. In diesem Fall würde es sich um ein Erinnern an bekannte Sachverhalte handeln.

Im Französischen könnte die Übersetzung dazu beispielsweise lauten:

> *Mais* nous avons/on a déjà discuté de ce projet, *n'est-ce-pas?*

In der Übertragung ins Französische wird die modale Nuance durch ein explizit adversatives *mais* in Kombination mit einem Zustimmung heischenden *n'est-ce-pas* ausgedrückt, das auch dementsprechend betont werden muß und mit der Paraphrase *Das solltest du doch wissen* umschrieben werden könnte. Die dominierende Nuance ist somit die des 'ungeduldigen Erinnerns'. Auffallend ist der Wandel der Satzart vom Deklarativ- zum (rhetorischen) Interrogativsatz. Wo das Deutsche also mit der Lexik arbeitet, nützt das Französische die Möglichkeiten der Syntax stärker aus. Insofern wird die syntaktische Struktur zum Ausdrucksmittel für inhaltliche Elemente der Sprechereinstellung. Die Form steht also für die Modalität der Aussage. Die Nuance der Ungeduld wird durch Betonung (auf *discuté*) vermittelt. Der pragmatische Konnektor *mais* dient dazu, das Oppositionsverhältnis zwischen der Sprecher- und der Hörersichtweise der Sachverhalte zu markieren, die Umkehrung zur Interrogativform[12] fungiert als „inverseur argumentatif" (Anscombre / Ducrot [2]1988: 121), d.h. die Frage dient dem Sprecher dazu, die gegenteilige Assertion ins Spiel zu bringen, wobei jedoch die Umkehrung zur Frage in der Argumentation stärker wirkt als die Negation[13].

---

[11] Anhand dieser Beispiele läßt sich generell recht gut aufzeigen, daß auch für den deutschen Muttersprachler der Versuch einer Übertragung in die Fremdsprache sehr viel Aufschluß über das pragmatische Funktionieren der MPn geben kann. Die einzelnen Übersetzungsvarianten erleichtern nämlich das Aufzeigen unterschiedlicher Funktionsvarianten im Deutschen und machen die Graduierung an Adversativität, die - wie wir noch sehen werden - das modale *doch* im Deutschen auszeichnet, transparent. Wenn es also bei E. Canetti (apud Stöhr 1978: 326) heißt: „Am Übersetzen ist *nur* interessant, was verloren geht; um dieses zu finden, sollte man manchmal übersetzen", so kann dies - zwar mit Einschränkung, was das *nur* anbelangt - auch in bezug auf Modalität seine Anwendung finden.

[12] Anscombre und Ducrot ([2]1988: 127) sprechen sogar generell von „côté argumentatif intrisèque de la question".

[13] Die Argumentation in Verbindung mit den Gesetzen der Rhetorik stellt generell einen interessanten Ansatz im Zusammenhang mit dem Gebrauch von MPn dar, den wir hier jedoch

Genauso wäre es aber auch möglich, daß sich der erste Sprecher nicht mehr ganz sicher ist, ob der Plan schon diskutiert wurde und er seine Unsicherheit mit der Partikel zum Ausdruck bringen möchte. Dazu müßte man nur die Betonung auf das Verb legen und so dem Satz implizit fragenden Charakter verleihen[14]:

    Diesen Plan haben wir *doch* neulich schon bespróchen.

In diesem Falle fungiert das *doch* primär als Instrument zur Vergewisserung und Aufforderung an den Gesprächspartner, das Gesagte zu bestätigen: „In Konstativsätzen, mit Frage-Intonation gesprochen, stellt der Sprecher eine VERGEWISSERUNGSFRAGE" (Dahl 1987: 75). Die positive assertive Formulierung mit Fragecharakter läßt die Nuance der Unsicherheit hervortreten (Moeschler 1980: 60). Die Nuance der Ungeduld oder leichten Rüge ist hier nicht vorhanden. Im Französischen würden wir in diesem Falle eine Frage setzen. In diesem Fall ändert sich im Französischen die Betonung, der Akzent liegt nunmehr mit steigender Intonation auf der stilistischen 'Quasi-Litotes'[15] (*pas*), die hier verstärkt als rhetorisches Mittel zusätzlich zur Partikel Unsicherheit zum Ausdruck bringen kann:

    On *n'a pas* déjà discuté de ce projet?

In dieser Variante finden wir wiederum einen Wandel der Satzart, der deutsche Aussagesatz wird im Französischen zum Fragesatz, der wiederum Bestätigung verlangt. Zusätzlich wird hier der Satz jedoch noch negiert. Die Verneinung ist ein typisches Ausdrucksmittel für Äußerungen von Unsicherheit, da die Negation als sprachliche Korrespondenz für die Illokution fungiert, wobei jedoch die positive Formulierung als assertiver Akt, die negative jedoch nur als expressiver Akt angesehen wird (cf. Anscombre / Ducrot [2]1988: 133): „[...] l'expression d'une incertitude relativement à une proposition quelconque est vue comme allant dans la même direction argumentative que la négation de cette proposition" (ibid.: 132).

    Etwas literarischer formuliert, ist auch die folgende Übertragung möglich, die im Französischen den Satz zur klaren Entscheidungsfrage macht:

    (*Mais*) N'avons-nous *pas* déjà discuté de ce projet?

---

leider nicht näher verfolgen können. Wir möchten dazu jedoch auf Eggs (1979) verweisen, der Partikeln und mit ihnen zusammenhängende Fragestellungen im Hinblick auf die antike Rhetorik untersucht.

[14] Nach der Klassifizierung von Helbig würde dies das *doch*$_5$ ergeben (cf. Helbig [2]1990: 115), wir meinen jedoch, daß auch im *doch*$_1$ diese Komponente der Unsicherheit liegen kann, wodurch sozusagen eine 'indirekte Ergänzungsfrage' entsteht.

[15] Darunter verstehen wir das Einsetzen der Verneinung als rhetorisches Stilmittel, das die intensivierende Wirkung einer Litotes zu erzielen vermag.

Wir sehen also, daß für die deutsche Partikel durchaus eine syntaktische Korrespondenz in der Fremdsprache stehen kann. Der Aussagesatz mit modalem *doch* der Unsicherheit wird zur expliziten Frage im Französischen[16]. Wo also im Deutschen lexikalischer Ausdruck von Modalität vorliegt, findet dieser Ausdruck der Modalität im Französischen seine Entsprechung in der Syntax bzw. im Wandel der Satzart und im Wechsel von der Affirmation zur Negation. Insofern besteht eine „Interrelation zwischen Syntax und Pragmatik" (Wotjak 1987: 130). Dabei spielt natürlich auch die Wortstellung eine große Rolle[17].

Das nächste Beispiel hingegen drückt zwar keinen Vorwurf aus, bringt aber in sehr hohem Maße Unsicherheit zum Ausdruck. Der Sprecher A glaubt, einen Ort wiederzuerkennen, ist sich dessen aber nicht ganz sicher und wendet sich daher mit der indirekten und daher im Deutschen durch eine Partikel ausgedrückten Bitte um Bestätigung an seinen Begleiter:

Hier sind wir *doch* schon einmal gewesen. (Nicht wahr?)

Im Französischen stehen uns nun verschiedene Möglichkeiten zur Verfügung, diese Unsicherheit in Verbindung mit der impliziten Aufforderung zur Rückversicherung zum Ausdruck zu bringen. Zum einen ist dies durch eine Paraphrase[18] möglich:

Il me semble qu'on est déjà venu ici.

Zum anderen kann dies zusätzlich durch eine Interjektion (1), die Erstaunen zum Ausdruck bringt (*tiens!*), oder wiederum durch adversativisches *mais* (2), das hier aber ebenfalls als Ausdruck des Staunens im Sinne von *Aber das hätte ich mir nicht erwartet!* zu verstehen ist, verdeutlicht werden. Auch die Kombination mehrerer Elemente ist hier möglich (3). Will der französische Sprecher die Komponente der Unsicherheit besonders betonen, so wechselt er zum *conditionnel I*, was eine sehr literarische Variante ergibt (4):

(1) (*Tiens*), on n'est pas déjà venu là?

(2) (*Mais,*) on n'est pas déjà venu là?

(3) *Mais tiens*, on n'est pas déjà venu là?

---

[16] Wir wissen sehr wohl, daß es bei Helbig eine eigene Variante für *doch* in Fragen nach verloren gegangenem Wissen gibt, welche sich jedoch auf Ergänzungsfragen bezieht. Hier handelt es sich jedoch um eine reine Entscheidungsfrage.

[17] Eingehende Betrachtungen zur Wortstellung von MPn finden sich bei Doherty (1985) und Hentschel (1986).

[18] Die Paraphrasierbarkeit ist eines der typischen Charakteristika von MPn und daher auch für deren Übertragung in die Fremdsprache als 'pragmatische Paraphrase' von tragender Bedeutung. Cf. dazu auch Albrecht (1977).

(4)   *Tiens*, est-ce-que je ne *serais* pas déjà venu là?

Auffallend bei diesen Sätzen ist einerseits, daß im Französischen wiederum explizit die Interrogativform gewählt wird und andererseits, daß erneut auf die Verneinung als rhetorisches Mittel zurückgegriffen wird.
Auch in einer etwas gewählteren Ausdrucksweise wird die im Deutschen implizite Frage *Nicht wahr?* im Französischen wiederum explizit:

*N'*étions nous *pas* déjà une fois ici?

Dieselbe Komponente scheint auf, wenn sich beispielsweise zwei Arbeitskollegen über den Fortschritt ihrer Projektarbeit unterhalten und der eine etwas unsicher feststellt:

Das letzte Mal sind wir *doch* nicht ganz fértig geworden.

On n'a pas réussi à terminer la dernière fois, *non?*

In diesem Fall ändert sich im Französischen die Satzart, und es kommt zu einer markierenden Wortstellung. Ebenso könnte hier aber auch bei intensiverer Betonung des *doch* die adversative Komponente verstärkt werden. Hier ist natürlich der Übergang zum adverbialen *doch*, das sich durch intensive Betonung auszeichnet, fließend. Die Übersetzung kann bei der Abgrenzung zwischen Adverb und MP allerdings Hilfestellung bieten, da man davon ausgehen kann, daß man von großem Variantenreichtum an Übertragungsmöglichkeiten in die Zielsprache auf eine Verwendung als Partikel, jedoch von der eindeutigen Übersetzbarkeit auf adverbiellen Gebrauch schließen kann. Wir möchten jedoch darauf hinweisen, daß es innerhalb des modalen *doch* eben hierarchisch gegliederte, unterschiedlich starke Grade von Adversativität gibt, die aus dem Kontext erschließbar sind. Daher spielt auch die Art der Betonung in diesem Zusammenhang eine große Rolle. Unseres Erachtens ist deswegen die einfache Unterscheidung in 'betont entspricht dem Adverb' und 'unbetont entspricht der MP' zu generalisierend. Man macht es sich hier gar etwas einfach und tut den feinen Nuancierungsschattierungen des Deutschen Abbruch. Im Französischen kann dieses etwas stärkere *doch*, das dann eine Zurückweisung verdeutlicht, durch Adverbialformen ausgedrückt werden:

Das letzte Mal sind wir *dóch* nicht ganz fertig geworden.

La dernière fois, nous n'avons *quand même* pas terminé.

Im letzten Beispiel gewährleistet also die Betonung die unterschiedliche Interpretationsform. Bei der stärker adversativen Version liegt im Französischen die Betonung auf *quand même*, wohingegen sie bei der rückversichernden Version auf der Verneinung[19] liegt.

Das adverbielle *quand même* ist allgemein als argumentationseinleitendes Element bedeutend für argumentative Textstrukturen. Es signalisiert in der Regel eine Zurückweisung in der kommunikativen Interaktion und wird daher bei Moeschler (1980: 71) auch als „marqueur interactif de réfutation" bezeichnet. Zur gleichen Gruppe argumentativer *marqueurs* wie *quand même* zählen auch *mais* und *pourtant*. *Quand même* kann jedoch im Gegensatz zu den letztgenannten bisweilen auch gleichzeitig Einverständnis zum Ausdruck bringen[20]. Diese Adverbien dienen generell häufig als Entsprechungen für modales *doch*, da sie im Französischen kontrastive argumentative Marker darstellen, also auf illokutiv-interaktiver Ebene dieselbe Leistung erbringen wie die MP *doch* im Deutschen, nämlich eine Gegensatzstruktur zum Ausdruck zu bringen. Gerade bei *quand même* muß jedoch auch zwischen kontrastiver und konzessiver Bedeutung unterschieden werden[21]. Daher grenzt auch Spengler (1980: 134) „les contrastifs" gegen „les concessifs" ab:

„...les contrastifs en revanche explicitent le refus de la valeur argumentative de p tout en laissant implicite que p est bel et bien pertinent - que cette concession soit réelle ou feinte pour des raisons d'efficacité argumentative ne change rien en l'occurrence." (ibid.)

Stellt man nun das kontrastive *mais* dem kontrastiven *quand même* gegenüber, so werden auch hier leichte Unterschiede sichtbar. Während *quand même* auf einen Bruch in der Sprecherargumentation hindeutet, signalisiert argumentatives *mais* in der Regel „une homogénéité de l'opposition, une unité du mouvement qui la fonde" (Spengler 1980: 136). Es fungiert als ein echt argumentativer *marqueur*, welche Métrich wie folgt definiert: „Un véritable argumentatif est pour moi un mot dont la seule présence, dans un énoncé, fait de cet énoncé un argument pour une certaine conclusion, explicite ou implicite, déjà énoncée ou à venir" (Métrich 1993: 16).

Ebenso kann *doch* manifest zum Träger eines Widerspruches werden, also eine stark adversative Komponente enthalten. Nehmen wir an, Herr X kommt von der Arbeit nach Hause und teilt seiner Gattin mit, daß sie an diesem Abend zum Essen bei einem Arbeitskollegen eingeladen seien. Die wenig begeisterte Antwort seiner Frau könnte lauten:

---

[19] Außerdem wird hier die Verneinung noch besonders betont, indem sie durch eine *locution verbale* ausgedrückt wird.
[20] Wir möchten hierzu auf Moeschler und Spengler (1981: 93) verweisen, die feststellen, daß *quand même* in einer „zone intermédiaire entre l'approbation [...] et la réfutation" liegt.
[21] Zu *quand même* in der Zurückweisung und in der Konzession möchten wir erneut v.a. auf Moeschler und Spengler (1981) verweisen, die das Adverb als interaktiven argumentativen *marqueur* im Französischen untersuchen.

Wir wollten *doch* heute abend ins Theáter gehen. (Wir hatten das verabredet.)

In dieser Replik steckt sowohl eine adversative Komponente des Widerspruchs (Zurückweisung) wie auch das leicht vorwurfsvolle Erinnern an Sachverhalte, die eigentlich beiden Kommunikationsteilnehmern bekannt sein müßten, dem einen aber offensichtlich entfallen sind:

(1)   *Mais* on voulait aller au théâtre, *non?*

(2)   *Pourtant* on voulait aller au théâtre*!*

(3)   *Ne* voulions nous *pas* aller au théâtre ce soir*?*

Will man die adversative Komponente und den leichten Vorwurf, der in der deutschen Aussage steckt, hervorheben, so kann dies im Französischen durch Voranstellung eines adversativen *mais* (1) oder *pourtant* (2) geschehen. Die Interpretierbarkeit des deutschen Satzes zeigt sich hier gut anhand der verschiedenen Übertragungsmöglichkeiten ins Französische. Will der Übersetzer die adversative Komponente etwas abschwächen, setzt er ein rhetorisches, Unsicherheit markierendes *non?* ans Satzende und schließt als Fragesatz (1). Will er jedoch die Komponente der Verärgerung bzw. Kritik betonen, entsteht ein Exklamativsatz (2). Die literarisch und somit stilistisch auf einer höheren Ebene angelegte Version (3) trägt dann die schwächste adversative Komponente, indem ein negierter Interrogativsatz als rhetorische Frage entsteht. Somit ist auch hier im Französischen der Wechsel vom Aussage- zum Frage- bzw. Exklamativsatz möglich.

Ein weiteres Beispiel lautet bei Helbig:

Er ist *doch* ein sehr erfáhrener Chirurg.

Hier kann die adversative Komponente deutlich zum Tragen kommen, dies muß aber nicht unbedingt der Fall sein. Der Satz kann dazu dienen, einen ängstlichen Patienten zu beruhigen, der sich in die Hände eben dieses Chirurgen begeben soll. Im Französischen würden wir dann etwa mit direkter Anrede an den Hörer als Bestätigung bzw. beruhigende Versicherung für denselben finden:

Écoute, c'est un chirurgien de toute confiance.

Dieser Satz könnte aber ebenso als Widerspruch auf Kritik an einem ansonsten erfolgreichen Chirurgen, dem ein Fehler unterlaufen ist, geäußert werden, also auch reaktiv-konnektierenden Charakter haben. In diesem Fall würden wir im Französischen ein klares, adversatives *mais*, eventuell in Verbindung mit *quand même* oder *pourtant* finden, wobei sich wieder - je nachdem, welches Element man zum Ausdruck der Modalität wählt - eine Graduierung in der Adversativität ergibt. Diese Graduierung kann jedoch im Französischen nicht willkürlich gewählt werden, sie geht wiederum von der Interpretation der illokutiven Kraft der Aussage aus. Akzeptiert der Sprecher zwar die Kritik seines Gesprächspartners, will sie aber durch einen allgemeinen Zusatz entkräften, d.h. spielt die modale Nuancierung argumentativ eine Rolle, so werden wir im Französischen *quand même* vor *pourtant* den Vorzug geben, da *quand même* auch etwas begründenden bzw. rechtfertigenden Charakter annehmen kann. Dies klingt auch schon bei Spengler (1980: 135) in etwas impliziter Form an, wenn sie schreibt: „*quand même* ajoute quelque chose de plus à la valeur argumentative, en particulier lorsque p n'est pas explicité". *Quand même* ist also in hohem Maße dazu geeignet, Implikaturen auszulösen: „L'effet de cet emploi de QM [*quand même*] revient à refuser implicitement le contenu préalablement asserté par l'interlocuteur, c.à.d. à réaliser un acte de réfutation mais sur le mode de l'implication et de l'atténuation" (Moeschler / Spengler 1981: 105).

(Mais) il est *quand même* un chirurgien très expérimenté.

Interpretieren wir aber unseren Beispielsatz dahingehend, daß der Sprecher die vorangegangene Aussage im Sinne von *Ich glaube nicht, was Sie mir da sagen wollen* in Frage stellen will, so wird das Gegenteil der Fall sein:

(Mais) il est *pourtant* un chirurgien très expérimenté.

Dieses Beispiel zeigt sehr deutlich, daß auch bei Angabe von Minimalkontexten je nach Interpretation unterschiedliche Abstraktionsgrade von Modalität in die Partikel gelegt werden können, die sich dann in der Übersetzung explizit niederschlagen, da hier, von den sprachlichen Möglichkeiten her gesehen, bisweilen weniger der Interpretationskraft des Rezipienten überlassen werden kann. Zudem ist für den Übersetzer der argumentative Gehalt der Partikel von Bedeutung. Der Partikelgebrauch dient dem Sprecher zur Gesprächssteuerung und kann sowohl explizites wie auch implizites[22] Argumentieren im Sinne indirekter Sprechakte zulassen. Daher ist beispielsweise auch bei Anscombre und Ducrot die Rede von der „force argumentative": „[...] le sens d'un énoncé comporte, comme partie intégrante, constitutive, cette forme d'influence que l'on appelle la force argumentative. Signifier, pour un énoncé, c'est orienter" (Anscombre / Ducrot [2]1988: 5).

Der nächste Beispielsatz Helbigs entspricht semantisch gesehen dem Satz in der Szene mit dem Theaterbesuch. Allerdings handelt es sich nun um einen expliziten Verweis auf Bekanntes oder Evidentes. Der Widerspruch findet sich

---

[22] Cf. dazu Anscombre und Ducrot ([2]1988: 7): „On parle généralement [...] pour exercer une influence: consoler, persuader, convaincre, faire agir, ennuyer ou embarrasser. Parmi ces différents modes d'influence, il s'en trouve que l'on peut réaliser sans pour autant faire savoir que l'on cherche à les exercer."

hier nicht auf logisch-semantischer Ebene, sondern „zwischen Handlungsvoraussetzungen, Bewertungen, Einschätzungen und Alltagswissen" (Dahl 1987: 72). Hier könnte Frau X nun ihren Mann auffordern, ein ruhiges Wochenende mit ihr zu verbringen und als Antwort erhalten:

> Du wéißt *doch*, daß ich ins Ausland fahren muß.

In diesem Fall stellt sich schon im Deutschen eine Interpretationsfrage, die auch durch den Minimalkontext nicht gelöst werden kann: Wird hier die Partikel *doch* zum Ausdruck von Bedauern im Sinne von *Es tut mir ja furchtbar leid, aber es geht leider nicht* gebraucht, oder aber eher zum Ausdruck von Ungeduld, vielleicht gepaart mit einer Andeutung von Aggressivität im Sinne von *Ich habe dir doch genau gesagt, daß ich nicht zu Hause bleiben kann, was willst du denn noch?* eingesetzt? Auffallend ist auch die Redundanz des direkten Hinweises auf bekanntes Wissen durch das Verb und durch die modale Partikel. Bei Beerbom ist in bezug auf solche Erscheinungen von „emotionaler Implikation" im Gegensatz zu „rationaler Explikation" die Rede (cf. Beerbom 1992: 43). Die Nuance des Bedauerns kann im Französischen mit intensivierendem *bien,* eventuell in Verbindung mit vorangestellter direkter Anrede *(écoute)* an den Gesprächspartner verdeutlicht werden:

> *Écoute*, tu sais *bien* que je dois partir à l'étranger.

Will der französische Sprecher Ungeduld zeigen, so fügt er ein leicht gereiztes argumentatives *mais* an:

> *Mais* tu sais *bien* que je dois partir à l'étranger.

Auch hier wird einerseits Vorwurf zum Ausdruck gebracht und andererseits an bekanntes Wissen erinnert.

Alle bis jetzt angeführten Beispiele fallen für Helbig unter die Subklasse des *doch*$_1$, das eine Einstellung bestätigt, an Bekanntes erinnert, an eine gemeinsame Wissensbasis appelliert oder aber zur Zustimmung auffordert und dabei indirekt einen Widerspruch ausräumt[23] (cf. Helbig [2]1990: 111). Wie sich jedoch anhand der Beispiele gezeigt hat, ist schon alleine diese Variante von *doch* um einiges differenzierter und subtiler angelegt, als eine solche Beschreibung vermuten läßt. Es ist richtig, daß *doch* in jedem Fall eine adversative Komponente enthält, es gibt jedoch unterschiedliche Grade von Adversativität, die mit *doch* ausgedrückt werden können. Dazu kommt, daß, obwohl allgemein davon ausgegangen wird, daß die modale Partikel *doch* unbetont ist und die Betonung somit keine besondere Rolle spielt, die Satzintonation doch distinktive Wirkung auf die semantische modale Nuance

---

[23] Wir sind jedoch nicht ganz Helbigs Meinung, daß im *doch*$_1$ die negative Komponente des Widerspruchs völlig fehlt, da dieser - wie die Beispielsätze zeigen - indirekt mit der Intonation geäußert werden kann.

haben kann. Wie wir gesehen haben, ist je nach Intonation (und natürlich nach Kontext) eine neue Interpretation möglich. Dazu kommt v.a. im Französischen als Charakteristikum der romanischen Sprache und des dementsprechenden Temperaments noch die Gestik, die oft in der mündlichen Rede Zweifel über die im *doch* enthaltene Nuancierung auszuräumen vermag. Es lassen sich außer den von uns angeführten sicherlich auch noch andere Interpretationen finden. Die semantische Deutung ist immer der Subjektivität unterworfen. Was jedoch für den Übersetzer von Bedeutung sein sollte, ist, daß je nach Abstraktionsgrad an Adversativität die modale Partikel *doch* in der Zielsprache einen Wechsel zu einer anderen Satzart oder einer anderen syntaktischen Aufgliederung der Äußerung zur Folge haben kann bzw. bestimmte Ausdrücke der Adversativität verlangt, die ebenfalls eine Graduierung nach inhaltlicher Intensität zeigen. So ist z.B. ein *mais* rigoroser und duldet weniger Widerspruch als ein von sich aus einräumendes *quand même*[24].

Weiters findet sich *doch* im Aussagesatz in kommentierenden Aussagen, die stark reaktiv auf Vorangegangenes Bezug nehmen, dazu einen Widerspruch herstellen und somit konversationskonnektierend wirken oder aber eine Zurückweisung beinhalten, womit oft begründende Funktion verbunden ist (cf. Helbig [2]1990: 112). Helbig faßt diese *doch*-Varianten als *doch*$_2$ zusammen: A und B arbeiten im selben Raum, das Fenster ist weit geöffnet:

A: Mach das Fenster zu!

B: Es ist *doch* wirklich wárm im Zimmer.

A': Ferme la fenêtre!

B': *Mais* il fait *trop* chaud ici*!*

Hier wird das reaktive *doch* wiederum mit sich adversativ auf die vorhergehende Äußerung beziehendem *mais* wiedergegeben, dieses wird jedoch noch durch ein Intensivum verstärkt, das dann auch das Ausrufezeichen am Satzende bedingt. Interessanterweise ist bei solchen Sätzen die Opposition (*mais*) nötig, da es sich hier um klare Argumentationen handelt, die argumentative Marker verlangen. Schon dieser Beispielsatz zeigt, wie wichtig bei der kontrastiven Betrachtung von Modalität die Einbeziehung der kommunikativen Funktionen dieser Aussagen ist. Daher bezeichnen wir die Konjunktion *mais* auch in unserer Untersuchung als 'argumentativen Marker'[25],

---

[24] Hier wird die notwendige Unterscheidung zwischen konzessivem und kontrastivem *quand même* deutlich. Siehe oben bzw. unseren Verweis auf Spengler (1980).
[25] Im Französischen würde man - um nur einige Bezeichnungen zu nennen - von „connecteurs pragmatiques" oder auch „connecteurs -" oder „opérateurs argumentatifs" sprechen (cf. Moeschler / Reboul 1994: 179).

da sie in der Regel Indikator für eine ganze implizit zu inferierende Argumentationskette[26] ist. Das Französische verfügt so über polyfunktionale Elemente (wie 'Partikeln', Wendungen etc.), die in argumentativem Kontext eine besondere Rolle übernehmen:

> „Textkonstituierend wirken sie [die französischen Partikeln und Wendungen] dort, insofern sie [...] die Einbettungsstellen ganzer Argumentationsstränge markieren sowie deren wechselseitigen Stellenwert charakterisieren." (Settekorn 1977: 391)

Dieser Stellenwert hängt jedoch von den die Aussage umgebenden pragmatischen Faktoren ab, insofern bedingt die Ebene der Pragmatik die Ebene der Semantik in einem Inklusionsverhältnis, da viele Phänomene im informativen Bereich erst durch Einbeziehung der entsprechenden Präsuppositionen entschlüsselt werden können. Was es für den Übersetzer zu entschlüsseln gilt, ist die Interdependenz semantischer Strukturen und pragmatischer Interpretationsvorgänge. Bei Anscombre und Ducrot (^{2}1988: 17) ist sogar die Rede davon, daß „l'input de la pragmatique ne serait rien d'autre que l'output de la sémantique".

In unserem Beispielsatz ist somit der unterschwellige Vorwurf *Nicht nur, daß es viel zu heiß ist, jetzt willst du auch noch das Fenster schließen* enthalten, mit dem implizit argumentiert wird.

Ebenso ist die Interrogativform möglich, mittels derer B seinem Gesprächspartner A die eigene Ansicht quasi 'unterjubelt', sodaß eine Suggestivfrage entsteht. Hier zeigt sich deutlich die argumentative Orientierung des Interrogativmodus im Französischen (cf. Anscombre / Ducrot ^{2}1988: 115), die auch für den Übersetzer von Bedeutung ist. Die Frage dient hier dem Sprecher bzw. dem Übersetzer dazu, die Berechtigung einer Assertion zu unterstreichen. Die negative Affirmation mit *ne crois tu pas* ähnelt also von ihrer Funktion her gesehen einer rhetorischen Frage, obwohl es sich nicht um eine solche im engeren Sinne handelt, sondern vielmehr die Interrogativform als höfliche, protektiv-initiative (cf. Franck 1980: 55) Ausdrucksform für einen direktiven Akt verwendet wird. In der Terminologie von Roulet (1980: 89) haben wir es hier mit einem „marqueur de dérivation illocutoire" zu tun, wobei auf interaktiver Ebene von der eigentlichen Illokution der Frage eine Aufforderung abgeleitet wird. Die Verwendung der Interrogativform für die Aufforderung kann als Mittel der Modifikation der Fortsetzungszüge dienen, wenn es darum geht, Konventionen in Höflichkeitskontexten zu wahren (cf. Franck 1979: 7):

Ne crois-tu pas qu'il fait trop chaud ici?

---

[26] Cf. zum Inferieren von Argumentationsketten die Definition des „acte d'**inférer**" bei Anscombre und Ducrot (^{2}1988: 10).

Tu ne crois/trouves pas qu'il fait trop chaud?

Hier enthält die Partikel eine höfliche Zurückweisung bzw. als konversationelle Implikatur im Sinne von Grice Kritik an der Aussage von A *Glaubst du denn nicht, daß…*, was natürlich in bestimmten, den Höflichkeitsnormen stärker unterworfenen Kontexten auch in eine modale Partikel gelegt werden kann. Im Französischen kann dies entweder explizit gemacht oder aber durch ein stärker adversatives *mais* ersetzt werden.

Diese höfliche Komponente kann jedoch nicht in alle diese *doch*-Sätze hineininterpretiert werden. Auch hier finden sich wiederum verschiedene Abstraktionsgrade der Adversativität (Zurückweisung, Kritik, Vorwurf…):
A fordert sein Buch zurück, B ist aber der Meinung, es schon zurückgegeben zu haben und erinnert A nun vorwurfsvoll daran -

A: Gib mir mein Buch zurück!

B: Ich habe es dir *doch* géstern schon zurückgegeben!

A': Rends-moi mon livre!

B': (*Mais*) je te l'ai déjà rendu hier!

Ebenso könnte der französische Sprecher in diesem Fall eine *mise en relief* einsetzen:

Mais c'était déjà hier *que* je te l'ai rendu!

Das *doch* kann jedoch noch viel stärker adversativ wirken, und zwar so stark, daß gar kein Widerspruch mehr möglich ist. Stellen wir uns vor, ein Erwachsener steht mit seinem Kind an einer Ampel. Das Kind will bei rot die Kreuzung überqueren, der Erwachsene weist es scharf zurecht. Auch hier kommt unser modales *doch* reaktiv-konnektierend zum Einsatz, jedoch in extrem rigider Form:

A: Wir müssen über die Straße gehen.

B: Jetzt nicht, die Ampel zeigt *doch* „rót".

A': Il faut traverser.

B': (*Mais*) Pas maintenant, *tu ne vois pas que* le feu est rouge, *non?* (oral)

Pas maintenant, ne vois-tu pas que le feu est rouge? (littéraire)

Im Französischen löst der extreme Vorwurf eine syntaktische Veränderung aus. Aus dem Aussagesatz wird ein Fragesatz. Dies gilt sowohl für die mündliche, umgangssprachliche Variante als auch für die etwas literarischer angelegte Variante.

In einer anderen Situation wird B mit Kritik von A konfrontiert, die B als unangebracht empfindet, da A ihm gegenüber einen Informationsvorsprung hat. Nehmen wir also an, daß Herr X, der überraschend Gäste eingeladen hat, nach Hause kommt und seine Frau kritisiert:

>A: Du hast aber wénig Fleisch gekauft.

>A': Mais tu n'as pas acheté beaucoup de viande.

Die überraschte und sich ungerecht kritisiert fühlende Gattin reagiert vorwurfsvoll und begründet ihren Vorwurf:

>B: Ich konnte *doch* nicht wíssen, daß wir Besuch bekommen.

>B': Je ne pouvais (*vraiment*) pas savoir qu'on a des invités ce soir*!*

In der *doch*-Äußerung liegt also eine Zurückweisung eines Vorwurfs, die gleichzeitig begründet wird. Hier vollzieht sich - wie im vorigen Beispiel - im Französischen entweder ein Wechsel der Satzart zum Exklamativsatz, oder aber ein intensivierendes Adverb wird eingesetzt, um die Zurückweisung der vorhergehenden Aussage zu verstärken. Auch im Deutschen könnte man es u.E. durchaus rechtfertigen, ein Rufezeichen zu setzen.

Wir beobachten generell, daß v.a. bei diesen reaktiv-konnektierenden *doch*-Sätzen der Übergang zwischen Deklarativ- und Exklamativsatz fließend ist und nicht nur in der Übersetzung, sondern schon im Deutschen nur schwer eine klare Abgrenzung getroffen werden kann[27]. Wir unterscheiden hier mit Engel (1991: 137) zwischen Satzart und kommunikativer Funktion. Die Charakteristik des Exklamativsatzes wird „bei einer bestimmten Semantik der Proposition deutlicher" (Dahl 1987: 73). Dies gilt im übrigen auch für den Imperativ, hier kann im besonderen der Deklarativsatz im Rahmen der kontextuellen Gegebenheiten dem Imperativmodus entsprechen, was wir auch noch anhand unserer Korpusbeispiele sehen werden. Franck (1980: 103) meint dazu:

>„Nun kann der Sachverhalt auch aus der Darstellung von aktuellen Interaktionsbedingungen bestehen [sic] und diese können mehr oder weniger zusammenfallen mit den Verhältnissen, die z.B. ein Imperativ schaffen kann. Daraus ergibt sich, daß mit einem Aussagesatz Ähnliches geleistet werden kann wie mit einem Imperativ."

---

[27] Cf. dazu Dahl (1987: 73): „Der Übergang von Konstativsätzen zur Realisierung von repräsentativen Sprechakten (bzw. von Sprechakten mit pragmatisch zu interpretierender Illokution) zu denjenigen Konstativsätzen, die mit exklamativer Intonation gesprochen werden und zur Realisierung expressiver Sprechakte verwendet werden können, ist sicherlich fließend". Dies gilt auch für das Französische. Cf. dazu Riegel et al. (^{2}1996: 401).

Die Form der Aussage stimmt also nicht unbedingt mit ihrer kommunikativen Bedeutung überein, letztere ist jedoch die ausschlaggebende Komponente: „Für den Sprecher ist die kommunikative Bedeutung von Wichtigkeit, denn er geht an den Satz von seiner Bedeutung zu seiner Form heran" (Krivonosov 1977a: 47). Insofern ist auch der Satzartwechsel beim Übertragen eines Sprechaktes von einer Sprache in die andere zuweilen logische Konsequenz einer unterschiedlichen pragmatischen Gewichtung des Trägersatzes im Ausgangstext. Wo die eine Sprache zur Explizierung den Exklamativmodus oder den Imperativmodus benötigt, um die emotionale Beteiligung des Sprechers zu verdeutlichen, können in der anderen Sprache diese pragmatischen Faktoren aus dem Kontext inferiert werden, ein zusätzliches Explizit-Machen wäre dann überflüssig und würde den Textfluß stören. Für die übersetzerische Tätigkeit heißt dies, daß sich der Translator auf solche Spielarten von Modalität einlassen muß und der Idiomatik im Textganzen die Genauigkeit beim Übertragen von Einzelsätzen quasi opfern muß. Wie unser Korpus noch zeigen wird, handeln die Übersetzer in der Regel nach dieser Prämisse. Der Wechsel der Satzart ist somit Ausdrucksmittel von Modalität.

Dies gilt auch für die beiden folgenden Beispielsätze: A kritisiert B massiv und macht mit der MP eindeutig Zurückweisung deutlich, die B akzeptieren muß. Im Französischen finden wir hier erneut ein nachgestelltes und somit markiertes *quand même* (1) oder aber einen Wechsel zum Futur im Negationssatz mit syntaktisch markiertem *comme ça* (2). Beide Sätze werden zum Exklamativsatz:

(1) Das können wir *doch* so nicht máchen.

   (Mais) On ne peut pas le faire comme ça, *quand même!*

(2) So kommen wir *doch* zu keiner Lösung.

   Comme ça on *n'arrivera* à rien!

Dem auch hier wieder auftretenden Problem der Abgrenzung zwischen Deklarativ- und Exklamativsatz tragen auch andere Autoren wie z.B. Beerbom (1992) Rechnung, die in ihrer kontrastiven Analyse keine explizite Trennung zwischen Deklarativ- und Exklamativsatz mehr vornimmt.

Zusammenfassend können wir also feststellen, daß schon im Aussagesatz verschiedene Abstraktionsgrade von Adversativität auftreten können, was sich letztendlich auch auf die Übertragung der modalen Nuance auswirkt. Diese kann, wie wir gesehen haben, in der Fremdsprache um einiges expliziter ausfallen als im Deutschen.

B *doch* im Aufforderungssatz

Doch wenden wir uns nun den Beispielsätzen zu, die bei Helbig als charakteristisch für das *doch* im Aufforderungssatz (*doch*₃) angeführt werden. Dieses *doch* ist, wie das *doch*₂ im Aussagesatz, ebenfalls reaktiv-konnektierend zur Vorgängeräußerung zu verstehen, kann aber sowohl Ausdruck von Ungeduld, Ärger oder Vorwurf wie auch reiner Träger von Höflichkeitsnormen sein oder auch beruhigende Wirkung haben (cf. Helbig ²1990: 113).

In der Aufforderung bringt die MP Kritik bzw. den Ausdruck der Verärgerung oder Ungeduld in die Aussage ein. Gleichzeitig signalisiert sie auch, daß der Sprecher beim Hörer die Zustimmung zur Ausführung der Handlung voraussetzt oder ihm diese zumindest suggeriert, *doch* markiert also, daß „der Hörer das Naheliegende von p in der Situation nachvollziehen kann" (Gornik-Gerhardt 1981: 110). Im Französischen wird dies in der Regel mit emphatischem *donc* wiedergegeben, das mit adversativem *mais* verstärkt wird. Nehmen wir also an, eine Mutter ruft ihr Kind zum wiederholten Male zum Essen und will gleichzeitig mit der Aufforderung ihre Verärgerung über das unfolgsame Verhalten ihres Kindes zum Ausdruck bringen:

Komm *doch* éndlich zum Éssen!

Mais viens *donc* enfin manger!

Auffallend ist hier wiederum, daß im Französischen das adversative *mais* als Ausdruck der Opposition und somit als argumentativer Marker nötig ist, was im Deutschen - wenn überhaupt - nur implizit im Kontext Ausdruck findet.

Dies gilt auch für das folgende Beispiel. Hier enthält die Aufforderung eine Negation und fordert somit die Unterlassung einer Handlung (cf. Franck 1980: 188). Stellen wir uns erneut eine Familienszene vor: Die Eltern versuchen, sich zu unterhalten, während das Kind spielt und dabei immer wieder vor Begeisterung schreit. In diesem Fall könnte es wie folgt getadelt werden:

Schréi *doch* nicht immer so!

Ne crie *donc* pas toujours comme ça!

Genauso wäre dieser Satz aber auch in einem Streit zwischen zwei erwachsenen Personen denkbar, A verbittet sich gegenüber B unangemessenes Verhalten und äußert somit Kritik und Vorwurf wie auch Zurückweisung gegenüber B. Hier kommt zum Tadel und der Verärgerung noch der Verweis auf den Bruch von Höflichkeitsnormen hinzu. Da es sich hier wiederum in stärkerem Maße um eine indirekte Argumentation im Sinne von *Du weißt doch ganz genau, daß es unhöflich ist, sich so zu verhalten, wie kommst du also dazu, hier so zu schreien?* handelt, findet sich im Französischen wieder das argumentative *mais*.

Mais ne crie *donc* pas toujours comme ça!

Außerdem sind diese Aufforderungen stark handlungsbezogen, sie fordern entweder den Beginn einer Handlung oder die Unterlassung einer Handlung, wegen der die betreffende Person gleichzeitig getadelt wird. Im folgenden Beispiel könnten wir uns als Kontext ein Gespräch zwischen zwei Personen vorstellen, die sich sehr gut kennen, die eine hat Probleme, die momentan nicht lösbar sind und jammert der anderen schon seit längerer Zeit etwas vor, ohne konstruktiv an die Problemlösung zu denken. Dadurch zieht sie sich Bs Tadel und Ungeduld zu:

Hör *doch* (endlich) áuf mit dem Klagen!

Mais arrête *donc* (enfin) tes jérémiades!

Auch hier findet sich wieder eine indirekte Argumentationskette im Sinne von *Du weißt ganz genau, daß Jammern nichts hilft, außerdem strapazierst du damit meine Geduld...*, womit B eine Unterlassung fordert.

Fällt die Komponente der Ungeduld weg und tritt an ihre Stelle die des Trostes und der Beruhigung, so haben wir es mit beschwichtigendem *doch* in der Aufforderung ohne Negation zu tun. Dieses *doch* dient in der Regel neben der Aufforderung auch als „implizites Mittel für Zustandsannahmen" (Dahl 1987: 30) und deren Bewertung. Im folgenden Beispiel will B Trost spenden und bringt auch sein Mitleid mit A zum Ausdruck:

Sei *doch* nicht so tráurig!

Ne sois *donc* pas si triste!

Sois *donc* pas si triste! (oral)

Oder aber es handelt sich um Aufforderungen im Sinne von wohlmeinenden Ratschlägen. Durch die MP wird hier aus der Forderung ein Vorschlag, sie wirkt, wie das folgende Beispiel zeigt, illokutionsmildernd:

Spréchen Sie *doch* mal mit dem Arzt!

Parlez *donc* avec le médecin!

Parlez-en *donc* voir au médecin!

Auch wenn wir uns einen Kontext wie beispielsweise ein Arzt-Patienten-Gespräch vorstellen, bei dem der Arzt seinem Patienten zwar keine Vorschreibung machen will, sondern eine Empfehlung abgeben möchte, ist dies der Fall:

Treiben Sie *doch* ein bißchen Spórt!

Mais faites *donc* un peu de sport!

Hier entspricht im Französischen in der Regel *donc* unserer modalen Partikel, das fallweise in Kombination mit argumentativem *mais* auftreten kann und attenuierende Wirkung hat.

Dies ist auch der Fall, wenn es sich um die Höflichkeitsvariante[28] des *doch* handelt. In diesem Zusammenhang ist *doch* nicht Ausdruck einer persönlichen Sprechereinstellung, sondern wird zum Träger der mit der sozialen Interaktion verbundenen und somit zu erfüllenden Höflichkeitsnormen und -konventionen. Franck (1980: 190) spricht in diesem Zusammenhang von der „Wahrung und Respektierung der Würde und Selbstachtung des anderen" sowie der „Berücksichtigung der sozialen Position und Rolle des anderen". Weiters heißt es in bezug auf die Bedeutung der Interaktionskonstellationen und ihres Zusammenspiels mit sprachlichen Elementen in der konkreten Kommunikation sehr treffend bei Franck (ibid.: 107):

„Man benötigt nicht nur eine explizite Semantik der Illokution [sic] sondern eine empirisch fundierte Interaktionstheorie, um deutlich machen zu können, welche Dependenzbeziehungen zwischen sprachlichen Optionen und der Relevanz kontextueller Informationen bestehen."

Eine imperativische Aufforderung kann somit zur Erlaubnis werden - wie z.B. in der Aussage

Sétzen Sie sich *doch*, (bitte)!

Mais prenez place, *je vous en prie*!

- oder aber einen Versuch darstellen, höflichkeitsbedingtes Zögern des Angesprochenen zu vermeiden oder auszuräumen. Ein Sprechakt wird hier also indirekt oder implizit ausgedrückt. Die Aufforderung wird somit abgeschwächt, was einem in unserem Kulturkreis ritualisierten Prinzip der Höflichkeit und Umgangsformen in der sozialen Interaktion entspricht[29] und sich in der Übersetzung - wie auch im Deutschen - im Rekurs auf konventionalisierte, kontextgebundene Floskeln äußert, die für eine gewisse kommunikative Funktion stehen und sich aber auch als situationsdefinierend für die Gesprächsteilnehmer erweisen. Je konventionalisierter der situative Rahmen ist, desto weniger Relevanz kommt dann auch dem konkreten Kontext im Einzelfall zu.

---

[28] Cf. dazu Franck (1980: 190-191).
[29] Franck (1980: 122) spricht auch von „Interaktionsnormen". Zum Konzept der Höflichkeit verweisen wir auf Franck (ibid.: 157-165).

In unserem nächsten Beispiel können wir uns ein Kaffeekränzchen vorstellen, bei dem der Gastgeber wie auch die Gäste bestimmte Rollen mit damit verbundenen Konventionen wahren müssen. Der Gastgeber geht aufgrund der sozialen Normen, die seine Gäste vielleicht daran hindern würden, ihre Wünsche zu äußern, initiativ zur Aufforderung über und bietet (nochmals) Kuchen an:

    Nehmen Sie *doch* noch ein Stück Kúchen!

    Mais prenez *donc* encore une part/un morceau!

Auch hier handelt es sich im eigentlichen wieder um eine ganze Argumentationskette im Sinne von *Ich weiß, daß es die Höflichkeit verbietet, daß Sie sich selbst einfach bedienen, aber ich biete Ihnen gerne noch ein Stück an...*, wodurch sich wiederum im Französischen unser *mais* erklären läßt.

    Anders liegt der Fall im nächsten Beispiel. Hier spielt zwar auch die Höflichkeit noch eine Rolle, primäres Ziel des Sprechers ist es aber, Bedenken seines Gegenübers auszuräumen und ihn zum Handeln zu ermutigen. Stellen wir uns also vor, A würde zwar gerne Leipzig besuchen, fürchtet aber, seine potentiellen Gastgeber zu belästigen oder unerwünscht zu sein. B weiß das nunmehr und versucht so, ohne daß A unbedingt seine Einwände explizit vorbringen muß, dessen Bedenken zu zerstreuen und dessen Argumente zu entkräften. Typisch für das Deutsche ist hier das Auftreten der Partikel in der Kette, meist in Kombination mit *mal* oder *ruhig* oder beidem. Helbig (^{2}1990: 113) spricht in diesem Zusammenhang davon, daß *doch* eher „beiläufig" wirkt. Im Französischen wird dies expliziter periphrastisch ausgedrückt, da hier die modale Nuancierung mittels einem partikelähnlichen Element nur schwer bzw. gar nicht möglich ist:

    Kómmen Sie *doch (ruhig) mal* nach Leipzig!

    Mais vous pouvez venir *sans problèmes* à Leipzig!

Allen diesen Varianten des *doch*[30] in der Aufforderung ist jedoch gemein, daß sie im Französischen ihre Entsprechung in *donc* finden. Dieses *donc* kann jedoch, je nach der deutschen Subvariante, unterschiedlich beschaffen sein, es kann sowohl emphatisch wie auch abschwächend verwendet werden. Insofern ist es in gewisser Weise polysem. *Donc* wird auch in der auf das Französische bezogenen Partikelliteratur[31] als „connecteur pragmatique" (Zenone 1981: 119) beschrieben, welcher in der Kommunikation als interaktiver Marker wirkt. Wie auch unsere Korpusbeispiele noch zeigen werden, ist *donc* für verschiedene Varianten des modalen *doch* die Entsprechung der Wahl, da es - wie auch das

---

[30] Wobei das letzte Beispiel, bei dem *doch* in der Partikelkette auftritt, eine Ausnahme bildet.
[31] Zu *donc* als pragmatischem *marqueur* siehe Zenone (1981).

deutsche *doch* - auf bekanntes Wissen verweisen kann, emphatisch in der Aufforderung Intensivierung verleiht und für die gesamte Kommunikation situationsdefinierend wirken kann. Die Korrespondenzen zum deutschen *doch* liegen also sehr stark auf pragmatischer Ebene, beide Partikeln bzw. Marker referieren auch auf außersprachliche Komponenten der Kommunikation, die als bekannt und vom Gesprächspartner akzeptiert oder als von ihm zu akzeptierende Größen vorausgesetzt werden:

> „Le locuteur tire la pertinence de son commentaire de la situation extralinguistique à laquelle il se réfère. [...] X est présenté par le locuteur comme quelque chose de manifeste et qui ne requiert pas d'être explicitement mentionné. [...] donc peut renvoyer non pas à un fait, mais à un savoir prétendument partagé par les interlocuteurs." (Zenone 1981: 120)

C *doch* im Exklamativsatz

Da das *doch* in der Aufforderung der Satzart nach schon zu den Exklamativsätzen gezählt werden muß, möchten wir hier in der Folge gleich die bei Helbig in dieser Kategorie aufgeführten Beispielsätze besprechen, bevor wir auf das *doch* im Interrogativsatz näher eingehen.

Im Ausrufesatz zeigt das modale *doch* „keinen eindeutigen Rekurs auf gemeinsame Wissensbasis [...], sondern eher eine spontane Reaktion auf eine unmittelbar vorausgegangene Beobachtung oder Erfahrung" (Helbig [2]1990: 116):

Ist das Wetter *doch* hérrlich!

*Qu'est-ce-qu'*il fait beau!

Das heißt, dieses *doch* findet v.a. dann Verwendung, wenn der Sprecher seine Begeisterung, sein Erstaunen, seine Entrüstung oder aber einfach Überraschung über eine Tatsache, die im Widerspruch zu seinen Erwartungen oder bisherigen Erfahrungen steht, ausdrücken möchte. Richtet sich der Ausruf an einen bestimmten Hörer, so erwartet der Sprecher im allgemeinen dessen Zustimmung, was aus dem pragmatischen Kontext zu erschließen sein muß. Hat der Ausruf aber eher Selbstzweck, was durch das Fehlen eines Rekurses auf Vorgängeräußerungen durchaus möglich ist, so erhalten wir eine Art Selbstgespräch-Variante mit *doch*. Franck (1980: 192) spricht auch von einer „monologischen *doch*-Variante".

Wie emotional geprägt diese Ausrufe sind, zeigt sich auch in der Übertragung in die Fremdsprache, die, wie im folgenden Beispielsatz, ohne begleitende Gestik nicht auskommt. Stellen wir uns also vor, Herr X kommt ganz begeistert von einem Fußballspiel nach Hause und kommentiert das Erlebte mit den Worten:

Was war das *doch* für ein Fußballspiel!

(Mon Dieu,) *Ça, c'était un match!* (avec geste)

Im Französischen finden wir hier eine starke *mise en relief* in Verbindung mit einer vorangestellten Interjektion (*Mon Dieu*), die die Emphase noch zusätzlich verdeutlicht.

Auch im folgenden Beispiel dient der *doch*-Ausruf zum Ausdruck von Begeisterung bzw. Überraschung. Als Minimalkontext können wir annehmen, daß im Familienkreis eine Unterhaltung über das jüngste Familienmitglied stattfindet und eine Tante oder ein Onkel begeistert die neuesten Lernfortschritte des Filius kommentiert:

Wie klúg er *doch* ist!

Qu'est-ce-qu'il est intelligent!

Das Französische arbeitet hier mit markierter Satzstellung, außerdem kommen hier Exklamativwendungen zum Einsatz, die schon in den stilistischen Bereich des *familier* fallen[32].

Eine etwas neutralere Variante stellt der folgende Beispielsatz dar. Herr Prof. X trifft nach Jahren zufällig auf der Straße eine ehemalige Studentin und wendet sich dann überrascht-erfreut an seinen Begleiter:

Das war *doch* unsere ehemalige Studéntin!

C'était *bien* notre étudiante d'antan/d'autrefois!

In diesem Fall ist die MP Ausdruck der spontanen Reaktion und freudigen Überraschung. Dieses Beispiel zeigt überdies, wie fließend auch hier wieder die Übergänge zwischen Exklamativ- und Deklarativsatz sind. Ohne das Rufezeichen hätten wir es mit einem bestätigungsheischenden Deklarativsatz zu tun, der auch etwas Unsicherheit beinhalten kann, was ihn wiederum in die Nähe des Fragesatzes rückt. Diese Polyfunktionalität spiegelt sich auch im Französischen wider, wo wir erneut auf das auch im Deklarativ- und Interrogativsatz gebräuchliche adverbielle *bien* stoßen.

Das *doch* im Exklamativsatz kann jedoch sowohl positive (siehe die Beispiele oben) wie auch negative Färbung tragen und auch vornehmlich Kritik zum Ausdruck bringen. Es hat also bewertende Funktion, wobei die Wertung implizit erfolgen und somit Implikaturen auslösen kann, oder auch - wie in den

---

[32] Cf. dazu Grévisse ([11]1986: 661), der das *qu'est ce que* im Exklamativsatz sogar als „très familier" bezeichnet.

folgenden Beispielen - explizit zum Ausdruck gebracht werden kann. Als klassische Beispiele für *doch* als Ausdruck der Empörung dürfen wohl die beiden folgenden *doch*-Sätze Helbigs gelten:

> Das ist *doch* eine bodenlose Fréchheit!
>
> *Ça, c'est vraiment* impertinent!
>
> Das ist *doch* die Höhe!
>
> *Ça, c'est vraiment* le comble!

Hier liegt zwar ein Bezug zu einem vorangegangenen Ereignis oder Eindruck vor, dieser wird aber nicht explizit genannt, es wird nur allgemein emotional-wertend dazu Stellung genommen. Der Hörer hat hier also selbst auf interpretativem Weg herauszufinden, worauf der Sprecher sich eigentlich bezieht. Im Französischen führt dies zum Einsatz einer syntaktisch stark markierten *mise en relief* (*Ça, c'est...*), die noch durch eine Adverbialform (*vraiment*) intensiviert wird.

In den beiden folgenden Beispielen hingegen geht der Sprecher explizit auf den Grund seiner Verärgerung ein und führt diesen auch an, um gewisse Verhaltensweisen seiner Umgebung zu kritisieren. Hier wird also viel genauer spezifiziert, bzw. die Kritik richtet sich gegen ein ganz spezifisches Handeln eines Mitmenschen. So könnte man beispielsweise bei einer offenen Podiumsdiskussion folgenden Ausruf des Unmuts vernehmen:

> Unterbricht er den Redner *doch* schon wieder!
>
> *Mon Dieu*, il interrompt de nouveau l'interlocuteur!

Im Französischen finden wir hier den zum Exklamativsatz umgestalteten Deklarativsatz (*il interrompt de nouveau l'interlocuteur*), der durch das vorangestellte, syntaktisch markierte *Mon Dieu* seine emotionale Kraft erhält.

Auch das nächste Beispiel zeigt eine solche Reaktion der Verärgerung bzw. Empörung, deren Träger die MP ist. A ärgert sich über B:

> Was bíst du *doch* für ein Faulpelz!
>
> *Combien/Qu'est-ce-que* tu es paresseux!

Im Französischen stehen dem Sprecher hier die Möglichkeit eines Ausrufes mit *combien*, das stilistisch als „recherché" (Grévisse [11]1986: 661) gilt, oder aber ein emphatischeres und emotional noch belasteteres *qu'est-ce-que* zur Verfügung, das den Ausdruck der Verärgerung durch die stilistische Markierung noch intensiviert.

Im nächsten Beispiel wird der *doch*-Satz zum Träger von Kritik gepaart mit als negativ gewerteter Überraschung. A entdeckt eine Eigenschaft an B, die er nicht vorausahnen konnte oder mit der er nicht gerechnet hat und empört sich im Sinne von *Das habe ich nicht geahnt* gegenüber B. Im Französischen finden wir hier wieder ein *mais* als argumentativen Marker, das auch die entsprechende Intonation verlangt.

> Du schnárchst *doch*!

> *Mais* tu ronfles!

Ebenfalls ein Ausdruck von Kritik, zu der in diesem Fall noch die Komponente der begründeten Zurückweisung[33] (im Sinne von *Du weißt genau, daß das kein deinem Alter entsprechendes Benehmen ist, also reiß' dich zusammen und korrigiere dein Verhalten...*) kommt, ist der folgende Satz, mittels dessen sich z.B. eine Mutter gegen ihr halbwüchsiges Kind verwehren könnte, das noch immer den Anspruch stellt, einem kleinen Kind entsprechend verwöhnt zu werden:

> Du bist *doch* kein Kínd mehr!

> *Mais* tu n'es plus un petit enfant, *quand même*!

Das Französische arbeitet hier mit vorangestelltem argumentativem *mais* und einem nachgestellten *quand même*, das die Empörung zum Ausdruck bringt und emphatisiert, aber auch mit *mais* zusammen eine Art 'modale Satzklammer' bildet.

D *doch* im Wunschsatz

Letztendlich bilden auch die *doch*-Wunschsätze eine Variante des *doch* im Exklamativsatz. Die MP wird hier zum Ausdruck eines dringenden Wunsches, der entweder „in der realen Sprechsituation nicht erfüllbar, nur in der Zukunft erfüllbar (dann mit Konjunktiv Präteritum) oder irreal und unerfüllbar (dann mit Konjunktiv Plusquamperfekt) ist" (Helbig [2]1990: 117), worin die Diskrepanz zwischen Wunsch und Realität liegt.

Durchaus im Bereich des Möglichen liegt der folgende Wunsch einer, wie wir annehmen wollen, Gruppe von Ausflüglern, die sich für den darauffolgenden Tag schönes Wetter wünschen:

> Wénn es *doch* morgen nicht regnen würde!

---

[33] Begründung und Zurückweisung lassen sich vom konversationsanalytischen Standpunkt aus als zusammenhängende Faktoren erklären (cf. Franck 1980: 55).

*Qu'*il ne *pleuve* pas demain!

Si seulement il ne pleuvait pas demain!

In Verbindung mit der Negation gilt der Wunsch dem Nicht-Eintreten eines bestimmten Sachverhaltes. Das Französische verlangt hier einleitendes *que* in Verbindung mit dem *subjonctif* im Optativsatz (cf. Grévisse [11]1986: 671). Generell ist einleitendes *si seulement* häufig Indikator für Wunschsätze im Französischen.

Ebenso liegt auch der folgende Wunsch einer um den schulischen Erfolg ihres Kindes besorgten Mutter im Bereich des Realisierbaren. Im Französischen kann mit einleitendem Optativ-*que* oder einer Verbindung aus *si seulement* und *pouvoir* gearbeitet werden. Die Übertragungsmöglichkeit mit *pouvoir* besteht jedoch nur für Wünsche, die erfüllbar sind:

Würde er die Prüfung *doch* gut bestehen!

*Qu'*il réussisse à l'examen!

Si seulement il *pouvait* réussir à l'examen!

Es gibt jedoch auch Wunschsätze, die, je nach Interpretation und Kontext, als realisierbar oder aber auch als nicht realisierbar aufgefaßt werden können. Das Ehepaar X möchte gerne in Urlaub fahren, das kann unter Umständen möglich sein, ebenso könnte es aber auch der Fall sein, daß unser Ehepaar X genau weiß, daß in absehbarer Zeit keine Urlaubsreise möglich ist.

Wenn wir *doch* bald in den Úrlaub fahren könnten!

Si seulement nous pouvions bientôt partir en vacances!

Handelt es sich jedoch um Wünsche, die nicht im Bereich des Erfüllbaren liegen, also irreal sind, so wechselt auch das Französische - gemäß den Regeln der Konditionalsätze - zum *si* mit Imperfekt. In der Regel schwingt in solchen Sätzen, im Gegensatz zu denjenigen Sätzen, die realisierbare Wünsche ausdrücken und die durchaus auch Hoffnung auf die mögliche Realisierbarkeit des Wunsches andeuten, Bedauern bis Resignation mit, wodurch auch eine gewisse vorwurfsvolle Haltung gegenüber der Person bzw. den Umständen gezeigt werden kann, auf die referiert wird. Der folgende Satz könnte beispielsweise von einem Bewährungshelfer geäußert werden, der genau weiß, daß sein Schützling nicht ehrlich zu sein vermag:

Wäre er *doch* ehrlich!

Si seulement il était honnête!

Liegen diese Wunschsätze eine Stufe weiter in der Vergangenheit zurück, so folgen sie im Französischen der Zeitenfolge. Unser Beispielsatz drückt Bedauern, vielleicht sogar etwas Resignation über einen nicht wieder gut zu machenden Fehler aus. Beispielsweise könnte sich Frau X darüber beklagen, daß ihr Mann, der nun ernsthaft erkrankt ist, nicht auf seinen Arzt gehört hat. In diesem Fall findet sich sogar Vorwurf im *doch*-Satz:

    Hätte er *doch* den Ratschlag des Arztes befolgt!

    Si seulement il avait suivi le conseil du médecin!

Ebenso könnte Frau X sich mit den folgenden Worten über ihren Mann beklagen, der zu früh wieder zur Arbeit gegangen ist, obwohl er nach seiner Krankheit noch das Bett hätte hüten müssen, und nun mit einem Rückfall zu kämpfen hat.

    Wäre er *doch* noch zu Háuse geblieben!

    Si seulement il était resté à la maison plus longtemps!

Die *doch*-Wunschsätze können somit sowohl positive Hoffnungen auf die Realisierung eines Wunsches zum Ausdruck bringen, als auch eine durch die Unmöglichkeit der Realisierung des Wunsches verursachte, negativ-bedauernde bis vorwurfsvolle Sprechereinstellung verdeutlichen. Beerbom (1994: 212) spricht in diesem Zusammenhang von „Ratschlägen des Sprechers für die Vergangenheit", einer Komponente, die natürlich auch in diesen irrealen Wunschsätzen implizit enthalten ist.

E   *doch* im Interrogativsatz

Die folgenden Beispielsätze Helbigs befassen sich mit dem *doch* im Interrogativsatz, das auch wiederum in verschiedenen Varianten auftreten kann. Zum einen tritt *doch* vielfach in Ergänzungsfragen auf, wo es ausdrückt, „daß mit der Frage an Bekanntes, aber Vergangenes und in Vergessenheit Geratenes erinnert wird, das der Sprecher vom Hörer erfahren will" (Helbig [2]1990: 114). Stellen wir uns also vor, zwei Bekannte, die sich länger nicht gesehen haben, treffen sich. A kann sich nicht mehr genau daran erinnern, wo B nun arbeitet und fragt nun nach etwas, „was er eigentlich zu wissen glaubt oder wissen müßte, dessen er sich aber im Augenblick nicht erinnert" (ibid.).

    Wó arbeitest du *doch*?

    Où est-ce-que tu travailles *déjà*?

Dasselbe gilt für die Frage nach dem Urlaubsziel von B:

Wóhin fahren Sie *doch* in Ihrem Urlaub?

Où est-ce-que vous allez *déjà* en vacances?

Ebenso kann nach Teilinhalten oder -sachverhalten gefragt werden, die dem Fragesteller entfallen sind. So könnte z.b. der Lehrer in der Schule seine Schüler fragen, wo man in der letzten Stunde in der Lektion aufgehört hat. Es ist zwar klar, daß die Lektion nicht fertig durchgearbeitet worden ist, aber bis wohin man gekommen ist, ist unserem Lehrer entfallen:

Wó waren wir *doch* stehengeblieben?

Où est-ce-qu'on s'est arrêté *déjà*?

Teilweise führt dieses modale *doch* im Französischen zu syntaktisch markierter Satzstellung bzw. Emphase mittels *mise en relief* durch Pronomina, wie z.b. im folgenden Beispielsatz, der ebenfalls aus einer belanglosen Konversation unter Bekannten stammen könnte:

Wíe heißt *doch* (gleich) Euer Hund?

Il s'appelle comment *déjà, votre chien*?

Comment *il* s'appelle *déjà, votre chien*?

Oder aber wir stellen uns erneut ein Arzt-Patienten-Gespräch vor, in dem der Arzt Daten aus der schon aufgenommenen Anamnese erfragen will. Hier kann über die Frage hinaus durch die modale Nuancierung besonderes Interesse am Gesprächspartner vermittelt werden, was sich im Französischen dann auch in der markierten emphatischen Syntax äußert:

Wánn haben Sie *doch* das letzte Mal eine Kolik gehabt?

C'était quand *déjà*, votre dernière colique?

Zum nächsten Beispiel könnte man sich vorstellen, daß A seinem Gegenüber B eine Begebenheit erzählt und B später nach einem Detail nachfragt:

Wíe war das *doch* gleich?

C'était comment *déjà*?

Ebenso könnte B aber auch - mit veränderter, etwas schärferer Intonation - die Wiederholung einer Äußerung As fordern. Stellen wir uns also noch einmal eine Szene im Klassenzimmer vor, der Lehrer hört undeutlich, daß hinter seinem Rücken über ihn gelästert wird und stellt nunmehr die oben erwähnte Frage. In diesem Falle würde im *doch* keine erinnernde, sondern eine ungeduldig-drohende Komponente mitschwingen im Sinne von *Trau dich nur, das noch einmal zu wiederholen...* Indirekt würde so eine Sanktion für ungehöriges Benehmen angedroht werden. Im Französischen kommt hier neben der Betonung auch der Satzklammer mit *c'était* und *déjà* wirkungsvolle Bedeutung zu. Diese Variante des *doch* findet also im allgemeinen ihre Entsprechung in *déjà*, kann jedoch in Einzelfällen auch über die Frage nach eigentlich Bekanntem hinaus drohende oder auch ironisierende Wirkung haben, was sich im kontrastiven Vergleich v.a. in der Syntax zeigt.

Eine weitere Variante des modalen *doch* im Interrogativsatz stellen die Intonations- oder Sekundärfragen (cf. Beerbom 1994: 191-192) dar, die - wie Helbig sie charakterisiert - Fragesätze darstellen, die „der Intonation nach Entscheidungsfragen sind, aber die Wortstellung von Aussagesätzen haben (Zweitstellung des finiten Verbs)" (Helbig [2]1990: 115) und in denen das modale *doch* unbetont bleibt. Somit macht einzig die steigende Intonation am Satzende diese Aussagen als Fragen kenntlich (cf. Beerbom 1992: 191). Diese Fragen sind Rückversicherungsfragen, der Sprecher stellt sie also mit einer bestimmten Antworterwartung. Diese Antwort wird mittels der Frage suggeriert bzw. schon vorweggenommen. Daher stehen diese Fragen auch in einem starken Näheverhältnis zu assertiven Aussagen: „ASSERTIVE QUESTIONS are derived from ASSERTIONS" (Lindner 1991: 188). Es handelt sich also um Suggestivfragen mit stark rhetorischem Charakter, die stark initiativ sind und eine manifeste Tendenz enthalten. Daher wird in der Literatur auch von „positiver Tendenz" (Franck 1980: 186) oder „Tendenzfragen" (Beerbom 1992: 191) gesprochen. Diese Fragen sind jedoch keine echten Informationsfragen, sondern stellen „in erster Linie bestätigungs- bzw. aufmerksamkeitsheischende Kontaktsignale" (Willkop 1988: 72) dar, die auf den Hörer initiativ wirken sollen.

Bei Helbig finden wir dazu nunmehr folgende Beispiele: Stellen wir uns vor, zwei Architekten müssen unter Zeitdruck ihre Pläne für ein Projekt fertigstellen und teilen sich die Arbeit auf. A geht also davon aus, daß B weiß, daß die Pläne am nächsten Tag fertiggestellt sein müssen, möchte sich jedoch noch einmal vergewissern, daß B die Pläne auch wirklich bis zum nächsten Tag fertigstellt:

Das scháffst du *doch* bis morgen?

Tu *vas y arriver* d'ici demain, *non*?

Diese Äußerung bringt zur Vergewisserung auch etwas Sorge von seiten As zum Ausdruck, daß B vielleicht doch nicht fertig werden könnte. Außerdem spielt bei diesem Beispiel auch die Höflichkeit eine Rolle. Da A nicht in der hierarchischen sozialen Position ist, B eine Order zu erteilen, ist er gezwungen, eine andere Form der Modalität zu wählen und formuliert somit seine Aufforderung zur Eile in diesem Fall als Frage.

Eindeutig um soziale Höflichkeitskonventionen handelt es sich beim nächsten Beispielsatz, den wir in Verbindung mit einer Variante des *doch* im Aufforderungssatz (*Nehmen Sie doch noch ein Stück Kuchen!*) sehen können. Auch hier können wir uns als Kontext eine Einladung vorstellen, bei der der Gastgeber ein Getränk anbieten möchte und seine Aufforderung in eine Frage mit bestimmter Modalität kleidet, um bei den Gästen etwaige Hemmungen, etwas anzunehmen, von vorne herein aus dem Weg zu räumen:

Sie trinken *doch* auch ein Glas Bier?

Vous boirez *bien* un verre de bière?

Vous boirez *aussi* un verre de bière?

Franck (1980: 186) spricht in diesem Zusammenhang von der „Höflichkeitsfunktion" der Präferenzkomponente:

„Aus höflicher Zurückhaltung könnten die Angesprochenen es u.U. nicht wagen, die Frage positiv zu beantworten, wenn sie als normale, antwortneutrale Frage formuliert wäre, weil die Angesprochenen (z.B. Gäste) dann das in Höflichkeitskontexten unerwünschte Risiko nehmen müßten [sic], daß der Sprecher (Gastgeber) nur für Ihre Interessen und gegen seine eigenen etwas tun [...] müßte. Mit dem AUCH und der Form der DOCH-Frage vermeidet der Sprecher diese möglichen Implikationen." (ibid.)

Im Französischen haben wir hier entweder die Möglichkeit, das modale *doch* mit adverbiellem *bien* wiederzugeben, oder aber mit besonderer Intonation mit *aussi* modale Färbung in den Satz zu bringen.

Handelt es sich um reine Versicherungsfragen, so liegt die prominente Komponente in der vom Sprecher erwarteten Bestätigung. Dies ist oft bei indirekten Bitten der Fall. Stellen wir uns also z.B. ein Lehrerehepaar vor, das sich in der Regel gegenseitig bei den jeweilig anfallenden Korrekturen behilflich ist. Es ist also Usus, den anderen zu unterstützen, soziale und situative[34] Gleichstellung liegt ebenfalls vor. A will sich nun versichern, daß B diesmal wieder hilft und fordert also manifest zum Handeln auf. Vielleicht liegt in dieser Aussage neben der rückversichernden Bitte aber auch ein gewisser Anspruch auf bestehende Rechte bzw. eine erinnernde Komponente:

Du hilfst mir *doch* bei den Korrekturen?

---

[34] Mit 'situativer Gleichstellung' möchten wir die Gleichstellung in der Situation bezeichnen. Es kann z.B. durchaus vorkommen, daß zwei Kommunikationspartner zwar sozial und hierarchisch gleichgestellt sind, dies jedoch situativ gesehen nicht der Fall ist, da sie gewisse Rollen zu erfüllen haben. Dies trifft z.B. in der Konstellation Gastgeber - Gast zu. Hier fällt dem Gastgeber der aktive und somit situativ 'höher gestellte' Part zu, während der Gast den Höflichkeitsnormen zufolge in der eher passiven, reaktiv 'untergeordneten' Lage ist.

Tu *vas m'aider* avec les corrections, *n'est-ce-pas*?

Im Französischen wird die rückversichernde Komponente durch ein nachgestelltes *n'est-ce-pas?*, also eine „postdeterminierende Fragepartikel" (Gülich 1970: 218) wie auch *non* eine darstellt, explizit gemacht, außerdem kommt es zum Wechsel vom Präsens zum *futur proche*. Bei Willkop (1988: 71) wird von „Gliederungspartikeln in Vergewisserungsfragen" gesprochen, die die Äußerung zur Frage machen. Die Anfügung der von Gülich (1970) als Gliederungssignale beschriebenen konventionalisierten Wendungen stellt insofern eine Entsprechung für die deutsche Partikel dar, als diese Handlungen bzw. Handlungssequenzen indizieren und auch beim Aufbau der Argumentationsstruktur des Sprechers eine Rolle spielen (Settekorn 1977: 394).

Auch im nächsten Beispiel klingen neben der Rückversicherung gewisse Ansprüche durch, die sich von selbst verstehen. Nehmen wir an, man tritt an den Obmann eines Vereins heran, die jährliche Hauptversammlung zu leiten, weiß aber ganz genau, daß diese Aufgabe zu seinen Pflichten gehört. In diesem Sinne wird die Frage implizit zur erinnernden Aufforderung, die den Mantel der Höflichkeit trägt.

Sie werden *doch* die Versammlung léiten?

Vous allez *bien* présider la réunion, *non*?

Ist man sich jedoch nicht sicher, ob der Obmann noch im Amt bleiben will und somit diese Aufgabe noch übernimmt, so spricht aus der Frage Unsicherheit, und der Fragecharakter verliert seine rhetorische Komponente und wird zur Tendenzfrage mit klarer Präferenz im Sinne von *Wir möchten, daß Sie diese Aufgabe noch einmal übernehmen*. Im Französischen würde man hier wahrscheinlich wieder mit *quand même* arbeiten, das den argumentativen Charakter der Aussage (*Wir kennen Ihre Bedenken, ABER wir möchten, daß Sie die Aufgabe übernehmen, ALSO treten wir mit dieser Bitte an Sie heran*) explizit macht:

Vous allez *quand même* présider la réunion, *non*?

Eine ebensolche Konstellation könnte man sich für das nächste Beispiel vorstellen. Auch hier könnte es sich um eine höfliche, begründete Aufforderung oder aber eher um eine Bitte mit Rückversicherung handeln:

Sie kommen *doch* mít zur Gerichtsverhandlung?

Vous m'accompagnerez *bien/quand même* aux débats judiciaires, *non*?

Solche Versicherungsfragen, die als Bitte oder aber auch mit implizit anordnendem Charakter gestellt werden können, finden sich auch in weniger 'offiziellem' Kontext. Bemühen wir wieder unser Ehepaar X, und stellen wir uns nunmehr vor, daß einer der beiden gerne möchte bzw. auch erwartet, daß sein Partner diesen Abend mit ihm gemeinsam zu Hause verbringt, also eine Bitte äußert, hinter der sich aber auch - aus der Perspektive des Sprechers gesehen - ein gewisser Anspruch verbirgt, aus dem sich die Präferenz des Sprechers ableiten läßt:

> Du bleibst *doch* zu Háuse?

> Tu restes *bien* à la maison, *non*?

Im Französischen finden wir hier als Marker der Versicherungsfrage ein adverbielles *bien*, will der französische Sprecher jedoch den impliziten Anspruch besonders betonen, so könnte er - da sich hier implizit wiederum eine ganze Argumentationskette verbirgt (*Du weißt genau, daß ich gerne möchte, daß du den Abend zu Hause verbringst, außerdem ist es nur recht und billig, daß du etwas Zeit mit deinem Partner verbringst...*) - ein argumentativ markiertes *mais* setzen.

> (*Mais*), tu restes *bien* à la maison, *non*?

Das nächste Beispiel stellt zwar auch wiederum eine Versicherungsfrage dar, trägt aber in keiner Weise Züge einer Bitte, sondern ist eher von einem Autoritätsverhältnis geprägt. Man könnte sich dazu vorstellen, daß eine Mutter diese Frage an ihr halbwüchsiges Kind stellt, um sich zu versichern, daß dieses auch getan hat, was man ihm aufgetragen hatte:

> Du hast *doch* die Wohnung richtig ábgeschlossen?

> Tu as *bien* fermé à clef, *non*?

Im Französischen ist die Versicherungsfrage wiederum durch adverbielles *bien* gekennzeichnet, darüber hinaus wird die Sprecherpräferenz mittels nachgestelltem *non*? (oder auch *n'est-ce-pas?*) angezeigt.

Wie wir gesehen haben, kann auch der Interrogativsatz mit *doch* gewissen Aufforderungscharakter zeigen. Wie die schon besprochenen *doch*-Varianten läßt sich auch das *doch* der Tendenzfrage je nach Kontext und pragmatisch-situativem Rahmen mit unterschiedlichen Nuancen einsetzen und zeigt eine gewisse Graduierung von der höflichen Bitte bis hin zur etwas autoritären Aufforderung.

3.3 Induktive Gliederung in Varianten

Nach der oben gegebenen Betrachtung und Analyse der Helbigs Partikellexikon (^{2}1990) entnommenen Beispielsätze, wobei wir versucht haben, anhand unserer Übersetzungsvarianten mögliche weitere Charakteristika der verschiedenen modalen Abtönungen aufzuzeigen, soll in der Folge eine erste induktive Gliederung zur deutschen MP *doch* erstellt werden, die etwas über die - nachstehend angeführte - Grobgliederung bei Helbig hinausgehen soll, um so dem Übersetzer Feinheiten und Nuancierungen im Ausgangstext leichter zugänglich zu machen.

Helbig gibt in seinem *Lexikon deutscher Partikeln* (^{2}1990) sieben Varianten des modalen *doch* an, die zusammenfassend wie folgt skizziert werden können[35]:

---

doch$_1$ im Aussagesatz: zur Bestätigung einer Einstellung, Erinnerung an Vergessenes, fordert zur Zustimmung auf und ist konsens-konstitutiv

doch$_2$ im Aussagesatz: mit reaktivem Bezug auf den vorangegangenen Sprechakt, zur Zurückweisung des Vorgängerzuges, oft begründende Funktion

doch$_3$ im Aufforderungssatz: reaktiv konnektierend zum Vorgängerzug, kann Dringlichkeit, Ungeduld, Ärger, Vorwurf oder eine höfliche Bitte zum Ausdruck bringen

doch$_4$ in Ergänzungsfragen: Frage nach eigentlich Bekanntem, aber Vergessenem

doch$_5$ in Intonationsfragen: zur Rückversicherung, Bestätigung, Vergewisserung

doch$_6$ in Ausrufesätzen: als spontane Reaktion zum Ausdruck des Erstaunens, der Überraschung oder Entrüstung

doch$_7$ in Wunschsätzen: zum Ausdruck eines dringenden Wunsches

---

Bei unserer Analyse von Helbigs Beispielsätzen haben wir jedoch eine unterschiedliche Graduierung an Adversativität festgestellt, auf die wir nun kurz näher eingehen möchten, bevor wir - wie angekündigt - unsere erste induktive Gliederung erstellen.

3.3.1 Adversative Graduierung: Modalität als Kaleidoskop

Wie wir gesehen haben, gibt es innerhalb der beschriebenen Funktionsvarianten der MP *doch* erhebliche Unterschiede in bezug auf die jeweilige modale Nuance, was besonders die Intensität an Adversativität betrifft, welche durch das modale *doch* vermittelt werden kann. Oftmals wird erst durch die Übersetzung oder den Übersetzungsvergleich deutlich, wie subtil die modalen Nuancen im Deutschen angelegt sind. Zwar zeichnet sich das modale *doch*

---

[35] Zur genaueren Beschreibung cf. Helbig (^{2}1990: 111-117).

generell durch seine adversative Verwendung aus, jedoch kann dies mit variabler Intensität geschehen, wodurch sich der modale Charakter der Gesamtaussage erheblich ändern kann. Daher erweist sich die von Helbig vorgelegte Einteilung in Funktionsvarianten als unzureichend für eine übersetzungsorientierte Betrachtung[36]. Was den Ausdruck von Adversativität anbelangt, so ergibt sich für die MP *doch* eine Graduierung an adversativer Intensität, die die Unterscheidung von schwach und stark adversativen Funktionsvarianten erlaubt. Je nach dem Grad der adversativen Graduierung können verschiedene Illokutionen zum Ausdruck gebracht werden, was dann wiederum in der Übersetzung unterschiedliche translatorische Strategien verlangt, wie auch die Entsprechungsmöglichkeiten je nach dem Grad an Adversativität auf verschiedenen sprachlichen und außersprachlichen Ebenen zu suchen sind. Dies wiederum verdeutlicht die Translationsrelevanz der adversativen Graduierung. Die Abstufungen innerhalb derselben können jedoch ihrem Wesen nach als fließend bezeichnet werden.

Fragt man sich nunmehr, wie es im Falle des modalen *doch* zu einer solchen Abschwächung von Adversativität kommt, so würde der folgende Ansatz eine Lösung bieten: Modales *doch* ist, wie auch unsere Korpusanalyse noch zeigen wird, oftmals nur sehr schwer vom Adverb oder auch von einer Konjunktion abzugrenzen[37], sodaß die Vermutung naheliegt, daß die modale Partikel aus eben den anderen Verwendungsweisen in die metakommunikative übergeführt wurde (cf. Hentschel 1986: 6). Dies wiederum erklärt die invariante Grundbedeutung, im Falle der MP *doch* deren Adversativität. Hentschel (1986: 28-29) geht davon aus, daß die ursprüngliche Verwendungsweise von *doch* eine adverbiale war und führt die Entstehung der adversativen Komponente auf die Betonung der Wahrheit eines gegebenen Sachverhaltes zurück. Weiters hat Hentschel gezeigt, daß schon das Adverb wie auch die frühe MP von adversativen Merkmalen geprägt waren. Ein Semem hat wiederum zwei Komponenten, nämlich eine denotative und eine konnotative. Im Fall des modalen *doch* scheint die adversative Graduierung aufgrund eines Desemantisierungsprozesses von einem Adverb bzw. einer adversativen Konjunktion zu einer schwachen Partikel entstanden zu sein. Die denotative Komponente ist zugunsten der konnotativen in den Hintergrund getreten, sodaß die Partikel semantisch gesehen nur mehr konnotativ wirkt.

Auf der Grundlage der näheren Analyse der Beispielsätze von Helbig sieht unsere erste induktive Gliederung unter Berücksichtigung der u.E. für die

---

[36] Dies betrifft auch weitere Klassifizierungen zur MP *doch*. Diejenige Helbigs wurde von uns exemplarisch zur Veranschaulichung der Ansprüche an eine übersetzungsorientierte Klassifizierung herangezogen.

[37] Diese Abgrenzungen sind auch an und für sich irrelevant, da es ja auch pragmatische Adverbien gibt, welche in ihrer Verwendungsweise sehr viel freier sind als Partikeln.

Translation bedeutenden adversativen Graduierung, durch welche sich die Funktionsvarianten der deutschen MP *doch* auszeichnen, nunmehr wie folgt aus:

A	**_DOCH_ im Deklarativ- und Exklamativsatz**
A.1	*doch* im Deklarativsatz
A.1.1	**schwach adversatives *doch***
A.1.1.1	Vergewisserungseinwand mit impliziter Aufforderung zur Bestätigung[38]

- initiativ
⇒ um Unsicherheit auszuräumen

A.1.1.2	Bestätigung oder beruhigende Versicherung

- reaktiv

A.1.1.3	Expliziter Verweis auf Bekanntes zum Ausdruck von Bedauern oder Ungeduld

- reaktiv

A.1.2	**stark adversatives *doch***
A.1.2.1	*doch* in der Zurückweisung

- reaktiv

A.1.2.1.1	allgemeine Zurückweisung[39]

⇒ ohne Spezifizierung, wogegen sich der Sprecher verwehrt

A.1.2.1.2	Zurückweisung durch Erinnern an bekannte Sachverhalte, Evidentes oder Vorerwähntes

⇒ Ausdruck eines Widerspruchs mit Kritik, Verärgerung, Vorwurf, Gegenvorwurf oder Ungeduld

---

[38] Diese *doch*-Variante zeichnet sich durch ihre Nähe zur expliziten Vergewisserungsfrage aus (siehe *doch* im Interrogativsatz).
[39] Diese Art der Zurückweisung steht in einem ausgeprägten Näheverhältnis zum Exklamativsatz.

A.1.2.1.3 Zurückweisende explizite Erinnerung an Bekanntes, Evidentes oder Vorerwähntes

A.1.2.1.4 Begründung

    ⇒   begründete Zurückweisung mit Vorwurf

    ⇒   stark adversative Komponente

    ⇒   zum Teil absolut (kein Widerspruch möglich)

A.2 *doch* im Exklamativsatz

A.2.1 *doch* im Aufforderungssatz

    ⇒   stark handlungsbezogen

A.2.1.1 schwach adversatives *doch*

A.2.1.1.1 *doch* in der Aufforderung

A.2.1.1.1.1 Beschwichtigung mit *doch*

    •   reaktiv-konnektierend

    ⇒   Ziel: Trost, Beruhigung

A.2.1.1.1.2 Vorschlag, Empfehlung, Ermutigung zum Handeln

    •   initiativ-voraussetzungssichernd

A.2.1.1.1.3 *doch* als Träger von Höflichkeitsnormen

    •   reaktiv oder initiativ

A.2.1.2 stark adversatives *doch*

A.2.1.2.1 *doch* in der negierten Aufforderung

A.2.1.2.1.1 Forderung einer Unterlassung

    •   reaktiv-konnektierend bzw. initiativ

    ⇒   Ausdruck von Kritik, Tadel, Vorwurf, Ungeduld oder Verärgerung

A.2.2 *doch* in der überraschten Exklamation[40]

A.2.2.1 Ausdruck einer spontanen Reaktion

- reaktiv
- Stellungnahme
  ⇒ mit/ohne Spezifizierung des Referenzgegenstandes
  ⇒ mit/ohne Begründung
- emotionale Färbung
  ⇒ neutral: Überraschung, Erstaunen
  ⇒ positiv: Begeisterung
  ⇒ negativ: Verärgerung, Kritik, Entrüstung, Empörung

A.2.3 *doch* im Wunschsatz

- bedingt reaktiv
- in der Zukunft erfüllbar
  ⇒ dringender Wunsch, Hoffnung
- unerfüllbar, da Bezug auf Vergangenes
  ⇒ Bedauern, Resignation, Vorwurf oder Klage

B **DOCH im Interrogativsatz**[41]

- initiativ

B.1 Aufforderungen zur Gedächtnishilfe

- Bezug auf Teilinhalte

---

[40] Für die 'überraschte Exklamation' bzw. den 'Wunschsatz' läßt sich auf der Grundlage der Beispielsätze aus Helbigs Partikellexikon (^{2}1990) keine systematische Klassifizierung in schwach und stark adversative Varianten erstellen. Die angegebenen Unterpunkte sind jedoch nach zunehmendem Grad an Adversativität gereiht. Eine spezifiziertere Subklassifizierung wird anhand unserer Korpusanalyse erstellt.

[41] Zwar weist die MP *doch* auch im Interrogativsatz eine adversative Graduierung auf, da diese Graduierung jedoch extrem kontextdeterminiert ist und die angegebenen Minimalkontexte zu den Beispielsätzen nicht ausreichen, um den jeweiligen Grad an Adversativität genau festzumachen, sehen wir in der Schemadarstellung von einer näheren Untergliederung nach dem Adversativitätsgrad ab.

	• Bekundung von Interesse
	• Forderungen
	• Ungeduld oder Drohungen
B.2	Suggestiv- bzw. Tendenzfragen
	• mit bestimmter Antworterwartung bzw. -präferenz
	• mit rhetorischem Charakter
	• zur Erfüllung sozialer Höflichkeitskonventionen
B.3	Versicherungsfragen
	⇒ Sprecher erwartet Bestätigung
	• indirekte Bitte
	⇒ mit Rückversicherung
	• Tendenzfrage mit Antwortpräferenz
	• höfliche Aufforderung
	⇒ mit Berechtigungsanspruch
	• anordnende Aufforderung

Wir möchten zu dieser ersten Gliederung anmerken, daß wir bewußt das *doch* im Deklarativ- und Exklamativsatz als übergeordneten Punkt zusammenfassen, da, wie wir anhand der Besprechung der Beispielsätze gesehen haben, der Übergang zwischen diesen beiden Satztypen fließend sein kann, was sich v.a. auch in der Übersetzung bemerkbar macht, wo es häufig zu einem Wandel der Satzart kommt (siehe oben). Insofern erachten wir es als übersetzungsrelevant, die beiden Satzarten miteinander in Verbindung zu bringen. Eine übersetzungsrelevante, kontrastive Betrachtung kann u.E. generell nur vom Begriff des 'Satzmodus'[42] ausgehen, welcher sich über mehrere Satztypen erstrecken kann. Wie bedeutend die Einbeziehung der Kategorie des Satzmodus ist, zeigt der Vergleich mit älteren Arbeiten. Als Weydt (1969) seine für die Partikelforschung grundlegende Arbeit verfaßte, gehörte das Sprechhandlungs- und Illokutionskonzept noch nicht zum linguistischen Inventar, und die reine Klassifizierung nach der Distribution in Satztypen warf Schwierigkeiten bei der

---

[42] Zum Zusammenhang zwischen MPn und Satzmodus siehe Meibauer (1989: 25-30).

Beschreibung der Vorkommensweisen der MPn auf[43]. Diese Schwierigkeiten bestehen jedoch auch, versucht man z.B. die Beispielsätze in Helbigs *Lexikon deutscher Partikeln* (²1990) nach ihren illokutiven Kategorien zu analysieren. Dies zeigt sich auch bei unserer Besprechung dieser Beispielsätze. Der Satzmodus ist als Illokutionsindikator anzusehen, aus dem die entsprechende Handlungskategorie hervorgeht. Franck (1980: 170) meint dazu: „Die einzige deutliche, aus der sprachlichen Form ableitbare Klassenbildung ergibt sich aus dem Kriterium des Satzmodus" und unterscheidet dementsprechend auch zwischen einem *doch* als Imperativpartikel und einem *doch* als Deklarativpartikel. Wir definieren hier 'Satzmodi' nach Meibauer (1989: 13) im Sinne von Einstellungstypen, die als semantische Größen zu verstehen sind und folglich auch „unterschiedliche Satztypen aufgrund einer gemeinsamen semantischen Repräsentation zu bündeln" (Meibauer 1989: 13) vermögen[44].

Weiters haben wir innerhalb der Klassifizierung eine Gliederung nach dem Grad an Adversativität, der durch die MP vermittelt wird, vorgenommen. Dies betrifft v.a. das *doch* im Deklarativsatz. Im Exklamativsatz entspricht die Reihung der Komponenten der Graduierung nach der (emotionalen) Intensität der Aussagen. Vor allem beim Wunschsatz entspricht diese Graduierung dem Gegensatz zwischen der Realität und dem vom Sprecher gewünschten Soll-Zustand.

Dies gilt auch für die innere Gliederung in der Rubrik '*doch* im Interrogativsatz'. Auch hier wurde nach der Intensität der ausgedrückten Sprechereinstellung graduiert.

3.3.2 Ergänzungen nach Franck und Beerbom

Zum Vergleich mit der Variantenklassifikation von Helbig (²1990) und dem Klassifikationsschema, das wir aus der Analyse seiner Beispielsätze abgeleitet haben, gehen wir nun noch auf die Klassifizierungen zur MP *doch* von Franck (1980) und Beerbom (1992) ein[45]. Francks Arbeit ist für die Partikelforschung insofern von großer Bedeutung, als die deutschen MPn hier, wie auch Beerbom (1992: 121) feststellt, erstmalig auf unterschiedlichen sprachlichen Ebenen

---

[43] Allerdings ist Weydts Unterscheidung zwischen 'Intentionsebene' und 'Aussageebene' als Korrespondenz zu den Kategorien 'illokutive' und 'propositionale Bedeutung' anzusehen (Franck 1980: 171).
[44] Siehe dazu auch Kapitel 1.1.
[45] Arbeiten wie beispielsweise Hentschel (1986) beziehen wir an dieser Stelle - obwohl sie eine beachtliche Vielfalt an methodischen Zugriffen aufweisen - nicht ein, da sie vorwiegend nach syntaktischen Kriterien differenzieren, wohingegen Franck (1980) und Beerbom (1992) nach Handlungsebenen differenzieren.

analysiert wurden, nämlich auf der Ebene der Sprechakte und der konversationellen und interaktiven Ebene. Beerboms Arbeit gehört zu den wenigen Werken, die sich schon mit MPn im übersetzungsorientierten Sprachvergleich beschäftigen und ist daher für unsere eigene Analyse wertvoll.

Franck (1980: 175-193) unterscheidet in ihrer Beschreibung des modalen *doch* nach der Illokution des Trägersatzes sechs Bedeutungsvarianten, „die sich im wesentlichen als konventionalisierte Implikaturen beschreiben lassen, die sich aus den jeweiligen Illokutions- und Kontexteigenschaften ableiten lassen" (ibid.: 175), und welche Franck wie folgt gliedert[46]:

doch$_1$	*doch* in Behauptungsäußerungen
doch$_2$	erinnerndes *doch* (Erinnern an bekannte Sachverhalte)
doch$_3$	Indirekte-Fragen-*doch*
doch$_4$	emphatisches *doch* (*doch*-Ausruf als spontane Reaktion)
doch$_5$	Aufforderungs-*doch*
doch$_6$	monologisches *doch* (ein längerer Text mit mehreren Sprechakten)

Wir möchten an dieser Stelle nicht die ganze Klassifikationsweise von Franck kommentieren, sondern nur einige uns wichtig erscheinende Punkte hervorheben, die wir anhand der Analyse von Helbigs Beispielsätzen noch nicht besprechen konnten, sehr wohl jedoch in der Folge in unsere Korpusanalyse mit einbeziehen möchten. Dazu gehört v.a. die bei Franck konsequente Unterscheidung zwischen semantischer Funktion und illokutivem Akt wie auch das Bemühen, „Varianten implikativ aus den Eigenschaften der jeweiligen typischen Verwendungszusammenhänge herzuleiten" (Franck 1980: 180). Zwar wurde an der Arbeit von Franck mehrfach kritisiert (z.B. Hentschel / Weydt 1983: 266-267) bzw. als Manko angesehen (Liefländer-Koistinen 1989: 189), daß die v.a. von Hentschel postulierte übergreifende oder invariante Bedeutung vernachlässigt würde, wir sind jedoch mit Liefländer-Koistinen der Meinung, daß für die Anwendung in der Textanalyse - und dies gilt besonders für die Anwendung in der übersetzungsrelevanten Textanalyse - „die invariante oder übergreifende Bedeutung von *doch* zweitrangig zu sein [scheint], da hier vor allem brauchbare Analysekriterien erforderlich sind" (Liefländer-Koistinen 1989: 189). Einen solchen Ansatz stellt Francks Einteilung nach Handlungsebenen dar.

Vor allem bei *doch*$_1$, das dem reaktiv-konnektierenden *doch*$_2$ von Helbig entspricht, hebt die Autorin den indexikalischen Charakter der MP hervor, dem auch wir große Bedeutung beimessen, da er im situativ-pragmatischen Kontext die tragende Rolle spielt. Franck (1980: 178) spricht in dieser Hinsicht von

---

[46] Für detaillierte Angaben mit Beispielsätzen cf. Franck (1980: 167-193).

„Bedingungen über die soziale Situation", die es bei den Anwendungsbedingungen zu berücksichtigen gilt, bzw. von der implikativen Ableitung von Varianten aus den „Eigenschaften der jeweiligen typischen Verwendungszusammenhänge" (ibid.: 180). Auch die argumentative Komponente des modalen *doch*, die wir v.a. bei der Übertragung ins Französische und der Analyse der möglichen Entsprechungen aufzeigen konnten, wird bei Franck, die hier von der „Zurückweisung falscher Präsuppositionen" (ibid.: 179) spricht, thematisiert. Ebenso geht die Autorin näher auf die narrative Transformierung von direkter Rede ein, die auch in unserem Korpus (v.a. bei Thomas Bernhard) sehr häufig anzutreffen ist. Bei Franck ist in diesem Kontext die Rede von „monologischen *doch*-Varianten" (ibid.: 192), wie sie in längeren Texten zu finden sind, die sich über mehrere Sprechakte erstrecken, bzw. im inneren Monolog und in der erlebten Rede. Diese Varianten werden uns auch im Zuge unserer Korpusanalyse zu beschäftigen haben.

Überdies geht die Autorin näher auf das Problem der Abgrenzung zwischen Behauptung und Frage ein (cf. Franck 1980: 185-186). Auch wir haben bei unserer Besprechung von Helbigs Beispielsätzen zu *doch* festgestellt, daß hier - je nach Kontext - keine genaue Abgrenzung möglich ist. Was wir als 'Vergewisserungseinwand mit impliziter Aufforderung zur Bestätigung' bezeichnet haben (cf. dazu unseren Beispielsatz *Diesen Plan haben wir doch neulich schon bespróchen*), beschreibt Franck als „Indirekte-Fragen-*doch*" in Zusammenhang mit den Indikatoren für die „indirekte Fragelesart" (ibid.: 185), durch welche eine demgemäße Implikatur nahegelegt wird:

„Wenn nun bei einem Behauptungssatz mit DOCH die konversationellen Bedingungen für eine Behauptung mit $DOCH_1$ nicht gegeben sind, so indiziert das DOCH eine indirekte Frage, da das DOCH dann nicht $DOCH_1$ sein kann. Ein entsprechender Behauptungssatz ohne DOCH wäre dann illokutiv undeutlicher, wenn damit eine Frage ausgedrückt werden soll, da die Akzeptabilität einer Behauptung ohne DOCH nicht an so deutlichen Bedingungen wie den konversationsbezogenen des $DOCH_1$ gemessen werden kann: die Bedingungen der Wissensverteilung sind dann z.B. unbestimmter, da sie nur auf Annahmen beruhen und sich nicht auf ganz konkret eben vorangegangene Äußerungen oder andere Handlungen beziehen. Das DOCH kann daher die Implikatur auf die indirekte Frage bewirken, wenn das DOCH als $DOCH_1$, d.h. in der Behauptungslesart, unangemessen wäre." (ibid.)

Außerdem geht die Autorin detailliert auf die Bedingungen der Höflichkeitsfunktionen in der Frage sowie in der Aufforderung in bezug auf „Regeln der sozialen Interaktion" (Franck 1980: 190) ein, die auch wir bei unserer ersten Klassifikation gesondert einbezogen haben.

Beerbom (1992) geht nunmehr insofern über Helbig, aber auch über Franck hinaus, als sie versucht, einen übersetzungsrelevanten Bezug zwischen Illokution und Ausdruck von Modalität zu finden. Auch sie untergliedert die MP *doch* nach semantisch-pragmatischen Gesichtspunkten in Varianten, nimmt jedoch schon eine um vieles genauere Einteilung vor, die den verschiedenen Verwendungsweisen von Modalität auch im Hinblick auf den Sprachtransfer gerecht zu werden versucht. Eine kurz zusammengefaßte Schemadarstellung ihrer Gliederung könnte wie folgt aussehen:

DOCH in Deklarativ- und Exklamativsätzen
- Erinnernder Einwand / Zurückweisung
- Expliziter Verweis auf Bekanntes, Vorerwähntes oder Evidentes
- Voraussetzungssichernde, initiative *doch*-Äußerungen
- Begründung
- Suggestive *doch*-Äußerungen, Vermutungen, Folgerungen
- überraschte Exklamationen
- emphatische Assertionen

DOCH in Interrogativsätzen
- Tendenzfragen
- Aufforderungen zur Gedächtnishilfe

DOCH in Imperativsätzen

DOCH in Wunschsätzen

DOCH in Nebensätzen

Wie Franck betont auch Beerbom den deiktischen Charakter der MP bzw. deren extreme Kontextabhängigkeit und unterstreicht die Bedeutung der pragmatisch-situativen Komponenten, da die Interpretation einer *doch*-Äußerung nur „unter Berücksichtigung der Situation und parasprachlicher Begleitphänomene zu entscheiden [ist]" (Beerbom 1992: 205). Außerdem arbeitet die Autorin die Gegensatzstruktur des modalen *doch* besonders heraus, wobei sie jedoch auch schon einräumt, daß sich die „aus der Gegensatzstruktur von *doch* resultierende Funktion" (ibid.: 197) nicht verabsolutieren läßt, was auch wir schon bei unserer oben präsentierten Analyse der Beispielsätze von Helbig zu veranschaulichen versucht haben. Die *doch*-Variante, die Beerbom bespricht, die wir jedoch anhand von Helbigs Beispielen noch nicht eingehender untersuchen konnten, ist jene der 'suggestiven *doch*-Äußerungen, Vermutungen, Folgerungen'[47], welche wir anhand unseres eigenen Korpus näher besprechen werden. Bei Beerbom schlägt sich die schon bei Franck erwähnte Transformierung in der Redewiedergabe in einer gesonderten Betrachtung des *doch* im Nebensatz nieder. Da unsere Variantengliederung jedoch vornehmlich darauf ausgerichtet ist, die unterschiedliche Graduierung von Adversativität bzw. von emotionaler Intensität herauszuarbeiten, werden wir in unserer Korpusanalyse auf eine solche gesonderte Betrachtung verzichten. Auf weitere Schwerpunkte der kontrastiven Analyse bei Beerbom werden wir aber bei der Besprechung unseres Korpus näher eingehen.

3.4 Übersetzungsorientierte Klassifizierung anhand des Korpus

Als weiteren Schritt wollen wir nun anhand unserer Korpusbeispiele zu einer erweiterten und auf authentische Texte anwendbaren Klassifizierung der Varianten des modalen *doch* gelangen. Es geht uns hierbei nun primär um eine möglichst genaue Klassifikation innerhalb der deutschen Sprache, die dann auch unabhängig von einer etwaigen Zielsprache dem Übersetzer Hilfestellung beim Umgang mit modalem *doch* bieten soll. Wir werden unser Augenmerk im Folgenden weniger auf unser Sprachenpaar Deutsch-Französisch als auf das *doch* im Kontext und seine verschiedenen Erscheinungsformen legen und erst ausgehend von der deutschen Klassifizierung die Möglichkeit einer Klassifizierung von Entsprechungen im Französischen diskutieren. Wie wir gesehen haben, handelt es sich ja bei den bis jetzt behandelten Beispielsätzen um eher konstruierte Beispiele. Auch tritt hier die MP nur als einzelne Partikel auf, wohingegen sie im authentischen Text sehr oft in einer Partikelkette, also in Verbindung mit einer oder mehreren weiteren MPn oder aber in Verbindung mit Grad- oder Steigerungspartikeln auftritt: „Die ATP [Abtönungspartikel] *doch* zeigt von allen ATPn die größte Kombinationsfähigkeit" (Dahl 1987: 172). Hierbei gibt es gewisse Regelhaftigkeiten und konventionalisierte, sprechakttypische Verbindungen, welche auch in der Übersetzung besondere Berücksichtigung verlangen, da es in diesem Bereich im Hinblick auf die Sprechaktkompatibilität gewisse Akzeptabilitätsnormen zu wahren gilt. So gibt es Äußerungstypen, bei denen Partikelhäufungen unüblich, aber akzeptabel sind und andere, bei denen sie von der Sprechergemeinschaft nicht akzeptiert werden (cf. Dahl 1987: 145-148). Auch diese Vorkommensarten des modalen *doch*

---

[47] Allerdings verläuft die Grenze zu den Tendenzfragen fließend, wie die Autorin selbst bemerkt (cf. Beerbom 1992: 183).

sollen nun, wie auch das *doch* im Nebensatz, das in den bei Helbig gezeigten Beispielen keine Berücksichtigung findet, im Rahmen unseres Korpus in die Diskussion einbezogen werden[48]. Das Hauptaugenmerk soll dabei, wie schon erwähnt, auf der Typologisierung nach der Graduierung von Adversativität bzw. von emotionaler Intensität liegen, um so dem Übersetzer die Wahl der entsprechenden Ausdrucksform für Modalität in der Zielsprache zu erleichtern.

3.4.1 Zur übergreifenden Beschreibung der Modalpartikel *doch*

In der Literatur zur MP *doch* ist man sich einig, daß das gemeinsame Merkmal aller *doch*-Varianten, die bisher beschrieben worden sind, darin besteht, daß *doch* in irgendeiner Form Adversativität ausdrückt, was auch von den meisten Autoren als d a s Kriterium der übergreifenden Beschreibung dieser MP angeführt wird (cf. Hentschel 1986: 148, Weydt 1986: 398, Beerbom 1992: 171). Bei *doch* gibt es „immer ein Wechselspiel ZWISCHEN BEZUG AUF GEMEINSAMES UND GEGENSÄTZLICHES" (Dahl 1987: 69). Hentschel spricht in diesem Zusammenhang von einem „Widerspruch zwischen zwei Sachverhalten, die einander als These und Antithese gegenüberstehen" (1986: 143). Weiters ist man sich in der Forschung einig, daß der ausgedrückte Widerspruch als dem Rezipienten bekannt vorausgesetzt wird, oder daß dem Hörer zumindest suggeriert wird, er kenne die betreffende Größe. Insofern ist *doch* als deiktische Partikel zu betrachten[49]: „*Doch* drückt einen Widerspruch zwischen zwei Bezugspunkten aus. Zumindest einer von beiden wird dabei als dem Hörer bekannt vorausgesetzt" (Hentschel 1986: 148). *Doch* kann einerseits zum Ausdruck des Widerspruchs, andererseits aber auch in Behauptungen und Fragen zum Ausdruck von - zumindest vorgetäuschter - Übereinstimmung verwendet werden (cf. Dahl 1987: 70). Rudolph (1986) differenziert in ihrer Untersuchung zur Funktion der MP *doch* in der kommunikativen Interaktion genau nach diesen beiden Kriterien und unterscheidet als konversationelle Verwendungsweise die Verwendung von *doch* zur Herstellung von Übereinstimmung von der argumentativen Verwendungsweise von *doch*, welche dazu dient, Distanzierung bzw. Dissens zu verdeutlichen. Was Rudolph in ihrem Beitrag im Hinblick auf Konnexität zeigt, gilt auch für unsere Korpusbeispiele: Argumentatives *doch* ist stärker am Aufbau von Konnexität beteiligt als

---

[48] Allerdings werden wir uns auf die Besprechung derjenigen Partikelkombinationen beschränken müssen, die auch wirklich in unserem Korpus aufscheinen. Für weiterführende Bemerkungen zu den MPn und ihren Kombinationen verweisen wir daher auf Thurmair (1989).

[49] Zur diachronen Begründung der Deixis von *doch* cf. Hentschel (1986: 148).

konversationelles, außerdem ist die argumentative Verwendung der Partikel häufiger als die konversationelle. Die Elemente, auf die *doch* Bezug nimmt, zeichnen sich durch einen sehr hohen Grad an Heterogenität aus. Es kann sich dabei sowohl um explizit Vorerwähntes wie auch um nur implizit vermittelte Annahmen oder Erwartungen handeln, ebenso spielt das Spektrum nonverbaler Verhaltensmuster in diesem Zusammenhang eine große Rolle (cf. Beerbom 1992: 172). Dies erklärt auch die starke Kontextabhängigkeit der MP[50].

Wir haben uns nunmehr als Ziel gesetzt, das semantische Spektrum, das durch die MP *doch* abgedeckt wird, nach der Graduierung dieser Adversativität zu untergliedern, da wir (siehe oben) festgestellt haben, daß sich in diesem Bereich sehr wohl erhebliche Unterschiede zwischen den Varianten herausarbeiten lassen bzw. daß einige Varianten erst durch den mehr oder weniger intensiven, also graduierten Anteil an Adversativität zustande kommen. Wir unterscheiden somit zwischen *doch*-Varianten, die sich durch einen schwachen Grad an Adversativität auszeichnen und solchen, die einen hohen Grad an Adversativität aufweisen, wobei sich auch innerhalb dieser beiden Gruppen eine hierarchische Gliederung nach der Adversativitätsintensität herausarbeiten läßt. Wie wir sehen werden, kann modales *doch* in einer illokutiven Funktion zum einen als schwach adversative und zum anderen auch als stark adversative MP eingesetzt werden, wodurch sich eine Art Dublettenstruktur ergibt. Die Graduierung an Adversativität und deren Intensität hängt natürlich eng mit der jeweiligen Illokution zusammen, wie auch die „konventionalisierten Implikaturen, […] die aus den jeweiligen Illokutions- und Kontexteigenschaften abgeleitet werden können" (Franck 1980: 175), schlußendlich die Einteilung in Varianten determinieren.

3.4.2 Korpusanalyse

In der Folge werden wir nunmehr anhand unseres Korpus eine erweiterte übersetzungsorientierte Klassifizierung der Funktionsvarianten der MP *doch* erstellen. Die einzelnen Korpusbeispiele werden durchnumeriert und mit Siglen versehen. 'AT' steht für den Ausgangstext, also das deutsche Korpusbeispiel, und 'ZT' steht für den Zieltext, also die französische Übersetzung aus dem Korpus. Die Werke und ihre Übersetzungen werden ebenfalls mit Siglen zitiert. Die detaillierten Quellenangaben finden sich im Literaturverzeichnis.

---

[50] Beerbom (1992: 172) schreibt dazu: „Insbesondere im Deklarativsatz kann *doch* auf verschiedene Bezugspunkte verweisen, die nur im konkreten Kommunikationszusammenhang ermittelt werden können."

Da wir im allgemeinen die Vorkommensvarianten der MP *doch* in der Partikelkette bzw. im Nebensatz nicht in eigenen Punkten behandeln (eine Ausnahme bildet hierbei der Punkt A.1.2.1.4), werden die genannten Vorkommensvarianten - wie auch Nullentsprechungen und das Auftreten von *doch* in der Redewiedergabe - im Folgenden innerhalb der jeweiligen Funktionsvarianten typographisch durch Fettdruck hervorgehoben.

A *DOCH* im Deklarativ- und Exklamativsatz

A.1 *doch* im Deklarativsatz

A.1.1 schwach adversatives *doch*

A.1.1.1 Vergewisserungseinwand mit impliziter Aufforderung zur Bestätigung

Eine sehr stark kontextabhängige Variante des schwach adversativen *doch* stellt der Vergewisserungseinwand dar, der den Gesprächspartner indirekt zur Bestätigung eines Sachverhaltes auffordert, den der Sprecher zwar im Deklarativmodus assertiv äußert, wobei er jedoch - durch Intonation und nonverbales Verhalten - ein gewisses Maß an Unsicherheit betreffend die Korrektheit seiner eigenen Aussage mitanklingen läßt. Implizit erhält die Aussage neben dem aus dem Satzmodus hervorgehenden deklarativen Charakter also somit auch Fragecharakter, was auch in der Übersetzung deutlich werden kann, da hier, was sich gerade für das Französische als Charakteristikum erweist, oftmals die Tendenz zu expliziterer Ausdrucksweise besteht, als dies im Deutschen der Fall ist. Ebenso ist diese *doch*-Variante stark initiativ angelegt, da sie ja den Hörer zur Bestätigung oder gegebenenfalls Korrektur des Gesagten auffordert. Wird die Aussage als zustimmungsheischend verstanden, so sind mit der MP immer zwei Handlungen verbunden: zum einen das Erheischen von Zustimmung durch den Sprecher, zum anderen „das Gewähren der Bestätigungshandlung oder deren Verweigerung" (Settekorn 1977: 396) durch den Hörer. Diese Komponenten, die hier bei der Übersetzung eine Rolle spielen, weisen überdies auch auf die starke argumentative Interaktion hin, die bestätigungsheischende Wendungen in sich tragen. Settekorn spricht in diesem Zusammenhang von „kleinen Argumentationsformen", die auch Rechtfertigungscharakter haben können (siehe die Beispiele unten):

„Zustimmungsheischende Partikel und Wendungen weisen argumentative Strukturen auf; sie sind kleine Argumentationsformen; dadurch, daß sie für die Proposition, die sie abtönen, einen (mehr oder weniger) hohen

Gültigkeitsanspruch erheben, sind sie in größeren Argumentationszusammenhängen als Rechtfertigungsaussagen einbaubar. In diesem Zusammenhang sind sie Funktionskorrelate zu generellen Sätzen." (Settekorn 1977: 402)

Das folgende Beispiel zeigt nunmehr die enge Verflechtung zwischen explizitem Deklarativ- und implizitem Fragecharakter, wobei in der Übersetzung eine *mise en relief* durch „dislocation de la phrase" (Riegel et al. ²1996: 426) als Entsprechung der deutschen Modalität gewählt wurde.

> [Ein Taxifahrer glaubt, Katharinas Anwalt auf einem Foto in der Zeitung zu erkennen]

(AT- 1) Trude kaufte das Ding und sie fuhren schweigend im Taxi nach Hause, und als er den Fahrer bezahlte, während Trude die Haustür aufschloß, wies der Fahrer auf die ZEITUNG und sagte: <Sie sind auch drin, ich hab sie gleich erkannt. Sie sind *doch* der Anwalt und Arbeitgeber von diesem Nüttchen.> (HB, 40)

(ZT- 1) Trude acheta la feuille, puis ils prirent un taxi pour rentrer chez eux. Ils restèrent silencieux tout le long du trajet et quand Blorna régla la course pendant que Trude ouvrait la porte de la villa, le chauffeur montrant LE JOURNAL lui dit: <Vous y êtes aussi, je vous ai tout de suite reconnu. *C'est vous* l'avocat et l'employeur de cette fille.> (HB', 35)

Da es sich hier um einen literarischen Text von sehr hohem sprachlichen Niveau handelt, haben sich die Übersetzer auch im Französischen für eine eher gewähltere Ausdrucksform für die modale Nuance entschieden. Wollte man jedoch den Aspekt des *oral* noch etwas mehr betonen, könnte man durchaus für eine Übersetzung im Sinne von *Vous êtes **bien** l'avocat et l'employeur de cette fille, non?*[51] plädieren, die die besagte Verflechtung zwischen explizitem Deklarativ- und implizitem Fragecharakter noch deutlicher zum Ausdruck bringen würde, da hier de facto ein Wechsel vom Aussage- zum Fragesatz vollzogen wird. Die Nuance der Unsicherheit und Erwartung von Bestätigung wird nunmehr durch das adverbielle *bien* wiedergegeben, die initiative Komponente wird ihrerseits noch durch das Anfügen des *non?* unterstrichen.

Noch deutlicher wird die Tendenz zur Versicherungsfrage, wenn der Übersetzer sich bemüßigt sieht, die im Deutschen durch die MP transportierte Modalität in der Zielsprache als rhetorische Frage zu formulieren. Bei Horváth findet sich ein solches Beispiel, bei dem der Übersetzer einen anderen Satztyp wählt, um diese assertiv-interrogative Zwitterform von Modalität auszudrücken. Hier begegnen wir der MP *doch* in der **Partikelkette**[52] in Verbindung mit graduierendem *auch*[53]:

---

[51] Angaben/Übersetzung: muttersprachliche Gewährspersonen.
[52] Generell fällt in der Partikelkette auf, wie wir auch in der Folge noch sehen werden, daß das modale *doch* in der Regel in der Übersetzung von den semantisch stärkeren Gradpartikeln verdrängt wird, was bedeutet, daß der Übersetzer eher die Gradpartikel übersetzt und die

[der Hierlinger Ferdinand und Alfred unterhalten sich über Marianne]

(AT- 2)   DER HIERLINGER FERDINAND: [...] Eine Geliebte mit Beruf unterhöhlt auf die Dauer bekanntlich jede Liebesverbindung, sogar die Ehe! Das ist *doch* auch ein Hauptargument unserer Kirche in ihrem Kampf gegen die berufstätige Frau, weil eine solche halt familienzerstörend wirkt - und glaubst denn du, daß die Kardinäle dumm sind? (ÖH, 150)

(ZT- 2)   FERDINAND HIERLINGER: [...] il est avéré [sic] qu'une femme qui travaille mine toute relation amoureuse, y compris le mariage! *N'est-ce-pas* l'argument principal de notre église dans sa lutte contre la femme qui travaille, destructice [sic] de la famille... Tu prends les cardinaux pour des imbéciles? Ils sont l'élite de l'élite, nos meilleurs esprits! (ÖH', 53)

Es scheint, daß die Partikelkombination *doch auch* generell auf eine Tendenz zur Begründung hinweist, was für das translatorische Handeln natürlich von Bedeutung wäre. Der Gebrauch von *auch* signalisiert, daß der Sachverhalt durchaus den Sprechererwartungen entspricht, wohingegen das *doch* darauf hinweist, daß dieses begründende Argument auch dem Gesprächspartner bekannt sein sollte und somit eine Aufforderung zur Korrektur darstellt (Thurmair 1989: 221).

Zur französischen Übersetzung wäre in diesem Fall noch anzumerken, daß sich unsere muttersprachlichen Gewährspersonen sogar ausdrücklich für das Setzen eines Fragezeichens am Satzende ausgesprochen haben[54], da das *n'est-ce-pas* am Satzanfang eindeutig eine Frage erwarten läßt, ansonsten hätte man die Übersetzung wie folgt gestalten müssen:

FERDINAND HIERLINGER: [...] il s'est avéré qu'une femme qui travaille mine toute relation amoureuse, y compris le mariage! *Tel est aussi* l'argument principal de notre église dans sa lutte contre la femme qui travaille, destructrice de la famille...

A.1.1.1.1 Beseitigung von Unsicherheit

Die Tendenz zur Versicherungsfrage unterstreicht auch die andere Komponente, die diese *doch*-Variante auszeichnet, nämlich das Bemühen des Sprechers,

---

modale Nuance unberücksichtigt läßt als umgekehrt, so er bei Unübersetzbarkeit beider Komponenten zugleich vor die Entscheidung gestellt wird.

[53] Bei genauerer Analyse des Beispiels fällt auf, daß das modale *doch* hier in gewisser Weise auch als Begründung interpretiert werden könnte, wir haben uns jedoch aus Gründen, die den Kontext im Gesamttext betreffen, entschieden, es doch unter das schwach adversative *doch* zu reihen.

[54] Der Satz müßte dann folgendermaßen lauten:
FERDINAND HIERLINGER: [...] il s'est avéré qu'une femme qui travaille mine toute relation amoureuse, y compris le mariage! *N'est-ce-pas* là l'argument principal de notre église dans sa lutte contre la femme qui travaille, destructrice de la famille*?*

Unsicherheiten auszuräumen, indem er sich die Richtigkeit seiner Aussage oder - was auch sehr häufig der Fall ist - der Annahmen, die er implizit als für seinen Sprechakt geltend betrachtet und somit präsupponiert, bestätigen läßt:

„Wenn […] bei einem Behauptungssatz mit DOCH die konversationellen Bedingungen für eine Behauptung mit $DOCH_1$ [bei Franck das *doch* in Behauptungsäußerungen] nicht gegeben sind, so indiziert das DOCH eine indirekte Frage […]. Das DOCH kann daher die Implikatur auf die indirekte Frage bewirken, wenn das DOCH als $DOCH_1$, d.h. in der Behauptungslesart, unangemessen wäre" (Franck 1980: 185).

Kommt es dabei beim Gesprächspartner nicht zur gewünschten Reaktion, d.h., wenn wir uns der Terminologie von Grice bedienen wollen, kooperiert der Gesprächspartner nicht ganz in der gewünschten Weise, so erweist sich die Kommunikation für den Sprecher als zumindest teilweise mißlungen, was uns in unseren Analysen vor das Problem nicht eindeutig zuordenbarer *doch*-Varianten stellt. Wir sprechen dann von 'Mischformen', die mehrere Interpretationsweisen zulassen.

Auch das folgende Beispiel, bei dem sich eine idiomatische Wendung als Entsprechung für das modale *doch* findet, könnte, wie wir gleich sehen werden, entweder als bestätigungsheischend oder aber auch als zurückweisend verstanden werden:

[Ill schlägt einen Sonntagsausflug mit dem neuen Wagen vor, seine Frau zögert]

(AT- 3)   ILL: Zieht eure guten Kleider an. Wir wollen miteinander fahren.
FRAU ILL (unsicher): Ich soll auch mitfahren? Das schickt sich *doch* nicht.
ILL: Warum soll sich das nicht schicken? […] (DB, 105)

(ZT- 3)   ILL (à sa femme): Fais-toi belle, nous allons faire un tour ensemble.
MADAME ILL: Je viens aussi? *Ce n'est pas le moment.*
ILL: Pourquoi pas? […] (DB', 120)

Im deutschen Satz wird hier aus dem Kontext heraus sehr gut deutlich, daß Frau Ill gerne mitfahren möchte, jedoch zögert und von ihrem Mann eine Bestätigung wünscht, daß dies auch angebracht sei. In der französischen Übersetzung wird zwar mit Hilfe einer idiomatischen Formulierung der modalen Nuance Rechnung getragen, man könnte diese jedoch durch ein *mais* verstärken, wodurch man jedoch auch das *doch* in die Nähe der Zurückweisung rücken würde, was dann wiederum die Exklamativform verlangen würde: *(Mais) Ce n'est pas le moment!* Obwohl solche Beispiele - wie schon erwähnt - nicht ganz eindeutig zuordenbar sind und bei der Interpretation des modalen *doch* einen etwas größeren Spielraum zulassen als andere, möchten wir sie in dieser Arbeit berücksichtigen, da sie zum einen einfach zu unserem Korpus gehören, zum anderen aber auch sehr schön den authentischen Sprachgebrauch exemplifizieren lassen und zeigen, daß eben Sprache nie ganz eindeutig sein kann bzw. es immer Mischformen geben wird und es darum geht, die im Kontext dominante Funktion oder modale Nuance zu eruieren und mit den zur Verfügung stehenden sprachlichen wie auch pragmatischen Mitteln zu interpretieren.

Auch das folgende Beispiel stellt eine solche *doch*-Form dar, es befindet sich im Grenzbereich zwischen bestätigungsheischendem Vergewisserungseinwand und korrigierendem Erinnern an bestehende Sachverhalte:

[Claire berichtet von ihren vielen Ehemännern]

(AT- 4) CLAIRE ZACHANASSIAN: Mein vierter. Verarmt. Seine Aktien gehören mir. Verführte ihn im Buckingham-Palast. Beim Lichte des Vollmonds.
GATTE VIII: Das war *doch* Lord Ismael.
CLAIRE ZACHANASSIAN: Tatsächlich. Du hast recht, Hoby. [...] (DB, 66)

(ZT- 4) CLAIRE ZAHANASSIAN: Le numéro 4. Ruiné. Ses actions sont dans mon portefeuille. Je l'avais vampé au palais de Buckingham.
LE MARI VIII: *Mais* c'était Lord Ismael!
CLAIRE ZAHANASSIAN: Exact. Tu as raison, Hoby. [...] (DB, 74)

Hier können vom Deutschen ausgehend wiederum zwei Schlüsse gezogen werden: Entweder möchte Gatte VIII nur einen Einwand mit Fragecharakter vorbringen, da er sich nicht ganz sicher ist, ob seine Aussage auch stimmt, dann würde es sich um einen Vergewisserungseinwand handeln, oder aber er will die Aussage Claires korrigieren, dann würde es sich um zurückweisendes *doch* handeln. Auch die Antwort Claires erlaubt hier keine wirklich eindeutige Zuordnung. Der Übersetzer hat sich jedoch für ein argumentatives *mais* entschieden, das die Nähe zur Zurückweisung verdeutlicht, jedoch je nach Intonation etwas variiert werden kann.

Da sich in unserem Korpus nur wenige Beispiele zu dieser *doch*-Variante finden und auch in den Übersetzungen sehr unterschiedliche Entsprechungen (*mise en relief*, Satztypwechsel, idiomatische Wendungen...) verwendet werden, ist es schwierig, allgemeingültige übersetzungsrelevante Aussagen dazu zu machen. Diese Variante scheint besonders kontextabhängig zu sein und dadurch dem Übersetzer sehr viel an Interpretation und textrezeptorischer Arbeit abzuverlangen, was natürlich in der translatorischen Arbeit zu sehr kreativen und damit umso vielfältigeren Umsetzungsweisen führt.

A.1.1.2 Bestätigung oder beruhigende Versicherung

Wie schon die konstruierten Beispiele Helbigs gezeigt haben, kann die MP *doch* auch dazu dienen, den Gesprächspartner zu beruhigen, indem man ihm Gewißheit über einen Sachverhalt verschafft oder Annahmen in der vom Hörer gewünschten Form bestätigt. Es handelt sich hierbei wiederum um eine Variante des schwach adversativen *doch*, da hier kein Gegensatz, sondern ein

Konsens konstituiert wird und sich die Nuance der Adversativität im Prinzip gegen die etwaigen negativen Befürchtungen des Gesprächspartners richtet, also im 'Sinne des Rezipienten' liegt und sich nicht etwa gegen ihn richtet, wie dies in der echten Zurückweisung mit *doch* (siehe Punkt A.1.2.1) der Fall ist.

Da sich dieses *doch* meist auf einen unmittelbar vorhergegangenen Sprechakt bezieht, zeichnet es sich durch seinen stark reaktiven Charakter aus. Anhand des folgenden Beispiels aus den *Geschichten aus dem Wiener Wald* läßt sich dies sehr schön darstellen: Auf einen impliziten Vorwurf von Alfred reagiert Marianne mit einer Zurückweisung mit stark adversativem *doch (Ich mach dir doch keine Vorwürf)*, fügt dann aber gleich eine Beschwichtigung mit schwach adversativem *doch (du kannst doch nichts dafür)* an, um Alfred zu beschwichtigen. Somit wirkt das beruhigende *doch* in der zweiten Aussage aber auch als Verstärkung der ersten Aussage.

[Marianne und Alfred haben Geldsorgen, Alfred glaubt, sich rechtfertigen zu müssen]

(AT- 5) ALFRED: Wer hat mir denn die Rennplätz verleidet? [...] - ich hab keinen Kontakt mehr zur neuen Generation. Und warum nicht? Weil ich ausgerechnet eine Hautcreme verschleiß, die keiner kauft, weil sie miserabel ist!
MARIANNE: Die Leut haben halt kein Geld.
ALFRED: Nimm nur die Leut in Schutz!
MARIANNE: Ich mach dir *doch* keine Vorwürf, du kannst *doch* nichts dafür.
(ÖH, 143-144)

(ZT- 5) ALFRED: Et qui m'a dégoûté des champs de course? [...] J'ai plus de contacts avec la nouvelle génération. Et pourquoi? Parce qu'il a fallu que j'aille démarcher une crème de beauté dont personne ne veut, parce qu'elle est dégueulasse.
MARIANNE: Les gens n'ont pas d'argent.
ALFRED: C'est ça, mets-toi de leur côté!
MARIANNE: *Mais* je ne te fais pas de reproches, *ce n'est pas de ta faute*.
(ÖH', 48)

In der Übersetzung findet sich für das zurückweisende *doch* ein argumentatives *mais*, das die implizite Argumentationsstruktur des Dialoges deutlich werden läßt, das schwach adversative *doch* wird jedoch mit einer idiomatischen Wendung übertragen. In der Übersetzung wird somit auch die Graduierung zwischen starker und schwacher Adversativität deutlich, da sich der Übersetzer entscheiden muß, welche modale Nuance er primär wiederzugeben versuchen will und auf welche er verzichten kann, wenn nicht beide übersetzbar sind oder die Übertragung beider Nuancen den Zieltext schwerfällig und vielleicht unidiomatisch erscheinen lassen würde. In diesem Fall würde sicher die stark adversative MP vor der schwachen Berücksichtigung finden.

Dies zeigt auch das folgende Beispiel, in dem *doch* in der **Partikelkette** in Verbindung mit der Gradpartikel *nur* auftritt. Der in *doch* implizierte Verweis auf allgemeingültige Wahrheiten tritt in der Übersetzung hinter die

Gradpartikel, die mit intensivierender Satzklammer *ne ... que* wiedergegeben wird, zurück und bleibt **unübersetzt**:

> [Der Erzähler in *Frost* charakterisiert den Maler Strauch, indem er dessen philosophische Überlegungen zur 'Vernunft' wiedergibt:]

(AT- 6) So groß sei die Vernunft, daß sie *doch*[55] wieder nur Scheitern sein könne. (TB, 111)

(ZT- 6) Aussi vaste que soit la raison humaine, elle *ne* peut être rien d'autre *qu*'un échec... (TB', 109)

Ebenso findet man *doch* in Verbindung mit der Gradpartikel *nur* in spezifischen konventionalisierten Kommunikationssituationen. Diese Partikelverbindung hat abschwächende Wirkung und relativiert die Aussage. Im allgemeinen wird im Französischen auch hier nur eine Partikel wiedergegeben. Meist entfällt die graduierende Nuance, und die modale wird durch ein Adverb ausgedrückt, das die Abschwächung verstärkt. Das folgende Beispiel stellt eine besondere Variante des bestätigenden bzw. beruhigenden Versicherungs-*doch* dar, da es hier im kommunikativ-situativen Kontext um die Wahrung von Höflichkeitsnormen geht. Wie noch zu zeigen sein wird, spielt die MP *doch* im Kontext von Höflichkeitsnormen eine große Rolle und kann zu deren Wahrung und Erhaltung wie auch zu deren Einforderung beim Gesprächspartner im pragmatischen Sinne äußerst wirkungsvoll eingesetzt werden: „Routineformeln sind in besonderer Weise 'sozial indikativ'" (Dahl 1987: 8), weil sie für sprachliche Etikette - wie z.B. für Höflichkeit - von Bedeutung sind.

> [Alfreds Mutter bedankt sich bei Hierlinger dafür, daß dieser ihren Sohn zu ihr gebracht hat. Hierlinger darauf:]

(AT- 7) DER HIERLINGER FERDINAND: Aber ich bitte, meine Herrschaften! Das ist *doch* alles nur selbstverständlich! [...] (ÖH, 106)

(ZT- 7) FERDINAND HIERLINGER: Il n'y a *vraiment* pas de quoi, mesdames! *C'est tout naturel!* [...] (ÖH', 12)

Auffallend ist bei diesem Beispiel, daß hier ein einfacher Deklarativsatz im Höflichkeitskontext die Form eines Exklamativsatzes annimmt, also mit der entsprechenden Interpunktion versehen wird, was sowohl für das Deutsche als auch für das Französische als konventionalisierte Norm im Bereich 'Höflichkeit' zu gelten scheint. Wie sehr solche von sozialen Normen geprägte Situationen des Alltags auf interaktiv-sozialer wie auch auf textueller Ebene

---

[55] Außerdem wird an diesem Beispiel deutlich, wie schwierig sich die Abgrenzung zwischen adverbiellem und modalem *doch* gestalten kann. Wird *doch* hier betont, kann es als Adverb interpretiert werden, bleibt es unbetont - was wir hier aus dem Kontext heraus annehmen - kann es als MP interpretiert werden. In solchen Fällen spielt die Intonation die entscheidende Rolle. Was also in der gesprochenen Sprache eindeutig wäre, bleibt im geschriebenen literarischen Werk oft mehrfach interpretierbar, da hier die parasprachlichen Merkmale fehlen.

konventionalisiert sind, wird durch die Übersetzung deutlich, die bei solchen Formulierungen verstärkt auf idiomatische Wendungen oder standardisierte konventionalisierte Formeln zurückgreift, die für die jeweilige Sprach- und Kulturgemeinschaft als charakteristisch angesehen werden können. Dahl (1987: 8) spricht in diesem Zusammenhang von „Gesprächssteuerungsformeln" bzw. „formelhafte[n] Ausdrücken, die im Sinne einer diskursiven Kompetenz als Ganzes abgerufen werden können". In unserem Fall handelt es sich um eine Verbindung von einem Adverb, welches in die Vorgängeraussage eingebaut wird, mit einer ebensolchen idiomatischen Wendung (*il n'y a pas de quoi*).

Ein weiteres Mittel zur Wiedergabe von Modalität in der Übersetzung ist das Explizieren des semantischen Gehaltes des modalen Ausdrucks mit einem aussagekräftigeren lexikalischen Element. Das folgende Beispiel zeigt dies anhand einer **Redewiedergabe im Nebensatz** auf. Die im modalen *doch* liegende Nuance der Versicherung und Beschwichtigung wird im Französischen durch das semantisch starke Verb *assurer* explizit gemacht.

[Katharina Blum wird vor Gericht verhört]

(AT- 8) Nun wurde Beizmenne wieder väterlich und redete ihr zu, sagte, es sei *doch* gar nichts Schlimmes, wenn sie einen Freund habe, der [...] nicht zudringlich, sondern vielleicht zärtlich zu ihr gewesen sei; (HB, 32)

(ZT- 8) Beizmenne, reprenant alors son air paterne, s'efforça de lui faire entendre raison en lui *assurant* qu'il n'y avait aucun mal à ce qu'elle eût un ami [...] qui loin d'être importun lui aurait au contraire manifesté sa tendresse; (HB', 28)

Es ist relativ schwierig, zu der Art und Weise der Entsprechungen und Wiedergabemöglichkeiten für diese *doch*-Variante im Französischen eine allgemeine Tendenz anzugeben, da diese Variante in extremer Weise kontextgebunden und somit von der jeweiligen persönlich-subjektiven Interpretation des Rezipienten abhängig ist. Allerdings kann angemerkt werden, daß eben jene Merkmale in der Übersetzung in erhöhtem Maße zum Rekurs auf Mittel der Emphase und idiomatische Wendungen anzuregen scheinen, welche jedoch syntaktisch und semantisch wie auch auf der Ebene der Lexik und Stilistik unterschiedliche Gestaltungsformen annehmen können und in sehr starkem Maße von der Kreativität wie auch der Textkompetenz des Übersetzers sowohl in der Ausgangs- als auch in der Zielsprache abhängen.

A.1.1.3 Expliziter Verweis auf Bekanntes zum Ausdruck von Bedauern oder Ungeduld

Schon bei Beerbom (1992: 177) findet sich eine Variante des modalen *doch*, die als „expliziter Verweis auf Bekanntes, Vorerwähntes oder Evidentes" bezeichnet wird und die auch wir in unserem Korpus als Variante herausarbeiten konnten. Wir verstehen darunter mit Beerbom die sehr häufig auftretende Kombination von *doch* „mit Verben des Wissens, des Sagens und der Wahrnehmung", welche immer dann vom Sprecher gewählt wird, wenn „auf die aktuelle Kommunikationssituation oder die gemeinsame Wissensbasis verwiesen wird" (ibid.). Es handelt sich auch bei dieser *doch*-Variante um eine sehr stark reaktive, da hier in der Regel auf unmittelbar vorhergehende Sprechakte des Gesprächspartners Bezug genommen und reagiert wird. Während jedoch Beerbom in dieser Variante ausschließlich ein Mittel des Vorwurfs bzw. des Widerspruchs sieht[56], konnten wir bei unserer eigenen Korpusanalyse feststellen, daß es hier je nach dem Intensitätsgrad der Adversativität zwei unterschiedliche Varianten zu unterscheiden gilt. *Doch* kann im expliziten Verweis auf Bekanntes sowohl in einer schwach adversativen Variante, die dazu dient, Bedauern oder Ungeduld, aber auch gegebenenfalls eine Bestätigung zum Ausdruck zu bringen, als auch in einer stark adversativen Variante auftreten, die dann eine echte Zurückweisung ausdrückt. Beide Varianten zeichnen sich - wie schon erwähnt - durch ihren stark reaktiven Charakter aus.

Da das Französische an sich die Tendenz zeigt, modale Nuancen, die im Deutschen durch die Partikel inferiert werden, explizit zu machen und dafür 'sprechendere Verben' zu setzen, kommt diese Art der deutschen Modalität dem Französischen entgegen. Im Französischen wird hier in der Regel ebenfalls ein Verb des Sagens, Meinens oder Wissens bzw. der Wahrnehmung verwendet, das dann durch adverbielles *bien* verstärkt und somit intensiviert wird.

      [Ill und Klara sehen sich nach Jahren wieder]

(AT- 9)   CLAIRE ZACHANASSIAN: Auch du hast an mich gedacht?
            ILL: Natürlich. Immer. Das *weißt* du *doch*, Klara. (DB, 25)
(ZT- 9)   CLAIRE ZAHANASSIAN: Toi aussi, tu as pensé à moi?
            ILL: Sans arrêt. Tu le *sais bien*, Clara. (DB', 22)

      [die Großmutter wirft Alfred vor, in seiner Situation ein Kind in die Welt gesetzt zu haben]

(AT- 10)   DIE GROSSMUTTER: So ein Leichtsinn! So ein Leichtsinn!
            ALFRED: Du *weißt doch*, daß ich alle Hebel in Bewegung gesetzt hab - aber es sollte halt nicht sein. (ÖH, 158)
(ZT- 10)   LA GRAND-MÈRE: Quelle légèreté! Quelle légèreté!

---

[56] Cf. dazu Beerbom (1992: 177): „Dies [die Kombination der MP mit Verben des Wissens, Sagens und der Wahrnehmung] ist immer dann der Fall, wenn auf die aktuelle Kommunikationssituation oder die gemeinsame Wissensbasis verwiesen wird und der Sprecher dem Hörer vorwirft, daß er etwas Bekanntes, Offensichtliches oder bereits vorher Geäußertes nicht berücksichtigt hat oder seine Handlungsweise im Widerspruch dazu steht."

> ALFRED: Tu *sais bien* que j'ai fait tout ce que j'ai pu... mais le sort en a décidé autrement. (ÖH', 60)

Will der Sprecher jedoch mit dieser *doch*-Variante über den Verweis auf Bekanntes hinaus eine Nuance der Ungeduld ausdrücken, so bedient sich das Französische einer Emphase mittels „détachement d'un groupe nominal" (Riegel et al. ²1996: 427). Im folgenden Beispiel, das im Deutschen *doch* in der **Partikelkette** mit graduierendem *schon* enthält[57], wird in der Übersetzung kataphorisch durch ein Pronomen ein nachfolgendes Satzglied angekündigt und somit syntaktisch markiert und dann schließlich das betonte Pronomen *ça* als „forme renforcée" (ibid.: 428) eingesetzt. Im Französischen spielt bei solchen Beispielen die Intonation eine große Rolle, dies geht auch aus der grammatikalischen Beschreibung der *dislocation de la phrase* von Riegel et al. (²1996: 426) hervor:

> „La phrase canonique est disloquée, ou segmentée, par suite du détachement d'un constituant à son début ou à sa fin. Celui-ci reçoit un accent d'insistance et peut se trouver séparé du reste de la phrase par une pause, qui est marquée à l'écrit par la virgule. La courbe intonative déclarative monte jusqu'à la pause, puis redescent. Cependant, la pause n'est pas toujours nettement marquée quand le constituant est détaché en fin de phrase, surtout quand il s'agit d'un infinitif ou d'une complétive."

In kommunikativ-pragmatischer Hinsicht ergibt sich durch diese *dislocation* eine Verlagerung des thematischen Schwerpunktes, die Thema-Rhema-Folge wird umgekehrt, wodurch die Emphase bewirkt wird. Die Thema-Rhema-Struktur fungiert also als pragmatisches Korrelat für Modalität: „Sur le plan communicatif, le constituant détaché occupe la place du thème, le reste de la phrase forme le propos. [...] le pronom [...] confère au groupe qu'il annonce [...] une certaine importance" (Riegel et al. ²1996: 427). Die Interdependenz zwischen Betonung und Wortstellung tritt hier zutage. Ein Satz mit normaler Wortstellung ohne Betonung gilt als unmarkiert, ändert man aber die Satzstellung, ändert sich auch das Fokuspotential der Aussage, und eine syntaktische Markierung tritt ein[58].

> [der Zauberkönig gibt sich keine Mühe mehr mit seinen Kunden]
>
> (AT-11) ZAUBERKÖNIG (zu einer Kundin): Ich hab das Ihnen *doch* schon drinnen *gesagt*, daß mir diese Nachbestellerei viel zu viel Schreiberei macht - wegen einer einzigen Schachtel! (ÖH, 161)
>
> (ZT-11) ROIMAGE: Je vous *l'ai déjà dit*, *ça* fait beaucoup trop de paperasseries pour une seule boîte! (ÖH', 62)

---

[57] Zur Partikelkombination *doch schon* siehe Thurmair (1989: 220-221).
[58] Zum Zusammenhang zwischen Wortstellung, Betonung und syntaktischer Emphase siehe Rosengren (1987: 202 ff.).

Die mittels der Partikel vermittelte Emphase kann jedoch auch in einer einfachen betonten Pronominalform stecken oder unübersetzt bleiben. Im folgenden Beispiel ist das Verbum dicendi sowohl im Original wie auch im Translat zu inferieren:

[Pandelli läßt sich Piero gegenüber über die Amerikaner aus]

(AT- 12) Amerikaner, Piero. Du lieber Himmel, ich kenne sie in- und auswendig! Du *doch* auch: Bei der Begrüßung sagen sie Hello!, nach zehn Minuten klopfen sie dir auf die Schulter, nach einer Viertelstunde sagen sie Johnny zu dir, und nach einer Stunde bist du ihr Bruder. (K, 161)

(ZT- 12) Les Ricains, Piero! Mon Dieu, je les connais sur [sic] toutes les coutures! *Et toi aussi.* Quand ils te saluent, ils te disent: <Hello!>, au bout de dix minutes, ils te tapent dans le dos, et après un quart d'heure, ils te donnent du „Johnny" par-ci et du „Johnny" par-là. Une heure après tu es leur frère. (K', 178)

Gerade bei der Untersuchung von **Partikelketten** fällt die starke emotionale Komponente auf, die mit den Partikeln verbunden ist. Je emotional involvierter und engagierter der deutsche Sprecher ist, desto häufiger greift er auf Partikeln zurück, um seine ganz persönliche Einstellung darzulegen. Gleichzeitig steigt aber auch die Tendenz zum Gebrauch von Partikelkombinationen, durch die das Modalitätsspektrum verfeinert und erweitert wird, da sie über die einzelne Partikel hinaus noch zusätzliche Nuancierungsmöglichkeiten bieten. Der französische Sprecher sieht jedoch in seinem sprachlichen Umfeld weniger Veranlassung zu solch einem starken expliziten Ausdruck von Modalität. Daher finden wir diese Partikelketten sehr häufig **ohne Entsprechung** in der Übersetzung. Dem französischen Sprecher genügt der spezifische situative Kontext, der meist implizit ja auch die modalen Nuancen enthält, zum Erschließen derselben. Insofern ist das Französische sogar anspruchsvoller als das Deutsche bzw. läßt dem Rezipienten mehr Spielraum, da seinen interpretativen Fähigkeiten mehr abverlangt wird als dem deutschsprachigen Rezipienten.

[Alfreds Mutter freut sich über den Besuch ihres Sohnes]

(AT- 13) DIE MUTTER (streicht ihm langsam über das Haar): Das ist schön von dir, mein lieber Alfred - daß du nämlich deine liebe Mutter nicht total vergessen hast, lieber Alfred -
ALFRED: Aber wieso denn total vergessen? Ich wär ja schon längst immer wieder herausgekommen, wenn ich nur dazu gekommen wär - aber heutzutag kommt *doch* schon keiner mehr dazu, vor lauter Krise und Wirbel! (ÖH, 103)

(ZT- 13) LA MÈRE (lui caressant lentement les cheveux): C'est gentil à toi, mon cher Alfred... que tu n'aies pas complètement oublié ta mère, mon cher Alfred -
ALFRED: Comment ça, complètement? Je serais venu bien plus tôt, et plus souvent même, si j'en avais trouvé le temps... mais plus personne n'a le temps de nos jours avec la crise et tout le tremblement! (ÖH', 9)

Als allgemeine Tendenz zur Übersetzung dieses *doch* kann nunmehr festgehalten werden, daß der französische Text in der Regel ein Verb des Sagens, Wissens oder der Wahrnehmung in Verbindung mit adverbiellem *bien* verlangt oder aber auf syntaktische Mittel der emphatischen Hervorhebung zurückgreift, wobei zu berücksichtigen ist, daß dabei die Intonation im Französischen bisweilen eine größere Rolle spielen kann als im Deutschen.

A.1.1.4 Voraussetzungssichernde initiative *doch* - Äußerungen

Haben wir bisher vor allem stark reaktive Varianten des *doch* auf der Grundlage unseres Korpus besprochen, so findet sich auch eine stark initiativ ausgerichtete Variante dieser MP, die wir nunmehr unserer Gliederung hinzufügen möchten. Da es sich hierbei um voraussetzungssichernde initiative *doch*-Äußerungen handelt, die den Gesprächspartner zu einer bestimmten Handlung oder Reaktion anregen oder aber ihn an einen als Voraussetzung für den nächsten Handlungsschritt entscheidenden Sachverhalt erinnern sollen, zählt auch diese Variante zu den schwach adversativen. Diese *doch*-Äußerungen sollen die Kommunikation steuern und im Sinne des Griceschen Kooperationsprinzips (für den Sprecher) positiv beeinflussen oder den Bereich möglicher Fortsetzungen der Kommunikation einschränken. Wichtigstes Kriterium für den Sprecher ist dabei die Kohärenz innerhalb des Dialoges, sie bildet die Voraussetzung, auf der er die Fortsetzung des Dialoges planen kann. Nach der Differenzierung von Rudolph (1986) handelt es sich bei dieser Variante um konversationell gebrauchtes *doch*, das zur Herstellung von Übereinstimmung dient, welche wiederum als Voraussetzung für den vom Sprecher geplanten Handlungs- oder Kommunikationsfortgang benötigt wird.

Der Sprecher übt mit diesen *doch*-Äußerungen korrektive Tätigkeit aus (Settekorn 1977: 411), er bewertet vorausgegangene Sprechakte und drückt eine bestimmte Erwartungshaltung hinsichtlich der nachfolgenden Sprechakte oder Handlungen aus. Daher ist in dieser Hinsicht auch das Konzept der Sprechaktsequenzen relevant (Dahl 1987:19). Die mit *doch* zugrunde gelegte Gegensatzstruktur bezieht sich hier lediglich auf ein Erinnern an Sachverhalte, die dem Hörer eventuell gerade nicht präsent sind, wobei als argumentativer 'Schachzug' von seiten des Sprechers die Zustimmung des Gesprächspartners vorausgesetzt wird und etwaige Einwände verhindert werden sollen (cf. Beerbom 1992: 179). Beerbom spricht in diesem Zusammenhang sogar von „perfider Verwendung von *doch*", die es dem Hörer unmöglich oder zumindest sehr schwierig macht, „dieser als gemeinsam unterstellten Situationseinschätzung zu widersprechen" (Beerbom 1992: 180).

[Marianne soll der Baronin vorsingen]

(AT- 14) BARONIN: [...] Kennens denn kein Wienerlied, Sie sind *doch* Wienerin - irgendein Heimatlied-
MARIANNE: Vielleicht das Lied von der Wachau? (ÖH, 154)

(ZT- 14) LA BARONNE: [...] Vous connaissez pas un air viennois, vous êtes *bien* viennoise... Un petit air folklorique-
MARIANNE: Celui de la Wachau peut-être? (ÖH', 57)

[Jochen kann nicht verstehen, daß Schwitter sein Geld verbrannt hat]

(AT- 15) JOCHEN: Verbrannt. (Erhebt sich, die Hände voll Asche) Anderthalb Millionen.
SCHWITTER: Sie brannten lustig.
JOCHEN: Warum hast du sie vernichtet?
SCHWITTER: Ich weiß nicht.
JOCHEN: Du mußt *doch* einen Grund gehabt haben.
SCHWITTER: Aus Laune. (FD, 50)

(ZT- 15) JOACHIM: Brûlé. (Il se relève, les mains pleines de cendres.) Un million et demi.
SCHWITTER: Il a brûlé allègrement.
JOACHIM: Pourquoi l'as-tu détruit?
SCHWITTER: Je ne sais pas.
JOACHIM: Tu devais *bien* avoir une raison.
SCHWITTER: Un caprice. (FD', 58-59)

[der Bürgermeister legt Ill den Selbstmord zum Wohle der Gül1ener nahe]

(AT- 16) DER BÜRGERMEISTER: Wir könnten dann der Dame sagen, wir hätten Sie abgeurteilt, und erhielten das Geld auch so. Es hat mich Nächte gekostet, diesen Vorschlag zu machen, das können Sie mir glauben. Es wäre *doch* nun eigentlich Ihre Pflicht, mit Ihrem Leben Schluß zu machen, als Ehrenmann die Konsequenz zu ziehen, finden Sie nicht? [...] (DB, 108)

(ZT- 16) LE MAIRE: On dirait à la dame que nous vous avons condamné et nous toucherions aussi l'argent. Croyez bien que cette suggestion m'a coûté plusieurs nuits d'insomnie. *Mais finalement: ce serait votre devoir*, de subir en homme d'honneur les conséquences de vos actes et de mettre un terme à votre vie. Vous ne trouvez pas? (DB', 126)[59]

Wie die Beispielsätze zeigen, ist hier der Übergang vom Deklarativsatz zur rhetorischen Frage fließend. Je eindringlicher die initiative Komponente vermittelt werden soll, desto mehr besteht im Deutschen die Tendenz zur Bildung von **Partikelketten**. Im Französischen kann zum Ausdruck des vorausgesetzten Einverständnisses des Hörers mit adverbiellem *bien* gearbeitet

---

[59] Bei diesem Beispiel kommt zur Explizitheit im Französischen noch ein argumentatives *mais* hinzu, das den Grad an Explizitheit noch erhöht.

werden, oder aber man expliziert den im Deutschen mittels der Partikel unterstellten Sachverhalt auf explizitere Art und Weise. Häufig zeichnen sich diese *doch*-Äußerungen durch große Nähe zur Variante der Begründung aus, da das geforderte Handeln durch die explizit oder implizit beigefügte Begründung als noch dringlicher dargestellt und damit auch der Aufforderungscharakter dieser Äußerungen intensiviert wird.

[Claire ordert eine Winston beim Butler]

(AT- 17) CLAIRE ZACHANASSIAN: Eine Winston. Ich will *doch* einmal die Sorte meines siebenten Gatten probieren, jetzt wo er geschieden ist, der arme Moby mit seiner Fischleidenschaft. (DB, 55)

(ZT- 17) CLAIRE ZAHANASSIAN: Un Winston! À présent que nous avons divorcé, je veux *tout de même* goûter les cigares du N° 7. Pauvre Moby, avec sa passion pour le pêche à la ligne, [...] (DB', 61)

Der Äußerung kann durch die in *doch* implizierte Betonung eines gemeinsamen (allgemeingültigen) Wissens Nachdruck verliehen werden, womit eine Aufforderung unterstrichen und gleichzeitig begründet wird. In diesen Fällen ist der Übergang vom begründenden zum initiativen *doch* fließend, was wiederum zeigt, daß die Modalität des *doch* auf mehrere Trägerebenen ausgerichtet sein kann und es darum geht, die prominente *doch*-Nuance im Kontext zu erfragen. Sehr häufig tritt das frequente *doch* auch hier nicht als einzelne Partikel, sondern als Glied in einer Partikelkette[60] auf.

[die Mutter will, daß Alfred seiner Großmutter zum Geburtstag gratuliert]

(AT- 18) DIE MUTTER: Vergiß ihr nur ja nicht zu gratulieren - nächsten Monat wird sie achtzig, und wenn du ihr nicht gratulierst, dann haben wir hier wieder die Höll auf Erden. Du bist *doch* ihr Liebling. (ÖH, 105)

(ZT- 18) LA MÈRE: N'oublie pas de lui souhaiter son anniversaire... Quatre-vingts ans, le mois prochain, si tu oublies son anniversaire, ça va être l'enfer. Tu sais *bien* que tu es son préféré. (ÖH', 11)

Was hier im Deutschen eher implizit durch die Partikel an Modalität in den Satz eingebracht wird, wird im Französischen um einiges expliziter durch eine Formulierung mit *savoir*[61] in Verbindung mit intensivierendem adverbiellen *bien* wiedergegeben, was wiederum heißt, daß hier in der Übersetzung ein Wechsel bzw. eine Vermischung von einer *doch*-Variante mit der anderen stattgefunden hat: Aus der initiativ-auffordernden Variante wird das explizite Erinnern an bekannte Sachverhalte mittels eines Verbs des Wissens.

---

[60] Zu Kombinationen mit *doch* siehe Thurmair (1989: 214-227).
[61] Cf. dazu die Angaben des Petit Robert (1986: s.v. 'savoir'), in denen bei Wendungen mit *savoir* der explizite Verweis auf allgemeine Wissensbestände deutlich wird: „servant à présenter un fait que l'on tient pour connu, pour avéré".

Im folgenden Beispiel möchte die Gnädige Frau, die bei Marianne Zinnsoldaten einkauft, ihrer Bitte um prompte Lieferung Nachdruck verleihen. Im Französischen wird der Nachdruck der Aufforderung im *doch*-Begründungssatz durch eine syntaktisch markierte Form mit *il y a ... que* ausgedrückt.

(AT- 19)   DIE GNÄDIGE FRAU: Also nochmals, nur damit keine Verwechslungen entstehen: drei Schachteln Schwerverwundete und zwei Schachteln Fallende - auch Kavallerie bitte, nicht nur Infanterie - und daß ich sie nur übermorgen früh im Haus hab, sonst weint der Bubi. Er hat nämlich am Freitag Geburtstag, und er möchte *doch* schon so lange Sanitäter spielen. (ÖH, 113)

(ZT- 19)   LA DAME: Bon, alors juste pour qu'il n'y ait pas de confusion: trois boîtes de blessés et deux boîtes de mourants... et s'il vous plaît, de la cavalerie, pas seulement de l'infanterie... et il me les faut après-demain matin, sinon Bébé va pleurer. C'est vendredi son anniversaire et *il y a* si longtemps *qu*'il veut jouer à l'infirmier. (ÖH', 19)

Der voraussetzungssichernde Aspekt, der gleichzeitig die Begründung für die geplante Handlung darstellt, wird im folgenden Beispiel in einer **Redewiedergabe** deutlich. Das Französische bedient sich hier wieder des adverbiellen *bien* als Mittel der Emphase:

[die Haintzin und Elias' Mutter versuchen, Elias' Augen ihr Grün wiederzugeben]

(AT- 20)   Die Haintzin riet ihr [der Seffin], es beim Jungen mit verschiedentlichen Abreibungen, Aufgüssen und Umschlägen zu probieren. Die Idee sei ihr gekommen, schnaufte sie, wie sie nichtsdenkend in den grünen Maimorgen geblinzelt habe. Grün, überall Grün, habe sie gedacht. Es müsse *doch* möglich sein, etwas von diesem Grün dem Elias zurückzugeben, und sie wisse auch schon wie. (RS, 45)

(ZT- 20)   La Haintz lui avait conseillé de tenter sur le gamin diverses frictions, lotions et compresses. L'idée lui en était venue, dit-elle en soufflant, tandis qu'elle ne pensait à rien en regardant le matin de mai. Du vert, partout du vert, se disait-elle. Il devait *bien* être possible de rendre à Elias un peu de tout ce vert, et d'ailleurs elle savait comment. (RS', 45-46)

Hat es sich bisher bei den schwach adversativen Varianten der MP *doch* aufgrund der starken Kontextgebundenheit und des Zusammenspiels mit pragmatischen Faktoren der jeweils dargestellten Kommunikationssituation als eher schwierig erwiesen, allgemeingültige, translatorisch relevante Aussagen zur Übersetzung zu machen, so läßt sich bei den voraussetzungssichernden initiativen *doch*-Äußerungen doch eine relativ starke Tendenz zur Verwendung von adverbiellem *bien* als emphatisches Mittel der Wahl feststellen, dessen Funktion jedoch auch teilweise auf syntaktischer Ebene durch Emphasestrukturen wahrgenommen werden kann.

A.1.1.5 schwach adversatives *doch* in der Begründung

Die MP *doch* findet sich vielfach in Äußerungen der Begründung. Dies wurde auch schon in der Partikelliteratur festgehalten (cf. Beerbom 1992: 180-182), jedoch hat man bis dato nicht die Unterscheidung zwischen schwach adversativen und stark adversativen Ausdrücken der Begründung getroffen, die u.E. für den translatorischen Zugang hilfreich ist. Wir unterscheiden hier nunmehr zwischen einem *doch* in der Begründung, das auf bekanntes allgemeines Wissen hinweist, um damit eine Aussage zu bekräftigen oder Argumente zu untermauern, während das *doch* in der stark adversativen Aussage immer eine massive Zurückweisung unterstreicht. Wir möchten an dieser Stelle auch mit Beerbom (1992: 181) darauf hinweisen, daß der MP *doch* vielfach unterstellt wird, zwar eine kausale Relation herzustellen, daß die Partikel jedoch nicht als selbständige Konjunktion fungieren kann, sondern die Begründung in kausal-explikativen Sätzen lediglich zu untermauern und zu intensivieren vermag. Allerdings können wir die in der Fremdsprache oftmals eingefügten kausalen Konjunktionen nicht so kategorisch wie Beerbom (1992: 181) als Entsprechungen für das modale *doch* ablehnen, da wir der Ansicht sind, daß eben diese die im Deutschen nur implizit vorhandene kausale Relation verdeutlichende Partikel in der Fremdsprache die explizite Verwendung einer Kausalkonjunktion bedingt. Dies gilt v.a. für die Verwendung von *doch* in begründenden **Nebensätzen**.

Im Französischen stehen zum Ausdruck der Begründung verschiedene Mittel der Modalität zur Verfügung. Im folgenden Beispiel werden gleich zwei dieser Mittel veranschaulicht. Zum einen das Explizit-Machen des im Deutschen nur implizit vorhandenen, begründenden Aktes durch die Konjunktion *car*, wodurch die argumentative Relation zwischen den einzelnen Sätzen expliziert wird. Zum anderen eine *mise en relief*, die, was aus dem Kontext zu erschließen ist, als Signal der Begründung verwendet wird (*c'était...qui*). Bei diesen *mise en relief*-Konstruktionen handelt es sich nach Riegel et al. (^{2}1996: 430) um eine *extraction* mittels einer *phrase clivée*, welche von den Autoren folgendermaßen definiert wird: „un constituant est extrait de la phrase et placé au début de celle-ci, encadré par le présentatif *c'est* […] et par le pronom relatif *qui* ou *que*." Mit Hilfe dieser syntaktischen Markierung wird nunmehr im gegebenen Kontext die begründende Emphase ausgedrückt: „L'extraction met en œuvre le procédé emphatique qui associe un présentatif et un relatif pour extraire un constituant de la phrase et qui permet d'obtenir ainsi une *phrase clivée*" (ibid.).

[der Bürgermeister hält eine Lobrede auf Claire]

(AT- 21)   DER BÜRGERMEISTER: […] Ihre Leistung in der Schule wird noch jetzt von der Lehrerschaft als Vorbild hingestellt, waren Sie *doch* besonders im wichtigsten

Fach erstaunlich, in der Pflanzen- und Tierkunde, als Ausdruck Ihres Mitgefühls zu allem Kreatürlichen, Schutzbedürftigen. Ihre Gerechtigkeitsliebe und Ihr Sinn für Wohltätigkeit erregte schon damals die Bewunderung weiter Kreise. (Riesiger Beifall). Hatte *doch* unser Kläri einer armen alten Witwe Nahrung verschafft, in dem sie mit ihrem mühsam bei Nachbarn verdienten Taschengeld Kartoffeln kaufte und sie so vor dem Hungertod bewahrte, um nur eine ihrer barmherzigen Handlungen zu erwähnen. (DB, 43-44)

(ZT- 21) LE MAIRE: [...] Vos exploits scolaires sont encore cités en exemple par le corps enseignant, *car* vous étiez particulièrement étonnante dans la branche principale de nos études: l'histoire naturelle. C'était l'expression de votre sympathie pour toutes les créatures et pour tous les êtres qui ont besoin de protection. Votre amour de la justice et votre sens de la bienfaisance provoquaient déjà l'admiration de cercles étendus. (Applaudissements). *C'était* notre Clara, *qui* avait procuré de la nourriture à une pauvre vieille, en lui achetant des pommes de terre avec l'argent de poche qu'elle avait péniblement gagné chez des voisins, la sauvant ainsi de devoir mourir de faim - pour ne mentionner qu'une seule de ses actions charitables. (DB', 45)

Außerdem ist zu diesem Beispiel noch anzumerken, daß die MP *doch* „konstitutiv für begründende Trägersätze [ist], die eine Inversion aufweisen, wie sie häufig auch in Exklamativsätzen vorkommt" (Beerbom 1992: 181). Dieser Gebrauch der MP ist charakteristisch für die literarisch-schriftliche Sprache oder aber einen etwas archaischen Sprachgebrauch[62].

Im folgenden Beispiel wirkt die MP *doch* bestätigungsheischend und drückt eine Verstärkung der kausalen Relation zwischen den beiden Trägersätzen aus. Sie wird interpretierend mit eingeschobenem Relativsatz übersetzt:

[Der Maler erzählt, wie der Wirt durch seine Trunksucht sich selbst und seine Frau zugrunde richtet]

(AT- 22) Sie [die Wirtin] beschwor die Wirtsleute, die Konkurrenz also, ihm doch von jetzt an nichts mehr zu geben. Aber die haben immer auf sie gepfiffen. Freut sich *doch* jeder Wirt, wenn er mit der Zeit einen anderen umbringt. (TB, 110)

(ZT- 22) Elle les implorait, ses concurrents, de ne plus lui donner à boire, mais ils se sont toujours moqués de ce qu'elle disait. Tout cafetier *qui s'honore* se réjouit de réussir, de temps en temps, à en supprimer un autre. (TB', 108)

Die MPn *ja* und *doch* haben viele Gemeinsamkeiten in Verwendung und modalem Gehalt (cf. dazu Beerbom 1992: 217-218). Eine dieser Gemeinsam-

---

[62] Cf. dazu Hentschel (1986: 141): „In einem etwas archaischen Sprachgebrauch ist [...] die Inversion des flektierten Verbs ein Mittel der Emphase, das nicht auf Exklamationen beschränkt ist [...]."

keiten liegt im besprochenen 'begründenden'[63] Charakter der MPn. In der **Partikelkette** werden sie oft zu Trägern eines impliziten Exklamativsatzes, finden jedoch in der Übersetzung **meist keine Entsprechung**, wenn im Deutschen explizit ein Indikator der Begründung - wie z.b. eine kausale Konjunktion - gesetzt wurde. Dies ist vor allem im **Nebensatz** der Fall:

[der Maler erzählt über das Schicksal der Wirtsleute, deren Existenz durch die Trunksucht des Wirtes bedroht ist]

(AT- 23) Aber das Haus gehört ihm [dem Wirt], das hält sie [die Wirtin, seine Frau] von ihrem brutalsten Vorhaben ab: ihn vor die Tür zu setzen für alle Zeit. Geschickterweise, weil er ja *doch* nicht dumm ist, hat er sich immer geweigert, den Besitz auf ihren Namen umschreiben zu lassen, wie sie das oft nachdrücklich von ihm gefordert hat, er weigerte sich sogar, auch nur einen Teil des Vermögens, das in dem Grundstück, der Mulde, und in dem Gasthaus vorhanden ist, notariell an sie abzutreten. (TB, 110)

(ZT- 23) Mais la maison est à lui, c'est ce qui la retient d'exécuter son projet de le mettre à la porte définitivement. Assez adroit, *car il n'est pas bête*, il a toujours refusé de faire transcrire la propriété à son nom à elle comme elle l'a expressément exigé à plusieurs reprises; il a même refusé de lui céder par acte notarié la moindre parcelle de fortune constituée par le terrain avec le creux, et l'auberge. (TB', 107)

Im folgenden Beispiel stellt die MP *doch* wieder in Kombination mit *ja,* das auch auf bekannte Sachverhalte hinweist, eine Verstärkung der schon im Deutschen explizit mit *da* – bzw. im Translat mit *puisque* - ausgedrückten Begründung dar und bleibt daher in der Übersetzung unberücksichtigt[64]:

[der Maler unterhält sich mit einem Landstreicher, der ohne für seinen Lebensunterhalt Vorsorge zu treffen, in den Tag hineinlebt]

(AT- 24) Und wie stellen Sie sich vor, daß es weitergeht? Da Sie ja *doch* jetzt, wie ich annehmen muß, ziemlich in der Luft hängen, sich da herumtreiben? Wie also soll es weitergehen? (TB, 237)

(ZT- 24) Et comment pensez-vous que ça va continuer? Puisque je vous vois rôder par ici, il me semble que vous êtes sans emploi. Comment croyez-vous que les choses vont tourner? (TB', 231)[65]

---

[63] Die Bezeichnung 'begründend' wird hier unter Anführungszeichen gesetzt, da es sich ja - wie schon dargelegt wurde - im eigentlichen um eine die Begründung unterstützende Funktion der MP handelt und sie selbst nur implizit kausale Relationen verdeutlichen kann.

[64] In Verbindung mit *ja* steht modales *doch* in großer Nähe zum Affirmationsadverb, von dem es sich auch nur schwer abgrenzen läßt. Cf. dazu Thurmair (1989: 209-210).

[65] Zu dieser Übersetzung muß angemerkt werden, daß sich hier lexikalisch-idiomatische Probleme im Translat ergeben haben, die der Übersetzer nicht zu lösen vermochte: Das Verb *rôder* ist zwar sehr ausdrucksstark, wird aber im Französischen von der Sprachnorm her gesehen in ganz bestimmten Kollokationen gebraucht (*un renard rôde, un voleur rôde*). Das etwas neutralere *érrer* wäre hier wohl günstiger, da es die Übersetzung idiomatischer wirken ließe. Abgesehen davon kommt es in der Übersetzung nicht nur was die Modalität anbelangt,

Weiters stellen Intensiva generell im Französischen eine dankbare Möglichkeit zur Wiedergabe von 'begründendem' *doch* dar, das eine Aufforderung unterstreicht. Hier ein Beispiel mit *trop*[66]:

> [Beim Sonntagsausflug bittet eine der Tanten Oskar, von den Kindern Fotos zu machen]

(AT- 25) ERSTE TANTE: Lieber Herr Oskar, ich hätt ein großes Verlangen - geh, möchtens nicht mal die Kinderl allein abfotografieren, die sind *doch* heut so herzig - (ÖH, 121)

(ZT- 25) LA TANTE: Cher Oscar, je voudrais vous demander quelque chose... Vous voudriez pas faire une photo avec rien que les enfants, ils sont *trop* mignons, aujourd'hui. (ÖH', 26)

Der intensive Verweis auf allgemein bekanntes Wissen kann im Französischen jedoch auch anders als mit einer direkten Entsprechung für die Partikel eingebracht werden. Im folgenden Beispielsatz geschieht dies durch einen stilistischen Wechsel zur direkten Anrede an die Zielperson:

> [die Gnädige Frau will pünktlich ihre Zinnsoldaten geliefert bekommen]

(AT- 26) DIE GNÄDIGE FRAU: Also ich kann mich auf sie verlassen?
MARIANNE: Ganz und gar, gnädige Frau! Wir haben *doch* hier das erste und älteste Spezialgeschäft im ganzen Bezirk - gnädige Frau bekommen die gewünschten Zinnsoldaten, garantiert und pünktlich. (ÖH, 113)

(ZT- 26) LA DAME: Je peux compter sur vous, n'est-ce-pas?
MARIANNE: Absolument, madame! *Vous* êtes chez le meilleur et le plus ancien fournisseur de tout l'arrondissement... Vous aurez vos soldats de plomb, madame, sans faute et à l'heure! (ÖH', 19)

Wollte man in diesem Fall die Emphase im Französischen noch etwas deutlicher ausdrücken, so könnte man dies durch eine besondere Betonung der Ortsdeixis *hier* erreichen (*C'est ici qu'on est chez le meilleur et le plus ancien fournisseur de tout l'arrondissement...*) oder mit einer idiomatischen Wendung arbeiten (*Pas de problème, Madame, vous êtes ici...*).

Vielfach wird erst durch den Übersetzungsvergleich deutlich, wie subtil die modalen Nuancen im Deutschen angelegt sind und durch welch feine Unterschiede sie sich voneinander abgrenzen. Wie schon erwähnt,

---

sondern auch was den informativen Gehalt anbelangt, zu Änderungen, die nicht vollständig rechtfertigbar erscheinen. Das in mehrfacher Hinsicht interpretierbare *in der Luft hängen* wird im Französischen zu *être sans emploi*, der Übersetzer hat also die Aussage semantisch verengt und dafür eindeutiger und expliziter gemacht. Ob dies in diesem Fall legitim ist oder nicht, ist sicherlich diskutabel, wir können jedoch im Rahmen dieser Arbeit auf derartige Probleme nicht näher eingehen.

[66] Betrachtet man dieses Beispiel wiederum unter pragmatisch-kontextuellem Gesichtspunkt, so fällt die Nähe zur initiativen *doch*-Äußerung auf, die Begründung dient dazu, der im Vorgängersatz geäußerten Aufforderung Nachdruck zu verleihen.

unterscheiden wir zwischen der schwachen und der starken Variante des *doch* in Äußerungen der Begründung. Daß dies in der Tat für eine translationsrelevante Sprachbetrachtung vonnöten ist, soll exemplarisch anhand eines Beispiels erörtert werden. Im Folgenden möchte Valerie von Erich wissen, ob er den Krieg als Soldat erlebt hat, Erich verneint dies und fügt als Begründung hinzu, daß er dazu zu jung sei. Im Französischen bleibt dieses *doch* unübersetzt, was also zeigt, daß aus dem sprachpragmatischen Kontext heraus auch die **Nullösung** Mittel der Wahl sein kann.

(AT- 27)   VALERIE: [...] Waren Sie noch Soldat?
               ERICH: Leider nein - ich bin *doch* Jahrgang 1911. (ÖH, 134)
(ZT- 27)   VALÉRIE: [...] Vous avez encore fait la guerre?
               ÉRIC: Non, hélas ... je suis de la classe de 1911. (ÖH', 38)

Wollte Erich nun aber mit einer Zurückweisung im Sinne von *Das müßte Ihnen doch bekannt sein, daher ist Ihre Frage unnötig* reagieren, also eine stark adversative Variante des *doch* setzen, müßte man dem in der Übersetzung Rechnung tragen und eine Entsprechung für die MP setzen. Die Nullösung würde also als translatorisches Mittel in diesem Fall nicht angebracht sein, da die stark adversative Variante generell eher eine Entsprechung verlangt als die schwache. Zudem hat die MP bei dieser Interpretation auch leicht begründenden Charakter. Die begründende Nuance kann im Französischen z.B. durch die Konjunktion *puisque* expliziert werden. Die Übersetzung könnte dann wie folgt lauten:

     VALÉRIE: [...] Vous avez encore fait la guerre?
     ÉRIC: Non, hélas ... *puisque* je suis de la classe de 1911.

Wollte man also anhand verschiedener Übersetzungsvarianten die adversative Graduierung, die im *doch* impliziert sein kann, aufzeigen, so würde dies wie eine Klimax strukturiert sein.[67] Zu beachten ist hierbei, daß, im Gegensatz zur Verwendung von *hélas* bzw. argumentativem *mais*, durch die Hinzufügung von *enfin* eine Steigerung der Emphase erreicht werden kann, da so Aggressivität transportiert wird[68], wodurch wiederum der Übergang vom schwachen zum starken *doch* gekennzeichnet ist. Ebenso kann die emphatisch-begründende Nuance von *donc* getragen werden, das entweder emphatisch oder aber auch argumentativ-begründend zum Vorgängersatz konnektieren kann.

     Non, *hélas* ... je suis de la classe de 1911. (-, Nullentsprechung)

---

[67] Wir kennzeichnen hier die schwach adversativen Varianten mit einem '-' und die stark adversativen Varianten mit einem '+', wobei jedoch zu beachten ist, daß die Graduierung fließend ist.
[68] Außerdem kann durch *enfin* mit Nachdruck bzw. Verärgerung auf schon erwähnte und als allgemein gültig bzw. akzeptiert angesehene Sachverhalte verwiesen werden. Genaueres dazu findet sich bei Franckel (1987: 58-61).

Mais non, hélas, je suis de la classe de 1911*!* (-)

Mais non, je suis de la classe de 1911 , *enfin!* (+)

Mais non, je suis *donc* de la classe de 1911, *enfin!* (+)

Abgesehen von wiederum kontextgebundenen und sehr heterogenen, stilistisch-pragmatischen Möglichkeiten, eine Entsprechung für die MP *doch* in begründenden Trägersätzen zu finden, kann bei dieser Variante die Tendenz festgestellt werden, für die im Deutschen implizit angedeutete kausale Relation explizit eine kausale Konjunktion im Französischen zu setzen oder aber, so im Deutschen die Relation der Kausalität schon durch eine Konjunktion markiert ist, auf eine Entsprechung zu verzichten, da dies im Französischen überladen, unidiomatisch und unnatürlich wirken würde.

A.1.1.6 Kommentierendes *doch* in Vermutungen und Folgerungen

Da eines der grundlegenden Charakteristika der MP *doch* - neben ihrer Gegensatzstruktur - darin besteht, stark zustimmungsheischend zu wirken, ist es nicht verwunderlich, daß sich als weitere Variante die Verwendung in Ausdrücken des Kommentierens, Vermutens oder Folgerns beschreiben läßt. Es handelt sich hierbei sehr oft um *doch*-Ausdrücke, die mit Verben des Kommentierens oder Modalverben wie z.B. *müssen* kombiniert werden. In der Fremdsprache finden sich neben der Wiederaufnahme der genannten Verben Entsprechungen auf lexikalischer Ebene. So wird in Beispiel (28) eine idiomatische und eher auf kolloquial-familiärer Ebene angesiedelte Entsprechung gewählt, der Übersetzer erreicht durch einen Registerwechsel einen intensivierenden Effekt. Die Wortwahl kann somit auf semantischer wie auch auf stilistischer und pragmatischer Ebene die Aussage modifizieren. Im mündlichen Sprachgebrauch kommt natürlich in solchen Fällen auch der Intonation und nonverbalen Ausdrucksmitteln wie Gestik und Mimik eine große Rolle zu, dies wurde v.a. bei Beispiel (29) von unseren muttersprachlichen Gewährspersonen besonders betont.

[Rons Treffen mit dem Perlenhändler erregt bei seinen Gegenspielern Verdacht]

(AT- 28) Da ist *doch* etwas faul, kommentierte de Luca, als sie wieder an ihrem Tisch saßen. (K, 162)

(ZT- 28) Il y a quelque chose qui *cloche*, commenta De Luca, une fois qu'ils furent assis à leur table. (K', 179)

[der Gouverneur versucht, mehr über Ron herauszufinden]

(AT- 29) <Es war schon immer mein Traum [auf einer einsamen Insel zu leben] - von Kindheit an>, log Ron.

(ZT- 29) <Und Ihr Job? Sie müssen *doch* einen guten Job gehabt haben, sonst könnten Sie sich so ein Schiff nicht leisten. Wollen Sie das alles hinwerfen?> (K, 186)
<Ça a toujours été mon rêve - depuis mon enfance>, mentit Ron.
<Et votre boulot? Vous avez dû avoir un *sacré bon* job, sinon vous n'auriez pas pu vous offrir un bateau comme ça. Et vous voulez laisser tomber? (K', 206)

Tritt *doch* in Verbindung mit einer weiteren Partikel auf (**Partikelkette**) - meist handelt es sich dabei um eine Gradpartikel -, so bleibt die modale Partikel in der Regel **unübersetzt**, und der Fokus liegt auf der graduierenden Nuance:

[der Maler erzählt über seine unbehaglichen Nächte]

(AT- 30) Die kalte Luft, glaube ich, wird mich wieder in Gang bringen, so wie Aufziehen ein Uhrwerk wieder in Gang bringt. Aber das ist *doch* nur Täuschung. Die Anstrengungen und die Schliche, mich wieder in Gang zu bringen, werden jetzt immer schwieriger. (TB, 212)

(ZT- 30) L'air froid, me dis-je, va me remettre en marche, comme on remonte, pour la remettre en marche, le mécanisme d'une horloge. Mais cela n'est qu'une illusion. Les fatigues et les ruses pour me remettre en marche deviennent de plus en plus difficiles maintenant. (TB', 207)

A.1.1.7 *doch* als Träger von Höflichkeitsnormen

Als zu den kommentierenden *doch*-Ausdrücken gehörig, möchten wir in diesem Zusammenhang auch Phrasen betrachten, die als Träger von Höflichkeitsnormen fungieren und somit sozial interaktiv genormte Funktionen erfüllen. Leider haben sich in unserem Korpus dazu nicht genügend Beispiele gefunden, um allgemeingültige Aussagen zu Möglichkeiten der Entsprechung im Französischen zu machen, wir möchten hier jedoch exemplarisch noch ein Beispiel anführen, in welchem in der Fremdsprache ein intensivierender Adverbialausdruck als Entsprechung gewählt wurde:

[Schwitter bedankt sich bei Pfarrer Lutz, der beim Verfeuern seines Geldes zugegen war]

(AT- 31) SCHWITTER: Nett, daß Sie mir geholfen haben, meine anderthalb Millionen -
PFARRER LUTZ: Das war *doch* selbstverständlich. (FD, 25)

(ZT- 31) SCHWITTER: C'est bien aimable à vous de m'avoir aidé à faire flamber mon million et demi...
PASTEUR LUTZ: C'était *tout à fait* naturel. (FD', 27)

A.1.2 stark adversatives *doch*

Nachdem wir nunmehr die Varianten vorgestellt haben, die u.E. als schwach adversative Formen des modalen *doch* gewertet werden können, möchten wir nunmehr auf die stark adversativen *doch*-Äußerungen eingehen. Obwohl wir im

Rahmen dieser Arbeit bewußt auf Frequenzanalysen verzichtet haben[69], scheinen diese *doch*-Äußerungen weitaus häufiger in der gesprochenen und geschriebenen Sprache vorzukommen als schwach adversative *doch*-Äußerungen[70]. Es handelt sich hierbei in der Regel um Ausdrücke der Zurückweisung, die der Gegensatzstruktur des modalen *doch* entsprechen und stark reaktiven Charakter haben. Meist handelt es sich dabei um mehr oder weniger spontane Reaktionen des Sprechers auf Vorgängeräußerungen oder vorangegangene Sprechakte. Es lassen sich jedoch auch innerhalb dieser Gruppe der stark adversativen Zurückweisungen nach der illokutionären Funktion wiederum Varianten unterscheiden, die wir nunmehr auf der Grundlage unseres Korpus vorstellen möchten. Wir gehen dabei hierarchisch graduierend nach dem Grad an Adversativität vor und gehen also von schwächer adversativen zu stärker adversativen Varianten.

A.1.2.1   *doch* in der Zurückweisung

In der folgenden Textpassage aus Dürrenmatts *Besuch der alten Dame* wird die Vielfalt des zurückweisenden *doch* deutlich. Die Zurückweisung[71] entsteht in der Regel dadurch, daß auf eine unmittelbare Vorgängeräußerung, einen Sprechakt, Bezug genommen und diese kritisiert und meist mit einem Gegenargument entkräftet wird. Der Sprecherzug ist in diesen Fällen rein reaktiv, da es sich ja nicht um vom Gegenüber gewünschte Reaktionen handelt, sondern im Gegenteil gegen dessen Interessen agiert wird. Insbesondere können falsche Präsuppositionen zurückgewiesen werden, wobei die *doch*-Äußerung zur Ausführung argumentativer Gesprächsschritte beiträgt (Franck 1980: 179) und es dem Sprecher ermöglicht, eine Klärung seiner Situationsdefinition zu geben und somit die interaktive Situation aus seiner Sicht zu definieren. Dabei kann auf allgemeingültige Wahrheiten zurückgegriffen werden, die der Sprecher seinem Gesprächspartner ins Gedächtnis ruft, der Gegenstand, gegen den sich der Vorwurf richtet, kann präzise genannt werden, die Kritik kann sich aber auch gegen allgemeine Haltungen und Sachverhalte richten.

Bei Dürrenmatt finden wir nunmehr ein *doch*, das eine allgemeine Zurückweisung darstellt und im Französischen mit einem Wechsel des Satztyps

---

[69] Wir sind der Ansicht, daß diese zwar im Rahmen einzelsprachlicher Untersuchungen hilfreich sein können, jedoch für die kontrastive Arbeit unberücksichtigt bleiben können, da es hier ja primär um Fragen der Translatorik geht.

[70] Diese Feststellung beruht jedoch nur auf der Grundlage unserer Korpusanalyse.

[71] Zur Zurückweisung auf der Ebene der Illokution und der Interaktion siehe Moeschler (1980), der zwischen „illocution" und „interactivité" bzw. „valeur" und „fonction" unterscheidet und eine Typologie interaktiver Funktionen erstellt, worunter er die Klassifikation von Sprechakten nach dem Bezug zum vorhergehenden bzw. nachfolgenden Sprechakt versteht.

wiedergegeben wird. Die Übersetzung erweist sich jedoch in diesem Fall als nicht ganz unproblematisch, da die argumentative Grundhaltung des Sprechers und damit die Illokution der Aussage durch den in der Übersetzung gewählten Satztypwechsel merklich verändert und somit die Argumentation bzw. das Interaktionsgeschehen in der Wiedergabe gestört wird. Dies wird auch in der Sequenzfolge deutlich. Der Deklarativsatz der Feststellung wird in der Übersetzung zu einer rhetorischen, zustimmungsheischenden Frage *(das ist doch klar / c'est clair?*[72]*)*. Außerdem wird in der Antwort darauf im Französischen aus dem zustimmenden *Meine ich auch* ein etwas vageres *Il me semble*, was der Fragestruktur der Übersetzung entspricht, da ansonsten die Kohärenz zum Vorgängerzug gestört wäre. Der übersetzte Text muß in sich - wie der Ausgangstext - kohärent sein, und auch die einzelnen Repliken müssen zueinander auf semantischer wie auch auf pragmatischer Ebene in einem Verhältnis der Kohärenz stehen. Der reaktive Zug hat auf Sprechakt- wie auch auf Textebene zum kommunikativen Umfeld komplementär zu sein, die semantische Präsupposition muß den pragmatischen Rahmenbedingungen entsprechen. Elliptische Formulierungen wie *il me semble* sind komplementäre Formulierungen, die „in einen gegebenen konversationellen Kontext hineinformuliert und in dieser vorgegebenen 'Matrix' interpretiert werden müssen" (Franck 1980: 83). Der relevante sequentielle Kontext ist dabei wesentlich für die Interpretation durch den Rezipienten.

Weiters findet sich *doch* in einer indirekten Aufforderung, mit welcher die Vorgängerbehauptung entkräftet *(das müssen Sie doch selber zugeben)* und somit zurückgewiesen wird, wobei die Zurückweisung auch begründenden Charakter hat und der somit erhobene Gültigkeitsanspruch dem Sprecher „Begründungen und Rechtfertigungen für seine Einschätzung, für seine Charakterisierung der vom Hörer erwarteten Einschätzung und Handlung und [...] eine Rechtfertigung für die Zurückweisung möglicher Einwände" (Settekorn 1977:

---

[72] Zu dieser Übersetzung möchten wir allerdings anmerken, daß sie nicht wirklich den französischen Sprachgegebenheiten entspricht. Setzt man im Französischen eine rhetorische Frage, so würde dies ein nachgestelltes *non?* verlangen (*C'est clair, non?*), ansonsten müßte man, wollte man den Deklarativ- oder den Exklamativmodus wählen, auf *C'est évident!* oder *C'est clair!* ausweichen. Wollte man die Zurückweisung im Französischen noch deutlicher zum Ausdruck bringen, so würde sich *enfin*, eventuell in Verbindung mit *pourtant*, anbieten. Auch hier könnte man verschiedene Übersetzungsvarianten mit unterschiedlicher Adversativitätsgraduierung anbieten, wobei v.a. durch *enfin* die Nuance *tu m'énerves/tu m'irrites / tu m'agaces*, aber auch *tu devrais le savoir* in die Aussage eingebracht wird:
C'est clair, non?
C'est évident!
C'est pourtant clair, enfin!

395-396)[73] liefert. Dieses *doch* wird im Französischen lexikalisch expliziter gemacht, indem es verbal mit *être obligé de* aufgelöst wird. Schließlich folgt am Ende der Passage erneut ein solches allgemein zurückweisendes *doch*, das generalisierend eingesetzt wird (*das ist doch logisch*) und in der Übersetzung mit einem Adverb (*pourtant*) übertragen wird.

[Ill fordert die Polizei auf, gegen Claire einzuschreiten]

(AT- 32) DER POLIZIST: Passen Sie mal auf, Ill. Eine Anstiftung zum Mord liegt nur dann vor, wenn der Vorschlag, Sie zu ermorden, ernst gemeint ist. Das ist *doch* klar.
ILL: Meine ich auch.
DER POLIZIST: Eben. Nun kann der Vorschlag nicht ernst gemeint sein, weil der Preis von einer Milliarde übertrieben ist, das müssen Sie *doch* selber zugeben, für so was bietet man tausend oder vielleicht zweitausend, mehr bestimmt nicht, da können Sie Gift drauf nehmen, was wiederum beweist, daß der Vorschlag nicht ernst gemeint war, und sollte er ernst gemeint sein, so kann die Polizei die Dame nicht ernst nehmen, weil sie dann verrückt ist. Kapiert?
ILL: Der Vorschlag b e d r o h t mich, Polizeiwachtmeister, ob die Dame nun verrückt ist oder nicht. Das ist *doch* logisch. (DB, 62-63)

(ZT- 32) L'ADJUDANT: Attention, Ill, attention. Il n'y aurait provocation au meurtre, que si le projet de vous faire assassiner avait été pensé sérieusement. *C'est clair?*
ILL: *Il me semble.*
L'ADJUDANT: Eh bien? Il est impossible de prendre l'offre de la dame au sérieux, parce que le prix de cent milliards ext exagéré, *vous êtes obligé d'*en convenir. Pour une chose semblable, on offre cent mille ou deux cent mille [sic], mais certainement pas davantage, croyez-moi. Cela prouve une fois de plus que tout ceci n'est pas sérieux. Et même si ça l'était, alors ce serait la dame que la police ne devrait plus prendre au sérieux, car il serait prouvé qu'elle est folle. Compris?
ILL: Folle ou pas folle. Son offre reste une menace pour ma vie. C'est *pourtant* logique. (DB', 69)

Will man nun diese *doch*-Varianten näher spezifizieren, so könnte man sie wiederum Subvarianten anderer Typen zuordnen. Die Funktionsvariante 'zurückweisendes *doch*' kann sich in unterschiedlicher Art und Weise zeigen. So kann hier z.B. die Verbindung mit *müssen* als indirekte Aufforderung interpretiert werden, wie auch die beiden Zurückweisungen *Das ist doch klar* und *Das ist doch logisch* als emphatische Assertionen deklariert werden können (siehe Punkt A.2.3). Wir haben hier als Einleitung zur Zurückweisung dieses Beispiel gewählt, um zu zeigen, wie eng die einzelnen Varianten des *doch* miteinander verbunden sind, wenn es sich um Realisierungsformen ein- und derselben Funktionsvariante handelt, und um auf die Komplexität des Unter-

---

[73] Cf. dazu die Umschreibung Settekorns (1977: 396): „Aufgrund der Tatsache, *daß p* als zutreffend/anerkannt/bekannt/sicher angesehen wird, erwarte ich von Dir zu Recht, daß Du mit mir in meiner Einschätzung zu *daß p* übereinstimmst und dieser Übereinstimmung durch eine Bestätigungshandlung Ausdruck verleihst."

suchungsgegenstandes aufmerksam zu machen. Jede wie auch immer geartete Einteilung in Varianten kann nur ein Hilfsmittel für bestimmte Zwecke darstellen, nicht aber exhaustiv und allgemeingültig sein. Von Bedeutung ist die Perspektive, unter der man eine solche Klassifikation erstellt, und diese bezieht sich in unserem Fall auf die Tätigkeit des Übersetzers.

A.1.2.1.1 allgemeine Zurückweisung: ohne Spezifizierung, wogegen sich der Sprecher verwehrt

Wie eingangs schon erwähnt, findet man stark adversatives *doch* in der Zurückweisung sehr häufig in Trägersätzen, die allgemein Unmut über einen Zustand oder eine Sachlage zum Ausdruck bringen, ohne jedoch genau zu spezifizieren, wogegen sich der Sprecher verwehrt. In solchen Aussagen liegt es vielmehr am Hörer zu inferieren, zwischen welchen Größen der Sprecher seine Bezüge herstellt[74]. Dabei muß die Bezugseinheit auch nicht unbedingt ein Sprechakt sein, die Relation kann allgemein zu einer Handlung des Gegenübers hergestellt werden, wobei auf Präsuppositionen, Implikationen oder Implikaturen Bezug genommen werden kann (cf. Franck 1980: 178-179):

    [Valerie und Erich beim 'Konversieren']
(AT- 33)   VALERIE (zu Erich): Was kennen Sie denn für Operetten?
    ERICH: Aber das hat *doch* mit Kunst nichts zu tun! (ÖH, 123)
(ZT- 33)   VALÉRIE (à Éric): Qu'est-ce-que vous connaissez comme opérette?
    ÉRIC: Aucun rapport avec l'art! (ÖH', 28)

In diesem Beispiel wird „eine Antwort als irrelevant und eine Frage als überflüssig bewertet" (Beerbom 1992: 175). Die Sprecherreplik[75] hat also einerseits auf metakommunikativer Ebene die Funktion einer Zurückweisung[76] und andererseits die Funktion, den Sprechakt, auf den sie sich bezieht, als unpassend bzw. unnötig zu bewerten und zu kennzeichnen (cf. Moeschler 1980: 67). Die Entsprechung findet sich im Französischen in der unhöflichen Replik, die die ungeduldige, intensivierende Nuance des Deutschen trägt und ausdrückt,

---

[74] Cf. dazu Beerbom, die nicht zwischen allgemeiner und spezifischer Zurückweisung differenziert (1992: 175): „Welchem Aspekt der Vorgängeräußerung widersprochen wird, ist nicht festgelegt; der ausgedrückte Sachverhalt oder der Sprechakt als solcher, aber auch Voraussetzungen oder Implikationen können zurückgewiesen werden."
[75] Bei Moeschler (1980: 69) wird genau zwischen *réplique* und *réponse* unterschieden, der *réplique* kommt - im Gegensatz zur *réponse* metakommunikativer Charakter zu. Das bedeutet, daß es sich bei unseren *doch*-Äußerungen in der Regel um Repliken handelt.
[76] Nach Moeschler (1980: 75) signalisieren Ausdrücke der Sprecherinakzeptanz des metakommunikativen Typs generell Zurückweisung, sei es eine Zurückweisung im Sinne einer Antwortverweigerung oder im Sinne einer Weigerung, auf die Assertion gedanklich einzugehen.

daß der Sprechakt des Kommunikationspartners als „discursivement inapproprié" (Moeschler 1980: 73) zurückgewiesen wird.

Die Akzeptanz des Sprechers steht hier der Inakzeptanz des Hörers gegenüber und vice versa, worin sich die Gegensatzstruktur der MP äußert und sich die Zurückweisung durch den Sprecher manifestiert. Was für den Sprecher akzeptabel ist, ist für den Hörer inakzeptabel. Obwohl man bei der Interpretation solcher Zurückweisungen meist von der Sprecherperspektive ausgeht, sollte die Hörerperspektive nicht unberücksichtigt bleiben - und zwar auch beim Übersetzen - da das Zusammenwirken von Sprecher- und Hörerperspektive die eigentliche Interaktion ergibt und sich erst daraus die im Text befindlichen argumentativen Strukturen ableiten und erklären lassen:

> „[…] la formulation des conditions d'appropriété définit une image du contexte qui est toujours celle du locuteur. Ceci nous amène à poser qu'un acte illocutoire peut être jugé approprié par son locuteur et en même temps inapproprié par son interlocuteur. […] certains actes à fonction interactive renvoient au caractère inapproprié de l'acte initial." (Moeschler 1980: 56)

In der **Partikelkette** verstärkt *doch* mit seiner zurückweisenden Komponente die Modalität weiterer Partikeln. Häufig findet sich *doch* in Kombination mit anderen Modalpartikeln sowie mit Gradpartikeln. Wie auch Thurmair (1989: 209) bemerkt, ist die Abgrenzung zwischen betontem adverbiellem und unbetontem modalem *doch* in diesen Fällen sehr schwer zu treffen. Findet sich modales *doch* in Verbindung mit *ja*, so agieren beide MPn in sehr ähnlicher Bedeutung, wodurch eine Intensivierung bzw. Doppelung zustande kommt. *Doch* „trägt zusätzlich das Merkmal <KORREKTUR>" (Thurmair 1989: 209). In der Übersetzung finden wir die modale Nuance durch Interjektionen bzw. syntaktische Emphasen wiedergegeben. Wird zudem mit einer Gradpartikel kombiniert, so bleibt diese in der Regel gegenüber den MPn prominent:

> [Der Maler Strauch ärgert sich über leichtsinniges Verhalten von Touristen in den Bergen]

(AT- 34) Das sind ja *doch* nur lauter Bravourstücke, die die Städter da produzieren, nur damit sie ein ganzes Jahr über wieder Eindruck machen bei ihren zweifelhaften Freunden und Bekannten und einmal wieder in der Zeitung stehen, steigen sie auf die Zweieinhalb- und Dreitausender. (TB, 126)

(ZT- 34) *Eh oui, pour les citadins*, il ne s'agit souvent que d'actes de bravoure. Pour impressionner, une année encore, leurs amis sceptiques et leurs connaissances, ou voir leur nom imprimé dans un journal, ils montent jusqu'à deux milles cinq cents ou trois mille mètres. (TB', 122)

Steht *doch* als MP mit stark adversativer, kritisierender Komponente in der Partikelkette, so wird es in der Zielsprache meist nicht wiedergegeben. Die modale Nuance wird abgeschwächt, der Satz semantisch neutralisiert[77]:

[der Maler philosophiert über Jugend und Alter]

(AT- 35) Sehen Sie: die Eigenschaften der Jugend werden der Jugend ja *doch* nicht übelgenommen, aber die Eigenschaften des Alters nimmt man dem Alter übel. (TB, 205-206)

(ZT- 35) Voyez-vous, on ne prend pas en mauvaise part les particularités de la jeunesse, mais on en veut à celles de la vieillesse. (TB', 210)

Da diese *doch*-Variante sehr stark von pragmatischen Faktoren bedingt wird, finden sich die meisten Entsprechungen in der Übersetzung auch auf dieser Ebene. Angesichts der geringen Frequenz und der doch manifesten Tendenz zur Nullentsprechung in der Partikelkette, ist eine allgemeine Aussage, abgesehen vielleicht von der Tendenz zur Emphase im Bereich der Syntax, nur schwerlich zu treffen.

A.1.2.1.2 Zurückweisung durch Erinnern an bekannte Sachverhalte, Evidentes oder Vorerwähntes

Eine sehr frequente Variante, wenn nicht den „Standard-Fall" (Beerbom 1992: 175) der Verwendung des stark adversativen *doch* stellt die Zurückweisung durch Erinnern an bekannte Sachverhalte oder aber an Evidentes bzw. schon Vorerwähntes dar[78]. Der Sprecher thematisiert hier direkt reaktiv auf eine Vorgängeräußerung als Gegenargument zum soeben vom Gesprächspartner Gesagten Sachverhalte, die diesem eigentlich bekannt sein müßten und kritisiert somit dessen Aussage oder weist sie generell zurück. Entgegen dem Regelfall deiktisch-indexikalischer Ausdrücke wird hier jedoch kein bezeichnender Bezug deutlich gemacht, sondern eine Relation zwischen dem auf argumentativer und auf interaktiver Ebene befindlichen Gehalt der Vorgängeräußerung und der Trägeräußerung hergestellt (cf. Franck 1980: 178). Im Französischen kann die starke Adversativität, die in diesen Aussagen liegt, auf verschiedenen Ebenen deutlich werden. Sehr häufig wird mit Emphasen unterschiedlicher Art (*mise en relief* in der Syntax, Pronominalisierung...) gearbeitet, aber auch die

---

[77] Auch beim folgenden Beispiel ist die Abgrenzung zwischen MP und Adverb nicht ganz klar zu ziehen, da die Zuordnung vom jeweiligen Satzakzent abhängt. Aufgrund des Kontextes haben wir dieses *doch* dem modalen *doch* zugeordnet.

[78] Beerbom spricht in diesem Zusammenhang vom „erinnernden Einwand" (1992: 175). Auch bei Franck ist die Rede vom „erinnernden *doch*" (1980: 181-184), dieses Erinnerungs-*doch* bei Franck entspricht aber nicht dem der adversativen Zurückweisung, sondern eher unserem schwach adversativen *doch* des Vergewisserungseinwandes bzw. des Verweises auf Bekanntes.

Lexik, d.h. die sprachlichen Register, bieten Möglichkeiten zum Ausdruck der Modalität.

Im folgenden Beispiel kommt es in der Übersetzung zu einem 'Registerwechsel': Was im Deutschen von der MP getragen wird, liegt im Französischen im als *populaire*[79] eingestuften Ausdruck *godasses*. Dies bedeutet, die modale Komponente erfährt in der Korrespondenz eine Verlagerung in den Bereich der Lexik bzw. Semantik, Pragmatisches findet sich somit im Semantischen wieder.

[Ill wundert sich, daß alle sich neue Schuhe leisten können]

(AT- 36)   ILL (blickt nach den Füßen des ersten): Auch du, Hofbauer. Auch du hast neue Schuhe. (Er blickt nach den Frauen, geht zu ihnen, langsam, grauenerfüllt). Auch ihr. Neue gelbe Schuhe. Neue gelbe Schuhe.
DER ERSTE: Ich weiß nicht, was du daran findest.
DER ZWEITE: Man kann *doch* nicht ewig in den alten Schuhen herumlaufen.
(DB, 59-60)

(ZT- 36)   ILL: Vous aussi, Hofbauer, vous avez des souliers neufs (Ill regarde les femmes et se dirige lentement vers elles, plutôt effrayé). Vous aussi. Des souliers neufs. Des jaunes, tout neufs.
LE DEUXIÈME [sic]: Il n'y a pas de mal à ça.
LE PREMIER [sic]: On ne peut pas marcher éternellement dans de vieilles *godasses*. (DB', 66)

Bei genauerer Betrachtung dieses Beispiels stellt sich heraus, daß dem Übersetzer hier zwei Möglichkeiten zur Verfügung stehen: Entweder er verlagert die modale Nuance auf die Ebene der Lexik, wofür er sich entschieden hat, oder aber er versucht, eine Entsprechung für die MP, beispielsweise *donc*, einzufügen. Der Satz könnte dann folgendermaßen lauten:

LE PREMIER: On ne peut *donc* pas marcher éternellement dans de vieilles *chaussures*.

Generell bieten sich zur Übertragung der starken modalen Nuance der Zurückweisung syntaktische Mittel an, welche im Französischen sowohl die emotionale Komponente wie auch die Fokussetzung auszudrücken vermögen. Dabei spielt natürlich die Intonation und das nonverbale Verhalten eine entscheidende Rolle. Es handelt sich hierbei v.a. um sogenannte *phrases clivées* (mit *présentatif*) oder *phrases pseudo-clivées* oder *semi-clivées* (Riegel et al. [2]1996: 430-432). Letzere beschreiben Riegel et al. (ibid.: 432) folgendermaßen:

„Ces structures particulières combinent l'extraction et le détachement en tête de phrase. [...] Leur homologie avec l'extraction explique l'appellation de

---

[79] Cf. dazu den Petit Robert (1986: s.v. 'godasse').

phrases pseudo-clivées. La phrase est séparée en deux parties: l'intonation[80] monte jusqu'à *c'est* qui est précédé d'une pause, puis elle redescend. Généralement, le premier élément de la phrase est une relative périphrastique [...] et le second, introduit par *c'est*, est une séquence (groupe nominal, infinitif ou complétive) qui entretient une relation de complément avec le verbe et la relative."

           [der Butler serviert Whisky]
(AT- 37)   ILL: Drei zehn. [sic]
           DER ZWEITE: Nicht den.
           ILL: Den trankst du *doch* immer. (DB, 57)
(ZT- 37)   ILL: À quatre cent cinquante? [sic]
           LE DEUXIÈME: Non, pas ça.
           ILL: *C'est ce que* tu prends d'habitude. (DB', 63)

           [Valerie beschwert sich, daß Frauen so viel Zeit und Energie auf ihre Schönheitspflege verwenden müssen]
(AT- 38)   ZAUBERKÖNIG (unterbricht sie): Glaubst du, ich muß mich nicht pflegen?
           VALERIE: Das schon. Aber bei einem Herrn sieht man *doch* in erster Linie auf das Innere... (ÖH, 132)
(ZT- 38)   ROIMAGE (l'interrompant): Tu crois peut-être que je ne prends pas soin de moi?
           VALÉRIE: Si. Mais chez un homme, *ce qu'*on regarde d'abord, *c'est* l'intérieur... (ÖH', 36)

A.1.2.1.2.1 Ausdruck eines Widerspruchs mit Kritik, Verärgerung, Vorwurf, Gegenvorwurf oder Ungeduld

Es liegt in der Natur der Zurückweisung, daß der Sprecher in seine Aussage vielfach Kritik bzw. Verärgerung oder aber auch einen Vorwurf mit hineinlegt. Sehr oft wird die zurückweisende *doch*-Äußerung auch als Gegenvorwurf eingesetzt und spielt somit in der Argumentationsstruktur des gesamten Kommunikationsvorganges eine bedeutende Rolle, da sie zum Träger argumentativer Strategien wird. Der Sprecher übt mit ihrer Hilfe Steuerungsfunktion aus und lenkt so den Gesprächsverlauf auch gegen die Intentionen seines Gesprächspartners in die gewünschte Richtung.

---

[80] Welch große Rolle im Französischen die Intonation beim richtigen Verstehen und Interpretieren modaler Ausdrücke spielt, zeigt u.E. schon das genaue Eingehen auf diese Komponente im Rahmen der Grammatik von Riegel et al. (^{2}1996).

[Valerie und der Zauberkönig flirten beim Sonntagsausflug miteinander, als sich Valerie gerade zum Baden umzieht]

(AT- 39) VALERIE: Jesus Maria Josef! Oh du Hallodri! Mir scheint gar, du bist ein Voyeur-
ZAUBERKÖNIG: Ich bin *doch* nicht pervers. Zieh dich nur ruhig weiter aus.
VALERIE: Nein, ich hab doch noch mein Schamgefühl. (ÖH, 130-131)

(ZT- 39) VALÉRIE: Doux Jésus! Mauvais sujet! Tu serais pas un peu voyeur-
ROIMAGE: *Je suis pas un pervers.* Vas-y déshabille toi!
VALÉRIE: Non, j'ai encore de la pudeur. (ÖH', 35)

Da, wie gesagt, dieses *doch* stark argumentativen Charakter hat und einen Widerspruch zu Vorgängeräußerungen des Gesprächspartners oder aber auch generell zu dessen Einstellungen und dessen im Gespräch augenscheinlich werdenden Weltbild thematisiert, findet sich in den französischen Übersetzungen die starke Tendenz, diese im Deutschen implizit durch die MP vermittelten Argumentationsstrukturen explizit zu machen. Daher wird mit hoher Frequenz mit Hilfe des argumentativen *mais* übersetzt, das für eine ganze Argumentationskette im Sinne von *Aber das stimmt nicht* bzw. *Aber du solltest wissen, daß ich eine solche Aussage nicht akzeptieren kann, daher widerspreche ich dir jetzt* o.ä. steht und das Oppositionsverhältnis zwischen den beiden Aussagen verdeutlicht. Zusätzlich kann noch mit *dislocation de la phrase* auf syntaktischer Ebene intensiviert werden.

[der Zauberkönig ärgert sich, daß sein Enkel nach ihm benannt wurde]

(AT- 40) MARIANNE: Es geht uns sehr schlecht, mir und dem kleinen Leopold-
ZAUBERKÖNIG: Was! Leopold? Der Leopold, das bin *doch* ich! Na, das ist aber der Gipfel! Nennt ihre Schand nach mir! Das auch noch! Schluß jetzt! Wer nicht hören will, muß fühlen! Schluß! (ÖH, 184-185)

(ZT- 40) MARIANNE: On va très mal, le petit Léopold et moi-
ROIMAGE: Quoi?! Léopold? *Mais* Léopold, *c'est* moi! C'est un comble! Elle a donné mon nom à sa honte! Il ne manquait plus que ça! Terminé! La casse se paie! Terminé! (ÖH', 85)

[Claire bietet eine Milliarde für den Tod Ills]

(AT- 41) CLAIRE ZACHANASSIAN: [...] Ich gebe euch eine Milliarde und kaufe mir dafür die Gerechtigkeit. (Totenstille)
DER BÜRGERMEISTER: Wie ist das zu verstehen, gnädige Frau?
CLAIRE ZACHANASSIAN: Wie ich es sagte.
DER BÜRGERMEISTER: Die Gerechtigkeit kann man *doch* nicht kaufen! (DB, 45)

(ZT- 41) CLAIRE ZAHANASSIAN: [...] Je vous donne cent [sic] milliards, et pour ce prix je m'achète la justice. (Silence total)
LE MAIRE: Comment faut-il le comprendre, Madame?
CLAIRE ZAHANASSIAN: Comme je l'ai dit.

> LE MAIRE: *Mais* on ne peut pas acheter la justice! (DB', 46-47)

Das letzte Beispiel könnte in der Übersetzung mit Hilfe von Adverbialformen sogar noch effizienter die modale Nuance der Zurückweisung verdeutlichen. Der Satz würde dann beispielsweise so lauten:

> LE MAIRE: *Mais* on ne peut *quand même* pas acheter la justice!
>
> LE MAIRE: *Mais* on ne peut *tout de même* pas acheter la justice!

Haben wir bisher festgestellt, daß in der **Partikelkette** in der Regel Gradpartikeln den MPn gegenüber die prominentere Stellung einnehmen, so läßt sich bei dieser *doch*-Variante auch der Fall beobachten, daß beide Partikeln eine Entsprechung finden:

> [Valerie versucht, ihren Schwips vor Alfred zu rechtfertigen, der ihr vorwirft, eine Alkoholikerin zu sein]

(AT- 42) ALFRED: Hauch mich an!
VALERIE: (haucht ihn an)
ALFRED: Du Alkoholistin.
VALERIE: Das ist *doch* nur ein Schwips, den ich da hab, du Vegetarianer! Der Mensch denkt und Gott lenkt. Man feiert *doch* nicht alle Tage Verlobung - und Entlobung, du Schweinehund - (ÖH, 130)

(ZT- 42) ALFRED: Souffle! (Valérie s'exécute.) Alcoolique.
VALERIE: Je suis *juste un peu* grise, pauvre végétarien! L'homme propose et Dieu dispose. *C'est* pas tous les jours *qu'*on fête des fiançailles ou des ruptures, salopard - (ÖH', 34)

Hier wird die emphatische Nuance des *doch*, in welchem Zurückweisung, aber auch Vorwurf liegt, in der Übersetzung mit Hilfe einer *mise en relief* dargestellt.

Vielfach konnten wir anhand unseres Korpus jedoch auch beobachten, daß im Hinblick auf die MP die Nullösung gewählt wurde. Die **Nullösung** bietet sich in jenen Fällen als Mittel der Wahl an, in denen der im Deutschen durch die MP vermittelte argumentative Gehalt durch kontextuelle oder pragmatische Faktoren im Text verdeutlicht wird. In diesen Fällen kann der Übersetzer zwar noch versuchen - will er nahe am Text arbeiten -, die MP mittels einer Entsprechung in den Zieltext zu integrieren, ist aber vom Skopos her nicht wirklich dazu gezwungen. Es handelt sich hier also mehr um stilistische Fragen und subjektiv-translatorische Entscheidungen bei der jeweiligen Textinterpretation.

> [Claire bei der morgendlichen Unterhaltung mit Gatte VIII]

(AT- 43) GATTE VIII: Hopsi, mußt du nun wirklich an unserem ersten gemeinsamen Morgenessen Briefe deiner ehemaligen Gatten lesen?
CLAIRE ZACHANASSIAN: Ich will die Übersicht nicht verlieren.
GATTE VIII (schmerzlich): Ich habe *doch* auch Probleme. (Er steht auf, starrt in das Städtchen hinunter)

(ZT- 43)   CLAIRE ZACHANASSIAN: Geht dein Porsche nicht?
GATTE VIII: So ein Kleinstädtchen bedrückt mich. [...] (DB, 72-73)
LE MARI VIII: Ma petite sauterelle, est-il vraiment indispensable que vous lisiez les lettres de tous vos anciens maris à notre premier petit déjeuner en tête-à-tête?
CLAIRE ZAHANASSIAN: Je tiens à ne pas perdre une vue d'ensemble.
LE MARI VIII: J'ai aussi mes problèmes. (Il se lève et jette un regard sur la ville)
CLAIRE ZAHANASSIAN: Ta Jaguar est en panne?
LE MARI VIII: Ce genre de petite ville m'oppresse. (DB', 83)

Im obigen Beispiel, das *doch* in der **Partikelkette** zeigt, wäre durchaus eine etwas fokussiertere Übersetzung möglich, indem man mit Intonation (Betonung auf *des*) und syntaktischer Emphase bzw. Satztypwechsel arbeitet. Die Replik würde sich dann folgendermaßen darstellen:

LE MARI VIII: J'ai aussi *des* problèmes, *moi!*

LE MARI VIII: *Moi*, j'ai aussi *des* problèmes!

In der Partikelkette mit *nur* überwiegt die graduierende Aussage des *nur* wieder die der MP, allerdings enthält die in der Übersetzung gewählte Variante eine sehr stark umgangssprachliche Färbung (fehlendes *ne* der Verneinung: *je n'ai plus que...*), die für den französischen Muttersprachler eine gewisse soziale Wertung impliziert[81].

[der Zauberkönig kann seine Sockenhalter nicht finden]
(AT- 44)   ZAUBERKÖNIG: Wo stecken denn meine Sockenhalter?
MARIANNE: Die rosa oder die beige-
ZAUBERKÖNIG: Ich habe *doch* nur mehr die rosa. (ÖH, 114)
(ZT- 44)   ROIMAGE: Où sont passés mes fixe-chaussettes?
MARIANNE: Les roses ou les beiges ?
ROIMAGE: J'ai plus que les roses! (ÖH', 19)

Wollte man die argumentative Struktur mit einem *mais* garantieren, würde der Satz hier lauten:

ROIMAGE: *Mais* je n'ai plus que les roses!

Die Übersetzung wäre jedoch in diesem Fall nicht sehr idiomatisch. Die Satzkonstruktion ist - wie auch die sprachliche Denkweise - dem Deutschen sehr ähnlich, man könnte hier fast von einer *calque*-Form sprechen, die man in Südfrankreich beispielsweise nicht verstehen würde. Wollte man dies vermeiden, so wären die folgenden Übersetzungsvarianten, die nunmehr auch

---

[81] Horváth ist ja dafür bekannt, seine Figuren mittels deren Sprache zu charakterisieren und ein besonderes Augenmerk auf die Sprache einzelner sozialer Schichten zu legen. Insofern müßte man sich mit den entsprechenden literaturwissenschaftlichen Studien beschäftigen, um beurteilen zu können, inwieweit die gewählte Übersetzung mit Horváths Absichten übereinstimmt.

auf einem etwas höheren sprachlichen Niveau angesiedelt sind, als etwas explizitere Alternativen mit Satztypwechsel denkbar:

> ROIMAGE: *Mais*, tu ne sais *donc* pas que je n'ai plus que les roses?
>
> ROIMAGE: *Ne sais tu pas* que je n'ai plus que les roses?

Im folgenden Beispiel wird ein Gegenvorwurf deutlich gemacht:

> [Der Zauberkönig kann seine Sockenhalter noch immer nicht finden]

(AT- 45) ZAUBERKÖNIG: Jetzt frag ich aber zum allerletztenmal: wo stecken meine Sockenhalter!
MARIANNE: Ich kann doch nicht zaubern!
ZAUBERKÖNIG (brüllt sie an): Und ich kann *doch* nicht mit rutschende Strümpf in die Totenmess! Weil du meine Garderob verschlampst! [...] (ÖH, 114-115)

(ZT- 45) ROIMAGE: Pour la toute dernière fois: où sont mes fixe-chaussettes?
MARIANNE: Je ne suis pas magicienne!
ROIMAGE (hurlant): *Et moi*, je ne peux pas aller à la messe avec des chaussettes en tire-bouchons! Uniquement parce que tu négliges ma garderobe [...] (ÖH', 20)

Wie wir schon gesehen haben, sind als mögliche Ausdrucksvarianten von Modalität syntaktische Emphasestrukturen sowie auch Adverbialformen möglich, unser Übersetzungsvorschlag zum letzen Beispiel würde daher lauten:

> ROIMAGE (hurlant): *Et moi*, je ne peux *tout de même* pas aller à la messe avec des chaussettes en tire-bouchons!

A.1.2.1.3 Zurückweisende explizite Erinnerung an Bekanntes, Evidentes oder Vorerwähntes

Eine sehr häufig auftretende Variante der MP *doch* bilden die stark adversativen Trägeräußerungen mit explizitem Verweis auf bekannte, evidente oder in der aktuellen Kommunikationssituation vorerwähnte Sachverhalte. Wie die schwach adversativen *doch*-Äußerungen mit expliziter Erinnerung an eine solche gemeinsame Wissensbasis, findet sich auch die stark adversative Variante der Zurückweisung meist in Kombination mit Verben des Wissens, Wahrnehmens oder Sagens. Der Sprecher bringt mit diesen Äußerungen seinen Unmut darüber zum Ausdruck, daß sein Gesprächspartner gewisse allgemein bekannte Inhalte in seinen Aussagen und Handlungen nicht berücksichtigt. Daher weist er mit diesen Aussagen explizit eine Äußerung des Gesprächspartners zurück und läßt gleichzeitig Verärgerung, Vorwurf oder aber auch einen Gegenvorwurf anklingen. In den französischen Übersetzungen findet diese *doch*-Variante meist eine Entsprechung. In der Mehrzahl der Fälle wird das Verbum dicendi bzw. das Verb des Wissens wiederaufgenommen, häufig wird mit emphatischen Pronominalisierungsformen gearbeitet, und auch das adverbielle *bien* fungiert als bewährtes Mittel der emphatischen Intensivierung beim Verb:

    [Piero gibt Auskunft über Bouchet]

(AT- 46)   Bouchet ist nicht allein. Er hat vierzehn Angestellte und einen Portier. Einen ehemaligen Boxer. Das weißt du *doch*. (K, 154)

(ZT- 46)   Bouchet n'est pas seul. Il a quatorze employés et un portier. Un ex-boxeur, tu le sais *bien*. (K', 170)

Die explizite Zurückweisung dient in vielen Fällen dazu, eine Antwort als irrelevant und eine Frage des Gesprächspartners als überflüssig darzustellen (cf. Beerbom 1992: 175). Meist handelt es sich dabei um eine Redewiedergabe, mittels derer der Sprecher auf schon Gesagtes rekurriert. Im Französischen wird diese Form der Wiederaufnahme vielfach durch Pronominalisierung deutlich gemacht, in der **Partikelkette** überwiegt jedoch wieder die Gradpartikel:

    [Ron bietet Bouchet zum ersten Mal schwarze Perlen an]

(AT- 47)   Wer sind Sie?
           Ich sagte es Ihnen *doch* schon: Ron Edwards (K, 126)

(ZT- 47)   Qui êtes-vous?
           Je vous *l'ai déjà* dit: Ron Edwards (K', 128)

    [Pandelli wundert sich, wieso der Fremde, der bei seiner Ankunft wie ein Penner ausgesehen hat, jetzt im Seidenazug bei einem teuren Dinner sitzen kann. Sein Begleiter versucht, dies zu erklären]

(AT- 48)   Woher hat er das Geld, sich ganz neu einzukleiden, für die Suite, für das ganze Auftreten?
           Der Portier sagte *doch*, er hätte schon bei der Ankunft die Tasche voller Dollars gehabt. (K, 162)

(ZT- 48)   [...] où a-t-il trouvé l'argent pour ses vêtements, pour la suite, pour toute cette mise en scène?
           Le portier *l'a dit*: il aurait eu les poches pleines de dollars, dès son arrivée. (K', 180)

In diesem Beispiel wäre u.E. eine deutlichere Emphase mittels adverbiellem *pourtant* günstiger gewesen, da der Satz ohne Adverbialform im mündlichen Französisch eine besondere Betonung verlangt, dies jedoch im Schriftlichen nur schwer deutlich zu machen ist. Die Replik würde dann folgendermaßen lauten:

    Le portier l'a *pourtant* dit: il aurait eu les poches pleines de dollars, dès son arrivée.

Allerdings würde man dadurch wiederum eher deutlich machen, daß der Sprecher sich eine bestätigende Antwort erwartet, d.h., daß es sich um eine schwach adversative Form des *doch* handelt, was wiederum zeigt, daß die

Unterscheidung nach der adversativen Graduierung für das translatorische Handeln von Bedeutung ist.

Wird die Zurückweisung schon in der deutschen Vorlage durch ein argumentatives *aber* verdeutlicht, so kann die MP in der Übersetzung **ohne Entsprechung** bleiben:

[der Bürgermeister ist erstaunt, von einer neuerlichen Scheidung Claires zu hören]

(AT- 49) DER BÜRGERMEISTER: Scheiden?
CLAIRE ZACHANASSIAN: Auch Moby wird sich wundern. Heirate einen deutschen Filmschauspieler.
DER BÜRGERMEISTER: *Aber* sie sagten *doch*, sie führten eine glückliche Ehe!
CLAIRE ZACHANASSIAN: Jede meiner Ehen ist glücklich. Aber es war mein Jugendtraum, im Güllener Münster getraut zu werden. Jugendträume muß man ausführen. Wird feierlich werden. (DB, 42)

(ZT- 49) LE MAIRE: Divorcer?
CLAIRE ZAHANASSIAN: Ça vous surprend? Mon mari aussi sera surpris. J'épouse un acteur de cinéma.
LE MAIRE: *Mais* vous nous disiez que vous avez fait un heureux mariage.
CLAIRE ZAHANASSIAN: Tous mes mariages sont heureux. Mais le rêve de ma jeunesse a été de me marier à la Collégiale de Güllen. Il faut réaliser ses rêves de jeunesse. La cérémonie sera grandiose. (DB', 44)

[Muheim ist verwirrt, den angeblich toten Schwitter lebend anzutreffen]

(AT- 50) MUHEIM: Wer sind Sie?
SCHWITTER: Wolfgang Schwitter.
MUHEIM (stutzt): Der Nobelpreisträger?
Schwitter: Der.
MUHEIM: *Aber* in den Mittagsnachrichten kam *doch* -
SCHWITTER: Verfrühte Meldung. (FD, 36)

(ZT- 50) MUHEIM: Qui êtes-vous?
SCHWITTER: Wolfgang Schwitter.
MUHEIM (avec un mouvement de surprise): Le prix Nobel?
SCHWITTER: Parfaitement.
MUHEIM: *Mais* aux nouvelles de midi on a...
SCHWITTER: Information prématuré. (FD', 40-41)

Ist jedoch die MP im Deutschen der einzige Hinweis auf die Modalität der Zurückweisung, so ist eine Entsprechung in der Übersetzung unabdingbar, will man den pragmatisch-kontextuellen Skopos aufrechterhalten:

[Valerie weist Alfred endgültig ab]

(AT- 51) VALERIE: Wir zwei sind getrennte Leut, verstanden?! Weil ich mit einem ausgemachten Halunken in der Zukunft nichts mehr zu tun haben möcht! (Stille)
ALFRED: Wieso denn ein ausgemachter? Du hast *doch* grad selber gesagt, daß ich dir nichts getan hab! (ÖH, 198)

(ZT- 51) VALÉRIE: Tout est fini entre nous, compris?! Parce que je ne veux plus rien avoir affaire avec un escroc fini! (Un silence)
ALFRED: Fini? Tu viens de dire que je ne t'avais rien fait! (ÖH', 97)

In diesem Fall müßte die Übersetzung daher u.E. einen argumentativen Marker tragen, der die Zurückweisung deutlich macht:

ALFRED: Fini? *Mais* tu viens de dire que je ne t'avais rien fait!

A.1.2.1.4 *doch* im Nebensatz

Bisher haben wir in unserer Arbeit zwar darauf hingewiesen, daß bei der Behandlung authentischer Korpustexte - im Gegensatz zur Betrachtung konstruierter Beispielsätze - auch die Vorkommensweisen der MP im Nebensatz berücksichtigt werden müssen, allerdings haben wir diese Beispielsätze bis jetzt in die Besprechung der einzelnen Varianten integriert und nur die Erwähnung des Partikelvorkommens im Nebensatz durch Fettdruck etwas hervorgehoben. Es hat sich jedoch im Laufe der Entstehung dieser Arbeit gezeigt, daß die MP *doch* im zurückweisenden Nebensatz sehr vielfältige Funktionen übernehmen kann und es dabei vermehrt zu illokutionärer Multifunktionalität kommt[82]. Dies ist durch die pragmatisch-kontextuelle Struktur, aber auch durch den Charakter bestimmter Nebensatzarten, bedingt. Da uns die Problematik des modalen *doch* im Nebensatz als für die übersetzerische Tätigkeit in besonderem Maße interessant und bedeutend erscheint, möchten wir hier nun im Speziellen auf die MP *doch* im zurückweisenden Nebensatz eingehen und die verschiedenen illokutionären Funktionsweisen, die durch unser Korpus deutlich werden, vorstellen.

Sehr oft dient *doch* in der **Redewiedergabe** in Relativ- oder Infinitivsätzen als indirektes Zitat. Der Sprecher begründet in diesen Fällen sein Handeln, seine Einstellung oder seine eigene Aussage, indem er auf die Aussagen anderer mittels Redewiedergabe rekurriert. *Doch* im Nebensatz dient hier also zur Herstellung kausaler Relationen, wodurch es oft die Funktion eines 'erinnernden *doch*' annehmen kann (cf. Hentschel 1986: 134). In diesen Fällen gehört *doch* „stets zur Originaläußerung des zitierten Sprechers", ist aber „nur dann akzeptabel, wenn der im Nebensatz ausgedrückte Sachverhalt dem Hörer bekannt ist oder dies zumindest unterstellt wird" (Beerbom 1992: 214). Daraus folgt, daß das Vorkommen der MP *doch* auf nicht-restriktive Nebensätze

---

[82] Cf. dazu Helbig und Kötz ([2]1985): „Sprachliche Einheiten sind [...] oft multifunktional und haben die verschiedensten kommunikativen Funktionen [...]".

beschränkt ist[83]. Wie auch schon Beerbom (1992: 215) und Hentschel (1986: 135) bemerkt haben, steht im Deutschen die Konzessivität in sehr engem Verhältnis zur Kausalität, da „in Konzessivsätzen mögliche, aber unzureichende Ursachen für die Nichtexistenz des im Hauptsatz thematisierten Sachverhaltes oder für eine gegenteilige Meinung ausgedrückt werden" (Beerbom 1992: 215). Der ausgedrückte Sachverhalt wird zu einem weiteren, an den mittels der Redewiedergabe erinnert wird, in Opposition gestellt und somit als widersprüchlich und unangebracht dargestellt, wodurch auch eine gewisse Kritik des Sprechers zum Ausdruck gebracht wird.

Vielfach bleibt in der Redewiedergabe jedoch die Partikel **ohne Entsprechung** in der Übersetzung. Ist die kausale Relation aus dem pragmatischen Kontext erschließbar, ist dies sicherlich gerechtfertigt, ist dies jedoch nicht der Fall, sollte sich der Übersetzer wohl um eine Entsprechung bemühen. Im folgenden Beispiel hat der Übersetzer zwar einen Satztypwechsel vom Deklarativ- zum Exklamativsatz gewählt, zusätzlich dazu könnte jedoch die kausale Relation mittels einer Adverbialform (*pourtant*) verdeutlicht werden:

> [die Hebamme sinniert über ihre finanzielle Lage als Gemeindehebamme]

(AT- 52) Das ewige Streiten ums weihnachtliche Wartgeld, das ihr *doch* der Herr Richter vom Civil- und Criminalgericht zu Feldberg persönlich zugesichert habe.(RS, 17)

(ZT- 52) Se battre éternellement au moment de Noël pour la prime de garde qui lui avait été reconnue par monsieur le juge du tribunal civil et criminel de Feldberg en personne! (RS', 16)

> Se battre éternellement au moment de Noël pour la prime de garde qui lui avait *pourtant* été reconnue par monsieur le juge du tribunal civil et criminel de Feldberg en personne!

Die Redewiedergabe kann sich jedoch auch auf allgemeingültige Ausrufe einer zitierten Person beziehen, welche wiederum den kausal-konzessiven Charakter des Sachverhaltes verdeutlichen. Vielfach wird hier idiomatisch übersetzt:

> [der Kurat erfährt, daß man die Seelen-Zilli als Hexe verbrennen wollte]

(AT- 53) Als unserem Kuraten dieser Vorfall [die Hexenverbrennung der Seelen-Zilli] durch ein Aldersches Plappermaul zu Ohren kam, gelobte er noch am selbigen Tag, nie wieder eine Feuerpredigt zu halten. Mit den Worten, es sei *doch* um Dreifaltigkeitswillen nicht alles bar zu nehmen, was ein Pfarrer von der Kanzel predige, entließ er das in seinem Glauben an die unzweifelbare Wahrheit des Priesterwortes empfindlich erschütterte Plappermaul. (RS, 24)

---

[83] Cf. dazu Beerbom (1992: 214), aber auch Hentschel (1986: 144): „Bei der Untersuchung des Gebrauchs von *doch* in Nebensätzen hat sich gezeigt, daß die Partikel hier nur dann akzeptabel ist, wenn der im Nebensatz geäußerte Sachverhalt dem Hörer bekannt ist."

(ZT- 53) Quand notre curé, par les bavardages d'une mauvaise langue Alder, eut vent de cet épisode, il fit serment, le jour même de ne plus jamais tenir de sermon incendiaire. Il congédia l'indiscrète personne, qui voyait profondément ébranlée sa foi en l'infaillible vérité de la parole ecclésiastique, en lui disant que, par la sainte Trinité, *il ne fallait point* prendre pour argent comptant tout ce qu'un prêtre pouvait dire du haut de sa chaire. (RS', 24)

Wie aus den angeführten Beispielen ersichtlich sein dürfte, handelt es sich in diesen Nebensätzen im pragmatisch-kontextuellen Sinne um Formen des schwach adversativen *doch*, da die Aussagen ja nicht im Widerspruch zur Haltung des Sprechers stehen, sondern diese begründen und untermauern sollen. Vielmehr wird ein dem Sprecher unverständlicher oder von ihm kritisierter Sachverhalt als im Widerspruch zur vom Sprecher präsentierten Faktenlage dargestellt. Daher dominiert im illokutionären Bereich auch die kausale über die konzessive Komponente. Wie schon bei der Besprechung des schwach adversativen *doch* in der Begründung gezeigt, kann die kausale Relation, die im Deutschen oft nur durch die MP oder eventuell durch syntaktische Muster (Inversion) angezeigt wird, im Französischen explizit werden und zum Setzen einer kausalen Konjunktion führen:

[der Kritiker Georgen zum vermeintlichen Tod Schwitters]

(AT- 54) FRIEDRICH GEORGEN: Freunde. Wolfgang Schwitter ist tot. Mit uns trauert die Nation, ja die Welt; ist sie *doch* um einen Mann ärmer, der sie reicher machte. (FD, 12)

(ZT- 54) FRIEDRICH GEORGEN: Amis. Wolfgang Schwitter est mort. Avec nous, c'est la nation qui est en deuil, et même le monde entier, *car* il est plus pauvre d'un homme qui l'enrichissait. (FD', 9)

[die Hebamme sinniert über ihren Arbeitgeber und potentielle Heiratskandidaten]

(AT- 55) Was wolle ihr da ein Gemeindediener von der Welt erzählen, ist er *doch*[84] in seinem Leben nicht weiter gekommen als bis nach Dornberg, drei Wegstunden von hier. Vielleicht werde sie aber gar nicht den Franz Hirsch aus Hötting nehmen. Sein Buckel sei halt recht bedacht doch[85] ein böses Mallör, und sie sei eine liebliche Person mit zarten Händen. (RS, 17)

(ZT- 55) Qu'est-ce qu'il voulait, lui, un petit secrétaire de commune, venir lui raconter du vaste monde, *lui qui* de sa vie n'était jamais allé plus loin que Dornberg, à trois heures de chemin? Mais peut-être qu'elle ne prendrait pas du tout Franz Hirsch de

---

[84] Hier treffen wir auf ein *doch* im Inversionssatz, das auf Bekanntes verweist und im Französischen in einer syntaktischen Intensivierung bzw. einer betonten Pronominalform im Relativsatz seine Entsprechung findet.

[85] In diesem Fall ist die Grenze zwischen MP und Adverb nur schwer zu ziehen, der Kontext erlaubt jedoch eher die Zuordnung zu den Adverbien.

> Hoetting. Sa bosse était quand même, à y bien regarder, un grand malheur, et elle était, elle, une jolie personne aux mains fines. (RS', 17)

Eine weitere sehr frequente Variante des *doch* im Nebensatz stellt im Deutschen die Verbindung mit *wo* dar[86]. Bei dieser Verbindung tritt nunmehr der konzessive Charakter in der Relation zwischen Haupt- und Nebensatz deutlich hervor. *Doch* fungiert hier als Mittel zum Einbringen erinnernder Einwände, eine unerfüllte Erwartung des Sprechers wird durch die MP *doch* hervorgehoben, der Sprecher äußert Unverständnis oder Kritik an für ihn unlogischen Sachverhalten:

> „Eine unerfüllte Erwartung ist konstitutiv für Konzessivsätze allgemein, denn konzessive Satzgefüge drücken aus, daß der im Nebensatz genannte Grund nicht die nach dem Gesetz von Ursache und Wirkung zu erwartende Folge hat." (Beerbom 1992: 216)

Je nachdem, wie stark hier die emotionale Beteiligung des Sprechers ist, ob er einfach mehr oder weniger emotionslos ihm Unverständliches feststellt und die damit zusammenhängenden Sachverhalte thematisiert, oder ob er massiv Kritik, Verärgerung und Unmut äußern möchte, sind diese Aussagen jeweils dem schwach oder dem stark adversativen *doch* zuzuordnen. Was die Frequenz des Vorkommens betrifft, so können wir hier nur von unserem Korpus ausgehen, in dem eindeutig die stark adversative *doch*-Variante prominent ist, daher gliedern wir diese Beispiele auch hier unter die stark adversativen Varianten ein.

In der Übersetzung wird der konzessive Charakter in der Mehrzahl der Fälle mit einer entsprechenden konzessiven Konjunktion explizit gemacht, auch bei dieser Variante zeigt sich also die Tendenz des Französischen zu einer expliziteren Aussageweise als das Deutsche sie aufweist.

> [Valerie ist enttäuscht darüber, daß sich Alfred dem Zauberkönig und seiner Ausflugsgesellschaft anschließt, obwohl er weiß, daß sie auch anwesend ist]

(AT- 56) VALERIE (zu Alfred): Also das ist der Chimborasso.
ALFRED: Was für ein Chimborasso?
VALERIE: Daß du dich nämlich diesen Herrschaften hier anschließt, wo du *doch* weißt, daß ich dabei bin - nach all dem, was zwischen uns passiert ist. (ÖH, 122)

(ZT- 56) VALÉRIE (à Alfred): Alors ça, c'est le cocotier.
ALFRED: Le cocotier?
VALÉRIE: Tu te laissais inviter par ces messieurs dames *alors que* tu savais que je serais là... après tout ce qui s'est passé entre nous. (ÖH', 27)[87]

---

[86] Erben ([12]1980: 206) sieht diese Struktur allerdings als umgangssprachlich an.
[87] Bei diesem Beispiel wirft die Zeitenfolge in der Übersetzung einige Fragen auf, beispielsweise deutet ja das Imperfekt (*tu te laissais inviter*...) auf eine wiederholte Handlung hin, was hier, vom Kontext her geschlossen, nicht der Fall ist. Wir würden hier eher für das Präsens oder das Perfekt optieren. Da dies jedoch nicht primär mit der Frage der Übersetzung

[Ron kauft alles Nötige für sein kleines Inselparadies in großen Mengen ein]

(AT- 57) Und da er mit amerikanischen Dollars zahlte und nicht per Kreditkarte oder in Francs, fragte niemand, warum er schon ein paar Tage voraus seine Bestellung aufgab und nichts mitnahm, wo *doch* alles lieferbar war. (K, 157)

(ZT- 57) Et, comme il réglait tout en dollars et pas en francs français ou avec une carte de crédit, personne ne chercha à savoir pourquoi il commandait tout à l'avance et n'emportait rien, *alors qu'*on aurait pu lui livrer. (K', 173)

[Elias wird wegen seiner Andersartigkeit von seinen Eltern von der Außenwelt ferngehalten]

(AT- 58) Damals verstand das Kind wenig. Es begriff nicht, weshalb es schweigen mußte, wenn ein Fremder ins Haus trat, wo *doch* der Bruder immer dabei sein durfte. (RS, 31)

(ZT- 58) En ce temps-là, l'enfant comprenait encore peu de chose. Il ne comprenait pas pourquoi il devait se taire quand un étranger pénétrait dans la maison, *alors que* son frère avait toujours le droit d'être présent. (RS', 31)

Teilweise finden sich in den Übersetzungen jedoch auch Temporaladverbien als Entsprechungen, die aber durchaus auch mit einer konzessiven Konjunktion austauschbar sind. So könnte man im folgenden Beispiel das vom Übersetzer gewählte *quand* durch ein *alors que* ersetzen:

[aus der Einleitung des Erzählers über das Wunderkind zu Eschberg]

(AT- 59) Es ist eine Anklage wider Gott, dem es in seiner Verschwenderlaune gefallen hat, die so wertvolle Gabe der Musik ausgerechnet über ein Eschberger Bauernkind auszugießen, wo er *doch* hätte absehen müssen, daß es sich und seine Anlage in dieser musiknotständigen Gegend niemals würde nutzen und vollenden können. (RS, 13)

(ZT- 59) Elle [l'histoire de sa vie] n'est autre qu'un réquisitoire contre Dieu, qui, dans ses caprices de dilapidateur, avait jugé bon répandre justement le talent si précieux de la musique sur un enfant de paysans d'Eschberg *quand* il aurait dû prévoir que celui-ci ne pourrait jamais, dans cette contrée si étrangère aux muses, mettre à profit ces dons ni les parachever. (RS', 13)

Weiters hat der Übersetzer die Möglichkeit, entweder den kausalen oder den konzessiven Aspekt der Aussage stärker zu betonen und die entsprechende Konjunktion (z.B. *car*) für den Zieltext zu wählen:

---

von modalen Ausdrücken ins Französische zusammenhängt, verzichten wir im Rahmen dieser Untersuchung auf eine eingehende Erörterung dieses Problems.

[Elias wird in der Schule unaufmerksam, nachdem er seine besonderen Talente entdeckt hat]

(AT- 60) Wenn der Lehrer um Auskunft bat, weil kein Kind mehr Auskunft wußte, schien der Junge vollkommen abwesend. Das ließ den Lehrer stutzen, war Elias *doch* niemals um eine Antwort verlegen gewesen. (RS, 56)

(ZT- 60) Quand le maître lui demandait de répondre à une question parce que personne d'autre n'avait su le faire, le garçon était totalement absent. Le maître en fut étonné, *car* aucune question n'avait jamais embarrassé Elias. (RS', 57)

Bisweilen kann auch eine Hauptsatzreihe mit intensivierendem Adverb im Französischen die Funktion des modalen *doch* übernehmen. Auch hier tritt der Effekt des Explizit-Machens, also quasi der metakommunikativen Erklärung, in der Übersetzung ein. Beim folgenden Beispiel ist jedoch die im Deutschen durch die MP explizierte kausal-konzessive Relation in der Übersetzung nicht vollständig erhalten geblieben.

[Alfred beklagt sich, daß Marianne nicht wollte, daß er für sie mit seinen Renngewinnen aufkommt]

(AT- 61) VALERIE: Sie hat es nicht haben wollen?
ALFRED: Aus moralischen Gründen.
VALERIE: Das war aber dumm von ihr, wo das *doch* dein eigenstes Gebiet ist.
(ÖH, 199)

(ZT- 61) VALÉRIE: Elle ne le voulait pas?
ALFRED: Par principe.
VALÉRIE: C'était bête de sa part, c'est *vraiment* ton domaine réservé. (ÖH', 98)

Das Adverb drückt hier zwar - wie auch im reinen Exklamativsatz - die emphatische Nuance aus, zur Explizierung der Kausalität müßte man aber wohl eine Konjunktion einfügen. Der Satz würde dann folgendermaßen lauten:

VALÉRIE: C'était bête de sa part, *puisque* c'est vraiment ton domaine réservé.

Handelt es sich um sehr emotional belegte Aussagen in der **Redewiedergabe**, die in der direkten Rede ihre Entsprechung in einem Exklamativsatz finden können, so bleibt die MP sehr oft in der Übersetzung unberücksichtigt (**ohne Entsprechung**), da in diesen Fällen der pragmatische Kontext bzw. der Kotext aussagekräftig genug sind, um im Französischen die Modalität zu transportieren - verbale Explizitheit wäre bisweilen sogar unangemessen und unidiomatisch. Bisweilen wird die Emphase auch mit lexikalisch-stilistischen Mitteln wie einem Registerwechsel (wie in Bsp. 62) oder einer bestimmten Modusverwendung ausgedrückt.

[die Seffin liegt in den Wehen, Seff wartet ungeduldig auf die Hebamme]

(AT- 62) Seff spähte aus dem Fenster, hinab zur äußersten Biegung des Dorfweges, woher *doch* endlich diese gottverreckte Hebamme kommen mußte. (RS, 15)

(ZT- 62)   Seff guettait par la fenêtre, épiant le dernier tournant du chemin par lequel devait arriver cette *foutredieu* de sage-femme. (RS', 15)

[der Erzähler beschreibt das erste Klangerlebnis des kleinen Elias]
(AT- 63)   Von einem letzten Klang ist zu berichten, einem Klang von so filigraner Gestalt, daß er *doch* in all dem Rumor des Universums hätte untergehen müssen. (RS, 38)
(ZT- 63)   Il faut parler d'un dernier son encore, d'un son tellement en filigrane qu'il eût dû disparaître dans le charivari de l'univers. (RS', 39)

Das letzte Beispiel weist eine auffallende Verwendung des Konjunktiv II auf, der - v.a. im gesprochenen Französisch, aber auch in der Schriftsprache - immer weniger verwendet wird. Es stellt sich hier nunmehr die Frage, ob in solchen Fällen der Modus zum Transportmedium von Modalität werden kann.

A.1.2.1.5 Begründung

Da die MP *doch* - wie auch *ja* - grundsätzlich auf Bekanntes verweist, eignet sie sich sehr gut zum Ausdruck einer Begründung. Will der Sprecher nun mit Hilfe einer Begründung den Sprechakt der Zurückweisung vollziehen, so geschieht dies in der Regel reaktiv konnektierend zu unmittelbar vorhergegangenen Sprechakten des Gesprächspartners. Der Widerspruch zwischen potentiell Bekanntem und einer dazu inkohärenten Handlungsweise des Gegenübers wird thematisiert und, durch die kausale Relation expliziert, zurückgewiesen. Im Gegensatz zur schwach adversativen Variante des *doch* in der Begründung, die zur Bekräftigung einer Aussage auf allgemein bekanntes Wissen oder Evidentes begründend verweist, untermauert die Begründung in der stark adversativen Aussage die Zurückweisung gegenüber dem Gesprächspartner. Der Fokus liegt hier also viel stärker auf der adversativen Komponente, dem Gegensatz zwischen Sprecher- und Hörereinstellung.

Das Französische tendiert in diesen Fällen wieder sehr stark dazu, sich expliziter auszudrücken als das Deutsche. Die kausale Relation kann im **Nebensatz** durch eine entsprechende Konjunktion, beispielsweise *parce que*, oder aber durch eine Intensivierung auf syntaktischer Ebene, wie z.B. durch Wiederaufnahme mit Pronominalformen, verdeutlicht werden. Die letztere, etwas indirektere Möglichkeit wird v.a. dann vom Übersetzer gewählt, wenn im Deutschen schon eine deutliche Argumentationsstruktur, z.B. mit argumentativem *aber* vorgegeben ist.

[Alfred zweifelt an Mariannes Begabung als Tänzerin]
(AT- 64)   ALFRED: [...] Aber die Mariann hat *doch* nichts gelernt in puncto Berufsleben. Das einzige, wofür sie Interesse hat, ist die rhythmische Gymnastik. (ÖH, 150)

(ZT- 64)   ALFRED: [...] Mais *Marianne*, pour ce qui est de la vie active, *elle* n'a rien appris. La seule chose qui l'intéresse, c'est la gymnastique rythmique. (ÖH', 53)

Im folgenden Beispiel setzt der Übersetzer zusätzlich zur kausalen Konjunktion noch ein verstärkendes Adverb:

[Marianne will sich um ihres Kindes Willen mit dem Zauberkönig aussöhnen]

(AT- 65)   MARIANNE: Es ist mir nämlich zu guter Letzt scheißwurscht - und das, was ich da tu, tu ich nur wegen dem kleinen Leopold, der *doch* nichts dafür kann. (ÖH, 202)

(ZT- 65)   MARIANNE: J'ai une dernière chose à vous dire. Tout ça finalement, je m'en contrefous... et ce que je fais là, je le fais uniquement pour le petit Léopold, *parce qu'il* n'y peut *vraiment* rien, lui. (ÖH', 101)

Ebenso stehen dem Übersetzer literarischere Formen (*or*) oder auch explizit auf die Bekanntheit von Sachverhalten hinweisende Verben als Entsprechungsmöglichkeiten zur Verfügung:

[Katharina versucht, sich zu rechtfertigen]

(AT- 66)   Ich wollte *doch* nicht immer zu Else, besonders nicht, seitdem sie mit Konrad so befreundet ist [...]. (HB, 49)

(ZT- 66)   *Or* je ne voulais pas tout le temps être fourrée chez Else, et surtout pas depuis qu'elle était si liée avec Konrad. (HB', 44)

[Ill sinniert über die Vergangenheit]

(AT- 67)   ILL (zu Claire): Wäre doch die Zeit aufgehoben, mein Zauberhexchen. Hätte uns doch das Leben nicht getrennt.
CLAIRE ZACHANASSIAN: Das wünschest du?
ILL: Dies, nur dies. Ich liebe dich *doch*! (Er küßt ihre rechte Hand.) Dieselbe kühle weiße Hand. (DB, 39)

(ZT- 67)   ILL: Si le temps pouvait être aboli, ma petite sorcière! Si la vie nous avait pas séparés?...
Claire Zahanassian: Tu le voudrais?
ILL: Je ne voudrais que ça, rien que ça! *Tu sais: je t'aime*! (Il lui baise la main droite.) La même main blanche et fraîche. (DB', 39)

Hier wäre ebenso eine Reiteration durch Pronominalisierung möglich:

ILL: Je ne voudrais que ça, rien que ça! *Je t'aime, tu le sais bien*!

A.1.2.1.5.1 begründete Zurückweisung mit Vorwurf

Vielfach enthält diese Form der Zurückweisung auch einen massiven Vorwurf - oder auch Gegenvorwurf - gegen den Gesprächspartner. In der Übersetzung werden sehr unterschiedliche Mittel der Emphase wie Satztypwechsel zum rhetorischen Interrogativsatz, idiomatische Wendungen oder intensivierende Adverbialformen als Entsprechungen herangezogen. Auch hier fällt wieder auf, daß, je stärker emotional belastet eine Aussage mit MP im Deutschen ist, desto unterschiedlichere und heterogenere Entsprechungsvarianten in der Übersetzung gewählt werden können. Dies ist durch die starke Kontextgebundenheit der Aussagen, aber auch durch das generelle Wesen der Emphase bedingt, das sowohl im Deutschen wie auch noch viel stärker im Französischen ein großes Inventar von Ausdrucksmöglichkeiten aufweist.

Der sehr heterogene Charakter dieser Entsprechungsmöglichkeiten wird auch dadurch deutlich, daß für ein- und dieselbe Aussage nahezu in der Form einer Klimax mehrere mehr oder weniger stärker emphatisierte Entsprechungsmöglichkeiten gegeben sind. Hier einige Beispiele (teilweise mit **Partikelkette**[88]):

[die Damen beim Nachmittagsklatsch über dritte]

(AT- 68) DIE ERSTE FRAU (Schokolade essend): Ein Skandal, wie's die Luise treibt.
DIE ZWEITE FRAU (Schokolade essend): Dabei ist die *doch* verlobt mit dem blonden Musiker von der Berthold-Schwarz-Straße. (DB, 58)

(ZT- 68) LA PREMIÈRE FEMME (en mangeant son chocolat): Un scandale, de voir la Louise se tenir comme ça.
LA DEUXIÈME FEMME (en mangeant son chocolat): *Sans compter qu*'elle est fiancée avec son pianiste, le grand blond de la rue Berthold Schwarz. (DB', 64)

[Emma und Havlitschek unterhalten sich über das Für und Wider einer großen Leidenschaft]

(AT- 69) EMMA: Aber eine große Leidenschaft ist *doch* was Romantisches-
HAVLITSCHEK: Nein, das ist etwas Ungesundes! Schauns *doch* nur, wie er ausschaut, er quält sich ja direkt selbst - es fällt ihm schon gar keine andere Frau mehr auf, und derweil hat er Geld wie Heu und ist soweit auch ein Charakter, der könnt *doch* für jeden Finger eine gute Partie haben - aber nein! Akkurat auf die läufige Bestie hat er sich versetzt - weiß der Teufel, was er treibt! (ÖH, 141)

(ZT- 69) EMMA: Mais une grande passion, c'est romantique-
HAVLITSCHEK: Non, c'est malsain! Il se torture lui-même, *vous avez vu sa tête...* Plus aucune femme ne l'intéresse, pourtant il est bourré d'argent et il ne manque pas de caractère, *il pourrait faire un bon parti par jour...* Mais non, il s'est braqué sur cette femelle en chaleur... Dieu sait comment il s'en sort! (ÖH', 46)

[Am Bahnsteig. Ill fühlt sich von allen bedroht]

(AT- 70) ILL: Ich habe euch nicht hergebeten.

---

[88] In der Partikelkette verstärkt *nur* die Illokution im Imperativsatz (Thurmair 1989: 224).

(ZT- 70)   DER ZWEITE: Wir werden *doch* noch von dir Abschied nehmen dürfen. (DB, 82)
ILL: Je ne vous ai pas priés de venir.
LE DEUXIÈME: On peut *tout de même* te dire adieu, *non?* (DB', 92)

Im letzteren Fall wären auch etwas stärkere Varianten möglich:

LE DEUXIÈME: On peut tout de même *encore* te dire adieu, non?

LE DEUXIÈME: *On a quand même le droit de* te dire adieu, non?

LE DEUXIÈME: On peut tout de même *encore* te dire adieu*!*

Im folgenden Beispiel hat sich der Übersetzer, wahrscheinlich aufgrund des argumentativen *aber* im Deutschen, für die **Nullentsprechung** entschieden. Unseres Erachtens wird dies jedoch im Zieltext nicht der Sprecherhaltung des Ausgangstextes gerecht, die pragmatisch konnotierte Nuance geht verloren.

[die Gülléner scharen sich am Bahnsteig um Ill]

(AT- 71)   ILL: Was schart ihr euch um mich?
DER BÜRGERMEISTER: Wir scharen uns *doch* gar nicht um Sie.
ILL: Macht Platz!
DER LEHRER: Aber wir haben *doch* Platz gemacht. (DB, 83)

(ZT- 71)   ILL: Pourquoi vous m'entourez?
LE MAIRE: On ne vous entoure pas.
ILL: Faites-moi de la place.
LE PROVISEUR: On vous fait de la place. (DB', 94)

Besser wäre hier gegebenenfalls eine Emphase mittels Satztypwechsel, Wiederaufnahme des markierten *aber* durch *mais* (mit der entsprechenden Intonation) oder Wiederaufnahme durch Pronominalisierung und syntaktische Markierung durch *dislocation*:

LE PROVISEUR: *Mais* on *vous a fait* de la place*!* (Betonung auf *fait*)

LE PROVISEUR: *Mais*, on *vous en a fait, de la place!*

In der **Partikelkette** nimmt die Verbindung von *doch* und *nur* eine Sonderstellung ein, da wir auch hier auf Aussagesätze stoßen, die der Betonung nach Exklamativsätze sind, typographisch jedoch nicht als solche (also ohne Ausrufezeichen) dargestellt werden.

[Streitgespräch zwischen Alfred und Valerie]

(AT- 72)   VALERIE: Alfred, du sollst mich doch nicht immer betrügen-
ALFRED: Und du sollst nicht immer so mißtrauisch zu mir sein - das untergräbt *doch* nur unser Verhältnis. [...] (ÖH, 108)

(ZT- 72)   VALÉRIE: Alfred, tu dois cesser de me tromper tout le temps.
ALFRED: Et toi, tu dois cesser d'être aussi méfiante. *Ça va miner* nos relations. [...] (ÖH', 14)

Ungewöhnlich bei dieser Übersetzung ist, daß im Französischen die graduierende Nuance entfällt, während die modale mit Hilfe des Tempussystems eingebracht wird. Wie auch Thurmair (1989: 226) bemerkt, bewirkt hier die Partikelkombination „eine Verstärkung des illokutiven Akts", jedoch erweist sich die gewählte Entsprechung als zu schwach, um einen zurückweisenden Einwand zu formulieren. Besser wäre hier u.E.

> *Ça ne fait que miner* nos relations. [...]

A.1.2.1.5.2 absolute begründete Zurückweisung: keine Möglichkeit zum Widerspruch

Teilweise kann die Zurückweisung - und damit die Graduierung der Adversativität - im Deutschen so stark bzw. restriktiv sein, daß dem Gesprächspartner gar keine Möglichkeit zum Gegenvorwurf oder zum Widerspruch bleibt, solche Aussagen haben quasi 'absoluten' Charakter. Da diese Aussagen auch wieder sehr stark emotional belastet sind, häufen sich hier in unserem Korpus die Beispiele mit **Partikelkette**. Generell läßt sich feststellen, daß mit der emotionalen Markierung auch die Tendenz zu Partikelkombinationen im Deutschen deutlich zunimmt. Der Übersetzer steht in diesen Fällen wieder vor dem Problem, daß nicht immer alle durch Partikeln transportierten Nuancen in der Fremdsprache wiedergegeben werden können, will man sprachusus- und textsortenadäquat übersetzen. Was nun in bezug auf die Graduierung an Adversativität auffällt, ist, daß sich generell bei schwach adversativen Varianten die stärkere Gradpartikel gegenüber der MP durchsetzt, bei den stark adversativen Varianten mit *doch* ist aber auch das Gegenteil der Fall. Hier tendiert der Übersetzer vielfach dazu, der MP gegenüber der Gradpartikel den Vorzug zu geben. Als translatorische Maxime kann also festgehalten werden, daß je nach Adversativitätsgrad der MP deren Gewichtung im modalen Kontext bestimmt werden muß und erst dann entschieden werden kann, welche Partikel eine Entsprechung im Zieltext findet. In den folgenden Beispielen wurde der MP der Vorrang eingeräumt:

> [Alfred will, daß Marianne ihr Kind weggibt, diese weint]

(AT- 73)   ALFRED [zu Marianne]: So flenn doch nicht schon wieder. - Schau, Marianderl, ich versteh dich ja hundertprozentig mit deinem mütterlichen Egoismus, aber es ist *doch* nur im Interesse unseres Kindes, daß es aus diesem feuchten Loch herauskommt - hier ist es grau und trüb, und draußen bei meiner Mutter in der Wachau scheint die Sonne. (ÖH, 145)

(ZT- 73)   ALFRED: Tu vas pas encore te mettre à chialer... Écoute ma petite Marianne, je comprends à cent pour cent ton égoisme maternel *mais c'est* pour son bien *que* je veux faire sortir le petit de ce trou humide... C'est gris et sombre, ici, alors que chez ma mère dans la Wachau, il y a du soleil. (ÖH', 49)

[die Sonntagsgesellschaft diskutiert über Seelenwanderung]

(AT- 74) ERICH: Das ist die buddhistische Religionsphilosophie. Die Buddhisten behaupten, daß die Seele eines verstorbenen Menschen in ein Tier hineinfährt - zum Beispiel in einen Elefanten.
ZAUBERKÖNIG: Verrückt!
ERICH: Oder in eine Schlange.
ERSTE TANTE: Pfui!
ERICH: Wieso pfui? Das sind *doch* nur unsere kleinlichen menschlichen Vorurteile! (ÖH, 125)

(ZT- 74) ÉRIC: C'est la philosophie religieuse des bouddhistes. Les bouddhistes croient que l'âme d'un défunt va se loger dans un animal... Dans un éléphant, par exemple.
ROIMAGE: C'est fou!
ÉRIC: Ou un serpent.
LA PREMIÈRE TANTE: Beh!
ÉRIC: Comment ça, beh? *Voilà bien* nos petits préjugés! (ÖH', 30)

[Oskar demonstriert an Marianne einen Jiu-Jitsu-Griff, worauf ihn eine der Tanten als 'Rohling' beschimpft]

(AT- 75) OSKAR (zur ersten Tante): Aber ich hab *doch* den Griff nur markiert, sonst hätt ich ihr doch das Rückgrat verletzt! (ÖH, 129)

(ZT- 75) OSCAR (à la tante): Mais *ce n'était pas une vraie prise*, autrement je lui aurais démis la colonne vertébrale! (ÖH', 33)

In den angeführten Beispielen finden wir einen reaktiv zum Vorangegangenen konnektierenden Ausruf, der die Zurückweisung enthält. Der Sprecher nimmt zur Vorgängeräußerung Stellung, indem er einen qualifizierenden Bezug zu ihr herstellt und deutlich macht, daß er mit dieser Vorgängeräußerung nicht übereinstimmt. Diese Qualifikation, die den Grad der Ratifikation verdeutlicht, nennt Franck (1980: 65) „compliance" oder „Einwilligungsgrad". Im Französischen behilft sich der Übersetzer mit einer Umkehrung zur Negation[89].

Es gibt aber auch Fälle, in denen der Übersetzer der Gradpartikel oder der zweiten MP den Vorrang einräumt. Dies geschieht dann, wenn mittels der Gradpartikel die Zurückweisung kontextadäquater ausgedrückt werden kann:

[Valerie entdeckt, daß der Zauberkönig ihr beim Umkleiden fürs Baden im Fluß zusieht; sie schimpft ihn einen Voyeur, er fordert sie jedoch auf, sich weiter auszuziehen]

(AT- 76) VALERIE: Jesus Maria Josef! Oh du Hallodri! Mir scheint gar, du bist ein Voyeur-
ZAUBERKÖNIG: Ich bin doch nicht pervers. Zieh dich nur ruhig weiter aus.

---

[89] Da es sich ja um ein Theaterstück handelt, darf bei solchen Ausrufen natürlich auch die Intonation nicht außer acht gelassen werden, die hier auch zum Träger von Modalität wird.

VALERIE: Nein, ich hab *doch* noch mein Schamgefühl. (ÖH, 130-131)

(ZT- 76) VALÉRIE: Doux Jésus! Mauvais sujet! Tu serais pas un peu voyeur-
ROIMAGE: Je suis pas un pervers. Vas-y déshabille toi!
VALÉRIE: Non, j'ai *encore* de la pudeur. (ÖH', 35)

In Verbindung mit der Gradpartikel *noch* drückt *doch* einen intensivierten, nachdrücklichen Widerspruch zum vorher Gesagten aus. Das Französische gibt hier explizit nur die graduierende Nuance im Text an, die modale ist jedoch aus dem Kontext sehr wohl erschließbar und braucht somit für den französischen Leser nicht noch einmal explizit gemacht zu werden[90].

[Marianne bei der Beichte]

(AT- 77) BEICHTVATER: Und daß du dein Kind im Zustand der Todsünde empfangen und geboren hast - bereust du das? (Stille)
MARIANNE: Nein. Das kann man *doch* nicht-
BEICHTVATER: Was sprichst du da?
MARIANNE: Es ist *doch* immerhin mein Kind- (ÖH, 168)

(ZT- 77) LE CONFESSEUR: Et d'avoir conçu et mis au monde ton enfant en état de péché mortel... le regrettes-tu aussi? (un silence)
MARIANNE: Non. Ça on ne peut pas-
LE CONFESSEUR: Qu'est-ce-que tu dis?
MARIANNE: C'est mon enfant, *tout de même*... (ÖH', 69)

[Schwitter will nicht wahrhaben, daß es ihm unmöglich scheint, zu sterben]

(AT- 78) SCHWITTER: Wenn mein Vermögen verfeuert ist, lege ich mich hin und verröchle.
PFARRER LUTZ: Aber Herr Schwitter, Sie können nicht mehr verröcheln. Sie - Sie sind *doch* schon gestorben, Herr Schwitter. (FD, 22)

(ZT- 78) SCHWITTER: Quand ma fortune aura flambé, je me coucherai pour pousser mon dernier soupir.
PASTEUR LUTZ: *Voyons*, monsieur Schwitter, vous ne pouvez plus pousser votre dernier soupir. Vous...vous *êtes* déjà mort, monsieur Schwitter. (FD', 23)

Das letzte Beispiel zeigt sehr gut, wieviel sich auf der Ebene der Pragmatik abspielt, wenn es um Modalität geht. Zum einen würden die pragmatischen, kontextuellen Gegebenheiten eher den Satztypwechsel zum Exklamativsatz verlangen, zum anderen kommt es hier sehr stark auf die richtige Betonung

---

[90] Es handelt sich hier in der französischen Übersetzung um stark sprechsprachliche Elemente, z.B. verzichtet der Übersetzer in der Regel auf das *ne* der Verneinung (*je ne suis pas un pervers*) oder auf Pronomen der Wiederaufnahme (*Ça, on ne le peut pas*), was wir aber im Rahmen dieser Arbeit nicht näher diskutieren können.

(Fokus auf *vous êtes*) an, will man die deutsche *doch*-Nuance richtig wiedergeben[91]:

Da diese *doch*-Variante in sehr enger Verbindung mit pragmatisch bedingten Faktoren gesehen werden muß, ist es im Vergleich zur schwach adversativen Variante ungleich schwieriger, für den Übersetzer allgemeingültige Tendenzen aufzuzeigen. Im Unterschied zum schwach adversativen *doch* der Begründung, welches v.a. die kausalen Relationen aufzeigt, ist hier die Kausalität nur Mittel zum Intensivieren und Rechtfertigen der ausgedrückten Zurückweisung. Diese kann jedoch auf syntaktischer, pragmatischer oder auch lexikalischer Ebene ihre Entsprechung im Französischen finden.

A.2   *doch* im Exklamativsatz

Richtet man sich nach den verschiedenen Satztypen, so folgt der Darstellung des Deklarativsatzes mit *doch* diejenige des Exklamativ- und des Interrogativsatzes mit der MP. Wie jedoch schon aus der Beschreibung des modalen *doch* im Deklarativsatz deutlich geworden ist, sind die Übergänge und Grenzen zwischen den einzelnen Satztypen fließend. Vor allem im Übersetzungsvergleich zeigt sich oftmals der als legitime Entsprechung für den modalen Ausdruck gewählte Wechsel zu einem anderen Satztyp, beispielsweise vom Deklarativ- zum Interrogativ-[92] oder zum Exklamativsatz. Der Grund für diese große Heterogenität liegt in der starken Kontextabhängigkeit und dem großen Einfluß pragmatischer, kontextueller und situativer Faktoren auf das sprachliche Geschehen. Da nunmehr die Ausdrücke der Modalität im Brennpunkt eines quasi 'multifaktoriellen Geschehens' liegen, haben wir uns auch entschlossen, die Imperativ- bzw. Aufforderungssätze, die ja im allgemeinen als eigene Kategorie behandelt werden und denen in der Literatur fälschlicherweise auch eine gewisse Isoliertheit im deutschen Modussytem bescheinigt wird (Donhauser 1987: 3/71), wegen ihrer funktionalen Verwandtschaft mit den Exklamativsätzen zusammen mit diesen in einem Abschnitt zu behandeln.

---

[91] Sehr interessant sind hier auch die geographischen Usancen, welche wir hier jedoch nur kurz erwähnen können. So könnte man im Osten Frankreichs sehr wohl eine Übersetzung wie *Vous...vous êtes **donc** déjà mort!* oder *Vous...vous êtes **pourtant** déjà mort* finden. Hierbei handelt es sich schon fast um eine *calque*-Form zum Deutschen, die in Gegenden wie dem Elsaß toleriert werden würde, da man dort mit der deutschen Satzstruktur vertraut ist, während man im restlichen Frankreich eine solche Übersetzung nicht akzeptieren würde.

[92] Bei Doherty (1985: 21) wird beispielsweise ganz klar hervorgehoben, daß auch Fragen Sprechereinstellungen ausdrücken können.

A.2.1 *doch* im Aufforderungssatz

Da *doch* sehr gut geeignet ist, einen Gegensatz zwischen dem tatsächlichen und dem erwünschten Ist-Zustand zu unterstreichen, findet es sich sehr häufig in Aufforderungssätzen. Wie das *doch* im Deklarativsatz, kann auch das *doch* im Aufforderungssatz - abgesehen vom initiativen Charakter der Aufforderung an sich - stark reaktiv und daher konnektierend zum vorangegangenen Sprechakt des Gesprächspartners ausgerichtet sein. Es drückt in der Aufforderung jedoch nicht nur - wie man angesichts der Partikelliteratur oftmals meinen könnte - Vorwurf, Kritik oder Tadel aus, sondern hat vielmehr heterogenen Charakter und kann in Abhängigkeit von den pragmatisch-situativen Kontextgegebenheiten auch Ausdruck der Beschwichtigung, einer Empfehlung bzw. eines Vorschlages oder initiativ-handlungsermutigend sein. Dies führte zu einer sehr kontroversen Beurteilung der MP in der Forschungsliteratur (Beerbom 1992: 204). Vereinzelt wurde in der Literatur versucht, *doch* im Aufforderungssatz entweder in eine Gruppe abschwächender Partikeln einzureihen[93], oder aber die MP als Intensivum zu Ausdrücken der Ungeduld, Verärgerung usw. zu sehen[94]. Weiters spielen auch Kommunikationskonventionen und Höflichkeitsnormen bei der Verwendung von *doch* eine große Rolle[95]. Daher können wir auch in bezug auf das *doch* in der Aufforderung (im Exklamativsatz) zwischen schwachen und starken Varianten unterscheiden, die - wie wir sehen werden - dem Übersetzer unterschiedliche Prämissen vorgeben, auf deren Berücksichtigung es bei der Translation ankommt[96].

---

[93] Cf. dazu Bublitz (1978: 111): „*Doch* ist [...] in die Gruppe der MPn einzureihen, die eine mildernde und abschwächende Funktion haben und typischerweise Befehle zu Bitten oder Ratschlägen abschwächen."
[94] Cf. dazu Franck (1980: 188): „Die auffordernde Kraft wird durch das DOCH verstärkt und bekommt einen drängenden oder auch ungeduldigen Ton."
[95] Die „Höflichkeitsvariante von *doch*" hat schon Franck (1980: 190-191) sehr treffend beschrieben.
[96] Cf. dazu Beerbom (1992: 205): „Ob eine ausschließlich mit *doch* 'abgetönte' Aufforderung freundlich oder ungeduldig wirkt, ist nur unter Berücksichtigung der Situation und parasprachlicher Begleitphänomene zu entscheiden; sehr wichtig ist dabei auch das Rollenverhältnis der Gesprächspartner."

A.2.1.1　schwach adversatives *doch*

A.2.1.1.1　*doch* in der Aufforderung

A.2.1.1.1.1　Beschwichtigung mit *doch*

Eindeutig zu den schwach adversativen Vorkommensvarianten von *doch* in der Aufforderung zählt das beschwichtigende *doch*, mit dessen Hilfe der Sprecher Trost zum Ausdruck bringt oder einfach seinen Gesprächspartner beruhigen möchte. Der in *doch* implizierte Gegensatz bezieht sich hier auf Befürchtungen bzw. Ängste des Gegenübers, die es zu zerstreuen gilt, d.h. das modale *doch* unterstützt hier die illokutive Absicht des Sprechers.

In der Übersetzung findet sich bei diesen Aufforderungen wieder die starke Tendenz zum Explizit-Machen, unterstützt von idiomatischen Wendungen und intensivierenden Adverbien.

　　　　　[Sträubleder versucht, Blorna zu beruhigen]
(AT- 79)　Mein Gott, nimm das *doch* nicht zu ernst, wir lassen euch schon nicht verkommen - nur läßt du dich leider verkommen. (HB, 129)
(ZT- 79)　Allons, *il n'y a vraiment pas de quoi dramatiser*, tu sais bien que nous ne vous laisserons jamais tomber... tandis que c'est malheureusement toi qui te laisses couler! (HB', 119)

Oftmals finden sich auch Zwitterformen zwischen Begründung und Aufforderung, die sehr stark pragmatisch bedingt sind. Ein Beispiel für solche Mischformen, welches den teilweise fließenden Übergang von einer der verschiedenen Subvarianten der MP *doch* zur anderen veranschaulicht, findet sich bei Konsalik. Pragmatisch gesehen handelt es sich um einen Textteil, der Beruhigung zum Ausdruck bringt, der illokutive Gehalt steckt aber im Textganzen und nicht nur in der emphatischen Assertion (*Du bist doch bei mir!*). Im Französischen wird aus dem Exklamativsatz mit emphatischer Assertion im Deutschen ein Deklarativsatz mit Erinnerung an Evidentes.

　　　　　[der leicht angetrunkene Ron denkt an Tama'Olu, die im fernen Inselparadies auf ihn wartet]
(AT- 80)　Du brauchst keine Angst zu haben, Tama'Olu ... du bist *doch* bei mir! Immer bist du bei mir. Was bin ich denn ohne dich? (K, 136)
(ZT- 80)　Tu n'as aucune crainte à avoir, Tama'Olu ... *tu es près de moi*. Tu es toujours près de moi. Que serais-je sans toi? (K', 149)

A.2.1.1.1.2 Vorschlag, Empfehlung, Ermutigung zum Handeln

Wird die MP *doch* in Aussagen eingesetzt, mit denen ein Vorschlag oder eine Empfehlung abgegeben werden soll, so hat sie stark initiative, aber auch voraussetzungssichernde Züge. Der Sprecher wirbt um das Einverständnis und die Zustimmung des Hörers zum von ihm Postulierten, um diesen zum vom Sprecher selbst gewünschten Handeln zu bewegen. Hier kommen also das bestätigungsheischende wie auch das direktive Moment im Interaktionsablauf hinzu. Die Reaktionen des Gesprächspartners zeigen in der Regel auch sofort an, ob die illokutive Absicht im Griceschen Sinne 'geglückt' ist. Im folgenden Beispiel wird durch die Konjunktion im Französischen zusätzlich zur idiomatischen Wendung deutlich gemacht, daß es sich um eine Empfehlung, einen guten Rat, handelt:

> [Valerie versucht, den Zauberkönig, der fast einen Herzanfall erlitten hätte, zu besänftigen]

(AT- 81) VALERIE: Leopold. Der liebe Gott hat dir einen Fingerzeig gegeben - daß du nämlich noch unter uns bist - Still! Reg dich nur nicht auf - sonst kommt der Schlaganfall, der Schlaganfall, und dann - und dann - versöhn dich *doch* lieber, du alter Trottel - versöhn dich, und du wirst auch dein Geschäft wieder weiterführen können, es wird alles wieder besser, besser, besser! (Stille)
ZAUBERKÖNIG: Meinst du? (ÖH, 196)

(ZT- 81) VALÉRIE: Léopold. Le bon Dieu t'a envoyé un avertissement... puisque tu es encore parmi nous... Silence! Surtout ne t'énerve pas, ne t'énerve pas, ne t'énerve pas... sinon tu l'auras ton attaque, tu l'auras et alors... Tu *ferais mieux de* te réconcilier, vieil imbécile... tu te réconcilies et tu peux continuer à faire marcher ton commerce et tout ira mieux, beaucoup mieux! (Un silence)
ROIMAGE: Tu crois? (ÖH', 96)

Je dringlicher der Sprecher auf den Hörer einzuwirken versucht, desto höher ist die Frequenz an **Partikelketten**. Typisch für die Aufforderung ist die Kombination von *doch* mit *mal*[97]. Manche Partikelkombinationen können als „Indiz für die Sprechereinstellung angesehen werden" (Beerbom 1992: 204). Diese Kombination weist nunmehr auf eine Bitte oder einen Vorschlag hin, hat „bagatellisierende Funktion" (R. Conrad, apud Beerbom 1992: 204) bzw. „illokutionsabschwächende Wirkung" (Dahl 1987: 18) und ist also typisch für die schwach adversative *doch*-Variante. Beerbom (1992: 204) spricht in diesem Zusammenhang auch von „abgeschwächten Sprechakten", Thurmair (1989: 227) spricht davon, daß „die Aufforderungsillokution abgeschwächt" und die Aufforderung „beiläufiger" wird, und laut Weinrich (1992: 56) signalisiert diese Partikelkombination „Entspannung im Erwartungsbereich".

---

[97] Diese Partikelkombination ist gerade in der Aufforderung recht häufig, zeichnet sich jedoch durch ihren eher umgangssprachlichen Charakter aus.

Doch kombiniert mit *mal* in der Aufforderung ist in der Regel reaktiv konnektierend zu einem vorangegangenen Sprechakt, dem eine andere Meinung entgegengestellt wird. Daher sind diese Sätze in der Adversativitäts-Hierarchie schon etwas stärker markiert als beruhigende Äußerungen. Bisweilen bewirkt die deutsche Partikel in der Übersetzung eine Fokusverschiebung, die sich grammatikalisch niederschlägt. So wird im folgenden Beispiel aus der den Sprecher mit einbeziehenden Aufforderung ein an den Gesprächspartner gerichteter Imperativ, der die Dringlichkeit des *doch* implizit beinhaltet. Dieses Beispiel zeigt, daß das Französische sehr viel an Modalität aus dem situativen Kontext bezieht und daher weniger explizite Ausdrücke für Modalität benötigt.

[die Sonntagsgesellschaft diskutiert über Seelenwanderung]

(AT- 82) ERICH: Das ist die buddhistische Religionsphilosophie. Die Buddhisten behaupten, daß die Seele eines verstorbenen Menschen in ein Tier hineinfährt - zum Beispiel in einen Elefanten.
ZAUBERKÖNIG: Verrückt!
ERICH: Oder in eine Schlange.
ERSTE TANTE: Pfui!
ERICH: Wieso pfui? Das sind doch nur unsere kleinlichen menschlichen Vorurteile! So laßt uns *doch* mal die geheime Schönheit der Spinnen, Käfer und Tausendfüßler -
ZWEITE TANTE (unterbricht ihn): Also nur nicht unappetitlich, bittschön!
(ÖH, 125)

(ZT- 82) ÉRIC: C'est la philosophie religieuse des bouddhistes. Les bouddhistes croient que l'âme d'un défunt va se loger dans un animal... Dans un éléphant, par exemple.
ROIMAGE: C'est fou!
ÉRIC: Ou un serpent.
LA PREMIÈRE TANTE: Beh!
ÉRIC: Comment ça, beh? Voilà bien nos petits préjugés! *Parlez-moi* de la secrète beauté des araignées, cafards et mille-pattes -
L'AUTRE TANTE: (l'interrompant): Ah, Pas de saleté, s'il vous plaît! (ÖH', 30)

Die modale Nuance könnte hier jedoch ohne weiteres noch durch ein Einfügen von *donc* oder *voir*[98] deutlicher gemacht werden. *Doch* hat hier im Deutschen illokutionsmildernde Funktion, es schwächt im Höflichkeitskontext die Aufforderung ab. Die französische Korrespondenz dazu, nämlich *donc*, erfüllt genau dieses Potential eines abschwächenden Markers und eignet sich daher gut als direkte Korrespondenz. Dies gilt ebenso für *voir*:

Parlez-moi *donc/voir* de la secrète beauté des araignées, cafards et mille-pattes -

---

[98] Die erstarrte Form *voir* in Verbindung mit dem Imperativ wird bei Koch und Oesterreicher (1990: 70) sogar als einzigartiges Abtönungsverfahren des Französischen bezeichnet.

Im folgenden Beispiel wird die mittels *doch* ausgedrückte Ermutigung zum Handeln deutlich:

          [Trude ermutigt Blorna, Katharina anzurufen]

(AT- 83)   <Ruf *doch* mal an>, sagte sie, und er versuchte anzurufen, dreimal, viermal, fünfmal, aber er bekam immer die Auskunft <Teilnehmer meldet sich nicht>. (HB, 35-36)

(ZT- 83)   <Essaye *donc* de la joindre au téléphone>, dit-elle. Il s'efforça à trois, quatre, cinq reprises, mais pour s'entendre opposer chaque fois: <l'abonné ne répond pas>. (HB', 31)

Wie subtil die Graduierung und der Übergang von schwach adversativen zu stärker adversativen Ausdrücken sein kann, verdeutlicht das folgende Beispiel. Es handelt sich um eine Aufforderung, die die Form eines Ratschlages trägt, der Kontext läßt aber durchaus erkennen, daß hier schon ein bestimmtes Näheverhältnis zur stärker adversativen Zurückweisung besteht. Dies wird auch in der argumentativen Struktur der Aussage deutlich, das argumentative *kaufens doch* wirkt viel expressiver als es ein eher informatives *ich würde ihnen vorschlagen, ... zu kaufen, da...* sein könnte. Anscombre und Ducrot (^{2}1988: 169) sprechen bei solchen Strukturen von einer gerechtfertigten „réduction de l'apparemment informatif au fondamentalement argumentatif". Der Übersetzer trägt dem durch syntaktische Markierung im Französischen Rechnung, die die Nuance der Ungeduld des Sprechers anklingen läßt:

          [der Zauberkönig gibt sich keine Mühe mehr mit seinen Kunden]

(AT- 84)   ZAUBERKÖNIG (zu einer Kundin): Ich hab das Ihnen doch schon drinnen gesagt, daß mir diese Nachbestellerei viel zu viel Schreiberei macht - wegen einer einzigen Schachtel! Kaufens *doch* dem herzigen Bams was ähnliches! Vielleicht eine gediegene Trompeten! (ÖH, 161)

(ZT- 84)   ROIMAGE: Je vous l'ai déjà dit, ça fait beaucoup trop de paperasseries pour une seule boîte! Achetez-*lui donc* quelque chose d'approchant, *à cette chère tête blonde*! Une bonne trompette, par exemple! (ÖH', 62)

A.2.1.1.1.3 *doch* als Träger von Höflichkeitsnormen

Sprechakte sind immer in den sozialen kommunikativen Kontext eingebettet, und deren Umsetzung hängt mit kulturellen Faktoren zusammen. Partikelreiche Sprachen wie das Deutsche bilden im sozialen Bereich Konventionalisierungsmuster aus, eine bestimmte Partikel wird in einem bestimmten Kontext mit einer bestimmten Redeabsicht eingesetzt. Auf diese Art und Weise entstehen konventionalisierte Formulierungen, im Rahmen derer auch der Partikel eine bestimmte Rolle zufällt[99].

„Höflichkeitskontexte haben soziale Eigenschaften, die sich in verschiedener Hinsicht auf die Anwendungsbedingungen sprachlicher Ausdrücke bzw. deren Interpretation auswirken. Ein Beispiel dafür ist die Abwandlung, die die DOCH-Bedeutung in solchen Kontexten erfährt." (Franck 1980: 190)

Der Rahmen, in dem sich das modale *doch* in der Aufforderung hier bewegt, kann von mittels Implikatur ausgedrückter Erlaubnis bis zum Ausdruck von Tadel gehen. Immer handelt es sich jedoch im Höflichkeitskontext, den nichts anderes als die „Wahrung und Respektierung der Würde und Selbstachtung des anderen sowie die Berücksichtigung der sozialen Position und Rolle des anderen" (Franck 1980: 190) determiniert, um den sozialen Konventionen und Angemessenheitsnormen entsprechende Verhaltensmuster in der Interaktion.

So kann mittels einer konventionalisiert-idiomatisierten Wendung mit *doch* eine Zurückweisung wie auch eine Entschuldigung oder Rechtfertigung ausgedrückt werden. In solchen Verwendungstypen ist der kritische Aspekt der Aussage in hohem Maße abgeschwächt (Franck 1980: 179), *doch* wirkt „illokutionsmildernd" (Dahl 1987: 74):

[Ill denkt in seiner Paranoia, daß man schon sein Begräbnis vorbereitet]

(AT- 85)   ILL: Auf meinen Tod übt ihr dieses Lied, auf meinen Tod!
DER BÜRGERMEISTER: Herr Ill, ich muß *doch* sehr bitten. (DB, 77)
(ZT- 85)   ---[100]

[Erich verschüttet seinen Wein und bespritzt Valerie]

(AT- 86)   VALERIE: Nicht so stürmisch, junger Mann! Meiner Seel, jetzt hat er mich ganz bespritzt!
ERICH: Aber das kann *doch* vorkommen! Ehrensache! (ÖH, 171)
(ZT- 86)   VALÉRIE: Pas si vite, jeune homme! Ma foi, il m'a éclaboussée!
ÉRIC: Ça peut arriver à tout le monde! Sur l'honneur! (ÖH', 72)[101]

Auch im Höflichkeitskontext begegnen wir wieder der **Partikelkette** mit *mal*: „Häufungen von ATP [Abtönungspartikeln] stellen sprachliche Ausdrucksmittel zur weiteren Subkategorisierung von Sprechakten dar" (Dahl 1987: 149). Hier handelt es sich nur formal um eine Aufforderung, im eigentlichen ist die *doch*-Aussage jedoch nur ein gesprächseinleitendes Element, das dem Sprecher die

---

[99] Beerbom (1992: 205) spricht in diesem Zusammenhang z.B. von einer „positiven Umdeutung" kritisierender Komponenten.
[100] Zu diesem Beispiel weist unser Korpus keine Übersetzung auf.
[101] In diesem Fall wäre in der Übersetzung die Beibehaltung des argumentativen *aber* sogar günstiger: *Mais ça peut arriver à tout le monde!...*

Möglichkeit gibt, eine Information, die er geben möchte, auch wirklich mitzuteilen. Man könnte in diesen Kontexten von 'rhetorischen Aufforderungen' sprechen. Wenn es sich hier noch um eine Aufforderung handelt, dann um die, nach dem suggerierten Thema zu fragen. Das heißt, die *doch*-Äußerung wirkt gesprächsdirektiv, sie leitet die Konversation in eine bestimmte Richtung und verpflichtet den Hörer, will er den Höflichkeitsnormen genügen, auf eine genau festgelegte Art und Weise zu reagieren. Im Französischen drückt sich der Sprecher wieder etwas expliziter aus, aus der Aufforderung wird ein Deklarativsatz, der jedoch auch seinerseits restriktiv ist und nur eine bestimmte Antwort zuläßt. Somit ist die Sprecherintention wiedergegeben, auf illokutionärer Ebene handelt es sich jedoch um einen indirekten illokutiven Akt. Der Unterschied liegt auf semantischer Ebene. Im deutschen Original entspricht der illokutive Akt dem Illokutionspotential des Satzes, im Französischen dient jedoch der Interrogativmodus als Aufforderung, hat also direktive illokutive Gewichtung.

[Valerie will Oskar unbedingt mitteilen, daß Alfred bei ihr war]

(AT- 87) VALERIE (erblickt Oskar): Herr Oskar! Jetzt ratens *doch* mal, mit wem ich grad dischkuriert hab? (ÖH, 165)

(ZT- 87) VALÉRIE (apercevant Oscar): Oscar! *Vous ne devinerez jamais* avec qui je viens de parler? (ÖH', 67)

A.2.1.2 stark adversatives *doch*

A.2.1.2.1 *doch* in der dringenden Aufforderung

Wird *doch* in stark adversativen Imperativsätzen verwendet, so „verweist es auf einen Gegensatz zwischen der geforderten Handlung und der aktuellen Situation" (Beerbom 1992: 203). Die MP intensiviert die Sprecheräußerung, verleiht der Aufforderung mehr Dringlichkeit und somit emotionalen Charakter und leistet einen Beitrag zur Einbindung der Äußerung in den situativen Kontext (ibid.). Der Grad der Emotionalisierung kann bis zur Drohung gehen, die Intention des Sprechers muß jedoch erst konversationell aus der Situation und dem Kontext heraus erschlossen werden (cf. Gornik-Gerhardt 1981: 112). Solche stark adversativen Imperative sind stark reaktiv konnektierend zum vorausgegangenen Akt des Gesprächspartners, zugleich aber auch initiativ in bezug auf die folgende Handlung. Sie können zu ihrer Appellfunktion auch Tadel, Kritik, Mißfallen und Verärgerung über Handlungen des Gesprächspartners oder über Sachverhalte, die gegen die Auffassung und die Weltsicht des Sprechers sind, zum Ausdruck bringen.

In der Übersetzung findet sich als Entsprechung in der Regel ein intensivierendes, emphatisches *donc*. Weiters werden lexikalische sowie syntaktische Mittel der Emphase wie auch markierte Pronominalformen und 'pragmatische Entsprechungen' (wie das Einfügen von Interjektionen[102] oder eines argumentativen *mais*) eingesetzt. Unser Korpus zeigt, daß die Übersetzer vielfach auch auf eine direkte **Entsprechung verzichten**, wenn sie Äquivalente auf syntaktischer, lexikalischer oder pragmatischer Ebene finden, jedoch würde auch in diesen Fällen ein eingefügtes *donc* die modale Nuance noch verdeutlichen können[103].

[Burga glaubt, daß Gottfried sich vor ihr versteckt hat]

(AT- 88) <Gottfried!> fing sie an, sich Mut zuzureden, <ich bin es! Deine Burga! Ich bin da! So kömm *doch* heraus!> (RS, 125)

(ZT- 88) <Gottfried!> commença-t-elle pour se donner du courage, <c'est moi! Ta Burga! Je suis là! Sors *donc* d'où tu es!> (RS', 126-127)

[Marianne droht, sich vor den Zug zu werfen]

(AT- 89) ZAUBERKÖNIG: So wirf dich *doch* vor den Zug! Wirf dich *doch*, wirf dich *doch*! Samt deiner Brut! Oh, mir ist übel - übel - wenn ich nur brechen könnt […] (ÖH, 186)

(ZT- 89) ROIMAGE: *Eh bien*, jette-toi sous le train! Vas-y *mais* vas-y! Et emmène ton rejeton!!… Oh, je me sens mal… mal… si seulement je pouvais vomir… (ÖH', 86)

[Erich fühlt sich von Valerie in seiner Einstellung zu Rassenfragen gekränkt]

(AT- 90) VALERIE [zu Erich] : Halt! So bleibens *doch* da, Sie komplizierter Mann, Sie - (ÖH, 127)

(ZT- 90) VALÉRIE: Halte-là! Restez-là, monsieur le compliqué - (ÖH', 31)

<<VALÉRIE: Halte-là! Restez *donc* là, monsieur le compliqué - >>

[Valerie ist angetrunken und benimmt sich hysterisch]

(AT- 91) EINE GEMÜTLICHE STIMME: So werfts es *doch* naus, die besoffene Bestie! (ÖH, 182)

(ZT- 91) UNE VOIX DÉBONNAIRE: Foutez-*moi* cette femelle dehors, si elle est soûle! (ÖH', 83)

---

[102] Beerbom (1992: 206) verwehrt sich zwar dagegen, Interjektionen als Entsprechungen von MPn anzusehen, allerdings können sie im Zusammenspiel mit weiteren Faktoren auf pragmatischer Ebene zu Funktionsäquivalenz führen, wenn sie auch nicht als Einzelelement die Funktion der MP übernehmen können.

[103] Bei den folgenden Beispielen fügen wir die von uns stammenden Varianten mit *donc* in Klammern << >> an.

<<UNE VOIX DÉBONNAIRE: Foutez-moi *donc* cette femelle dehors, si elle est soûle!>>

[Marianne und Alfred im Streit]
(AT- 92) MARIANNE: Alfred!
ALFRED: Nicht so laut! So denk *doch* an das Kind! (ÖH, 146)
(ZT- 92) MARIANNE: Alfred!
ALFRED: Pas si fort! Pense à l'enfant! (ÖH', 50)

<<ALFRED: Pas si fort! Pense *donc* à l'enfant!>>

[Mutter und Großmutter streiten sich, die Großmutter schimpft über Alfred]
(AT- 93) DIE GROSSMUTTER: Einen feinen Sohn hast du da, - frech und faul! Ganz der Herr Papa!
DIE MUTTER: So laß *doch* den Mann in Ruh! Jetzt liegt er schon zehn Jahr unter der Erden, und gibst ihm noch immer keine Ruh! (ÖH, 189)
(ZT- 93) LA GRAND-MÈRE: Il est joli, ton fils... insolent et feignant! Son père tout craché!
LA MÈRE: Fiche-*lui donc* la paix, *à cet homme*! Ça fait dix ans, maintenant qu'il est sous terre et tu le laisses toujours pas en paix! (ÖH', 89)

Wird vom Sprecher aus die Nuance der Ungeduld besonders markiert, so führt dies im Französischen meist zu einem Explizit-Machen der dahinter verborgenen argumentativen Strukturen. Der Sprecher verweist in solchen Aufforderungen implizit auf Bekanntes oder Evidentes, das der Hörer seiner Meinung nach berücksichtigen müsse und kritisiert eine Handlung oder Unterlassung desselben. Für die übersetzerische Praxis läßt sich hier die Tendenz ableiten, einen argumentativen adversativen Marker (*mais*) mit emphatischem *donc* zu kombinieren.

[Der Erzähler berichtet über einen Traum, in dem er den Maler Strauch operieren soll]
(AT- 94) In dem Gelächter der Ärzteschaft hörte ich immer wieder den Assistenten sagen: <Schneiden Sie *doch*! Warum warten Sie! [sic] Schneiden Sie *doch*! Sie müssen schneiden! Fangen Sie an! Sehen Sie nicht, daß Sie schneiden müssen? Sie sind meinem Bruder alles schuldig!> Da fing ich an zu operieren; (TB, 101-102)
(ZT- 94) Au milieu des rires des médecins, j'entendais l'assistant qui répétait sans cesse: <*Mais* coupez *donc*! Pourquoi attendez-vous? *Mais* coupez *donc*! Vous devez couper! Commencez! Allez-y! Ne voyez-vous donc pas que vous devez couper! Vous devez tout à mon frère!> Alors je me mis à opérer. (TB', 99)

[Der Maler beendet abrupt eine Unterhaltung mit dem Erzähler]

(AT- 95) Der Maler lief mir plötzlich davon. Mit unheimlicher Altersgeschwindigkeit. Ich rief ihm nach: <Warten Sie *doch*!> Aber er hörte nicht. (TB, 108-109)

(ZT- 95) Tout à coup, le peintre s'échappa. Il courut avec une vitesse incroyable pour son âge. Je m'élançai à sa poursuite: <*Mais* attendez-moi *donc*!> Mais il n'entendit pas. (TB', 106)

[Ill glaubt in seinem Verfolgungswahn, man wolle ihn vom Abfahren abhalten]

(AT- 96) ILL: Ihr wollt mich zurückhalten.
DER BÜRGERMEISTER: Steigen Sie *doch* ein!
ALLE: Steigen Sie *doch* ein! Steigen Sie *doch* ein! (DB, 84)

(ZT- 96) ILL: Vous voulez me retenir.
LE MAIRE: *Mais voyons*: montez dans le train.
LA FOULE: Montez dans le train. Montez dans le train. (DB', 95)

Beim letzten Beispiel wäre es u.E. auch wieder zielführend, ein emphatisches *donc* hinzuzufügen, um die Nuance der Ungeduld richtig zum Ausdruck zu bringen:

LA FOULE: Montez dans le train. Montez *donc* dans le train.

A.2.1.2.1.1 *doch* in der indirekten Aufforderung

Eine bisher noch nicht berücksichtigte Gruppe von imperativischen *doch*-Sätzen stellen die indirekten Aufforderungen mit *doch* in Verbindung mit *sollen* oder einem anderen Modalverb dar. In diesen Fällen ist der Imperativ abgeschwächt, er ist als Implikatur aus einem Deklarativsatz zu schließen, was wiederum gewissen Höflichkeitsnormen oder einfach der betreffenden Sprechereinstellung entspricht. Die MP hat hier illokutionsmodifizierende Funktion[104].

Im Französischen bedingen solche *doch*-Äußerungen die Verwendung von Modalverben in Verbindung mit dem Konditional I, welchen auf pragmatischer Ebene die Höflichkeitskonventionen bedingen.

[der Bürgermeister sorgt sich, daß die Begrüßung für Claire Zachanassian nicht feierlich genug ausfällt]

(AT- 97) DER BÜRGERMEISTER (untröstlich): Die Feuerglocke, man sollte *doch* die Feuerglocke einsetzen! (DB, 28)

---

[104] Franck (1980: 188) spricht zwar auch schon von der Aufforderung mit *sollen*, allerdings sieht sie in diesen Aufforderungen nur Verstärkungen der kritisierenden Komponente der Aussage. Solche Verstärkungen kann es zwar auch geben, dies muß jedoch nicht standardmäßig der Fall sein, wie unsere Korpusbeispiele zeigen.

(ZT- 97) LE MAIRE (déçu): La cloche d'incendie, c'est la cloche d'incendie qu'on *devrait* entendre. (DB', 25)

[Ill ist dagegen, daß alle Welt Schulden macht, seine Familie versucht, ihn umzustimmen]

(AT- 98) FRAU ILL: Alle machen Schulden, Fredi. Nur du bist hysterisch. Es ist doch klar, daß sich die Sache friedlich arrangiert, ohne daß dir auch nur ein Haar gekrümmt wird. Klärchen geht nicht aufs Ganze, ich kenne es, da hat es ein zu gutes Herz.
DIE TOCHTER: Bestimmt, Vater.
DER SOHN: Das mußt du *doch* einsehen. (DB, 104-105)

(ZT- 98) MADAME ILL: Tout le monde fait des dettes, Fredy. Tu es le seul à t'inquiéter. Ta peur est tout simplement ridicule. C'est clair que l'affaire s'arrangera gentiment, sans qu'on touche à un seul de tes cheveux. Clara n'ira pas jusqu'au bout; je la connais, elle a trop bon cœur.
LA FILLE: Bien sûr, papa.
LE FILS: Tu *devrais* comprendre. (DB', 119-120)

Die Verbindung von *doch* mit Modalverben ergibt sich außer in der indirekten Aufforderung natürlich auch im **Nebensatz** in der **Redewiedergabe**. Das französische Sprachsystem arbeitet hier mit *subjonctif*. Außerdem kann es zu Satztypwechsel oder anderen Emphaseformen wie z.B. Pronominalisierung kommen.

[die Eschberger Kinder wollen Elias endlich einmal sehen]

(AT- 99) Das Fenster des Bubengadens hatte man schon früher ausfindig gemacht. Dorthin zogen sie nun und verhöhnten den Elias ob seiner Augen, gelb wie Kuhseiche. Er solle sich *doch* am Fenster zeigen und ihnen das Kunststück seiner Stimme vorführen. (RS, 43)

(ZT- 99) On avait déjà identifié la fenêtre de la chambre. C'est vers là qu'ils se dirigèrent, et ils raillèrent les yeux d'Elias, jaunes comme de la pisse de vache. Qu'il vienne *donc* à la fenêtre et leur montre le tour de force de sa voix*!* (RS', 43)

[Elias' Vater schämt sich vor seinem Sohn für seine Beihilfe zu einem Mord]

(AT- 100) Nulf, der Bruder habe ihn damals aufgestachelt, den Lamparter bei lebendigem Leib anzuzünden. Er müsse das *doch* begreifen: In jener Nacht sei die Familie vor der Glut ihres Hofes gestanden, vor dem Nichts. Das müsse er *doch* begreifen. (RS, 131)

(ZT- 100) C'était Nulf, son frère, qui les avait incités à brûler le Lamparter vivant. *Il fallait qu'*il comprenne: cette nuit-là, la famille s'était retrouvée devant une ferme réduite en cendres, devant le néant. *Il fallait qu'*il *le* comprenne. (RS', 133)

A.2.1.2.2 *doch* in der negierten Aufforderung

A.2.1.2.2.1 Forderung einer Unterlassung

Sind Aufforderungen mit *doch* primär direktiv, so fordert *doch* in der negierten Aufforderung in erster Linie die Unterlassung einer Handlung, die der Gesprächspartner entweder schon begonnen hat oder im Begriff ist zu tun. Insofern wird hier primär Kritik, Tadel oder aber auch Vorwurf zum Ausdruck gebracht, da es hier um Handlungen geht, die nicht vom Sprecher initiiert oder gar erwünscht sind (Franck 1980: 189). Daher zeichnen sich auch diese Sätze durch ihren stark reaktiv-konnektierenden Charakter aus und eignen sich gut als Zurückweisung einer unerwünschten Initiative des Gesprächspartners, da sie „reaktiv und konnektierend zum vorangegangenen Akt des Gesprächspartners [...]", zugleich aber auch „initiativ in bezug auf [sic] folgende Handlung" (Helbig [2]1990: 113) funktionieren.

Als Entsprechung eignet sich im Französischen das emphatische *donc*, vielfach wird jedoch auch einfach expliziter in die Zielsprache übertragen, indem aus einem verneinten Imperativ eine positive Aufforderung mit dem entsprechenden Verb (meist Periphrasen) gemacht wird. So wird aus *quäl mich doch nicht* ein *arrête de me torturer*, wobei hier auch noch ein verstärkendes *donc* eingefügt werden könnte: *arrête donc de me torturer*. Dies gilt generell für die Beispiele ohne Entsprechung[105]. Es liegt im Ermessen des Übersetzers abzuschätzen, ob die Hinzufügung von *donc* im Zieltext eine „insistance trop forte dans le contexte du verbe choisi" (Métrich 1993: 340) ergeben würde oder nicht.[106]

    [Marianne erfährt vom Tod ihres Kindes]
(AT- 101) MARIANNE: Mein Kind! Wo bist du denn jetzt?
             OSKAR: Im Paradies.
             MARIANNE: So quäl mich *doch* nicht- (ÖH, 207)
(ZT- 101) MARIANNE: Mon enfant! Où es-tu maintenant? Où es-tu?
             OSCAR: Au paradis.
             MARIANNE: *Arrête de* me torturer- (ÖH', 105)

    <<MARIANNE: Arrête *donc* de me torturer- >>

    [Marianne versucht, sich gegen falsche Verdächtigungen zu verwehren]
(AT- 102) MARIANNE: Lüg nicht! So lüg *doch* nicht! (ÖH, 138)

---

[105] Cf. dazu Métrich (1993: 339): „La nontraduction se rencontre assez fréquemment, mais la traduction par *donc* reste toujours possible."

[106] In der Folge fügen wir die Varianten mit *donc* oder Periphrase in Klammern << >> an.

(ZT- 102)   MARIANNE: Ne mens pas! Ne mens pas! (ÖH', 43)

<<MARIANNE: Ne mens pas! Ne mens *donc* pas!>>

<<MARIANNE: Arrête (donc) de mentir!>>

[Marianne will ihr Kind nicht der Mutter Alfreds anvertrauen]
(AT- 103)   ALFRED [zu Marianne]: So flenn *doch* nicht schon wieder. (ÖH, 145)
(ZT- 103)   ALFRED: *Tu vas* pas encore te *mettre à chialer*...(ÖH', 49)[107]

Hier kommt zur Periphrase das semantisch markierte Verb *chialer* hinzu.

[Alfred überlegt, ob Marianne ihn 'richtig' liebe. Daraufhin reagiert Marianne wie folgt]
(AT- 104)   MARIANNE: Oh Mann, grübl *doch* nicht - grübl nicht, schau die Sterne - die werden noch droben hängen, wenn wir drunten liegen - (ÖH, 136)
(ZT- 104)   MARIANNE: Écoute, ne te tourmente pas... ne te tourmente pas... Regarde les étoiles... elles seront encore accrochées là-haut quand nous serons sous terre depuis longtemps. (ÖH', 41)

Im letzten Beispiel steckt die modale Komponente u.E. teilweise auch in der vorangestellten und syntaktisch abgegrenzten direkten Anrede an den Gesprächspartner, was in der gesprochenen Sprache noch durch die entsprechende Intonation verdeutlicht wird. Weiters wäre auch hier die Umkehrung mittels Periphrase möglich:

MARIANNE: Écoute, cesse de te tourmenter! ...

Im folgenden Beispiel steht *doch* im **Nebensatz**, der eine **indirekte Rede** mit imperativischem, appellativischen *doch* enthält. Hier wird die Unterlassung indirekt gefordert, wobei es sich in diesem Fall um eine dringende Bitte handelt. Im Französischen findet die MP keine direkte Entsprechung, da das Französische sich in der indirekten Rede allgemein durch etwas mehr Zurückhaltung in der Wiedergabe von Emphasen auszeichnet als das Deutsche.

[der Erzähler berichtet von den erfolglosen Versuchen der Wirtin, ihren Mann vor dem Trinken zu bewahren]
(AT- 105)   Sie [die Wirtin] beschwor die Wirtsleute, die Konkurrenz also, ihm *doch* von jetzt an nichts mehr zu geben. Aber die haben immer auf sie gepfiffen. (TB, 110)
(ZT- 105)   Elle les implorait, ses concurrents, de ne plus lui donner à boire, mais ils se sont toujours moqués de ce qu'elle disait. (TB', 108)

---

[107] Dieses Beispiel zeichnet sich wieder im Französischen durch seinen stark sprechsprachlichen Charakter aus. Das *ne* der Verneinung fehlt, außerdem wäre anstatt des *encore* eventuell ein *de nouveau* oder *à nouveau* zu überlegen.

A.2.1.2.2.2 *doch* in der negierten indirekten Aufforderung

Wie schon das vorhergehende Beispiel gezeigt hat, kann eine Aufforderung zur Unterlassung einer Handlung auch indirekt ausgedrückt werden. In solchen Fällen wird *sollen* oder ein anderes Modalverb negiert, und die MP verleiht der Aussage die nötige Emphase. Im Französischen wird das entsprechende Modalverb wiederaufgenommen, und die Emphase wird durch eine Periphrase erreicht, welche oft semantisch stärker markiert ist, als das im Deutschen der Fall ist.

Beim folgenden Beispiel handelt es sich um eine indirekte Aufforderung mit negiertem Modalverb in Verbindung mit einem *doch*-Begründungssatz, auffallend ist hier der Wechsel zum Interrogativsatz, der Übersetzer läßt so eine bestätigungsheischende Nuance einfließen, die das Deutsche nicht enthält. Außerdem wird der Anschlußsatz interpretierend übersetzt, sodaß es zu semantischen Veränderungen kommt[108]:

[Claire bietet Geld für das Leben von Ill]

(AT- 106) CLAIRE ZACHANASSIAN: [...] Eine Milliarde für Güllen, wenn jemand Alfred Ill tötet. (Totenstille.)
FRAU ILL (stürzt auf Ill zu, umklammert ihn): Fredi!
ILL: Zauberhexchen! Das kannst du *doch* nicht fordern! Das Leben ging doch längst weiter! (DB, 49)

(ZT- 106) CLAIRE ZAHANASSIAN: [...] Cent milliards [sic] pour Güllen, si quelqu'un tue Alfred Ill. (Silence de mort.)
MADAME ILL (se jette sur son mari et l'embrasse): Fredy!
ILL: Ma petite sorcière, tu ne peux pas exiger ça? Tu n'en es pas morte. (DB', 52-53)

[Valerie entdeckt, daß Alfred sie um einen Teil ihrer Wettgewinne betrügt]

(AT- 107) VALERIE: Alfred, du sollst mich *doch* nicht immer betrügen - (ÖH, 108)
(ZT- 107) VALÉRIE: Alfred, tu *dois cesser de* me tromper tout le temps. (ÖH', 14)

Erneut fällt hier die französische Übersetzung um vieles expliziter aus als das deutsche Original. Der Vorwurf, der hier mit der Aufforderung ausgedrückt wird, wird im Französischen zur Periphrase *cesser de*, es tritt somit - zieht man den kontrastiven Vergleich - eine semantische Intensivierung ein. Außerdem fällt der Wechsel von der Negation zur Assertion auf.

Bei der Bearbeitung unseres Korpus fällt immer wieder auf, daß es beim Übertragen von Modalität von der Ausgangs- in die Zielsprache zu einer Art Fokusverlagerung kommt. Was im Deutschen in der Hauptaussage durch eine

---

[108] Ein Exklamativsatz mit Emphase hätte hier Abhilfe schaffen können: *Ça, tu ne peux pas l'exiger! La vie a continué quand même.*

Partikel hinzugefügt wird, findet sich im Französischen mitunter erst im Nachsatz (Satztypwechsel zum Interrogativsatz) oder schon in einer Voranstellung, die modale Komponente ist jedoch in beiden Sprachen letztendlich vorhanden. Dies wird auch in Alfreds Antwort auf den oben als Beispiel (107) gebrachten Vorwurf Valeries deutlich:

> [Alfred verwehrt sich gegen Valeries Vorwürfe]

(AT- 108) ALFRED: Und du sollst nicht immer so mißtrauisch zu mir sein - das untergräbt doch nur unser Verhältnis. Du darfst es *doch* nicht übersehen, daß ein junger Mensch Licht- und Schattenseiten hat, das ist normal. [...] (ÖH, 108)

(ZT- 108) ALFRED: Et toi, tu dois cesser d'être aussi méfiante. Ça va miner nos relations. Tu ne dois pas oublier qu'un homme jeune a ses bons et ses mauvais côtés, normal *non?* [...] (ÖH', 14)

A.2.2 *doch* in der überraschten Exklamation

In der Partikelliteratur wird mancherorts (z.B. Hentschel 1986 und Beerbom 1992) eine Unterscheidung zwischen 'überraschter Exklamation' und 'emphatischer Assertion'[109] getroffen. Nach Hentschel (1986: 142-143) besteht der Unterschied zwischen den beiden Exklamationstypen darin, daß bei der „echten" Exklamation im Gegensatz zur Assertion das semantische Moment der 'Überraschung' gegeben sein muß[110]. Das Moment der Überraschung stellt, wie auch Hentschel (ibid.) selbst bemerkt, eine sehr subjektive Größe dar und hängt sehr stark von der Rezipienteninterpretation ab. Zudem ist das von Hentschel angegebene Kriterium der Widersprüchlichkeit zwischen Sprechererwartung und geäußertem Sachverhalt auch in Fällen gegeben, in denen das Moment der Überraschung nur sekundärer Natur ist und dafür beispielsweise das der Zurückweisung dominiert[111]. Die Arbeit an unserem Korpus hat gezeigt, daß es mitunter fast unmöglich ist, sauber zwischen Exklamation und Assertion zu unterscheiden, da man in vielen Fällen aus dem Kontext heraus Überraschung in die Sprecherhaltung hineininterpretieren kann, ohne daß dafür evidente Indizien angeführt werden können. Unsere im Folgenden getroffene Unterscheidung zwischen Exklamation und Assertion ist also nur bedingt als

---

[109] Franck (1980: 187) spricht hier von „emphatischem DOCH".

[110] Cf. dazu Hentschel (1986: 143): „Der Unterschied [...] liegt in dem Punkt, auf den *doch* Bezug nimmt. In der Assertion besteht ein Widerspruch zwischen der geäußerten Proposition [sic] und den vorausgegangenen Äußerungen oder Verhaltensweisen des Hörers [...]. Bei der Exklamation hingegen thematisiert *doch* einen Widerspruch zwischen den Erwartungen des Sprechers und dem geäußerten Sachverhalt."

[111] Cf. dazu unsere im Folgenden vorgestellten Korpusbeispiele.

verbindlich anzusehen[112]. Hentschel vermerkt selbst das breite Vorkommensspektrum von Assertionen und rechnet beispielsweise auch abhängige Sätze zu den Assertionen, was wir hier nicht so halten, da wir auf das *doch* im Nebensatz schon an anderer Stelle (siehe Punkt A1.2.1.4) eingegangen sind. Es geht uns dabei nicht um eine strikte Trennung der beiden Größen - die u.E. hinsichtlich eines Gesamtkorpus gesehen gar nicht möglich ist -, sondern vielmehr um das Sichtbarmachen der Adversativitätsstrukturen, welche die von uns postulierte Unterscheidung zwischen 'schwach adversativ' und 'stark adversativ' rechtfertigen, da die Grundfragen, die wir uns in unserer Untersuchung stellen, ja v.a. für den Übersetzer Nutzen bringen sollen. Die Frage, die sich für uns stellt, ist also die, ob das Kriterium der Überraschung in dem Maße im Ausgangstext vorhanden ist, daß sie vom Übersetzer bei der Translaterstellung unbedingt berücksichtigt werden und ihr Rechnung getragen werden muß, oder ob sie eine vernachlässigbare, von anderen semantischen Komponenten überlagerte Größe darstellt.

A.2.2.1 schwach adversatives *doch*

A.2.2.1.1 *doch* mit neutraler oder positiver emotionaler Färbung

Der Großteil unserer Korpusbeispiele zu den Exklamativa sind negativ konnotiert und stellen in irgendeiner Form eine für den Sprecher unangenehme Überraschung dar. Darum enthalten sie auch mehr oder weniger stark die Komponente der Zurückweisung, à la rigueur steht der Sprecher den von ihm neu entdeckten Sachverhalten neutral gegenüber und nimmt dieselben mit Erstaunen zur Kenntnis. Diese Beispiele zählen wir zu den stark adversativen Exklamationen. Einige wenige jedoch sind auch positiv besetzt, wir würden hier das Moment der 'freudigen Überraschung' oder 'Begeisterung' sehen, allerdings ist unser Korpus u.E. nicht dafür geeignet, Schlüsse über die tatsächliche Frequenz dieser Varianten zuzulassen[113].

Allerdings können wir aus dem Korpus ein Beispiel zur überraschten Exklamation mit einleitendem Fragepronomen in der Form von Ergänzungsfragen[114] *(Wie bist du doch groß geworden!)* vorstellen, welche bei Métrich als „exclamatives confirmatives" (1993: 343) bezeichnet werden und, wie Métrich

---

[112] Allerdings ergeben sich dadurch trotzdem einige 'Umstrukturierungen' in unserer Einteilung in Varianten, wie aus der abschließenden schematischen Darstellung unserer auf der Korpusgrundlage erstellten Funktionsvarianten ersichtlich sein wird.
[113] Die Werke liegen von der Thematik her so, daß es zwangsweise zu einer Häufung negativer Exklamativa kommen muß, wir möchten daher zur Vorkommenshäufigkeit von neutral, negativ oder positiv konnotierten Exklamativa keine weiteren Vermutungen anstellen.
[114] Beerbom (1992: 188) spricht hier von „emphatisch uminterpretierten Ergänzungsfragen".

auch feststellt, in der Mehrzahl der Fälle **ohne direkte Entsprechung** bleiben. Vielmehr wird hier idiomatisch übersetzt:

> [Claire bereitet ihr makaberes Spiel in Güllen vor]

(AT- 109) ILL (lachend): Wildkätzchen! Was du *doch* für ausgelassene Witze machst! (DB, 30)

(ZT- 109) ILL (en riant): *Tu pousses la plaisanterie un peu loin*, mon petit chat sauvage. (DB', 30)

A.2.2.2 stark adversatives *doch*

A.2.2.2.1 exklamatives *doch* der Zurückweisung als Ausdruck einer spontanen Reaktion

Exklamationen mit *doch* dienen sehr oft als Ausdruck der Überraschung, handelt es sich dabei jedoch um negativ besetzte Eindrücke, d.h. ist der Grad der Adversativität, also des Gegensatzes zwischen erwünschter und tatsächlicher Realität, sehr hoch, so fungieren sie als eine Art stark adversative Zurückweisung und sind somit auch stark reaktiv und konnektierend.

Im Französischen kann die Überraschung durch ein adverbielles *bien* intensiviert werden, sehr oft bleibt jedoch die **MP ohne Entsprechung**, da die Gemütsbewegung des Sprechers durch kontextuell-pragmatische Faktoren ersichtlich ist.

> [Auguste entdeckt Schwitter, den sie für tot hält]

(AT- 110) AUGUSTE: (wieder am Bettrand sitzend) Sie - Sie sind *doch* - (läßt vor Überraschung das Bettlaken fallen). (FD, 13)

(ZT- 110) AUGUSTA: (De nouveau assise sur le bord du lit). Vous, vous êtes *bien*... (Stupéfaite, elle laisse glisser le drap par terre). (FD', 10)

> [Schwitter verbrennt sein Geld]

(AT- 111) PFARRER LUTZ: Das sind *doch* - das sind *doch* - das sind *doch* Banknoten, was wir hier -
SCHWITTER: Und? (FD, 21)

(ZT- 111) PASTEUR LUTZ: Mais ce sont... ce sont *pourtant*... ce sont *bien* des billets de banque que nous...
SCHWITTER: Et alors? (FD', 21)

Der Fall, daß das Setzen eines argumentativen *mais*, eventuell in Verbindung mit syntaktischer Emphase, von Vorteil wäre, findet sich jedoch einige Male in unserem Korpus. Ein Beispiel sei hier genannt:

[der Zauberkönig ist erbost, da er seine Sockenhalter nicht finden kann]

(AT- 112) ZAUBERKÖNIG: Jetzt frag ich aber zum allerletzenmal: wo stecken meine Sockenhalter!
MARIANNE: Ich kann *doch* nicht zaubern! (ÖH, 114)

(ZT- 112) ROIMAGE: Pour la toute dernière fois: où sont mes fixe-chaussettes?
MARIANNE: Je ne suis pas magicienne! (ÖH', 20)

In Verbindung mit *mais* würden unsere Übersetzungsvorschläge für dieses Beispiel nunmehr folgendermaßen lauten:

MARIANNE: *Mais*, je ne suis pas magicienne, *moi*!

MARIANNE: *Mais*, je ne suis pas magicienne, *enfin*!

Eine sehr frequente Variante für *doch* im Exklamativsatz stellt das adverbielle *tout de même* dar, v.a. wenn es sich um einen Ausruf „du type 'confirmation'" (Métrich 1993: 342)[115] handelt:

„On peut considérer qu'il y a [...] équivalence en langue entre *doch* et *tout de même*, vu que les deux marquent le maintien de l'énoncé face à une objection ou une idée contraire, qui tant dans la situation d'emploi de *doch* que dans celle de *tout de même*, n'ont d'existence que virtuelle." (Métrich 1993: 342)

[Valerie ist außer sich, als sie Marianne bei ihrem Auftritt im Varieté sieht]

(AT- 113) VALERIE: [...] Nein, das halt ich nicht aus, ich bin *doch* nicht aus Holz, ich bin *doch* noch lebensfroh, meine Herren - das halt ich nicht aus, das halt ich nicht aus! (ÖH, 183)

(ZT- 113) VALÉRIE: [...] Non, je n'en peux plus, je ne suis pas de bois, *tout de même*, j'aime la vie, *moi*, messieurs... Je n'en peux plus! (ÖH', 83)

Wird im Deutschen mit dem Ausruf eine Zurückweisung deutlich gemacht (die Überraschung liegt hier in der gegensätzlich zur Sprechererwartung ausgefallenen Reaktion des Gesprächspartners und ist auf die ganze Gesprächssituation bezogen ableitbar), neigt das Französische wiederum zum Explizit-Machen mit Verbindungen mit *que*:

[Marianne will sich mit dem Zauberkönig versöhnen]

(AT- 114) MARIANNE: Hör mal, Papa-
ZAUBERKÖNIG (unterbricht sie): Ich bin kein Papa!
MARIANNE (schlägt mit der Faust auf den Tisch): Aber so hör auf, ja. Du bist *doch* mein Papa, wer denn sonst? [...] (ÖH, 185)

(ZT- 114) MARIANNE: Écoute, papa-

---

[115] Métrich (1993: 288/292/342) unterscheidet, allerdings bei den Exklamativa mit Verberststellung, zwischen 'bestätigenden' und 'informativen', geht jedoch auf diejenigen mit dem Deklarativsatz entsprechender Wortstellung nicht näher ein. Unseres Erachtens gilt jedoch für deren Übersetzung mit *tout de même* dasselbe wie für die V1-Sätze.

>ROIMAGE (l'interrompant): Je suis pas ton papa!
>MARIANNE (tapant du poing sur la table): Mais arrête! *Bien sûr que* tu es mon papa, qui ce serait d'autre!? [...] (ÖH', 86)

Häufig fungieren auch *wo doch* - Sätze als selbständige Exklamationen zum Ausdruck von Überraschung. Der Sprecher bringt hier sein Erstaunen darüber zum Ausdruck, daß sein Gegenüber nicht in der von ihm als logisch und folgerichtig angesehenen Art und Weise reagiert. Oft haben diese Sätze auch monologischen Charakter, sie beurteilen die Handlung eines anderen, indem sie sie auf Vorwissen oder soziale Normen beziehen, so entsteht Sprecherdeixis. Im Französischen kann mit intensivierendem *bien* die Emphase zum Ausdruck gebracht werden:

>[der Maler kommentiert das Treiben auf der Kraftwerkbaustelle]
>
>(AT- 115) Da unten auf der Kraftwerkbaustelle stehen sie herum um neun und zünden sich Zigaretten an und trinken eine Flasche Bier aus und zeigen mit den Fingern, wieviel Tage es noch bis zum Urlaub sind. Aber was anfangen damit? Fortfahren? Wo man *doch* das Geld hat, um fortfahren zu können! Aber wohin? (TB, 123)
>
>(ZT- 115) En bas, sur le chantier de l'usine électrique, vers neuf heures, ils font cercle, et ils allument des cigarettes, ils vident une bouteille de bière et comptent sur le bout des doigts les jours qui restent jusqu'à leur congé. Mais quoi en faire? Partir? On a *bien* l'argent nécessaire pour partir. Mais où? (TB', 120)

Allerdings enthalten diese Sätze auch konzessiven Charakter wie die eigentlichen Nebensätze mit *wo doch*. Insofern könnten sie auch in der Übersetzung mit einer konzessiven Konjunktion aufgelöst werden:

>Mais quoi en faire? Partir? *Alors qu'*on a bien l'argent nécessaire pour partir.

Überraschte Exklamationen können jedoch auch noch in anderer Form auftreten, wie beispielsweise mit Verbeststellung (*War ich doch naiv! / Ce que j'étais naïve!*), oder auch in mit *daß* eingeleiteten Trägersätzen (*Daß du doch immer Fehler machen mußt!*). Weiters ist die Inversion zur Einleitung einer Information im Sinne von *Treff ich doch gestern meine Nachbarin... / Figure-toi que je rencontre hier ma voisine...* möglich. Diese Varianten sind jedoch in unserem Korpus nicht belegt[116].

A.2.3 emphatische Assertion

Wie wir gesehen haben, eignet sich die MP *doch* in unterschiedlichen Funktionsweisen sehr gut zum Ausdruck von Zurückweisungen, Gegenvorwürfen und dergleichen. *Doch* ermöglicht es, die Trägeräußerung gegen potentielle Einwände zu verteidigen und stellt so auch ein probates Mittel dar,

---

[116] Wir verweisen hierzu auf unsere obige Besprechung der Beispielsätze von Helbig (^{2}1990) bzw. auf Métrich (1993: 342-344) und Beerbom (1992: 187-189).

um „Assertionen emphatisch zu bekräftigen" (Beerbom 1992: 189). Beerbom grenzt diese emphatischen Assertionen durch die Art des bezeichneten Gegensatzes von den anderen Exklamativa wie folgt ab:

> „Dieser Gegensatz besteht in emphatischen Assertionen zwischen dem Urteil des Sprechers und der beim Hörer entweder tatsächlich vorhandenen oder nur vermuteten gegenteiligen Meinung oder vorangegangenen verbalen oder nonverbalen Handlungen des Hörers. Der Gegenpol kann rein hypothetischer Natur sein." (ibid.)

Diese Abgrenzung beruht jedoch auch sehr stark auf interpretativen, vom Rezipienten zu setzenden Kriterien und gewährleistet keine eindeutigen Zuordnungen. Wir legen daher bei unseren Betrachtungen im Hinblick auf deren Übersetzungsrelevanz das Hauptaugenmerk auf die Unterscheidung nach verschiedenen Graden an Adversativität.

Mit Hilfe dieser Assertionen weist der Sprecher nämlich Handlungen oder Aussagen des Gesprächspartners nicht nur kategorisch zurück, sondern nimmt auch in anderer Form zum Geschehen um ihn herum Stellung. Er kommentiert es, indem er seine eigenen Vermutungen bestätigt, oder unterstreicht seine eigene Einschätzung der Sachverhalte, was wiederum eine schwach adversative Variante des *doch* bedingt.

Die Übersetzungen zu den einzelnen Korpusbeispielen zeichnen sich durch sehr große Heterogenität an Gestaltungs- und Übertragungsmöglichkeiten aus, wir können also hier die Annahmen von Métrich (1993: 342) nicht bestätigen, denen zufolge die Exklamativsätze generell nur wenige Übersetzungsvarianten zulassen und der Übersetzer somit auf formalisierte Standardausdrücke zurückgreifen muß. Es mag zwar stimmen, daß im Hinblick auf Kontexte und Situationen weitgehend Funktionskonstanz besteht, jedoch führen wir die in unserem Korpus feststellbare Heterogenität im Bereich der gewählten Übertragungen auf den großen Anteil an Emotionalität in diesen Emphasen zurück, welche u.E. der Kreativität in der Zielsprache ein breiteres Wirkungsspektrum einräumen.

A.2.3.1   schwach adversatives *doch*

A.2.3.1.1   kommentierendes, oft monologisches *doch* in der Assertion

Exklamativsätze mit Verberststellung[117], die Métrich dem Typ *confirmation* zuordnet, die also einerseits einen hohen Grad an Wertung, andererseits aber auch eine Art Bestätigung dessen, was der Sprecher schon von vorne herein gedacht oder vermutet hat (Métrich 1993: 288), ausdrücken, eignen sich in

---

[117] In der Terminologie von Hentschel (1986) also 'Assertionen'.

kommentierender[118], oft monologischer Funktion sehr gut als Selbstbestätigung des Sprechers im Sinne einer „confirmation d'une première impression" (ibid.). Die monologische Komponente kommt vor allem dann zum Tragen, wenn der konnektierende Bezug der MP nicht auf eine fremde Vorgängeraussage, sondern auf Teile des eigenen Textes gerichtet ist (Franck 1980: 192)[119]. Da es sich hier nur um einen impliziten Gegensatz handelt, der darin liegt, daß der Sprecher trotz relativer Unwahrscheinlichkeit seine Vermutung bestätigt sieht oder sich selbst eine Bestätigung gegen seine eigene Unsicherheit gibt und seine eigenen Zweifel beseitigt, handelt es sich hier u.E. um eine Variante des schwach adversativen *doch*.

Geht es darum, die Richtigkeit der Sprecherfolgerungen zu unterstreichen, eignen sich die unterschiedlichen - teilweise sehr idiomatischen - Mittel der Emphase gut als Entsprechung, da hier vielfach auch Wirkungsäquivalenz zwischen den beiden Sprachen besteht.

    [innerer Monolog des Hotelportiers über Ron]

(AT- 116) Also doch[120], dachte der Portier. Mein Riecher ... Ich habe *doch* gleich gewußt, daß da etwas faul ist! Das ist kein Mann, der in unser Hotel paßt. (K, 123)

(ZT- 116) J'avais donc raison, se dit le chef réceptionniste. J'avais *bien* vu que quelque chose clochait! Ce type là n'a rien à faire dans notre hotel. (K', 135)

    [innerer Monolog Bouchets über Ron]

(AT- 117) Jetzt kommt was, dachte der Perlen-Großhändler. Ich ahnte es *doch*! Ohne Grund lädt er mich nicht zum Essen ein und lockt mich von Lisette weg! (K, 163-164)

(ZT- 117) Ah! Ça vient! pensa le grossiste en perles. Je me disais *aussi*! Il ne m'invite pas à dîner et ne m'arrache pas des bras de Lisette sans raison! (K', 181)

Im letzten Beispiel kommt zur emphatischen Assertion auch noch eine Begründung dieser Reaktion hinzu.

Gibt der Kontext jedoch genug Hinweise auf die modale Nuance, kann die Partikel in der Übersetzung **ohne Entsprechung** bleiben.

    [Ron überrascht Bouchet mit einer schwarzen Perle]

(AT- 118) Hab' ich es *doch* geahnt! (K, 138)

(ZT- 118) Je l'avais deviné! (K', 152)

---

[118] Hierbei besteht ein deutliches Näheverhältnis zum kommentierenden *doch* in Vermutungen und Folgerungen im Deklarativsatz. Die Funktion ist dieselbe, nur ist der Exklamativsatz stärker emphatisch markiert.

[119] Zum monologischen *doch* siehe Franck (1980: 192-193).

[120] Hier ist *doch* als Adverb in adversativisch-konzessiver Bedeutung gebraucht (cf. dazu Helbig ²1990: 111).

Die emphatische Meinungsäußerung kann auch halb vom Sprecher an sich selbst und halb an den Gesprächspartner gerichtet sein. In diesen Fällen ist der Grad an Adversativität schon beträchtlich höher, da ja beim Gesprächspartner die gegenteilige Meinung oder Einstellung präsupponiert wird. Im Deutschen sind hier **Partikelkombinationen** häufig. Die Verbindung mit *auch* weist dabei darauf hin, daß der Sachverhalt für den Sprecher erwartbar und keinesfalls überraschend ist (cf. Thurmair 1989: 221).

        [Alfred will Valerie dazu überreden, zwar ihre 'geschäftliche' Beziehung aufrechtzuerhalten, dafür aber ihr Verhältnis zu beenden]

(AT- 119)   VALERIE: [...] Nein, pfui! Pfui!
             ALFRED: Na siehst du! Jetzt hast du schon wieder einen anderen Kopf auf! Es wär *doch* auch zu leichtsinnig von dir, um nicht zu sagen übermütig! (ÖH, 108)

(ZT- 119)   VALÉRIE (l'interrompant): Non, non et non! Bêê!
             ALFRED: Eh bien, tu vois! Tu as déjà une autre tête. *D'ailleurs, ce serait un peu léger* de ta part, pour ne pas dire prétentieux! (ÖH', 14)

In diesem Fall wird die modale Färbung durch vorangestelltes und syntaktisch vom restlichen Satz abgehobenes *d'ailleurs* in Verbindung mit adverbiellem *un peu* ausgedrückt[121].

Vielfach ist auch die Grenze zwischen Deklarativsatz und Exklamativsatz schwer zu ziehen, da im Grunde intonatorische Mittel den Unterschied ausmachen, eine Komponente, die bei der Verschriftlichung natürlich nur mittelbar durch die Exklamativinterpunktion eingebracht werden kann.

        [Burga versichert sich selbst, daß sie vor dem vermeintlichen Gottfried keine Scham zu haben braucht]

(AT- 120)   Burga ging daran, sich zu entkleiden. <Mein Leib ist *doch* das Geringste, das ich ihm zeigen kann!> dachte sie und hatte keine Furcht mehr vor der Nacktheit. (RS, 127)

(ZT- 120)   Burga entreprit de se déshabiller. <Mon corps n'est pas ce que j'ai à te montrer de plus beau!> pensait-elle, et elle ne craignait plus la nudité. (RS', 128)

Da unser Korpus hierzu nur sehr heterogene Beispiele aufweist, ist es uns aus den oben dargelegten Gründen leider nicht möglich, allgemeine Tendenzen für die übersetzerische Praxis abzuleiten.

---

[121] Thurmair bemerkt zu der Partikelkombination *doch auch*, daß diese Verbindung eigentlich nur im Aussagesatz auftritt (cf. Thurmair 1989: 221). Wir hingegen finden sie hier in einem Exklamativsatz. Der Sprecher zeigt mit dieser Partikelkombination, daß die Sachlage seiner Einschätzung und Erwartung entspricht und bekräftigt somit eine vorhergegangene Äußerung.

A.2.3.2 stark adversatives *doch*

Bezeichnend für diese stark adversativen emphatischen Äußerungen ist der Gültigkeitsanspruch, den sie tragen. Der Sprecher versucht, seine eigene Haltung und Weltsicht gegenüber dem Gesprächspartner, bei dem er eine oppositionelle Einstellung präsupponiert, durchzusetzen und ihr Nachdruck zu verleihen. Daher ist hier der Adversativitätsgrad erheblich höher als bei den zur Sprecherselbstbestätigung gedachten Assertionen. Die reale oder auch nur vom Sprecher angenommene Gegensätzlichkeit zwischen Sprecher- und Hörereinstellung kommt voll zum Tragen, der Sprecher sieht sich in die Defensive gedrängt und geht seinerseits mittels der emphatischen Situation gegenüber dem Gesprächspartner in die Offensive.

A.2.3.2.1 *doch* in der Stellungnahme

Da es sich bei diesen Exklamativa in der Mehrzahl um spontane Reaktionen auf einen Sachverhalt, Umstand oder eine Handlung des Gegenübers handelt, beinhalten sie in der Regel auch eine spontan geäußerte Stellungnahme des Sprechers[122]. Diese Stellungnahme kann allgemeiner Natur sein (allgemeingültige Wertungen und Urteile), der Referenzgegenstand kann jedoch auch genau spezifiziert sein. Franck (1980: 187) meint dazu: „Der DOCH-Ausruf ist eine spontane Reaktion auf eine unmittelbar vorangegangene Beobachtung oder Erfahrung. [...] Verursacher und Adressat der Äußerung brauchen nicht (wie beim DOCH$_1$) identisch zu sein."[123] Teilweise besteht auch Nähe zur Begründung, wenn der Sprecher seine Reaktion zu rechtfertigen sucht.

 Da es sich hier wiederum um eine sehr emotional konnotierte Variante des *doch* handelt, ist es relativ schwierig, generelle Tendenzen für die Übersetzung festzulegen. Das Inventar an Entsprechungsmöglichkeiten ist sehr umfangreich, vielfach greift der Übersetzer zu kontextuell passenden idiomatischen Wendungen, sehr oft bleibt die MP jedoch auch **ohne Entsprechung**, wenn die pragmatische Äquivalenz auf Textebene gegeben ist. Wie sehr die pragmatischen Faktoren wirken, zeigt auch der sehr hybride Umgang mit der Interpunktion. Es fällt auf, daß die Grenze zwischen Exklamativ- und Deklarativsatz hier gar nicht mehr gezogen, sondern mehr oder weniger

---

[122] Cf. dazu Krivonosov (1977b: 202): „Auf der logisch-grammatischen Ebene dienen Modalpartikeln als Mittel der logischen Wechselbeziehungen der Begriffe und der Urteile, und zwar als strukturelles Formans des logischen Syllogismus in seiner emotionellen Sprachform."

[123] Allerdings müssen wir hier anmerken, daß entgegen der Aussage von Franck (1980: 187), die nur von negativen Sprecherreaktionen schreibt, diese Reaktionen nicht unbedingt negativ sein müssen, sondern auch positiv sein können (siehe unsere Klassifikation).

willkürlich interpunktiert wird, da die Interpunktion hier schon durch pragmatische Komponenten vorweggenommen ist.

Im folgenden Fall wurde idiomatisch übersetzt, der Übersetzer entschied sich für eine explizierende Übertragung:

[Die Ausflugsgesellschaft läßt sich fotografieren. Der Zauberkönig glaubt, beim Posieren gewackelt zu haben, man diskutiert, ob man noch ein Foto schießen soll]

(AT- 121) ZAUBERKÖNIG: Sicher ist sicher!
ERSTE TANTE: Ach ja!
ZWEITE TANTE: Das wär *doch* ewig schad! (ÖH, 121)

(ZT- 121) ROIMAGE: Prudence est mère de sûreté!
LA TANTE: Eh oui!
L'AUTRE TANTE: *On ne se le pardonnerait jamais.* (ÖH', 26)

[Olga weigert sich, Schwitter in seiner letzten Stunde sich selbst zu überlassen]

(AT- 122) OLGA: Ich bleibe bei dir.
SCHWITTER: Meine verehrte Olga. Ich liege seit einem Jahr immer wieder im Sterben. Ich werde seit einem Jahr immer wieder im letzten Augenblick gerettet. Ich mache nicht mehr mit. Ich habe mich vor einer Horde sturer Mediziner in Sicherheit gebracht. Ich will endlich in Ruhe sterben, ohne einen Fiebermesser im Mund, ohne an irgendeinen Apparat angeschlossen zu sein, ohne Menschen, die um mich herumstehen. Darum geh! Wir haben voneinander längst Abschied genommen, dutzende Male, das wird *doch* langsam komisch. Nimm bitte Vernunft an und mach dich aus dem Staube! Adieu! (Zieht sich das Linnen über den Kopf.) (FD, 40)

(ZT- 122) OLGA: Je reste auprès de toi.
SCHWITTER: Ma très chère Olga: Depuis un an, je suis encore et encore à l'article de mort. Depuis un an, on me sauve encore et encore au dernier moment. Je ne joue plus. Je me suis mis à l'abri d'une horde de médecins obstinés. Je veux enfin mourir en paix, sans thermomètre sous la langue, sans être branché à un quelconque appareil, sans personne autour de moi. Donc, va! Depuis longtemps nous avons pris congé l'un de l'autre, des douzaines de fois, *pour finir* cela devient comique. Sois raisonnable, s'il te plaît, et file! Adieu! (Il tire le drap sur sa tête.) (FD', 47)

Im folgenden Beispiel wurde die **Nullentsprechung** gewählt:

[Ill erklärt, er wolle nach Australien auswandern]

(AT- 123) DER BÜRGERMEISTER: Nach Australien auswandern. Das ist *doch* lächerlich. (DB, 81)

(ZT- 123) LE MAIRE: Émigrer en Australie. C'est ridicule. (DB', 90)

A.2.3.2.2 assertives *doch* der Zurückweisung mit negativer emotionaler Färbung

Am konventionalisiertesten sind die Exklamationen mit negativer Färbung, in denen Verärgerung gepaart mit negativem Erstaunen, Entrüstung bzw. Empörung zum Ausdruck gebracht wird. Es handelt sich hier auf illokutiver Ebene um massive Zurückweisungen, welche mit der entsprechenden emotionalen Vehemenz, wozu natürlich auch wieder in hohem Maße Intonation und nonverbale Ausdrucksmittel gehören, zum Ausdruck gebracht werden.

Bei den Übersetzungen in unserem Korpus entsteht der Eindruck, daß die Übersetzer sich stark auf die Wirkung konventionalisierter Formeln in der Zielsprache verlassen. Des öfteren wurden für die MP **keine** offensichtlichen **Entsprechungen** gesetzt, obwohl dies (beispielsweise mit syntaktischen Mitteln oder argumentativem *mais*) im Bereich des Möglichen gewesen wäre[124]. Wo eine direkte Entsprechung gesetzt wird, bietet sich in vielen Fällen *tout de même* (oder auch *quand même*) als Ausdruck der Bestätigung[125] der (negativen) Sprechereinstellung bzw. des Sprechereindruckes an.

[der Bürgermeister möchte Claires Angebot nicht in die Öffentlichkeit tragen, Ill will dies jedoch]

(AT- 124) ILL: Wenn ich rede, habe ich noch eine Chance, davonzukommen.
DER BÜRGERMEISTER: Das ist *doch* die Höhe! Wer soll Sie denn bedrohen?
ILL: Einer von Euch. (DB, 71)

(ZT- 124) ILL: Si je parle, j'ai encore une chance de m'en tirer.
LE MAIRE: C'est le comble! Mais qui vous menace?
ILL: Un d'entre vous. (DB', 81)

<<LE MAIRE: Alors ça, c'est le comble!...>>

[Claire eröffnet den Güllenern ihre Pläne, die Stadt zu ruinieren]

(AT- 125) CLAIRE ZACHANASSIAN: [...] Ließ den Plunder aufkaufen durch meine Agenten, die Betriebe stillegen. Eure Hoffnung war ein Wahn, euer Ausharren sinnlos, eure Aufopferung Dummheit, euer ganzes Leben nutzlos vertan. (Stille.)
DER ARZT: Das ist *doch* ungeheuerlich! (DB, 90)

(ZT- 125) CLAIRE ZAHANASSIAN: [...] J'ai fait acheter tout le fourbi par mes agents; j'ai fait arrêter les entreprises. Votre espoir était fou, votre ténacité absurde, votre sacrifice imbécile; toute votre vie est inutilement gâchée. (Silence.)
LE MÉDECIN: C'est monstrueux. (DB', 102)

<<LE MÉDECIN: *Mais* c'est monstrueux!>>

---

[124] Im Folgenden werden diese Varianten zusätzlich in Klammern << >> angeführt.
[125] Wir verwenden den Ausdruck 'Bestätigung' hier im Sinne Métrichs (1993: 287 ff.).

[Erich hat den Rittmeister beleidigt]

(AT- 126) RITTMEISTER: Ich laß mir *doch* von diesem Preußen keine solchen Sachen sagen. […] (ÖH, 163)

(ZT- 126) LE MAJOR: Je ne vais *tout de même* pas laisser un Prussien me dire des choses pareilles. […] (ÖH', 64)

In Verbindung mit einem Modalverb fällt die Sprecherreaktion etwas abgeschwächter aus, im folgenden Beispiel wurde idiomatisierend übersetzt:

[Alfred und Marianne im Streit]

(AT- 127) MARIANNE: Nicht so laut! Wenn das Kind aufwacht, dann kenn ich mich wieder nicht aus vor lauter Geschrei! (Stille)
ALFRED: Also das mit dem Kind muß auch anders werden. Wir können doch nicht drei Seelen hoch in diesem Loch vegetieren! Das Kind muß weg! (ÖH, 144)

(ZT- 127) MARIANNE: Pas si fort! Si le petit se réveille, il va encore me rendre folle avec ses hurlements! (Un silence)
ALFRED: L'enfant aussi, il faut que ça change. On ne va pas s'empiler à trois dans ce trou! L'enfant doit partir! (ÖH', 49)

Natürlich zeigt sich auch bei den Exklamativa wieder die Tendenz zur **Partikelkette**, je emotionalisierter die Sprache ist. Der Gebrauch von *schon* in Verbindung mit *doch* ist dabei typisch für nicht explizit geäußerte Einwände oder Vorwürfe (Thurmair 1989: 221):

[Alfred wehrt sich gegen eine Eifersuchtsszene Valeries]

(AT- 128) ALFRED: Also ein für allemal: lang halt ich jetzt aber deine hysterischen Eifersüchteleien nicht mehr aus! Ich laß mich nicht tyrannisieren! Das hab ich *doch* schon gar nicht nötig! (ÖH, 119)

(ZT- 128) ALFRED: Une bonne fois pour toutes: ce n'est pas bientôt fini, ces jalousies hystériques! Je ne vais pas me laisser tyranniser! *Je suis au-dessus de ça!* (ÖH', 25)

Hier wurde interpretierend mit einer idiomatischen Wendung übersetzt. Die im deutschen Satz angedeutete illokutive Aufforderung zur Zustimmung entfällt jedoch im französischen Satz völlig.

A.2.4 *doch* im Wunschsatz

A.2.4.1 schwach adversatives *doch*

A.2.4.1.1 dringender Wunsch bzw. Hoffnung: in der Zukunft erfüllbar

Zu dieser Funktionsvariante finden sich in unserem Korpus keine signifikanten Beispiele.

A.2.4.2 stark adversatives *doch*

A.2.4.2.1 Wunsch mit Bezug auf Vergangenes: unerfüllbar

Eine eigene Variante der MP *doch* im Exklamativsatz stellt das *doch* im Wunschsatz dar, dem Wunschsatz wird ja auch in der Literatur der Status eines eigenen Satzmodus zugeschrieben (Scholz 1987: 234). Im Wunschsatz mit Verbeststellung sind MPn - aufgrund ihrer „satzmodusidentifizierenden Funktion" (ibid.: 243) nahezu obligatorisch. Im Wunschsatz mit *doch* gilt es, den dringenden, mit Hoffnung verbundenen, in der Zukunft erfüllbaren, also realisierbaren Wunsch vom mit Bedauern und Resignation verbundenen zu unterscheiden, welcher unerfüllbar ist, da der Bezug die Vergangenheit betrifft. Insofern läßt sich auch die Unterscheidung zwischen schwach adversativ, d.h. noch erfüllbar, und stark adversativ, d.h. nicht mehr erfüllbar, treffen. Vor allem der irreale Wunsch zeichnet sich dadurch aus, daß er im Grunde nicht oder nur bedingt partnerorientiert ist, sondern vielfach nur monologisch-expressive Funktion ohne „intendierten Einfluß auf die Interaktionsbedingungen" (Scholz 1987: 245) hat. In unserem Korpus finden sich nur Beispiele zur letzteren Subvariante des Wunschsatzes[126]. Es handelt sich hier um Ausdrücke des Bedauerns ob der Unerfüllbarkeit eines Wunsches[127]. Der Gegensatz besteht in diesen Ausrufen zwischen der tatsächlichen und der vom Sprecher gewünschten Realität. Vielfach haben solche Aussagen monologisierende Tendenz, der Sprecher richtet sich an sich selbst[128] und gibt seiner Verzweiflung darüber Ausdruck, die bestehende Realität nicht mehr in seinem Sinne ändern zu können. Beziehen sich irreale Wunschsätze auf die Vergangenheit, so kann als konversationelle Implikatur auch ein (Selbst)Vorwurf hineininterpretiert werden (Beerbom 1992: 212), was dann auch in der Translation berücksichtigt werden muß. Für das Französische kann hier als standardisierte Form der *Si*-Satz angegeben werden. Wie das zweite nachfolgende Beispiel zeigt, gibt es aber auch dazu Varianten, auf die der Übersetzer rekurrieren kann. Die Verbindung von *si* mit *seulement*, wobei die Intonation eine große Rolle spielt, da ja *seulement* sonst als Entsprechung für *nur* eingesetzt wird (Métrich 1993: 345), ist, wie unsere eigenen Übertragungen der Beispielsätze von Helbig gezeigt

---

[126] Zur ersteren verweisen wir auf die Besprechung der Beispielsätze von Helbig (^{2}1990). Cf. dazu Kapitel 3.2.

[127] In diesem Zusammenhang müssen der Vollständigkeit halber auch die mit *daß* eingeleiteten Wunschsätze (*Daß ich ihn doch los wäre / Si seulement je pouvais m'en débarrasser*) Erwähnung finden, allerdings scheinen diese in unserem Korpus nicht auf. Wir verweisen daher auf Métrich (1993: 345).

[128] Zur genaueren Differenzierung zwischen sprecher- und hörerbezogenem Gebrauch von MPn siehe Dahl (1987: 35-36).

haben, Standard[129], kommt allerdings in unserem Korpus paradoxerweise nicht vor.

Im folgenden Beispiel fällt zudem der Satztypwechsel zum Interrogativsatz auf. Das zweite Beispiel hat illokutiv den Charakter eines Vorwurfs.

[Ill sinniert über die Vergangenheit]

(AT- 129)   ILL (zu Claire): Wäre *doch* die Zeit aufgehoben, mein Zauberhexchen. Hätte uns *doch* das Leben nicht getrennt.
CLAIRE ZACHANASSIAN: Das wünschest du? (DB, 39)

(ZT- 129)   ILL: *Si* le temps pouvait être aboli, ma petite sorcière! *Si* la vie ne nous avait pas séparés?...
CLAIRE ZAHANASSIAN: Tu le voudrais? (DB', 39)

[Brettloh klagt über Katharina]

(AT- 130)   Und wenn ich dann noch erfahre, daß ihr die Zärtlichkeiten eines Mörders und Räubers lieber waren als meine unkomplizierte Zuneigung, dann ist auch dieses Kapitel geklärt. Und dennoch möchte ich ihr zurufen: meine kleine Katharina, wärst du *doch* bei mir geblieben. (HB, 41)

(ZT- 130)   Et quand j'apprends de surcroît qu'elle préférait à mon affection toute simple les caresses d'un voleur et d'un assassin, alors sur ce chapitre-là aussi j'y vois clair. Et pourtant je voudrais lui crier: ma petite Katharina, *que n'es-tu restée* auprès de moi! (HB', 37)

B *DOCH* im Interrogativsatz

Die Subklassifikation der Vorkommensformen von *doch* im Interrogativsatz gestaltet sich auf der Grundlage unseres Korpus als wesentlich einfacher und weniger komplex als diejenige von Deklarativ- und Exklamativsatz, da es weniger Überschneidungen zwischen den Satztypen und -modi gibt, da ja „alle Sätze mit *doch* formal Behauptungssätze sind" (Franck 1980: 184) und somit nur Intonation oder pragmatisch-kontextuelle Mittel für den Fragemodus ausschlaggebend sind. Im Wesentlichen lassen sich drei illokutive Grundvarianten zum *doch* im Interrogativsatz feststellen, auf die wir im Folgenden anhand unserer Korpusbeispiele in Ergänzung zu den schon im Zusammenhang mit den Helbig-Beispielen analysierten Grundvarianten näher eingehen wollen.

Es soll dazu noch angemerkt werden, daß auch im Bereich der Interrogativsätze eine Graduierung nach Adversativität möglich ist, allerdings

---

[129] Cf. dazu Métrich (1993: 345): „L'équivalent régulier et systématique de *doch* est ici *seulement*."

haben wir bei der Arbeit an unserem Korpus festgestellt, daß besonders die Interrogativsätze ein hohes Maß an Einbeziehung kontextuell-pragmatischer Faktoren zur richtigen Interpretation im Rahmen des Textganzen nötig machen. So kann beispielsweise ein- und dieselbe Frage je nach Kontext und Sprecherpragmatik (wir denken hier an Autoritäts- bzw. Hierarchieverhältnisse bei den Sprecherrollen oder Höflichkeitskonventionen[130]) unterschiedliche Grade an Adversativität tragen. Aus diesem Grund treffen wir hier keine globale Unterscheidung in schwach und stark adversative Interrogativvarianten, sondern zeigen die möglichen Adversativitätsgrade anhand unserer Korpusbeispiele auf.

B.1 Aufforderungen zur Gedächtnishilfe

Steht die MP *doch* in Ergänzungsfragen, so dient sie dem Sprecher dazu, sein Gegenüber zu einer Gedächtnishilfe aufzufordern, sie wirkt „Frage-Illokution modifizierend" (Dahl 1987: 75) und ist initiativ ausgerichtet. Daher unterscheidet Franck (1980: 171) auch zwischen „Aufforderungsfragen" und „echten Fragen". Der Sprecher signalisiert, daß ihm früher schon bekanntes Wissen entfallen ist und ersucht den Kommunikationspartner, ihm dieses Wissen wieder verfügbar zu machen, um den weiteren ungestörten Verlauf der Kommunikation zu sichern. Weydt (1986: 398) nennt diese Fragen „Bestimmungsfragen". Der Widerspruch, den *doch* anzeigt, ist in diesen Fällen zwischen dem Signal, daß es sich um eigentlich Bekanntes handelt, und der Frage danach zu finden (Beerbom 1992: 201). Métrich (1993: 271) will jedoch den Fokus bei der Charakterisierung dieses *doch* auf die Tatsache gelegt wissen, daß „*doch* présente comme acquis le contenu en jeu dans l'énoncé", da die nur auf Widersprüchlichkeit basierende Beschreibung, wie sie sich auch bei Hentschel (1986: 138) findet[131], für rhetorische Fragen nicht anwendbar ist.

Da diese Fragen sekundär für den eigentlichen Kommunikationsakt sind und das Nicht-Wissen des Sprechers diesen Kommunikationsakt sogar stört, stehen sie sehr häufig in Parenthesen. Zudem eignen sich diese Fragen auch gut für Selbstgespräche, Beerbom (1992: 201) spricht daher von deliberativem Vorkommen der MP[132]. Im Französischen ist schon durch die Fragestruktur die Absicht des Sprechers ersichtlich. Die direkte Entsprechung für die deutsche MP, nämlich *déjà*, kann daher unter Umständen bei der Übersetzung unberück-

---

[130] Cf. dazu Franck (1980: 186).
[131] Hentschel (1986: 138) spricht hier von „Bestimmungsfragen".
[132] Cf. dazu auch Métrich (1993: 270-271), der auf den assertiv-rhetorischen Charakter mancher solcher *doch*-Fragen im Sinne von bestätigungsheischenden Zitaten (z.B. *Wie sagten doch die alten Römer...*) eingeht.

sichtigt bleiben, obwohl sie den auffordernden Charakter der Frage noch expliziter machen würde:

> [Katharinas Arbeitgeber über Katharina Blum]

(AT- 131) Das, was er brauchte, wonach sein Herz begehrte, so ein einmalig nettes Ding wie Katharina, nicht leichtfertig und doch - wie nennt ihr das *doch* - liebesfähig, ernst und doch jung und so hübsch, daß sie's selber nicht wußte. (HB, 87)

(ZT- 131) Ce qu'il recherchait, ce que son cœur désirait, c'était un être aussi délicieux que Katharina, nullement frivole mais cependant - *comment dites-vous?* - faite pour l'amour, sérieuse mais jeune et d'une beauté qu'elle même ignore. (HB', 79)

Mit direkter Entsprechung würde der Satz wie folgt lauten:

> Ce qu'il recherchait, ce que son cœur désirait, c'était un être aussi délicieux que Katharina, nullement frivole mais cependant - comment dites-vous *déjà*? - faite pour l'amour, sérieuse mais jeune et d'une beauté qu'elle même ignore.

Leider können wir nicht auf eine repräsentative Anzahl von Korpusbeispielen verweisen, um davon ausgehend definitive Tendenzen für das übersetzerische Vorgehen anzugeben; allerdings läßt sich im Vergleich mit den eingangs untersuchten Beispielsätzen von Helbig *déjà* als generelle direkte Entsprechung angeben. Generell können diese *doch*-Sätze als schwach adversativ bezeichnet werden, da sie sich ja, wie das Aufzeigen der Gegensatzstruktur hier gezeigt hat, nicht gegen den Gesprächspartner wenden, sondern im Gegenteil den Kommunikationsfortgang sichern sollen. Es gibt jedoch, wie die Besprechung der Beispiele bei Helbig gezeigt hat, auch Varianten, die illokutiv zur Forderung oder sogar Drohung tendieren und welche dann starke Adversativität aufweisen. Solche sind aber auf der Korpusgrundlage hier nicht beschreibbar.

B.2 Suggestiv- bzw. Tendenzfragen

B.2.1 Suggestiv- bzw. Tendenzfragen mit bestimmter Antworterwartung

In der Intonationsfrage[133] dient *doch* dazu, eine bestimmte Antworterwartung bzw. Antwortpräferenz deutlich zu machen und wirkt somit stark textkonstituierend[134]. Die MP hat die Funktion, zur Steuerung des weiteren

---

[133] Der Terminus stammt von Hentschel (1986: 136) und ist dadurch begründet, daß diese Fragen nur durch die am Satzende steigende Intonation als solche erkennbar und vom Deklarativsatz unterscheidbar sind. Doherty spricht im Zusammenhang mit „Deklarativsätzen mit Frageintonation" von „Sekundärfragen" (1985: 31).

[134] Cf. dazu Settekorn (1977: 406-407): „Zustimmungsheischende Wendungen haben in argumentativen Zusammenhängen textkonstituierende Funktion insofern sie solche Folge-

Gesprächsverlaufes beizutragen und den Gesprächspartner in gewisser Weise in seinen Reaktionen zu manipulieren. MPn sind somit „Indikatoren für die Situationseinschätzung des Sprechers" und „disambiguieren den Handlungskontext" (Settekorn 1977: 407). Nach Bühler kommt hier also die Appell-Funktion ins Spiel. Da die Inhalte vom Sprecher als allgemeingültig dargestellt werden und der Sprecher von der Zustimmung des Gegenübers ausgeht, tragen diese Fragen auch rhetorischen Charakter. In diesen Fällen besteht also der durch *doch* signalisierte Gegensatz im Unterschied zu neutralen Entscheidungsfragen „zwischen der vermuteten Kenntnis des Sachverhalts und der Tatsache, daß der Sprecher überhaupt fragt" (Beerbom 1992: 192). Der Sprecher suggeriert somit die erwartete Antwort bzw. das Fortsetzungsraster der Kommunikation, sehr oft findet sich ein Zusatz wie *nicht wahr?* oder *nicht?*, der auch in der Übersetzung Berücksichtigung finden sollte. Vielfach spielen dabei - wie wir schon gesehen haben - Höflichkeitskonventionen eine nicht unbedeutende Rolle[135]. Diese Fragen zeichnen sich durch eine im Vergleich zu den Aufforderungen zur Gedächtnishilfe stärkere Adversativität aus, da sie den Widerspruch des Gesprächspartners gar nicht zulassen bzw. - so dieser anderer Meinung wäre, was ja oft der eigentliche pragmatische Anlaß zum Stellen einer Tendenzfrage ist, - diesen von vorne herein nicht gelten lassen und dem Rezipienten die eigene Meinung aufoktroyieren. Wie stark die Adversativität ausfällt, hängt aber letztendlich vom Kontext und von der Sprecherhierarchie ab.

Im Zieltext kann dieses tendenziöse *doch* auf syntaktischer Ebene, beispielsweise mit Klammerstellung im Zusammenwirken mit anderen pragmatisch-emphatischen Elementen, seine Entsprechung finden, v.a. im umgangssprachlichen Bereich sind hier vielfältige Möglichkeiten gegeben.

[in Oskars Fleischhauerei, man hört Musik von Johann Strauß]
(AT- 132) EMMA: Musik ist *doch* etwas Schönes, nicht?
HAVLITSCHEK: Ich könnte mir schon noch etwas Schöneres vorstellen, Fräulein Emma. (ÖH, 140)
(ZT- 132) EMMA: *C'est* beau la musique, *hein?*
HAVLITSCHEK: Il y aurait plus beau, mademoiselle Emma. (ÖH', 45)

Wie sehr der Gesprächspartner durch solche Fragen in die Defensive gedrängt werden kann (cf. dazu Beerbom 1992: 193), belegt das folgende Beispiel, wobei

---

äußerungen erwarten lassen, die mit der expliziten Einstellung des Sprechers übereinstimmen und solche ausschließen, bei denen diese Übereinstimmung nicht gegeben ist."
[135] Cf. dazu Beerbom (1992: 192): „In neutralen Entscheidungsfragen ist dieser Gegensatz [zwischen vermuteter Kenntnis und der trotzdem erfolgenden Frage] nicht vorhanden; dies erklärt, warum unbetontes *doch* in ihnen nicht auftreten kann."

man schon von „interaktionsstrategisch" (ibid.: 195) geschicktem Verhalten, wenn nicht sogar von 'perfider Sprachverwendung' sprechen kann.

> [Pandelli will Joan dazu überreden, ihm das Geschäft ihres ermordeten Mannes zu überlassen]

(AT- 133) Wenn man das so sieht, Mr. Pandelli, haben Sie recht, sagte Joan gedehnt. So muß man das sehen. Sie wollen *doch* recht lange leben, nicht wahr? (K, 148)

(ZT- 133) Si l'on voit ça comme ça, monsieur Pandelli, alors vous avez raison. Et il faut voir ça comme ça. Vous voulez vivre longtemps, n'est-ce-pas? (K', 164)

Im letzten Beispiel hat sich der Übersetzer für die **Nullentsprechung** entschieden, u.E. würde hier ein intensivierendes *bien* jedoch den suggestiven Charakter der Frage deutlich unterstützen können[136]:

> Vous voulez *bien* vivre longtemps, n'est-ce-pas?

Wie unser Korpus zeigt, können solche Suggestivfragen auch zur Zurückweisung von Implikationen eingesetzt werden. Diese Beispiele sind etwas problematisch, da hier der Sprecher eigentlich suggeriert, daß er das, was er andeutet, nicht glauben möchte, also eine verneinende Antwort erwartet[137]. Gleichzeitig besteht dazu jedoch der Gegensatz, daß er genau diese seine Annahme als sehr wahrscheinlich und für ihn schlüssig darstellt. Dieses *doch* tritt vornehmlich in elliptischen[138], verneinten Sätzen auf, welche einen negativen, bedrohlichen Sachverhalt von vorne herein ausklammern sollen. Daher findet sich im Französischen auch oft ein *tout de même*, das der Illokution entspricht[139]. Es fällt jedoch auf, daß das Französische im allgemeinen weniger auf den Zusatz von Partikeln oder andere Hilfsmittel des modalen Ausdrucks angewiesen ist. So wird z.B. bei Moeschler (1980: 61) alleine die Art der Fragen, wobei jedoch sehr genau differenziert wird[140], als Indiz für die bestätigungsheischende Komponente angesehen. Man kann also für das Französische behaupten, daß hier schon der Status einer Verneinungsfrage die Sprechertendenz anzeigen kann:

---

[136] Zu *bien* als Bestätigungspartikel cf. Métrich (1993: 336).

[137] Cf. dazu Métrich (1993: 336): „[...] le locuteur attend une réponse dans le sens suggéré par sa question. Son attente peut être, selon les contenus en jeu, affectivement neutre ou marquée d'espoir ou de crainte."

[138] Das folgende Beispiel zeigt überdies deutlich, wie nahe das *doch* dem Satzäquivalent kommt.

[139] Cf. dazu Métrich (1993: 338): „[...] c'est quand la réponse attendue est en même temps vivement souhaitée (ou son contraire craint) que la traduction par *tout de même* s'impose". Außerdem merkt Métrich an, daß *tout de même* besonders häufig in verneinten Fragen anzutreffen ist.

[140] Zum Beispiel differenziert Moeschler (1980: 54 ff.) zwischen *questions ouvertes / fermées, positives / négatives, interropositives / interronégatives...*

[Valerie interessiert sich dafür, woran die Gattin des Zauberkönigs gestorben ist]
(AT- 134) VALERIE [zum Zauberkönig]: An was ist sie denn eigentlich gestorben?
ZAUBERKÖNIG (stiert auf ihren Busen): An der Brust.
VALERIE: *Doch* nicht Krebs? (ÖH, 131)
(ZT- 134) VALÉRIE: De quoi est-elle morte?
ROIMAGE (fixant ses seins): De la poitrine.
VALÉRIE: Pas le cancer *tout de même*? (ÖH', 36)

B.2.2 Suggestiv- bzw. Tendenzfragen mit rhetorischem Charakter und zur Erfüllung sozialer Höflichkeitskonventionen

Der bestätigungsheischende Charakter dieser Fragen bedingt auch deren starke Rhetorizität, denn wenn die Tendenz einer Frage überdeutlich hervortritt, sodaß sich die Antwort erübrigt (Franck 1980: 67), wird die Tendenzfrage zur rhetorischen Frage. Die Übergänge zwischen Tendenzfrage und rhetorischer Frage sind dementsprechend fließend. Der Sprecher macht mittels dieser Fragen deutlich, daß er, wie Settekorn das Wesen der rhetorischen Fragen definiert,

„den mit der Zustimmungssuche erhobenen Anspruch auf Gültigkeit der Proposition für so hoch erachtet, daß er den Vollzug der Bestätigungshandlung, die er vom Hörer erwartet, als sicher annehmen darf und es des tatsächlichen Vollzuges der Zustimmungshandlung nicht bedarf." (Settekorn 1977: 405)

Das Stellen der Frage dient nur mehr dazu, das eigene Wissen evident zu machen und die eigenen Kenntnisse bestätigt zu bekommen. Insofern können rhetorische Fragen auch als „indirekte assertive Sprechakte aufgefaßt werden" (Meibauer 1989: 13), was jedoch die Form des Fragesatzes unberührt läßt. Der Grad der Adversativität kann hier, je nach der Sprecher-Hörerhaltung zueinander, zwischen schwach und stark variieren. In diesem Sinne handelt es sich sprechakttheoretisch gesehen schon fast um Feststellungen. Daher eignet sich bestätigendes *bien* auch gut als Entsprechung im Französischen. Der einem Satztyp - in diesem Fall dem Interrogativsatz - zugeordnete Sprechakttyp kann somit variieren, wohingegen die wörtliche Bedeutung des Satzes an seine sprachliche Form gebunden und damit invariant ist (Meibauer 1989: 13). Daher ist bei unseren Betrachtungen auch das pragmatisch-kontextuelle Umfeld von solch großer Bedeutung, um die Ausdrucksweisen von Modalität in der Zielsprache überhaupt nachvollziehen zu können.

[Helene liest Marianne aus der Hand]
(AT- 135) HELENE: Ich möchte fast sagen, das ist eine genießerische Hand. - Sie haben *doch* auch ein Kind, nicht?
MARIANNE: Ja. (ÖH, 153)

(ZT- 135) HÉLÈNE: Je dirais presque une main jouissive... Vous avez *bien* un enfant?
MARIANNE: Oui. (ÖH', 56)

[Valerie kokettiert mit dem Zauberkönig]
(AT- 136) VALERIE: Du hast *doch* zuvor mit meinem Korsett gespielt? (ÖH, 132)
(ZT- 136) VALÉRIE: Tu as *bien* joué avec mon corset? (ÖH', 37)

Solche Suggestivfragen dienen oft sogar dazu, auf bestehende Sachverhalte, die dem Rezipienten eigentlich bekannt sein müßten, indirekt hinzuweisen - oft ist dieser indirekte Modus ein Gebot der Höflichkeit - und so eigentlichen Tadel oder Verärgerung auszudrücken oder zumindest ein nonkonformes Verhalten des Gesprächspartners zurückzuweisen. Diese Fälle zeichnen sich dann durch starke Adversativität aus. Im folgenden Beispiel wird dies deutlich, das Französische bedient sich hier wiederum des adverbiellen *bien* als Ausdruck der Intensivierung.

[Valerie weigert sich, Alfred in ihrer Trafik zu bedienen]
(AT- 137) ALFRED: Könnt ich fünf Memphis haben?
VALERIE: Nein. (Stille)
ALFRED: Das ist aber *doch* hier eine Tabak-Trafik - oder? (ÖH, 163-164)
(ZT- 137) ALFRED: Cinq Memphis, s'il vous plaît.
VALÉRIE: Non.
ALFRED: C'est *bien* un débit de tabac, ici, non? (ÖH', 65)

Um die versteckte Argumentationsstruktur im Sinne von *Warum muß ich dich das eigentlich fragen, du weißt doch genau, daß das so ist, also verhalte dich auch dementsprechend!* noch zu unterstreichen, wäre in diesem Fall das Einfügen eines argumentativen *mais* von Vorteil:

ALFRED: *Mais* c'est bien un débit de tabac, ici, non?

B.3 Versicherungsfragen

B.3.1 indirekte Bitte mit Rückversicherung

In einem sehr starken Näheverhältnis zur Tendenzfrage steht die Rückversicherungsfrage. Auch sie vermittelt dem Hörer eine eindeutige Antwortpräferenz, jedoch ist hier der Charakter der Frage noch sehr viel stärker initiativ ausgerichtet. Dementsprechend sind diese Fragen auch nicht neutral, sondern sie drücken vielmehr aus, daß der Sachverhalt vom Sprecher als schon bekannt oder zumindest sehr wahrscheinlich vorausgesetzt wird und der Sprecher daher auch die positive Bestätigung des Hörers präferiert bzw. erwartet (Franck 1980: 186). In Anbetracht der kontrastiven Analyse können wir - zumindest auf unser Material bezogen - die Frage Francks, ob *doch* „die Frage-Lesart vermittelt" (Franck 1980: 184), nur bejahen, da die MP u.E. als Unterscheidungskriterium zwischen Frage und Behauptung fungiert, was sich auch in den Übersetzungen widerspiegelt. Ein Trägersatz ohne *doch* im Deutschen würde zu anderen Gestaltungsformen der Übersetzung führen. Höflichkeitsnormen spielen auch in diesem Bereich eine tragende Rolle. Die Adversativität dieser Aussagen liegt in der Zurückweisung der hypothetischen, nicht-sprecherkonformen Reaktionsweise des Kommunikationspartners. Der Sprecher erwartet sich hier vielfach aber nicht nur die Bestätigung des von ihm Präsupponierten, sondern auch adäquates entsprechendes Handeln von Seiten des Rezipienten. Diese initiativ-direktive Komponente muß auch in der Übersetzung zum Tragen kommen, will der Translator die illokutive Kraft der MP richtig vermitteln.

Das Französische tendiert in diesen Fällen wieder zum Explizit-Machen des im Deutschen implizit ausgedrückten Inhaltes. So wird z.B. im folgenden Beispiel aus der Bitte um Erlaubnis mit impliziter Erwartung des Gewährens im Französischen gleich die Ankündigung der Handlungsausführung im *futur proche*. Der Aktivitätsfokus wird also vom Rezipienten auf den Emittenten verlagert. Der Sprecher ist in der Übersetzung zugleich emittierender wie auch reagierender Teil, die Frage wird zur rein rhetorischen Frage, da die Erlaubnis zur Handlung vorweggenommen und präsupponiert und dem Rezipienten so jeder Handlungsspielraum genommen wird. In solchen rhetorischen Fragen ist auch wiederum eine ganze Argumentationsstruktur implizit vorhanden. Dient die reine Informationsfrage mit objektiv-modaler Bedeutung ohne MP wirklich zur Informationsermittlung, so dient die rhetorische Frage mit subjektiv-modaler Bedeutung dem Sprecher dazu, ein Argumentationsziel zu verfolgen, indem der mögliche Kommunikationsvorgang limitiert wird (cf. Krivonosov 1977b: 203).

[Erich kommt mit einem Luftdruckgewehr]

(AT- 138) ERICH: Verzeihung, Onkel! Du wirst es *doch* gestatten, wenn ich es mir jetzt gestatte zu schießen? (ÖH, 132)

(ZT- 138) ÉRIC: Pardon, mon oncle! Avec ta permission *je vais me permettre* de tirer un peu ici? (ÖH', 37)

Hier drückt sich somit das Französische erneut sehr viel expliziter aus als das Deutsche. Die indirekte, mit Futur und MP ausgedrückte Frage der deutschen Vorlage wird im Französischen zur vorausgesetzten Feststellung. Man beachte die Verschiebung bzw. den Wechsel in der Zeitensetzung. Steht im Deutschen das Futur noch im illokutiven Akt des Fragens um Erlaubnis, so steht im Französischen die angekündigte Handlung im Futur. Dies zeigt wiederum die Bedeutung pragmatischer, aus der Situation erschließbarer Faktoren für das translatorische Handeln. Der Übersetzer überträgt einen Text im Sinne eines funktionalen Ganzen, das auch als solches in der Zielsprache zu verstehen ist. Daher gehört auch auf Sprechaktebene das Arbeiten mit den unterschiedlichen Mitteln der Sprechaktrealisierung zum übersetzerischen Handwerk:

„Pour la majorité des énoncés, la valeur indirecte n'est pas inscrite en langue, mais elle est identifiée en situation. [...] Ainsi, les actes de langage indirects doivent être interprétés à l'aide des données de la situation d'énonciation. Leur mise en relation avec des formes linguistiques apparaît comme aléatoire et imprévisible [...]." (Riegel et al. ^{2}1996: 590)

B.3.2 Tendenzfrage mit Präferenz

Wie schon bemerkt, sind diese Fragen der Intonation nach Entscheidungsfragen, haben aber die Wortstellung von Aussagesätzen. Der Sprecher möchte sich durch diese Fragen der Antwort des Hörers rückversichern, was im Französischen in der Regel mit intensivierendem adverbiellen *bien* aufgelöst wird; allerdings zeichnen sich die Übersetzungen oft durch eine stärker interpretierende und viel konkretere Ausdrucksweise aus.

[der Erzähler berichtet von einer Unterhaltung mit dem Maler]

(AT- 139) Ich sagte: <Von jedem Gegenstand, von allem kann man auf alles kommen. Das ist *doch* ein Beweis für alles?> (TB, 119)

(ZT- 139) Je dis: <À partir de tout objet, de n'importe quoi, on peut arriver à tout. C'est *bien* une preuve de l'universalité universelle.> (TB', 117)

Vielfach ist der Übergang zwischen Aussagen mit Deklarativfunktion und Tendenz- und Suggestiv- sowie Versicherungsfragen fließend[141]. Jede Versicherungsfrage weist auch eine gewisse Tendenz und Antwortpräferenz auf. Im eigentlichen haben wir es hier oftmals mit Mischformen zu tun, die sich durch Polyfunktionalität auszeichnen, wobei es dann im Ermessen des Übersetzers bzw. Rezipienten liegt, zu beurteilen, welcher Funktion das Merkmal der Dominanz zukommt. So werden vielfach Deklarativsätze mit Suggestivfunktion, also mit Tendenz zu einer bestimmten Antwortpräferenz, durch verbale Konstruktionen wie *Das wissen Sie doch* explizit gemacht. Im Französischen finden sich hier konventionalisierte Entsprechungen, die noch durch adverbielles *bien* verstärkt werden können[142]. So entsteht nach außen hin eine Vergewisserungsfrage[143], die aber eigentlich Suggestivfunktion hat, da sie den Gegensatz zwischen einer aktuellen Wahrnehmung und genormtem

---

[141] Cf. dazu auch Beerbom (1992: 196).

[142] In der Folge geben wir diese Variante gegebenenfalls in Klammern << >> an.

[143] Cf. dazu Dahl (1987: 70), der die eigentliche Vergewisserungsfrage folgendermaßen definiert: Der Sprecher bringt „einen Gegensatz zum Ausdruck, nämlich seine Unsicherheit zum Äußerungszeitpunkt hinsichtlich des Zutreffens der Proposition der Frage [...]".

Verhalten ausdrückt, also „kontrafaktisch-adversativ" (A. Burkhardt, apud Dahl 1987: 71) ist.

>[Ron und Bouchet versuchen, handelseinig zu werden, Bouchet bietet Ron an, ihm seine Perlen schwarz abzukaufen]
>
>(AT- 140) Und Schwarzgeld drückt den Preis, das ist Ihnen *doch* klar, nicht wahr? (K, 131)
>
>(ZT- 140) Et l'argent au noir pèse lourd sur le prix; *vous le savez*, n'est-ce-pas? (K', 144)
>
><<Et l'argent au noir pèse lourd sur le prix; vous le savez *bien*, n'est-ce-pas?>>

Zudem dienen diese Fragen dem Sprecher dazu, seine Meinung auf den Hörer zu übertragen und somit illokutiv zur Zustimmung aufzufordern. Der rhetorische Charakter dieser Fragen besteht darin, daß der Sprecher so tut, als ob die Antwort für ihn wie auch für den Rezipienten ganz selbstverständlich wäre, d.h. „la question n'est là que pour rappeler cette réponse. Elle joue alors à peu près le rôle de l'assertion de cette dernière, présentée comme une vérité admise" (Anscombre / Ducrot ²1988: 128), wobei eine solche rhetorische Frage auch immer „une valeur négative par rapport au contenu constituant le thème de la question" (ibid.) hat. Auch hier dient adverbielles emphatisches *bien* als Entsprechung:

>[der Maler möchte dem Erzähler zu neuen Erfahrungen verhelfen]
>
>(AT- 141) <Ich möchte Sie doch[144] einmal ins Armenhaus mitnehmen>, sagte der Maler. <Vielleicht ist es ganz gut, wenn ein Mensch wie Sie, der noch ohne Erfahrung ist - und ich habe *doch* recht, nicht wahr?> - sagte er, <einmal einen Blick in eine der drückendsten Menschenerbärmlichkeiten hineinwirft, die es gibt, in die Zusammenrottung der nur noch vor sich hin lallenden Altersunfähigkeit. [...]> (TB, 103)
>
>(ZT- 141) <Je voudrais, un jour, vous emmener dans un hospice, dit le peintre. C'est peut être une bonne chose qu'un homme comme vous, sans expérience - j'ai *bien* raison, n'est-ce-pas? - jette une fois un regard sur l'une des misères humaines les plus déprimantes qui soient, sur l'entassement de la déchéance de la vieillesse qui ne sait plus que balbutier. [...]> (TB', 101)

B.3.3 höfliche Aufforderung mit Berechtigungsanspruch

Auch innerhalb dieser Frageformen kann es zu einer Steigerung des Grades an Adversativität kommen. Dies hängt jedoch von pragmatischen Faktoren ab. Je nach Kontext kann beispielsweise die folgende Aussage Höflichkeitsnormen entsprechend schwach adversativ ausfallen oder aber auch in die Nähe einer Aufforderung mit autoritärem Charakter seitens des Sprechers, also einer Obligation, gerückt werden, was ihr stark adversativen Charakter verleihen

---

[144] In diesem Fall handelt es sich um adverbielles *doch*.

würde. Im Höflichkeitskontext hat die **Partikelkombination** *doch* mit *auch* den Zweck, dem Adressaten etwaige Scheu zu nehmen, der einzig Angesprochene zu sein, d.h., hier werden mögliche Implikationen vom Sprecher antizipiert und entkräftet (cf. dazu Franck 1980: 186). Generell kann vermerkt werden, daß häufig kommunikative Intentionen in Höflichkeitskontexten mit indirekten Sprechakten ausgedrückt werden, es kommt dann zu „Transpositionen, kommunikativ-situative[n] Inferenzen mit handlungstheoretisch-illokutiven Uminterpretationen" (Wotjak 1987: 128). Fragen dienen generell als höfliche, indirekte Ausdrucksformen für initiative Sprechakte, wie auch Aufforderungen generell tendenziös sind.

> [Der Hierlinger Ferdinand lädt Alfreds Familie ein, mit ihm eine Burgruine zu besichtigen]

(AT- 142) DIE MUTTER [...] (zu Valerie): Die Dame kommen *doch* auch mit? (ÖH, 107)

(ZT- 142) LA MÈRE [...] (à Valérie): Vous venez aussi, madame? (ÖH', 13)

Im Deutschen zeigt hier die Partikel an, daß sich der Sprecher durch die Antwort des Rezipienten der Richtigkeit seiner Annahme bzw. des Sachverhaltes rückversichern bzw. eine Initiative zur Handlung setzen möchte. Im Französischen entfällt diese pragmatische Nuance völlig.

B.3.4   anordnende Aufforderung

Bei der anordnenden Aufforderung ist der stark adversative Charakter deutlich merkbar. Hier herrscht in der Regel ein 'autoritäres Gefälle' zwischen Sprecher und Angesprochenem, der Sprecher befindet sich sozial in der Position, dem Angesprochenen gewisse Aufträge oder Befehle erteilen bzw. auch dessen Verhalten tadeln zu können, so der Rezipient nicht den Sprechererwartungen gemäß handelt. Insofern stellen die nachfolgenden Versicherungsfragen auch mehr eine Aufforderung bzw. eine Order als eine Frage dar.

> [der Rittmeister hat bei Oskar Fleisch bestellt]

(AT- 143) RITTMEISTER: Apropos, was ich noch hab sagen wollen: Sie schlachten *doch* heut noch die Sau? (ÖH, 163)

(ZT- 143) LE MAJOR: À propos, qu'est-ce-que je voulais dire: *c'est bien* aujourd'hui *que* vous tuez le cochon? (ÖH', 64)

> [Pandelli plant mit seinem Handlanger Piero einen Überfall auf Ron]

(AT- 144) Pandelli lächelte mokant und grausam zugleich. <Mit einem einzelnen Mann werden wir *doch* fertig, nicht wahr, Piero?> (K, 173)

(ZT- 144) Pandelli eut un sourire cruel et sarcastique à la fois. <On viendra *bien* à bout d'un type seul, n'est-ce-pas, Piero?> (K', 191)

Tendenzfragen stellen den Übersetzer vor so manche Herausforderung im Hinblick auf seine übersetzerische Kompetenz, da sie in hohem Maße die Einbindung pragmatisch-kontextueller Faktoren in den Rezeptions- und Produktionsprozeß des Übersetzers verlangen. Dafür kann hier aber auch das ganze Spektrum sprachlicher Ausdrucksformen für Modalität eingesetzt und ausgereizt werden, um im Zieltext Wirkungsäquivalenz, d.h. in diesen Fällen die entsprechende Tendenz, zu erzielen. Beerbom (1992: 198) meint dazu:

„Tendenzfragen und ihre verschiedenen Nuancen stellen zweifellos ein schwieriges Übersetzungsproblem dar, das nur bewältigt werden kann, wenn dem Übersetzer die Realisierungsmöglichkeiten für derartige Fragen und das Zusammenwirken der einzelnen Mittel, durch die die Tendenz zustande kommt, in beiden Sprachen bewußt sind. Es versteht sich, daß zur Ermittlung der Tendenz und der kommunikativen Funktion der Frage auch der Kontext heranzuziehen ist."

4. EVALUIERUNG: DIE MODALPARTIKEL *DOCH* - VARIANTEN UND (TEIL-) ENTSPRECHUNGEN

Wie die Besprechung sowohl der Beispielsätze von Helbig als auch unserer Korpusbeispiele gezeigt hat, kann die Klassifikation der Vorkommensweisen der MP *doch* und ihre Unterteilung in verschiedene Funktions- bzw. Subvarianten je nach Satztyp für das translatorische Handeln insofern hilfreich sein, als sich auf diese Art und Weise intersprachliche Kongruenzen und Entsprechungen bzw. Teilentsprechungen[1] für die durch die MP geleisteten modalen Nuancierungsformen herausarbeiten lassen. Dabei spielt u.E. die Differenzierung der verschiedenen Graduierungsstufen an Adversativität eine entscheidende Rolle, da der Grad an Adversativität und Intensität des modalen Ausdrucks einerseits die Funktionsvarianten und andererseits die zu treffende Wahl der adäquatesten Entsprechung im Zieltext mitdeterminiert und v.a. auf pragmatischer Ebene richtungsweisend für den Übersetzer ist[2].

Die Analyse der Korpusbeispiele hat einigen Aufschluß über die Vorkommensweisen der Partikel in authentischem Textmaterial gegeben, jedoch kann weder die Klassifizierung auf der Basis der Helbig-Beispiele noch die erweiterte Klassifizierung, welche auf der Einbeziehung der Ergebnisse der Korpusanalyse basiert, als wirklich exhaustiv betrachtet werden. Den Anspruch einer exhaustiven Analyse stellt jedoch auch niemand in der Partikelliteratur, es geht den einzelnen Autoren vielmehr um die Darstellung der Partikeln unter einem bestimmten Gesichtspunkt. Unser Gesichtspunkt ist derjenige der Übersetzungsrelevanz. Es geht uns darum, dem Übersetzer Hilfestellungen beim Umgang mit Modalität an sich und im besonderen mit MPn zu geben. Dazu soll auch unsere eigene Partikelanalyse dienen. In der Folge stellen wir nunmehr die sich unter Berücksichtigung der Ergebnisse der Korpusanalyse ergebende Klassifizierung der Vorkommensvarianten der MP *doch* dar und listen im Anschluß daran - nach den einzelnen Vorkommensvarianten gegliedert - diejenigen Entsprechungen oder Teilentsprechungen auf, die sich für die

---

[1] Wir sprechen hier bewußt von 'Entsprechungen' und 'Teilentsprechungen', da, wie auch die Korpusanalyse gezeigt hat, in sehr vielen Fällen nicht der gesamte Gehalt an Modalität in die Übersetzung aufgenommen werden kann und es somit zur Wahl einer 'Teilentsprechung' kommt, die eine prominente Komponente des modalen Ausdrucks in der Zielsprache wiederaufnimmt. Beerbom (1992: 108), die in ihrer Untersuchung zum Sprachvergleich Deutsch-Spanisch den Terminus '(Teil)entsprechung' geprägt hat, spricht in dieser Hinsicht auch von „partiellen Äquivalenten". Die Unterscheidung zwischen 'totaler' und 'partieller' Übereinstimmung findet sich jedoch schon bei Wotjak (1982: 113).
[2] Nicht umsonst sprechen Reiß und Vermeer (^{2}1991: 129) vom „erwünschten gleichen kommunikativ-funktionalen Wirkungsgrad von Ausgangstext und Zieltext(en)".

jeweilige Vorkommensvariante auf den verschiedenen Ebenen der sprachlichen Ausdrucksformen als generelle Tendenz aus den Analyseergebnissen für das Französische ableiten lassen.

Wie das nunmehr auf der Grundlage unserer Korpusergebnisse erweiterte Klassifikationsschema zu den Funktionsvarianten der MP *doch* zeigt (siehe unten), konnten nach der adversativen Graduierung in schwach und stark adversative Varianten einige neue Funktionsvarianten hinzugefügt werden, die auch in der Übersetzung ihre eigenen Charakteristika aufweisen. In der folgenden Schemadarstellung werden diejenigen Subkategorien, welche als neuer Punkt in die Klassifikation aufgenommen wurden, mit dem Vermerk 'Neu' gekennzeichnet. Zudem möchten wir im besonderen auf die nicht nur formal als Subkategorien, sondern auch inhaltlich neu hinzugekommenen Funktionsvarianten verweisen: Es sind dies im Deklarativsatz die schwach adversativen Formen des voraussetzungssichernden initiativen *doch*, des begründenden *doch*, des kommentierenden *doch* in Vermutungen und Folgerungen, sowie des *doch* in seiner Funktion als Träger von Höflichkeitsnormen. Beim stark adversativen *doch* wurde nun auch auf das *doch* im Nebensatz näher eingegangen. Im Exklamativsatz kamen das stark adversative *doch* der dringenden Aufforderung bzw. der indirekten Aufforderung (assertiv und mit Negation) sowie das *doch* der emphatischen Assertion zu unserer ersten Klassifikation hinzu. Außerdem ergaben sich aufgrund der Unterscheidung unterschiedlicher Grade an Adversativität auch - wie im Fall des begründenden *doch* - Dublettenstrukturen. Von einer 'Dublettenstruktur' sprechen wir dann, wenn es von einer illokutiven Funktionsvariante eine schwach und eine stark adversative Form gibt, die sich auch in der Übersetzung bezüglich der Übersetzungsstrategien und -tendenzen voneinander unterscheiden.

A		*DOCH* im Deklarativ- und Exklamativsatz
A.1		*doch* im Deklarativsatz
A.1.1		**schwach adversatives *doch***
A.1.1.1		Vergewisserungseinwand mit impliziter Aufforderung zur Bestätigung
		• initiativ
A.1.1.1.1	NEU	Beseitigung von Unsicherheit
A.1.1.2		Bestätigung oder beruhigende Versicherung
		• reaktiv
A.1.1.3		Expliziter Verweis auf Bekanntes zum Ausdruck von Bedauern oder Ungeduld
		• reaktiv
A.1.1.4	NEU	Voraussetzungssichernde initiative *doch*-Äußerungen
		• initiativ
A.1.1.5	NEU	schwach adversatives *doch* in der Begründung
		• reaktiv oder initiativ
A.1.1.6	NEU	Kommentierendes *doch* in Vermutungen und Folgerungen
		• reaktiv
A.1.1.7	NEU	*doch* als Träger von Höflichkeitsnormen
		• reaktiv oder initiativ
A.1.2		**stark adversatives *doch***
A.1.2.1		*doch* in der Zurückweisung
		• reaktiv
A.1.2.1.1		allgemeine Zurückweisung: ohne Spezifizierung, wogegen sich der Sprecher verwehrt
A.1.2.1.2		Zurückweisung durch Erinnern an bekannte Sachverhalte, Evidentes oder Vorerwähntes

A.1.2.1.2.1	NEU	Ausdruck eines Widerspruchs mit Kritik, Verärgerung, Vorwurf, Gegenvorwurf oder Ungeduld
A.1.2.1.3		Zurückweisende explizite Erinnerung an Bekanntes, Evidentes oder Vorerwähntes
A.1.2.1.4	NEU	*doch* im Nebensatz
A.1.2.1.5		Begründung
A.1.2.1.5.1	NEU	begründete Zurückweisung mit Vorwurf
A.1.2.1.5.2	NEU	absolute begründete Zurückweisung: keine Möglichkeit zum Widerspruch

A.2		*doch* im Exklamativsatz

A.2.1		**doch im Aufforderungssatz**
		⇒stark handlungsbezogen

A.2.1.1		**schwach adversatives *doch***
A.2.1.1.1		*doch* in der Aufforderung
A.2.1.1.1.1		Beschwichtigung mit *doch*
		• reaktiv-konnektierend
		⇒Ziel: Trost, Beruhigung
A.2.1.1.1.2		Vorschlag, Empfehlung, Ermutigung zum Handeln
		• initiativ-voraussetzungssichernd
A.2.1.1.1.3		*doch* als Träger von Höflichkeitsnormen
		• reaktiv oder initiativ
A.2.1.2		**stark adversatives *doch***
A.2.1.2.1	NEU	*doch* in der dringenden Aufforderung
		• reaktiv-konnektierend bzw. initiativ
A.2.1.2.1.1	NEU	*doch* in der indirekten Aufforderung
		⇒in Kombination mit Modalverben

A.2.1.2.2		*doch* in der negierten Aufforderung
		• reaktiv-konnektierend bzw. initiativ
A.2.1.2.2.1		Forderung einer Unterlassung
		⇒Ausdruck von Kritik, Tadel, Vorwurf, Ungeduld oder Verärgerung
A.2.1.2.2.2	NEU	*doch* in der negierten indirekten Aufforderung
		⇒in Kombination mit negierten Modalverben
A.2.2		***doch* in der überraschten Exklamation**
		• reaktiv
A.2.2.1	NEU	**schwach adversatives *doch***
A.2.2.1.1	NEU	*doch* mit neutraler oder positiver emotionaler Färbung
		⇒neutral: Überraschung, Erstaunen
		⇒positiv: Begeisterung
A.2.2.2	NEU	**stark adversatives *doch***
A.2.2.2.1		exklamatives *doch* der Zurückweisung als Ausdruck einer spontanen Reaktion
A.2.3	NEU	**emphatische Assertion**
A.2.3.1	NEU	**schwach adversatives *doch***
A.2.3.1.1	NEU	kommentierendes, oft monologisches *doch* in der Assertion
A.2.3.2	NEU	**stark adversatives *doch***
A.2.3.2.1	NEU	*doch* in der Stellungnahme
		⇒mit / ohne Spezifizierung des Referenzgegenstandes
		⇒mit / ohne Begründung
A.2.3.2.2	NEU	assertives *doch* der Zurückweisung mit negativer emotionaler Färbung
		⇒Verärgerung, Kritik, Entrüstung oder Empörung

A.2.4		*doch* im Wunschsatz
		• bedingt reaktiv
A.2.4.1	NEU	schwach adversatives *doch*
A.2.4.1.1	NEU	dringender Wunsch bzw. Hoffnung: in der Zukunft erfüllbar
A.2.4.2	NEU	stark adversatives *doch*
A.2.4.2.1	NEU	Wunsch mit Bezug auf Vergangenes: unerfüllbar ⇒Bedauern, Resignation, Vorwurf oder Klage
B		DOCH im Interrogativsatz
		• initiativ
B.1		Aufforderungen zur Gedächtnishilfe
		⇒Bezug auf Teilinhalte ⇒Forderungen ⇒Bekundung von Interesse ⇒Ungeduld oder Drohungen
B.2		Suggestiv- bzw. Tendenzfragen
B.2.1	NEU	Suggestiv- bzw. Tendenzfragen mit bestimmter Antworterwartung
B.2.2	NEU	Suggestiv- bzw. Tendenzfragen mit rhetorischem Charakter und zur Erfüllung sozialer Höflichkeitskonventionen
B.3		Versicherungsfragen ⇒ Sprecher erwartet Bestätigung
B.3.1	NEU	indirekte Bitte mit Rückversicherung
B.3.2	NEU	Tendenzfrage mit Präferenz
B.3.3	NEU	höfliche Aufforderung mit Berechtigungsanspruch
B.3.4	NEU	anordnende Aufforderung

Versucht man nun, den einzelnen Subvarianten auf der Grundlage unseres Korpus und der zu den Fallbeispielen aus dem *Lexikon deutscher Partikeln* (Helbig [2]1990) gebildeten Übersetzungen Entsprechungsvarianten zuzuordnen, die sich als allgemeine Tendenzen für den Umgang des Übersetzers mit diesen Ausdrücken von Modalität ableiten lassen, so kommt man zu folgendem Ergebnis[3]:

A	*DOCH* im Deklarativ- und Exklamativsatz
A.1	*doch* im Deklarativsatz
A.1.1	**schwach adversatives *doch***
A.1.1.1	Vergewisserungseinwand mit impliziter Aufforderung zur Bestätigung
	Δ syntaktische Korrespondenzen: Satztypwechsel: Deklarativsatz ⇨ Interrogativsatz / rhetorische Frage (mit nachgestelltem *non? / n'est-ce-pas?*)
	Δ syntaktische Emphase durch *mise en relief* ⇨ *phrase clivée*
	Δ Wechsel von der Affirmation zur Negation
	Δ Paraphrasen, Interjektionen
	Δ adversativ-argumentatives *mais*
	Δ adverbielles *bien*
	Δ Konditional I
A.1.1.1.1	Beseitigung von Unsicherheit
	Δ Satztypwechsel: Deklarativsatz ⇨ Exklamativsatz
	Δ argumentatives *mais*

---

[3] Da wir meinen, die einzelnen Entsprechungsmöglichkeiten im Rahmen der Korpusanalyse bzw. anhand der Beispiele von Helbig ([2]1990) ausführlich besprochen zu haben, geben wir hier nur mehr überblicksmäßig die sprachlichen Ebenen, auf denen der Translator in der Zielsprache Entsprechungsmöglichkeiten finden kann, bzw. die Entsprechungsmöglichkeiten, die als eindeutige Tendenzen zu den einzelnen Funktionsvarianten feststellbar sind, an, ohne jedoch die einzelnen Beispielsätze zu wiederholen.

A.1.1.2	Bestätigung oder beruhigende Versicherung	
	Δ argumentatives *mais*	
	Δ Adverbialformen: *quand même, pourtant, vraiment*	
	Δ Lexik: Explizit-Machen durch Verbwahl	
	Δ idiomatische Wendungen	
	Δ Stil: Wechsel zur direkten Anrede (*écoute, … + bien*)	
	Δ Nullentsprechung: Partikelkette (Ausnahme Höflichkeitskontext: die modale Partikel ist hier stärker als die graduierende)	
A.1.1.3	Expliziter Verweis auf Bekanntes zum Ausdruck von Bedauern oder Ungeduld	
	Δ Verben des Sagens, Meinens, Wissens mit adverbiellem *bien*	
	Δ argumentatives *mais* (eventuell in Verbindung mit *bien*)	
	Δ syntaktische Emphasen durch *dislocation de la phrase* (*ça, c'est…*)	
	Δ Emphase durch Verlagerung der Thema-Rhema-Struktur	
	Δ Emphase durch betonte Pronominalformen	
	Δ Intonation, Interjektionen: *Écoute, …*	
	Δ Nullentsprechung: Partikelkette	
A.1.1.4	Voraussetzungssichernde initiative *doch*-Äußerungen	
	Δ syntaktische Emphasen	
	Δ Lexik: Explizit-Machen durch Wortwahl	
	Δ adverbielles *bien*	
A.1.1.5	schwach adversatives *doch* in der Begründung	
	Δ syntaktische Emphasen durch *mise en relief* ⇨ *phrase clivée*	
	Δ Explizit-Machen durch kausale Konjunktionen: *car…*	
	Δ Intensiva (*trop…*)	
	Δ Adverbialformen (*tout de même…*)	
	Δ Stil, Intonation	
	Δ Nullentsprechung: bei Indikator der Begründung (kausale Konjunktion) im Deutschen und in der Partikelkette	
	Δ Nullentsprechung: wenn die Modalität aus dem pragmatischen Kontext erschließbar ist	
A.1.1.6	Kommentierendes *doch* in Vermutungen und Folgerungen	
	Δ Lexik / Stil: Sprachniveau / Registerwechsel (kolloquial-familiär)	
	Δ Intonation, nonverbale, parasprachliche Ausdrucksmittel	
	Δ Nullentsprechung: Partikelkette (Kombination mit Gradpartikeln)	

A.1.1.7	*doch* als Träger von Höflichkeitsnormen	
	Δ Satztypwechsel: Deklarativsatz ⇨ Interrogativsatz	
	Δ konventionalisierter idiomatischer Sprachgebrauch (teilweise verstärkt durch Adverbialformen)	
A.1.2	**stark adversatives *doch***	
A.1.2.1	*doch* in der Zurückweisung	
	Δ Satztypwechsel: Deklarativsatz ⇨ rhetorische Frage	
	Δ Tempuswechsel (zum Futur)	
	Δ Lexik: Explizit-Machen durch Wortwahl	
	Δ adversatives *mais* + Intensivum / syntaktische Emphase	
	Δ Adverbialformen: *pourtant, quand-même*…	
	Δ Nullentsprechung: wenn die Modalität aus dem pragmatischen Kontext erschließbar ist	
A.1.2.1.1	allgemeine Zurückweisung: ohne Spezifizierung, wogegen sich der Sprecher verwehrt	
	Δ syntaktische Emphasen	
	Δ Interjektionen	
	Δ Nullentsprechung: Partikelkette (Kombination mit Gradpartikeln)	
A.1.2.1.2	Zurückweisung durch Erinnern an bekannte Sachverhalte, Evidentes oder Vorerwähntes	
	Δ Satztypwechsel: Deklarativsatz ⇨ Interrogativsatz (auch negiert) / Exklamativsatz	
	Δ adversativ-argumentatives *mais* (mit nachgestelltem *n'est-ce-pas?*)	
	Δ syntaktische Emphase: *phrase clivée*	
	Δ Emphase durch Pronominalisierung	
	Δ Lexik / Stil: Registerwechsel	
	Δ Adverbialformen (*quand même*,…) oder emphatisches *donc*	
	Δ Interjektionen	
	Δ Nullentsprechung: wenn die Modalität aus dem pragmatischen Kontext erschließbar ist	

A.1.2.1.2.1	Ausdruck eines Widerspruchs mit Kritik, Verärgerung, Vorwurf, Gegenvorwurf oder Ungeduld
	Δ Explizit-Machen von Argumentationsstrukturen Δ argumentatives *mais* in Verbindung mit Adverbialformen (*quand même, tout de même, enfin, pourtant…*) Δ Satztypwechsel: Deklarativsatz ⇨ Exklamativsatz Δ syntaktische Emphase:⇨ *mise en relief* (nachgestelltes *enfin*) Δ Emphase durch betonte Pronominalformen Δ Interjektionen, Intonation Δ Lexik / Stil: Registerwechsel Δ Nullentsprechung: wenn die Argumentationsstruktur aus dem Kontext erschließbar ist
A.1.2.1.3	Zurückweisende explizite Erinnerung an Bekanntes, Evidentes oder Vorerwähntes
	Δ Verb des Sagens / Meinens / Wissens mit adverbiellem *bien* Δ Emphase durch Pronominalisierung mit argumentativ-adversativem *mais* Δ Nullentsprechung: bei Partikelkette und bei argumentativem Marker im Ausgangstext
A.1.2.1.4	*doch* im Nebensatz
	Δ Satztypwechsel: Deklarativsatz ⇨ Exklamativsatz Δ Lexik Δ konzessiver Nebensatz: idiomatische Übersetzungen Δ konzessiver Nebensatz mit *wo doch*: Explizit-Machen der konzessiven Relation durch konzessive Konjunktion: *alors que* Δ kausaler Nebensatz: Explizit-Machen der kausalen Relation durch kausale Konjunktion: *car, puisque* Δ Adverbialformen: *pourtant, vraiment* Δ Nullentsprechung: wenn die Relation zwischen Haupt- und Nebensatz aus dem Kontext erschließbar ist sowie beim Exklamativsatz in direkter Rede
A.1.2.1.5	Begründung
	Δ Satztypwechsel: Deklarativsatz ⇨ Exklamativsatz Δ Lexik: expliziter Verweis auf Kausalität durch Verben Δ intensivierende Adverbialformen: *vraiment, …* Δ im Nebensatz: explizierende Konjunktion: *parce que* Δ Emphase durch syntaktische Mittel ⇨ Wiederaufnahme, Pronominalisierung

A.1.2.1.5.1	begründete Zurückweisung mit Vorwurf
	Δ adversativ-argumentatives *mais* (eventuell in Verbindung mit *quand même*)
	Δ Satztypwechsel: Deklarativsatz ⇨ rhetorischer Interrogativsatz
	Δ syntaktische Emphase
	Δ Tempuswechsel (zum *futur proche*)
	Δ intensivierende Adverbialformen
	Δ idiomatische Wendungen
	Δ Nullentsprechung: bei argumentativem Marker im Ausgangstext
A.1.2.1.5.2	absolute begründete Zurückweisung: keine Möglichkeit zum Widerspruch
	Δ syntaktische Emphase
	Δ Wechsel von der Assertion zur Negation
	Δ Nullentsprechung: wenn die Modalität aus dem pragmatischen Kontext erschließbar ist
A.2	*doch* im Exklamativsatz
A.2.1	*doch* im Aufforderungssatz
A.2.1.1	schwach adversatives *doch*
A.2.1.1.1	*doch* in der Aufforderung
A.2.1.1.1.1	Beschwichtigung mit *doch*
	Δ Satztypwechsel: Exklamativsatz ⇨ Deklarativsatz
	Δ Explizit-Machen durch idiomatische Wendungen, intensivierende Adverbien
A.2.1.1.1.2	Vorschlag, Empfehlung, Ermutigung zum Handeln
	Δ emphatisches *donc* (eventuell in Verbindung mit argumentativem *mais*)
	Δ idiomatische Wendungen
	Δ syntaktische Markierung
	Δ Fokusverschiebung mittels Satzmoduswechsel
	Δ Konditional I

A.2.1.1.1.3	*doch* als Träger von Höflichkeitsnormen
	Δ konventionalisierte idiomatische Wendungen und Formulierungen (eventuell in Verbindung mit *mais*)
	Δ Explizit-Machen durch Satztypwechsel
	Δ Explizit-Machen durch Paraphrasen
	Δ Periphrasen
	Δ emphatisches *donc*
A.2.1.2	**stark adversatives *doch***
A.2.1.2.1	*doch* in der dringenden Aufforderung
	Δ emphatisches *donc*
	Δ argumentatives *mais* (in Kombination mit *donc*)
	Δ Emphase auf der Ebene der Syntax und der Lexik
	Δ markierte Pronominalformen
	Δ Interjektionen
A.2.1.2.1.1	*doch* in der indirekten Aufforderung
	Δ Satztypwechsel: Deklarativsatz ⇨ Exklamativsatz
	Δ Emphase mittels Pronominalisierung
	Δ Modalverb mit Konditional I
A.2.1.2.2	*doch* in der negierten Aufforderung
A.2.1.2.2.1	Forderung einer Unterlassung
	Δ Wechsel von der Negation zur Assertion
	Δ emphatisches *donc* mit argumentativem Marker *mais* (eventuell in Verbindung mit *enfin*)
	Δ Periphrasen
	Δ Lexik / Stil: Emphase durch Registerwechsel
	Δ Interjektionen
	Δ Stil: Wechsel zur direkten Anrede
	Δ Nullentsprechung: in der Redewiedergabe

A.2.1.2.2.2	*doch* in der negierten indirekten Aufforderung
	Δ Satztypwechsel: Exklamativsatz ⇨ Interrogativsatz
	Δ negiertes Modalverb
	Δ Wechsel von der Negation zur Assertion
	Δ Periphrasen
A.2.2	***doch* in der überraschten Exklamation**
A.2.2.1	**schwach adversatives *doch***
A.2.2.1.1	*doch* mit neutraler oder positiver emotionaler Färbung
	Δ syntaktische Emphase: *mise en relief* ⇨ *phrase clivée*
	Δ adverbielles *bien*
	Δ Einleitung durch *qu'est-ce que...*
	Δ Periphrasen
	Δ idiomatische Wendungen
	Δ Interjektionen
A.2.2.2	**stark adversatives *doch***
A.2.2.2.1	exklamatives *doch* der Zurückweisung als Ausdruck einer spontanen Reaktion
	Δ argumentatives *mais*
	Δ Einleitung durch *combien, qu'est-ce-que, ce que...*
	Δ intensivierende Adverbialformen (*bien, pourtant, tout de même...*)
	Δ Syntax: *mise en relief*
	Δ Interjektionen
	Δ Explizit-Machen durch Verbindungen mit *que...*
	Δ bei selbständigen *Wo-doch*-Exklamationen: adverbielles *bien* oder konzessive Konjunktion *alors que*
	Δ Nullentsprechung: bei Emphase durch kontextuell-pragmatische Faktoren

A.2.3	emphatische Assertion
A.2.3.1	**schwach adversatives** *doch*
A.2.3.1.1	kommentierendes, oft monologisches *doch* in der Assertion
	Δ syntaktische Emphase
	Δ adverbielles *bien*
	Δ idiomatische Wendungen
	Δ Nullentsprechung: bei Emphase durch kontextuell-pragmatische Faktoren
A.2.3.2	**stark adversatives** *doch*
A.2.3.2.1	*doch* in der Stellungnahme
	Δ idiomatische Wendungen
	Δ Nullentsprechung: bei Emphase durch kontextuell-pragmatische Faktoren
A.2.3.2.2	assertives *doch* der Zurückweisung mit negativer emotionaler Färbung
	Δ argumentatives *mais*, *tout de même*
	Δ syntaktische Markierung
	Δ Intonation, nonverbale Ausdrucksmittel
	Δ Nullentsprechung: bei konventionalisierten Wendungen
A.2.4	***doch* im Wunschsatz**
A.2.4.1	**schwach adversatives** *doch*
A.2.4.1.1	dringender Wunsch bzw. Hoffnung: in der Zukunft erfüllbar
	Δ *Que* mit *subjonctif*
	Δ *Si seulement* mit Imperfekt
	Δ *Si seulement* mit *pouvoir* (Imperfekt)
	Δ Intonation

A.2.4.2	**stark adversatives *doch***	
A.2.4.2.1	Wunsch mit Bezug auf Vergangenes: unerfüllbar	
	Δ *Si seulement* Δ Intonation	
B	**DOCH im Interrogativsatz**	
B.1	Aufforderungen zur Gedächtnishilfe	
	Δ *déjà* Δ Syntax: markierte Satzstellung Δ syntaktische Emphase, *mise en relief* ⇨ *phrase clivée* Δ nachgestelltes *non?* Δ markierte Pronominalformen Δ Nullentsprechung: wenn die Modalität aus dem pragmatischen Kontext erschließbar ist	
B.2	Suggestiv- bzw. Tendenzfragen	
B.2.1	Suggestiv- bzw. Tendenzfragen mit bestimmter Antworterwartung	
	Δ syntaktische Emphase ⇨ *phrase clivée* Δ Tempuswechsel: zum *futur proche* Δ nachgestelltes *non? / n'est-ce-pas?* Δ Adverbialformen: *tout de même, quand même...* Δ adverbielles *bien* Δ Interjektionen	
B.2.2	Suggestiv- bzw. Tendenzfragen mit rhetorischem Charakter und zur Erfüllung sozialer Höflichkeitskonventionen	
	Δ adverbielles *bien* Δ argumentatives *mais* (nur bei rhetorischem Charakter)	

B.3	Versicherungsfragen
B.3.1	indirekte Bitte mit Rückversicherung
	Δ Tempuswechsel: zum *futur proche* (eventuell mit nachgestelltem *non? / n'est-ce-pas?*)
B.3.2	Tendenzfrage mit Präferenz
	Δ adverbielles *bien* Δ Lexik: Explizit-Machen durch Verbwahl Δ idiomatische Wendungen (eventuell in Verbindung mit adverbiellem *bien*)
B.3.3	höfliche Aufforderung mit Berechtigungsanspruch
	Δ Tempuswechsel zum *futur* mit *bien*
B.3.4	anordnende Aufforderung
	Δ adverbielles *bien* (eventuell argumentatives *mais* in Verbindung mit *bien*), *quand même* Δ syntaktische Emphase: *phrase clivée*

Wie aus der Gliederung ersichtlich ist, machen die direkten lexikalischen Entsprechungen nur einen Teil der möglichen Übertragungsvarianten aus, wohingegen sehr viele Entsprechungsmöglichkeiten auch auf syntaktischer, semantischer und pragmatischer Ebene zu finden sind. Neben den unterschiedlichen Mitteln zur Emphatisierung hat jedoch auch die Nullentsprechung unter bestimmten Bedingungen ihre Berechtigung als legitime Übersetzungsstrategie. Außerdem darf nicht außer acht gelassen werden, daß die oben aufgelisteten Entsprechungsvarianten untereinander kombinierbar sind und in der Tat in der Mehrzahl der Fälle eine Kopräsenz von mehreren Entsprechungsvarianten feststellbar ist, welche erst im Zusammenwirken die volle modale Nuancierung in die Aussage einbringen. Dies gilt auch generell für die sprachlichen Ebenen, auf denen Modalität zum Ausdruck gebracht bzw. wirksam werden kann. Syntaktisches kann beispielsweise mit Pragmatischem Hand in Hand gehen, und Semantisches kann durch Syntaktisches oder Pragmatisches verstärkt werden, sodaß sich die modale Komponente aus dem Vorhandensein sich gegenseitig bedingender Ausdrucksformen von Modalität ergibt.

Obwohl sich das Gesamtbild der französischen Entsprechungsformen für die durch die deutsche MP *doch* transportierte Modalität als sehr heterogen erweist, konnten wir in der vorangehenden Gliederung Tendenzen aufzeigen, die prinzipiell systematisierbar sind. Wir haben bei der Erstellung der Gliederung bewußt von okkasionell auftretenden Entsprechungen abgesehen, da es u.E. für die übersetzerische Praxis gerade auf das Transparent-Machen von

Regularitäten und generell zur Verfügung stehenden Strategien ankommt, welche dann an den spezifischen Fall angepaßt werden können.

5 Ergebnisse und Schlussfolgerungen

Modalität erweist sich im Sprachvergleich nicht nur auf der Ebene der unterschiedlichen Ausdrucksweisen als sehr heterogene Erscheinung, darüber hinaus sind auch der Stellenwert von Modalität und damit die Intensität und Varietät von modalen Ausdrucksweisen sehr stark kulturell geprägt, sodaß sie in Abhängigkeit von den Usancen des Sprach- und Weltverstehens der einzelnen Sprach- und Kulturgemeinschaften gesehen werden müssen. Da die MPn zu den spezifischen Charakteristika des Deutschen gehören, weisen sie, wie wir anhand der MP *doch* im Sprachvergleich Deutsch-Französisch zeigen konnten, nur begrenzt direkte Entsprechungen in Form von spezifischen Lexemen in der zielsprachlichen Übersetzung auf, jedoch ist die durch die Partikel eingebrachte Modalität generell übersetzbar. Gibt es direkte Entsprechungen, so handelt es sich sehr oft um Teilentsprechungen, mit denen lediglich eine bestimmte Komponente des deutschen Modalausdruckes in der Fremdsprache wiederaufgenommen werden kann. Der Übersetzer hat somit oft selektive Entscheidungen zu treffen, was jedoch nicht unbedingt zu einer Minderung des Translats führen muß, sondern - ganz im Gegenteil - notwendig sein kann, um dem Skopos des Translats gerecht zu werden:

> „Statt 'alles' zu sagen, kann man einen wesentlichen Teil angeben, aus dem das übrige inferiert werden kann; statt **einen** Teil eines Ganzen zu erwähnen, um das Ganze zu evozieren, kann man einen anderen evozieren und doch das Ganze treffen; statt detailliert zu beschreiben, kann man durch Andeutungen Ähnliches erreichen - […]." (Vermeer [3]1992a: 19)

Das Französische verfügt, wie wir gesehen haben, über ein sehr reiches, aber ebenso heterogenes Inventar an Ausdrucksmitteln für Modalität, wobei auch der Intonation größere Bedeutung zukommt, als dies im Deutschen der Fall ist. Außerdem darf auch die Nullentsprechung als legitime Variante nicht außer acht gelassen werden. Wir möchten hier sogar so weit gehen, zwischen 'echten' und 'vermeintlichen' Nullentsprechungen zu unterscheiden: Wo keine direkte Entsprechung zu finden ist, kann sich sehr wohl auf Textebene oder auf pragmatisch-situativer Ebene eine finden. Der kulturelle Usus der Sprachgemeinschaft bestimmt hier die Verhaltensweisen des Individuums. Kulturspezifisches Verhalten beinhaltet nunmehr den verbalen wie auch den nonverbalen Bereich. Gerade im Bereich der Modalität ist somit translatorisches Handeln stark von der Zielkultur geprägt, die gemeinsam mit der in sie eingebetteten Zielsprache eine der determinierenden Größen für das Handeln des Übersetzers darstellt. Es wäre daher ein Fehler, vom Deutschen und seiner hohen Partikelfrequenz auszugehen und Modalität in der Fremdsprache nach der Vorkommensfrequenz von direkten Entsprechungen zu beurteilen. Dafür ist eine Unterscheidung zwischen unmittelbaren und mittelbaren Übersetzungsverfahren sinnvoller, da die Partikel selbst wegen ihrer großen Kontextdeterminiertheit oftmals nur mittelbar ein bestimmtes Übersetzungsverfahren bedingt. Daher sind auch syntaktische Mittel wie der Satztypwechsel oder die syntaktische Emphase insofern als legitime Entsprechungen für MPn anzusehen, als sie Bedeutungselemente der modalen Äußerung im Deutschen im Französischen explizieren. Dies gilt auch für pragmatische Paraphrasen, Registerwechsel oder parasprachliche Mittel. Im Deutschen besteht zwar ein dialektisches Verhältnis zwischen der modalen Partikel und der auszudrückenden Modalität, dieses dialektische Verhältnis kann jedoch in der Zielsprache verlagert sein und beispielsweise zwischen Kommunikationssituation und Sender-Empfängerbezug entstehen, ohne daß ein direktes modales Lexem auf sprachlicher Ebene aufscheinen muß.

Was sollte nunmehr der Übersetzer beim Transladieren modaler Strukturen beachten? Die Grundfrage für die Behandlung von Modalität in der Übersetzung ist die der intendierten Funktion. Das Isolieren der dominanten Funktion der Partikelverwendung im Text-in-Funktion stellt die Voraussetzung für eine adäquate Übertragung modaler Strukturen in die Zielsprache dar. Für den Übersetzer geht es primär darum, dem Skopos des Ausgangstextes bzw. der Ausgangsäußerung treu zu bleiben. Es gilt, die pragmatische Äquivalenz zu wahren und unter Berücksichtigung der zielsprachlichen Normen und kulturspezifischen Gegebenheiten funktionale Äquivalenz herzustellen, sodaß zwischen Original und Translat Wirkungsäquivalenz entsteht. Eine ganzheitliche Sichtweise von Ausgangs- und Zieltext ist somit das Desiderat für den Translator. Dies bedingt jedoch auch, daß sich im Sinne der textuellen Übersummativität Übersetzungseinheiten ändern bzw. verschieben können, da die auf das Textganze bezogene Sinneinheit für die Übersetzung maßgeblich ist und somit die Übersetzungseinheit determiniert. Die Expressivität des Zieltextes muß der des Ausgangstextes entsprechen, ohne daß Kohärenzbrüche auf thematischer oder pragmatisch-interaktiver Ebene entstehen, was angesichts der subtilen adversativen Graduierung, welche, wie wir zeigen konnten, die MP *doch* aufweist, und angesichts des für den Ausdruck von Modalität im Deutschen und auch im Französischen charakteristischen Wechselspiels zwischen Implizitem und Explizitem dem Übersetzer einiges abverlangt. Genügen nunmehr im Deutschen aufgrund des Vorhandenseins spezifischer Lexeme zum Ausdruck von Modalität relativ kleine Übersetzungseinheiten, so muß der Übersetzer im Französischen oft sehr große, die ganze Kommunikationssituation mit der entsprechenden Sender-Empfänger-Pragmatik, wenn nicht überhaupt das Textganze einbeziehende Übersetzungseinheiten wählen, wodurch sich translatorische Detailentscheidungen, die sich auf kleinere Übersetzungseinheiten beziehen, wieder relativieren können[1]. Die Äquivalente, die der Übersetzer sucht, kann er nur auf der pragmatischen Ebene der *parole* finden und im Translat anwenden, nicht aber auf der Ebene der *langue*. Wegen des starken Inklusionsverhältnisses zwischen MP und Kontext im Deutschen entsprechen daher meist auch die Äquivalente nicht alleine der MP, sondern vielmehr dem durch das Zusammenspiel zwischen MP und pragmatisch-kontextuellem Umfeld entstehenden Bedeutungsaspekt bzw. der zu inferierenden Illokution.

Die Ergebnisse einer solchen auf Übersetzungsvergleichen basierenden Korpusanalyse dürfen sicherlich nicht verabsolutiert werden, haben jedoch zweifelsohne heuristischen Wert, da so doch einerseits bestehende Erkenntnisse der neueren Partikelforschung im Hinblick auf Funktion und Wirkungsweise der Partikeln in der Interaktion und auf der pragmatischen Grundlage des Textganzen bestätigt und andererseits einige neue Ergebnisse, v.a. im Bereich der Graduierung nach Adversativität und der damit verbundenen emotionalen Intensivierung der Aussagen in der Interaktion, vor einem übersetzungs-orientierten Hintergrund hinzugefügt werden konnten. Die adversative Graduierung scheint aufgrund eines Desemantisierungsprozesses von einem Adverb oder einer adversativen Konjunktion zu einer schwachen Partikel entstanden zu sein. Die Einteilung nach dem Grad an Adversativität ergab Unterschiede je nach dem relevanten Kontext, sodaß sich bei manchen Vorkommensvarianten eine schwach und eine stark adversative Variante voneinander abgrenzen ließen, die einerseits vom illokutiven und interaktiven Wert her gesehen unterschiedliche Merkmale aufweisen und andererseits auch teilweise recht unterschiedliche Übersetzungsstrategien verlangen. Von den nach der Graduierung an Adversativität erarbeiteten Bedeutungsvarianten ließen sich wiederum Tendenzen für die Suche nach Äquivalenten ableiten, von denen wir hoffen, daß sie dem Übersetzer in der Praxis nützlich sein können. Wenn nunmehr Stolze (1982: 180) meint, daß die übersetzerische Freiheit dem Äquivalenzaspekt der Genauigkeit unterworfen ist, so heißt das für die von uns aufgezeigte adversative Graduierung, daß im Rahmen der zielsprachlichen Normen dem Grad an Adversativität, der in einem Inklusionsverhältnis zur jeweiligen Funktionsvariante des modalen *doch* steht, unbedingt Rechnung getragen werden muß, will man Kohärenzbrüche in der Übersetzung vermeiden.

---

[1] Stolze hat dies sehr treffend formuliert (1982: 191): „Die Übersetzung soll als Ganzes adäquat sein. Ihr Text ist eine Gestalteinheit mit sprachlicher Funktion, und es ist zu fragen, welche Konsequenzen sich für die kleineren Formen daraus ergeben, daß sie in einem größeren Rahmen stehen. Der Gesamtinhalt des Textes hat den Vorrang vor den Einzelwörtern. Übersetzungsentscheidungen aufgrund einzelner Äquivalenzforderungen werden u.U. von der Übersummativität des Textganzen in der Zielsprache wieder relativiert."

Dies bedingt jedoch die Einbeziehung von sprachenpaarspezifischen wie auch pragmatischen Charakteristika von Ausgangs- und Zielsprache.

Wie wir wiederholt betont haben, verfügt das Französische über sehr heterogene Mittel zum Ausdruck für Modalität, die zum Teil die gesamte modale Nuance der deutschen MP, zum Teil aber auch nur Teile dieser Nuance in der Zielsprache zum Ausdruck bringen. Letzteres ist vor allem dann der Fall, wenn die MP schon im Deutschen in einer Partikelkette zusammen mit anderen Partikeln auftritt, wo in der Mehrzahl der Fälle die graduierende Partikel gegenüber der modalen in der Übersetzung Vorrang hat. Standardisierte Entsprechungsvarianten lassen sich v.a. dort finden, wo auch Sprachnorm und -usus bzw. die Kommunikationssituation in starkem Maße konventionalisiert sind und sich idiomatische oder formelhafte Wendungen herausgebildet haben. Dies ist v.a. im Höflichkeitskontext der Fall. Je emotionell belasteter die Kommunikationssituation jedoch ist, desto variantenreicher und kreativer gestalten sich auch die französischen Entsprechungsmöglichkeiten. Wo das Deutsche dazu neigt, mittels der Partikel Sprechereinstellungen in der betreffenden Äußerung selbst explizit zu verdeutlichen, müssen diese im Französischen oft auf der Textebene oder in der Kommunikationssituation an sich gesucht werden. Der Kontextbezug ist hier also insofern ein anderer, als es im Französischen oftmals genügt, aus dem Kontext Modalität mittels Implikaturen ablesen zu können, ohne daß dies explizit mit einem direkten Element - wie im Deutschen mittels der MP - verdeutlicht werden muß. An solchen Stellen eine direkte Entsprechung für die MP zu setzen, würde einen Verstoß gegen die Sprachnorm bedeuten. Die Norm der Zielsprache wird somit zum bindenden Kriterium für den Übersetzer und seine Arbeit. Anderseits ist das Französische aber - wenn die Notwendigkeit besteht, die modale Sprechereinstellung in der Aussage selbst deutlich zu machen - auch sehr oft gezwungen, modale Nuancen, die im Deutschen abgeschwächt sind, eindeutig zu machen und viel expliziter auszudrücken, als dies im Ausgangstext der Fall ist. Hier liegt beim Übersetzer große interpretative und generierend-kreative Verantwortung. Die Fähigkeit, translatorische Entscheidungen zu treffen, zu selektieren und zu hierarchisieren, gehört genauso zur translatorischen Kompetenz des Übersetzers wie seine Sprachkompetenz. Es liegt in seiner Verantwortung, für die Aufrechterhaltung der thematischen wie auch der interaktiven Kohärenz zu sorgen. Dies ist sicherlich keine leichte Aufgabe, jedoch unumgänglich, um das Verstehen auf der Rezipientenseite zu sichern und damit dem Rezipienten die Möglichkeit zu geben, selbst zu einer Interpretation des Textes zu gelangen.

Entgegen der bei Einsetzen der Partikelforschung entstandenen Annahme, MPn seien als spezifisches Charakteristikum des Deutschen unübersetzbar, konnte gezeigt werden, daß dies sehr wohl möglich ist. Geht man ausgehend vom Prinzip der Wirkungsäquivalenz über die Grenze der Suche nach direkten

Entsprechungen hinaus, so lassen sich im Französischen eine Vielzahl von – zugegebenermaßen oft nicht disjunkten - Entsprechungen für die deutschen MPn finden. Dies konnten wir anhand unserer Analyse der MP *doch* zum Sprachenpaar Deutsch-Französisch zeigen. Das Primat des Skopos, d.h. der Wirkungsäquivalenz, stellt die oberste Orientierungseinheit für den Übersetzer dar, welcher unter Berücksichtigung der zielsprachlichen Möglichkeiten den semantischen und den pragmatischen Inhalt des Textes wiederzugeben hat, damit - um in der Terminologie von Nida zu sprechen (cf. Stolze 1982: 186) - 'dynamische Äquivalenz' entstehen kann.

Weiters hat die Korpusanalyse deutlich gemacht, daß gerade im Bereich der Übertragung modaler Strukturen der Empfängerpragmatik besondere Beachtung geschenkt werden muß, da Modalität letztendlich erst durch den Interpretationsakt des Rezipienten generiert werden und zum Tragen kommen kann. Dies muß beim Übersetzen in Betracht gezogen werden, um ein kommunikatives Übersetzen zur Zufriedenheit aller Beteiligten gewährleisten zu können. Unter Einbeziehung funktionaler, interaktioneller und sprechakt-theore-tischer Ansätze öffnet sich hier ein weites Untersuchungsfeld, will man der Komplexität der Problematik auch nur ansatzweise gerecht werden.

Wir hoffen, mit unserer Arbeit einen bescheidenen Beitrag zur übersetzungsrelevanten, kontrastiven Partikelforschung geleistet, v.a. aber auch einige nützliche Anregungen für die 'Werkstatt des Übersetzers' gegeben zu haben. Die im Vorhergehenden diskutierten Vorkommensvarianten und Entsprechungsmöglichkeiten der MP *doch* sind sicherlich nicht als exhaustiv zu betrachten, wir hoffen jedoch, die Translationsrelevanz von MPn unter Beweis gestellt zu haben und mit unserer Untersuchung eine gewisse Sensibilisierung für die Problematik von Modalität und insbesondere von MPn im translatorischen Umfeld zu erreichen. Was nunmehr die Partikelforschung an sich anbelangt, so würden sich u.E. aus der Zusammenarbeit der deutschen Partikelforschung und der französischen *marqueur*-Forschung und der reziproken Anwendung von Konzepten und Ansätzen aus beiden Bereichen wertvolle Erkenntnisse für den Bereich der Translation und der Translationswissenschaft gewinnen lassen. Einige Ansätze haben wir in dieser Arbeit zu geben versucht, wir hoffen jedoch, daß noch weitere folgen werden, die sich der Herausforderung der 'Partikeln in der Übersetzung' stellen werden, sodaß sich dieser Themenbereich auch künftig als Gegenstand eingehender sprach- und translationswissenschaftlicher Untersuchungen auf holistischer Basis etablieren wird.

LITERATURVERZEICHNIS

A Korpusgrundlage

TB   BERNHARD, Thomas. 1972. *Frost* (= Suhrkamp Taschenbuch; 47). Frankfurt am Main, Suhrkamp. 100-135 / 205-240.

TB'   BERNHARD, Thomas. 1992. *Gel.* Traduit de l'allemand par Boris Simon, et Josée Turk-Meyer. Paris, Gallimard. 97-131 / 201-234.

HB   BÖLL, Heinrich. ^{28}1995 [^{1}1976]. *Die verlorene Ehre der Katharina Blum oder: Wie Gewalt entstehen und wohin sie führen kann. Erzählung* (= dtv; 1150). München, dtv.

HB'   BÖLL, Heinrich. 1981. *L'honneur perdu de Katharina Blum ou Comment peut naître la violence et où elle peut conduire* (= Collection Points; R 42). Roman traduit de l'allemand par S. et G. de Lalène. Saint-Amand, Éditions du Seuil.

DB   DÜRRENMATT, Friedrich. 1985. *Der Besuch der alten Dame. Eine tragische Komödie. Neufassung 1980* (= Werkausgabe in dreißig Bänden; 5). Zürich, Diogenes.

DB'   DÜRRENMATT, Friedrich. 1985. *La Visite de la vieille dame. Tragicomédie en trois actes* (= Livre de Poche; 3102). Traduction et adaptation française de Jean-Pierre Porret. Paris, Flammarion.

FD   DÜRRENMATT, Friedrich. 1985. *Der Meteor. Eine Komödie. Nobelpreisträgerstücke. Neufassungen 1978 und 1980* (= Werkausgabe in dreißig Bänden; 9 / detebe 20839). Zürich, Diogenes.

FD'   DÜRRENMATT, Friedrich. 1993. *Le Météore. Comédie en deux actes* (= Poche Suisse; 120). Traduction française de Claude Chenou. Lausanne, L'âge d'homme.

ÖH   HORVÁTH, Ödön von. 1994. „Geschichten aus dem Wiener Wald (in drei Teilen)". In: KRISCHKE, Traugott (Hg.). *Ödön von Horváth. Gesammelte Werke* (= Kommentierte Werkausgabe in Einzelbänden; 4 / Suhrkamp Taschenbuch; 2370). Frankfurt am Main, Suhrkamp. 101-208.

ÖH'   HORVÁTH, Ödön von. 1992. *Légendes de la forêt viennoise. Pièce populaire en trois parties.* Texte français de Sylvie Muller avec la collaboration de Henri Christophe. Paris, Actes Sud-Papiers.

K   KONSALIK, Heinz G. ^{7}1993 [^{1}1989]. *Die Bucht der Schwarzen Perlen* (= Bastei-Lübbe-Taschenbuch; 11377). München, Bastei-Lübbe. 121-205.

K'	KONSALIK, Heinz G. 1991. *La baie des perles noires* (= J'ai lu; 3413/5). Traduit de l'allemand par Rosemarie Lipka. Paris, Éditions J'ai lu. 133-227.
RS	SCHNEIDER, Robert. ^{12}1995 [^{1}1994]. *Schlafes Bruder* (= Reclam; 1518). Leipzig, Reclam.
RS'	SCHNEIDER, Robert. 1994. *Frère Sommeil*. Traduit de l'allemand par Claude Porcell. Mesnil-sur l'Estrée, Calmann-Lévy.

B Wissenschaftliche Literatur

ABRAHAM, Werner. ^{2}1988. *Terminologie zur neueren Linguistik* (= Germanistische Arbeitshefte; Ergänzungsreihe 1). Völlig neubearb. Auflage. Tübingen, Niemeyer.

ABRAHAM, Werner (Hg.). 1991. *Discourse particles. Descriptive and theoretical investigations on the logical, syntactic and pragmatic properties of discourse particles in German* (= Pragmatics & beyond; new ser. 12). Amsterdam / Philadelphia, John Benjamins Publishing Company.

ABRAHAM, Werner. 1991a. „Discourse particles in German: How does their illocutive force come about?". In: ABRAHAM, Werner (Hg.). 203-252.

ABRAHAM, Werner. 1991b. „Modal Particle research. The state of the art". In: *Multilingua* 10 1/2, 9-15.

ALBRECHT, Jörn. 1977. „Wie übersetzt man eigentlich 'eigentlich'?". In: WEYDT, Harald (Hg.). 19-37.

ALTHAUS, Hans Peter et al. (Hgr.). 1973. *Lexikon der Germanistischen Linguistik*. Studienausgabe; 3 Bände. Tübingen, Niemeyer.

ALTHOF, Hans-Joachim et al. (Hgr.). 1989. *Dokumentationen & Materialien. Beiträge der Fachtagung von Germanisten aus Ungarn und der Bundesrepublik Deutschland in Budapest, 1988.* Bonn, JATE & DAAD.

ALTMANN, Hans. 1979. „Funktionsambiguitäten und disambiguierende Faktoren bei polyfunktionalen Partikeln". In: WEYDT, Harald (Hg.). 351-364.

ALTMANN, Hans. 1987. „Zur Problematik der Konstitution von Satzmodi als Formtypen". In: MEIBAUER, Jörg (Hg.). 22-56.

ANSCOMBRE, Jean-Claude. 1981. „Marqueurs et hypermarqueurs de dérivation illocutoire: notions et problèmes". In: *Cahiers de linguistique française* 3, 75-124.

ANSCOMBRE, Jean-Claude. 1983. „*Pourtant, cependant, quoique, bien que*: dérivation des expressions de l'opposition et de la concession". In: *Cahiers de linguistique française* 5, 37-84.

ANSCOMBRE, Jean-Claude / DUCROT, Oswald. ²1988. *L'argumentation dans la langue* (= Philosophie et Langage). Liège/Bruxelles, Mardaga.

ASBACH-SCHNITKER, Brigitte. 1977. „Die Satzpartikel 'wohl'. Eine Untersuchung ihrer Verwendungsbedingungen im Deutschen und ihrer Wiedergabemöglichkeiten im Englischen". In: WEYDT, Harald (Hg.). 38-62.

ASBACH-SCHNITKER, Brigitte. 1979. „Die adversativen Konnektoren *aber, sondern* und *but* nach negierten Sätzen". In: WEYDT, Harald (Hg.). 457-468.

ATLANI, Françoise et al. (Hgr.). 1984. *La langue au ras du texte*. Lille, Presses universitaires.

AUCHLIN, Antoine / ZENONE, Anna. 1980. „Conversations, actions, actes de langage: éléments d'un système d'analyse". In: *Cahiers de linguistique française* 1, 6-41.

AUCHLIN, Antoine / MOESCHLER, Jacques / ZENONE, Anna. 1980. „Illocution et interactivité: préliminaires à une analyse fonctionnelle des actes de langage en séquence". In: *Cahiers de linguistique française* 1, 42-53.

AUCHLIN, Antoine. 1981. „*Mais heu, pis bon, ben alors voilà, quoi!* Marqueurs de structuration de la conversation et complétude". In: *Cahiers de linguistique française* 2, 141-160.

BAARDEWYK-RESSEGUIER, Jan van. 1991. „Les particules de modalité *wel* et *bien*: une approche contrastive néerlandais-français". In: *Cahiers de lexicologie* LIX/II, 39-49.

BALLY, Charles. 1965. *Linguistique générale et linguistique française*. Berne, Francke.

BARRERA-VIDAL, Albert / RAUPACH, Manfred / ZÖFGEN, Ekkehard (Hgr.). 1992. *Grammatica vivat. Konzepte, Beschreibungen und Analysen zum Thema 'Fremdsprachengrammatik'* (= Tübinger Beiträge zur Linguistik; 365). Tübingen, Narr.

BARTHA, Magdolna / BRDAR SZABÓ, Rita (Hgr.). 1991. *Von der Schulgrammatik zur allgemeinen Sprachwissenschaft. Beiträge zur Gedenktagung für Professor János Juhász* (= Budapester Beiträge zur Germanistik; 23). Budapest, Elte.

BARTSCH, Renate. 1979. „Die Unterscheidung zwischen Wahrheitsbedingungen und anderen Gebrauchsbedingungen in einer Bedeutungstheorie für Partikeln". In: WEYDT, Harald (Hg.). 365-377.

BAYER, Josef. 1978. „An epistemic approach to argumentation". In: CONTE, Maria-Elisabeth / GIACALONE RAMAT, Anna / RAMAT, Paolo (Hgr.). 109-117.

BEERBOM, Christiane. 1992. *Modalpartikeln als Übersetzungsproblem. Eine kontrastive Studie zum Sprachenpaar Deutsch-Spanisch* (= Heidelberger Beiträge zur Romanistik; 26). Frankfurt am Main et al., Lang.

BERRENDONNER, Alain. 1983. „'Connecteurs pragmatiques' et anaphore". In: *Cahiers de linguistique française* 5, 215-246.

BIERWISCH, Manfred. 1985. „La nature de la forme sémantique d'une langue naturelle". In: *DRLAV Revue de Linguistique* 33, 5-24.

BLUMENTHAL, Peter. 1987. *Sprachvergleich Deutsch-Französisch* (= Romanistische Arbeitshefte; 29). Tübingen, Niemeyer.

BONNARD, Henri. 1989. *Stylistique, rhétorique, poétique. Procédés annexes d'expression.* Paris, Magnard.

BRAUSSE, Ursula. 1982. „Die Bedeutung der deutschen restriktiven Gradpartikeln 'nur' und 'erst' im Vergleich mit ihren französischen Entsprechungen *ne...que*, *seulement* und *seul*". In: *Linguistische Studien* (= Reihe A; Arbeitsberichte) 104, 244-280.

BRAUSSE, Ursula. 1988. „Modalpartikeln in Fragesätzen". In: *Linguistische Studien* (= Reihe A, Arbeitsberichte) 177, 77-113.

BRÜNNER, Gisela. 1978. „Kommunikative Bedingungen kooperativer Prozesse". In: CONTE, Maria-Elisabeth / GIACALONE RAMAT, Anna / RAMAT, Paolo (Hgr.). 155-163.

BRUNOT, Ferdinand. $1922/^{3}1936$. *La pensée et la langue. Méthode, principes et plan d'une théorie nouvelle du langage appliquée au français.* Paris, Masson.

BUBLITZ, Wolfram. 1978. *Ausdrucksweisen der Sprechereinstellung im Deutschen und Englischen. Untersuchungen zur Syntax, Semantik und Pragmatik der deutschen Modalpartikeln und Vergewisserungsfragen und ihrer englischen Entsprechungen* (= Linguistische Arbeiten; 57). Tübingen, Niemeyer.

BÜHLER, Karl. 1994. *Sprachtheorie. Die Darstellungsfunktion der Sprache* (= Uni-Taschenbücher; 1159). Stuttgart/New York, Fischer.

BUNGARTEN, Theo (Hg.). 1981. *Wissenschaftssprache. Beiträge zur Methodologie, theoretischen Fundierung und Deskription.* München, Fink.

BURKHARDT, Armin. 1989. „Partikelsemantik". In: WEYDT, Harald (Hg.). 354-369.

BUSSMANN, Hadumod. ^{2}1990. *Lexikon der Sprachwissenschaft* (= Kröners Taschenausgabe; 452). Völlig neubearb. Auflage. Stuttgart, Kröner.

BYBEE, Joan / FLEISCHMANN, Suzanne (Hgr.). 1995. *Modality in grammar and discourse* (= Typological Studies in language; 32). Amsterdam/Philadelphia, John Benjamins Publishing Company.

CARAZO-ZIEGLER, Tamara. 1996. „La partícula modal alemana *bloß* y sus equivalentes en español". In: GIL, Alberto / SCHMITT, Christian (Hgr.). 369-388.

CLÉMENT, Danièle. 1985. „Syntaxe et compétence, syntaxe et performance, syntaxe cognitive?". In: *DRLAV Revue de Linguistique* 33, 53-90.

CONRAD, Rudi (Hg.). ³1981 [¹1975]. *Kleines Wörterbuch sprachwissenschaftlicher Termini.* Durchges. Auflage. Leipzig, VEB Bibliographisches Institut.

CONRAD, Rudi (Hg.). 1985. *Lexikon der sprachwissenschaftlichen Termini.* Leipzig, Bibliographisches Institut.

CONTE, Maria-Elisabeth / GIACALONE RAMAT, Anna / RAMAT, Paolo (Hgr.). 1978. *Sprache im Kontext. Akten des 12. Linguistischen Kolloquiums Pavia 1977; Band 2.* Tübingen, Niemeyer.

COSERIU, Eugenio. 1981. „Kontrastive Linguistik und Übersetzung: ihr Verhältnis zueinander". In: KÜHLWEIN, Wolfgang / THOME, Gisela / WILSS, Wolfram (Hgr). 183-199.

COSERIU, Eugenio. 1992. „Zum Problem der Wortarten (partes orationis)". In: SCHAEDER, Burkhard / KNOBLOCH, Clemens (Hgr.). 365-386.

DAHL, Johannes. 1987. *Die Abtönungspartikeln im Deutschen. Ausdrucksmittel für Sprechereinstellungen mit einem kontrastiven Teil deutschserbokroatisch* (= Deutsch im Kontrast; 7). Heidelberg, Groos.

DALMAS, Martine. 1985. „Les particules dans le dialogue: la notion de pertinence." In: *Questions linguistiques de l'agrégation de l'allemand (session 1985): L'épithète. Les particules modales.* 121-141.

DALMAS, Martine. 1989. „Sprechakte vergleichen: ein Beitrag zur deutschfranzösischen Partikelforschung". In: WEYDT, Harald (Hg.). 228-239.

DAUSENDSCHÖN-GAY, Ulrich / GÜLICH, Elisabeth / KRAFFT, Ulrich. 1995. „Exolinguale Kommunikation". In: FIEHLER, Reinhard (Hg.). 85-117.

DAVID, Jean / KLEIBER, Georges (Hgr.). 1983. *La notion sémantico-logique de modalité. Colloque organisé par la Faculté des Lettres et Sciences Humaines de Metz, Centre d'Analyse Syntaxique, 5-6-7 Novembre 1981* (= Recherches linguistiques; VIII). Paris, Klincksieck.

DAVID, Jean / KLEIBER, Georges. 1983. „Introduction". In: DAVID, Jean / KLEIBER, Georges (Hgr.). 9-12.

DAVISON, Alice. 1981. „Markers of derived illocutionary force and paradoxes of speech act modifiers". In: *Cahiers de linguistique française* 3, 47-76.

DEN DIKKEN, Marcel. 1995. *Particles. On the Syntax of Verb-Particle, Triadic, and Causative Construction*. New York/Oxford, Oxford University Press.
DIJK, Teun A. van. 1980. *Textwissenschaft*. Tübingen, Niemeyer.
DILLER, Anne-Marie. 1981. „L'illocutoire et le format des espaces". In: *Cahiers de linguistique française* 3, 149-172.
DILLER, Anne-Marie. 1984. *La pragmatique des questions et des réponses* (= Tübinger Beiträge zur Linguistik; 243). Tübingen, Narr.
DITTMANN, Jürgen. 1980. „*Auch* und *denn* als Abtönungspartikeln. Zugleich ein wissenschaftsgeschichtlicher Beitrag". In: *Zeitschrift für Germanistische Linguistik* 8, 51-73.
DOHERTY, Monika. 1985. *Epistemische Bedeutung* (= Studia grammatica; XXIII). Berlin, Akademie-Verlag.
DOMINICY, Marc. 1983. „Time, tense and restriction (On the French periphrasis 'venir de + infinitive'". In: TASMOWSKI, Liliane / WILLEMS, Dominique (Hgr.). 325-346.
DONHAUSER, Karin. 1987. „Verbaler Modus oder Satztyp? Zur Grammatischen Einordnung des deutschen Imperativs". In: MEIBAUER, Jörg (Hg.). 57-113.
DROSDOWSKI, Günter (Hg.). [4]1984. *DUDEN: Grammatik der deutschen Gegenwartssprache*. Mannheim/Wien/Zürich, Dudenverlag.
DUBOIS, Jean et al. 1973. *Dictionnaire de linguistique*. Paris, Larousse.
DUCROT, Oswald. 1983. „Opérateurs argumentatifs et visée argumentative". In: *Cahiers de linguistique française* 5, 7-36.
DUCROT, Oswald / TODOROV, Tzvetan. 1972. *Dictionnaire encyclopédique des sciences du langage*. Paris, Éditions du Seuil.
DUDEN. [2]1989. *Deutsches Universalwörterbuch A-Z*. Mannheim/ Wien/Zürich, Dudenverlag.
EGGS, Ekkehard. 1979. „Argumente mit 'wenn...'". In: WEYDT, Harald (Hg.). 417-433.
EHLICH, Konrad. 1987. „*so* Überlegungen zum Verhältnis sprachlicher Formen und sprachlichen Handelns, allgemein und an einem widerspenstigen Beispiel". In: ROSENGREN, Inger (Hg.). 279-298.
EIMEYER, Hans-Jürgen. 1986. „Die Rolle eines Kohärenzbegriffes in prozedural-inkrementellen Textverarbeitungsmodellen". In: HEYDRICH, Wolfgang / PETÖFI, János S. (Hgr.). 128-142.
EISENBERG, Peter. [3]1994. *Grundriß der deutschen Grammatik*. Überarb. Auflage. Stuttgart/Weimar, Metzler.
ENGEL, Ulrich. [2]1982. *Syntax der deutschen Gegenwartssprache* (= Grundlagen der Germanistik; 22). Überarb. Auflage. Berlin, Schmidt.

ENGEL, Ulrich. 1991. „Partikeln im Kontrast - Probleme und Vorschläge". In: BARTHA, Magdolna / BRDAR SZABÓ, Rita (Hgr.). 123-138.
EPPERT, Franz. 1988. *Grammatik lernen und verstehen. Ein Grundkurs für Lerner der deutschen Sprache.* München, Klett.
ERBEN, Johannes. [11]1972/[12]1980. *Deutsche Grammatik. Ein Abriß.* Völlig neubearb. Auflage(n). München, Hueber.
FÁBRICZ, Károly. 1989. „Where Does the Function and Meaning of Modal Particles Come from?". In: WEYDT, Harald (Hg.). 378-390.
FERNANDEZ-BRAVO, Nicole / RUBENACH, Siegrun. 1995. *Les mots pour communiquer en allemand. Les particules modales et leurs correspondants en français.* Paris, Marketing.
FERRARI, A. / ROSSARI, C. 1986/87. „ De *donc* à *dunque* et *quindi*: les connexions par raisonnement inférentiel". In: *Cahiers de linguistique française* 15, 7-49.
FIEHLER, Reinhard. 1978. „Kommunikative Bedingungen kooperativer Prozesse. Theoretische und methodische Aspekte". In: CONTE, Maria-Elisabeth / GIACALONE RAMAT, Anna / RAMAT, Paolo (Hgr.). 143-150.
FIEHLER, Reinhard (Hg.). 1995. *Untersuchungen zur Kommunikationsstruktur* (= Bielefelder Schriften zur Linguistik und Literaturwissenschaft; 5). Bielefeld, Aisthesis.
FIEHLER, Reinhard. 1995. „Perspektiven und Grenzen der Anwendung von Kommunikationsanalyse". In: FIEHLER, Reinhard (Hg.). 119-138.
FOOLEN, Ad. 1989. „Beschreibungsebenen für Partikelbedeutungen". In: WEYDT, Harald (Hg.). 305-317.
FOOLEN, Ad. 1991. „Polyfunctionality and the semantics of adversative conjunctions". In: *Multilingua* 10 1/2, 79-92.
FRADIN, Bernard. 1986. „Pragmatique et constitution de la signification lexicale". In: *Cahiers de linguistique française* 7, 115-134.
FRANCK, Dorothea. 1979. „Abtönungspartikel und Interaktionsmanagement". In: WEYDT, Harald (Hg.). 3-13.
FRANCK, Dorothea. 1980. *Grammatik und Konversation* (= Monographien Linguistik und Kommunikationswissenschaft; 46). Königstein/Ts., Scriptor.
FRANCKEL, Jean-Jacques. 1987. „*Fin* en perspective: *finalement, enfin, à la fin*". In: *Cahiers de linguistique française* 8, 43-68.
FRANCO, António. 1989. „Modalpartikeln im Portugiesischen - Kontrastive Syntax, Semantik und Pragmatik der portugiesischen Modalpartikeln". In: WEYDT, Harald (Hg.). 240-255.

FRANÇOIS, Denise. 1972. „La notion de norme en linguistique. Attitude descriptive, attitude prescriptive". In: MARTINET, Jeanne (Hg.). 153-168.

FRANK, Manfred. 1990. *Das Sagbare und das Unsagbare. Studien zur deutsch-französischen Hermeneutik und Texttheorie* (= suhrkamp taschenbuch wissenschaft; 317). Erw. Neuausg. Frankfurt am Main, Suhrkamp.

FRETHEIM, Thorstein. 1991. „Formal and functional differences between s-internal and s-external modal particles in Norwegian". In: *Multilingua* 10 1/2, 175-200.

FRIES, Norbert. 1995. „Emotionen in der Semantischen Form und in der Konzeptuellen Repräsentation". In: KERTÉSZ, András (Hg.). 139-181.

FUCHS, Catherine. 1982. *La paraphrase* (= Linguistique nouvelle). Paris, Presses Universitaires de France.

GABELENTZ, Georg von. 1977. „Zu den deutschen Abtönungspartikeln. Kommentiert von Harald Weydt". In: WEYDT, Harald (Hg.). 10-18.

GARDIES, Jean-Louis. 1983. „Tentative d'une définition de la modalité". In: DAVID, Jean / KLEIBER, Georges (Hgr.). 13-24.

GARY-PRIEUR, Marie Noëlle. 1985. *De la grammaire à la linguistique. L'étude de la phrase.* Paris, Colin.

GERECHT, Marie-Jeanne. 1987. „*Alors*: opérateur temporel, connecteur argumentatif, marqueur de discours". In: *Cahiers de linguistique française* 8, 69-80.

GERSTENKORN, Alfred. 1976. *Das 'Modal'-System im heutigen Deutsch* (= Münchner Germanistische Beiträge; 16). München, Fink.

GERSTENKORN, Alfred. 1979. „Partikeln in einem pragmatischen Sprachmodell". In: WEYDT, Harald (Hg.). 444-456.

GERZYMISCH-ARBOGAST, Heidrun. 1994. *Übersetzungswissenschaftliches Propädeutikum* (= UTB für Wissenschaft: Uni-Taschenbücher; 1782). Tübingen und Basel, Francke.

GIL, Alberto / SCHMITT, Christian (Hgr.). 1996. *Kohäsion, Kohärenz, Modalität in Texten romanischer Sprachen. Akten der Sektion 'Grundlagen für eine Textgrammatik der romanischen Sprachen' des XXIV. Deutschen Romanistentages, Münster (25.-28.9.1995)* (= Romanistische Kongreßberichte; 4). Bonn, Romanistischer Verlag.

GORNIK-GERHARDT, Hildegard. 1981. *Zu den Funktionen der Modalpartikel 'schon' und einiger ihrer Substituentia* (= Tübinger Beiträge zur Linguistik; 155). Tübingen, Narr.

GRÉSILLON, Almuth / LEBRAVE, Jean-Louis. 1984. „Qui interroge qui et pourquoi?". In: ATLANI, Françoise et al. (Hgr.). 59-132.

GRÉVISSE, Maurice. ¹¹1986. *Le Bon Usage. Grammaire française.* Paris-Gembloux, Duculot.
GROCHOWSKI, Maciej. 1989. „Preliminaries for semantic description of Polish particles". In: WEYDT, Harald (Hg.). 77-84.
GÜLICH, Elisabeth. 1970. *Makrosyntax der Gliederungssignale im gesprochenen Französisch* (= Structura; 2). München, Fink.
GÜLICH, Elisabeth. 1985. „Konversationsanalyse und Textlinguistik". In: GÜLICH, Elisabeth / KOTSCHI, Thomas (Hgr.). 123-140.
GÜLICH, Elisabeth / KOTSCHI, Thomas. 1983. „Partikeln als Paraphrasen-Indikatoren (Am Beispiel des Französischen)". In: WEYDT, Harald (Hg.). 249-262.
GÜLICH, Elisabeth / KOTSCHI, Thomas (Hgr.). 1985. *Grammatik, Konversation, Interaktion. Beiträge zum Romanistentag 1983* (= Linguistische Arbeiten; 153). Tübingen, Niemeyer.
GÜLICH, Elisabeth / KOTSCHI, Thomas. 1996. „Texterstellungsverfahren in mündlicher Kommunikation. Ein Beitrag am Beispiel des Französischen". In: MOTSCH, Wolfgang (Hg.). 37-80.
HALFORD, Brigitte K. 1994. „The Discourse Function of Intonation". In: HALFORD, Brigitte K. / PILCH, Herbert (Hgr.). 69-88.
HALFORD, Brigitte K. / PILCH, Herbert (Hgr.). 1990. *Syntax gesprochener Sprachen* (= ScriptOralia; 14). Tübingen, Narr.
HALFORD, Brigitte K. / PILCH, Herbert (Hgr.). 1994. *Intonation* (= ScriptOralia; 50). Tübingen, Narr.
HAMMARSTRÖM, Göran. 1994. „Prosodemes and Contouremes with Emphasis on their Functions". In: HALFORD, Brigitte K. / PILCH, Herbert (Hgr.). 45-52.
HANDBUCH der Linguistik. 1975. München, Nymphenburger Verlagshandlung.
HARTIG, Matthias. 1977. „Soziolinguistik und Sprachwandel. Neue Aspekte eines alten Themas". In: VIETHEN, Heinz Werner / BALD, Wolf-Dietrich / SPRENGEL, Konrad (Hgr.). 195-205.
HARTMANN, Dietrich. 1977. „Aussagesätze, Behauptungshandlungen und die kommunikativen Funktionen der Satzpartikel *ja, nämlich* und *einfach*". In: WEYDT, Harald (Hg.). 101-114.
HARTMANN, Dietrich. 1986. „Semantik von Modalpartikeln im Deutschen. Zu Problemen ihrer Bedeutung und Bedeutungserfassung und deren Behandlung in der Modalpartikelforschung". In: *Deutsche Sprache. Zeitschrift für Theorie, Praxis, Dokumentation* 14, 140-155.
HARTMANN, R.R.K. / STORK, F.C. 1972. *Dictionary of language and linguistics.* London, Applied Science Publishers LTD.

HARTOG, Jennifer / RÜTTENAUER, Martin. 1982. „Über die Partikel *eben*". In: *Deutsche Sprache. Zeitschrift für Theorie, Praxis, Dokumentation* 10, 69-81.
HASSLER, Gerda. 1996. „Intertextualität und Modalität in einer verstehensorientierten Textgrammatik". In: GIL, Alberto / SCHMITT, Christian (Hgr.). 310-338.
HAUSMANN, Franz Josef. 1992. „<C'est joli comme idée> *Comme* introducteur de classifieur thématique en français parlé". In: BARRERA-VIDAL, Albert / RAUPACH, Manfred / ZÖFGEN, Ekkehard (Hgr.). 101-112.
HEGER, Klaus. 1983. „Modalité et modèles actantiels". In: DAVID, Jean / KLEIBER, Georges (Hgr.). 65-74.
HEINE, Bernd. 1995. „Agent-Oriented vs. Epistemic Modality: Some observations on German Modals". In: BYBEE, Joan / FLEISCHMANN, Suzanne (Hgr.). 17-54.
HEINEMANN, Wolfgang / VIEHWEGER, Dieter. 1991. *Textlinguistik. Eine Einführung.* (= Reihe Germanistische Linguistik; 115: Kollegbuch). Tübingen, Niemeyer.
HEINRICHS, Johannes. 1980. *Reflexionstheoretische Semiotik. 1. Teil: Handlungstheorie. Struktural-semantische Grammatik des Handelns* (= Abhandlungen zur Philosophie, Psychologie und Pädagogik; 160). Bonn, Bouvier.
HEINRICHS, Johannes. 1981. *Reflexionstheoretische Semiotik. 2. Teil: Sprachtheorie. Philosophische Grammatik der semiotischen Dimensionen* (= Abhandlungen zur Philosophie, Psychologie und Pädagogik; 161). Bonn, Bouvier.
HELBIG, Gerhard. 1977. „Partikeln als illokutive Indikatoren im Dialog". In: *Deutsch als Fremdsprache* 14, 30-44.
HELBIG, Gerhard. 1981. „Die deutschen Modalwörter im Lichte der modernen Forschung". In: *Beiträge zur Erforschung der deutschen Sprache* 1, 5-27.
HELBIG, Gerhard. 1987. „Kontroversen zum Verhältnis Grammatik/Pragmatik (Abschließende Zusammenfassung)". In: ROSENGREN, Inger (Hg.). 405-411.
HELBIG, Gerhard. 1989. „Die Partikeln - keine Wortklasse, eine Wortklasse oder mehrere Wortklassen?". In: *Germanistisches Jahrbuch DDR-UVR* VIII, 194-202.
HELBIG, Gerhard. ^{2}1990. *Lexikon deutscher Partikeln.* Leipzig, Enzyklopädie.
HELBIG, Gerhard. 1992. „Zum Problem der Wortarten, Satzglieder und Formklassen in der deutschen Grammatik". In: SCHAEDER, Burkhard / KNOBLOCH, Clemens (Hgr.). 334-386.

HELBIG, Gerhard / BUSCHA, Joachim. ⁵1979 [¹1972]. *Deutsche Grammatik. Ein Handbuch für den Ausländerunterricht.* Leipzig, VEB.
HELBIG, Gerhard / BUSCHA, Joachim. ¹⁴1991 [¹1970]. *Deutsche Grammatik. Ein Handbuch für den Ausländerunterricht.* Berlin et al., Langenscheidt.
HELBIG, Gerhard / BUSCHA, Joachim. ⁷1992 [¹1974]. *Leitfaden der deutschen Grammatik.* Leipzig et al., Langenscheidt.
HELBIG, Gerhard / HELBIG, Agnes. 1995. *Deutsche Partikeln - richtig gebraucht?* Leipzig et al., Langenscheidt.
HELBIG, Gerhard / KÖTZ, Werner. ²1985. *Die Partikeln.* Leipzig, VEB-Verlag.
HENTSCHEL, Elke. 1986. *Funktion und Geschichte deutscher Partikeln. 'Ja', 'doch', 'halt' und 'eben'* (= Reihe germanistische Linguistik; 63). Tübingen, Niemeyer.
HENTSCHEL, Elke. 1991. „Aspect versus particle: Contrasting German and Serbo-Croatian". In: *Multilingua* 10 1/2, 139-149.
HENTSCHEL, Elke / WEYDT, Harald. 1983. „Der pragmatische Mechanismus: *denn* und *eigentlich*". In: WEYDT, Harald (Hg.). 263-273.
HENTSCHEL, Elke / WEYDT, Harald. 1989. „Wortartenprobleme bei Partikeln". In: WEYDT, Harald (Hg.). 3-18.
HENTSCHEL, Elke / WEYDT, Harald. 1990. *Handbuch der deutschen Grammatik.* Berlin/New York, de Gruyter.
HERINGER, Hans-Jürgen. 1989. *Lesen lehren lernen: Eine rezeptive Grammatik des Deutschen.* Tübingen, Niemeyer.
HERVEY, Sándor G. J. 1990. „Discrepancies between 'Oral' and 'Written' Texts; the Case from a Translation Theoretical viewpoint". In: HALFORD, Brigitte K. / PILCH, Herbert (Hgr.). 27-32.
HERVEY, Sándor G. J. 1994. „An Even More Functional View of Intonation". In: HALFORD, Brigitte K. / PILCH, Herbert (Hgr.). 35-44.
HEUPEL, Carl. 1973. *Taschenwörterbuch der Linguistik* (= List, Taschenwörterbücher der Wissenschaft, Linguistik; 1421). München, List.
HEYDRICH, Wolfgang / PETÖFI, János S. (Hgr.). 1986. *Aspekte der Konnexität und Kohärenz von Texten* (= Papiere zur Textlinguistik; 51). Hamburg, Buske.
HINRICHS, Uwe. 1979. „Partikelgebrauch und Identität am Beispiel des Deutschen [sic] *Ja*". In: WEYDT, Harald (Hg.). 256-268.
HINRICHS, Uwe. 1983a. „EINFACH PRAKTISCH, NATÜRLICH. Zur Rolle von Modalwörtern in Werbeslogans". In: *Deutsche Sprache. Zeitschrift für Theorie, Praxis und Dokumentation* 11, 27-46.

HINRICHS, Uwe 1983b. „Können Abtönungspartikel metakommunikativ funktionieren?". In: WEYDT, Harald (Hg.). 274-290.
HÖHLE, Tilman N. 1992. „Über Verum-Fokus im Deutschen". In: JACOBS, Joachim (Hg.). 112-141.
HÖLKER, Klaus. 1985. „Enfin, j'ai évalué ça, vous savez, à quelque chose près, quoi". In: GÜLICH, Elisabeth / KOTSCHI, Thomas (Hgr.). 323-346.
HÖLKER, Klaus. 1990. „Partikelforschung / Particules et modalité". In: LRL: HOLTUS, Günter / METZELTIN, Michael / SCHMITT, Christian (Hgr.). 77-88.
HOLTUS, Günter. 1990a. „Sprache und Literatur / Langue et littérature". In: LRL: HOLTUS, Günter / METZELTIN, Michael / SCHMITT, Christian (Hgr.). 402-437.
HOLTUS, Günter. 1990b. „Stilistik / Stylistique". In: LRL: HOLTUS, Günter / METZELTIN, Michael / SCHMITT, Christian (Hgr.). 154-167.
HOLZ-MÄNTTÄRI, Justa. 1984. *Translatorisches Handeln. Theorie und Methode.* (= Annales Academiæ scientiarum fennicæ; 226). Helsinki, Suomalainen Tiedeakatemia.
HÖNIG, Hans G. 1995. *Konstruktives Übersetzen* (= Studien zur Translation; 1). Tübingen, Stauffenburg.
IDE, Katja. 1996. „Spanische Äquivalenzen zu dt. *vielleicht*". In: GIL, Alberto / SCHMITT, Christian (Hgr.). 389-417.
IWASAKI, Eijiro. 1977. „'Wie hieß er noch?'. Zur 'Bedeutung' von *noch* als Abtönungspartikel". In: WEYDT, Harald (Hg.). 63-72.
JACOBS, Joachim (Hg.). 1992. *Informationsstruktur und Grammatik* (= Linguistische Berichte; Sonderheft 4/1991-92). Opladen, Westdeutscher Verlag.
JÄGER, Gert / NEUBERT, Albrecht (Hgr.). 1982. *Äquivalenz bei der Translation* (= Übersetzungswissenschaftliche Beiträge; 5). Leipzig, VEB Verlag Enzyklopädie.
JUNG, Walter. [8]1984. *Grammatik der deutschen Sprache.* Leipzig, VEB Bibliographisches Institut.
KALINOWSKI, Georges. 1983. „Deux espèces de sémantique pour la logique modale". In: DAVID, Jean / KLEIBER, Georges (Hgr.). 25-42.
KATNY, Andrzej (Hg.). 1989. *Studien zur kontrastiven Linguistik und literarischen Übersetzung* (= Europäische Hochschulschriften, Reihe XXI Linguistik; 76). Frankfurt am Main et al., Lang.
KELLETAT, Andreas F. (Hg.). 1996. *Übersetzerische Kompetenz* (= FASK, Publikationen des Fachbereichs Angewandte Sprach- und Kulturwissenschaft der Johannes Gutenberg-Universität Mainz in Germersheim, Reihe A; 22). Frankfurt am Main et al., Lang.

KERTÉSZ, András (Hg.). 1995. *Sprache als Kognition - Sprache als Interaktion. Studien zum Grammatik-Pragmatik-Verhältnis* (= Meta Linguistica. Debrecener Arbeiten zur Linguistik; 1). Frankfurt am Main et al., Lang.

KLARE, Johannes. 1980. „Problèmes de la modalité linguistique en français moderne". In: *Beiträge zur Romanischen Philologie* XIX 2, 315-321.

KLEIBER, Georges. 1983. „L'emploi <sporadique> du verbe *pouvoir* en français". In: DAVID, Jean / KLEIBER, Georges (Hgr.). 183-204.

KLEIBER, Georges. 1987. *Du côté de la référence verbale. Les phrases habituelles* (= Sciences pour la communication; 19). Berne et al., Lang.

KNOBLOCH, Clemens / SCHAEDER, Burkhard. 1992. „Vorwort". In: SCHAEDER, Burkhard / KNOBLOCH, Clemens (Hgr.). 1-37.

KOCH, Peter / OESTERREICHER, Wulf. 1990. *Gesprochene Sprache in der Romania: Französisch, Italienisch, Spanisch* (= Romanistische Arbeitshefte; 31).Tübingen, Niemeyer.

KOCH-KANZ, Swantje / PUSCH, Luise F. 1977. „'Allerdings' (und 'aber')". In: WEYDT, Harald (Hg.). 73-100.

KOERFER, Armin. 1979. „Zur konversationellen Funktion von *ja aber*". In: WEYDT, Harald (Hg.). 14-29.

KOLLER, Werner. 1979. *Einführung in die Übersetzungswissenschaft* (= UTB; 819). Heidelberg, Quelle & Meyer.

KÖNIG, Ekkehard. 1977. „Modalpartikeln in Fragesätzen". In: WEYDT, Harald (Hg.). 115-130.

KÖNIG, Ekkehard / REQUARDT, Susanne. 1991. „A relevance-theoretic approach to the analysis of modal particles in German". In: *Multilingua* 10 1/2, 63-77.

KONOPCZYNSKI, Gabrielle / TESSIER, Sophie. 1994. „Structuration intonative du langage émergent". In: HALFORD, Brigitte K. / PILCH, Herbert (Hgr.). 157-192.

KOPETZKI, Annette. 1996. *Beim Wort nehmen. Sprachtheoretische und ästhetische Probleme der literarischen Übersetzung*. Stuttgart, M & P / Verlag für Wissenschaft und Forschung.

KOTSCHI, Thomas. 1985. „*Quoi* als pragmatischer Indikator". In: GÜLICH, Elisabeth / KOTSCHI, Thomas (Hgr.). 347-366.

KRIVONOSOV, Aleksej. 1977a. *Die modalen Partikeln in der deutschen Gegenwartssprache* (= Göppinger Arbeiten zur Germanistik; 214). Göppingen, Kümmerle.

KRIVONOSOV, Aleksej. 1977b. „Deutsche Modalpartikeln im System der unflektierten Wortklassen". In: WEYDT, Harald (Hg.). 176-216.

KRIVONOSOV, Aleksej. 1978. „Zum Problem der modalen Partikeln in der modernen Sprachwissenschaft". In: *Sprachwissenschaft* 3/1, 97-117.

KRIVONOSOV, Aleksej. 1983. „Zur Rolle der Partikeln bei der Einsparung des Sprachmaterials". In: WEYDT, Harald (Hg.). 40-45.
KRIVONOSOV, Aleksej. 1989a. „Zum Problem der Klassifizierung der deutschen Partikeln". In: WEYDT, Harald (Hg.). 30-38.
KRIVONOSOV, Aleksej. 1989b. „Die Rolle der modalen Partikeln in logischen Schlüssen der natürlichen Sprache". In: WEYDT, Harald (Hg.). 370-377.
KÜHLWEIN, Wolfgang / THOME, Gisela / WILSS, Wolfram (Hgr.). 1981. *Kontrastive Linguistik und Übersetzungswissenschaft. Akten des Internationalen Kolloquiums Trier/Saarbrücken 25.-30.9.1978.* München, Fink.
KÜHLWEIN, Wolfgang / WILSS, Wolfram. 1981. „Kontrastive Linguistik und Übersetzungswissenschaft". In: KÜHLWEIN, Wolfgang / THOME, Gisela / WILSS, Wolfram (Hgr.). 7-17.
KUNZMANN-MÜLLER, Bärbel. 1989. „Adversative Konnektive in slawischen Sprachen und im Deutschen". In: WEYDT, Harald (Hg.). 219-227.
KÜPER, Christoph (Hg.). 1993. *Von der Sprache zur Literatur. Motiviertheit im sprachlichen und im poetischen Kode* (= Probleme der Semiotik; 14). Tübingen, Stauffenburg.
KÜPER, Christoph. 1993. „Vorwort. Motiviertheit im sprachlichen und poetischen Kode". In: KÜPER, Christoph (Hg.). 7-11.
KÜRSCHNER, Wilfried. 1987. „Modus zwischen Verb und Satz". In: MEIBAUER, Jörg (Hg.). 114-124.
LANG, E. / PASCH, R. 1988. „Grammatische und kommunikative Aspekte des Satzmodus. Ein Projektentwurf". In: *Linguistische Studien* (Reihe A, Arbeitsberichte) 177, 1-24.
LANGNER, Michael. 1994. *Zur kommunikativen Funktion von Abschwächungen. Pragma- und soziolinguistische Untersuchungen* (= Studium Sprachwissenschaft; Beiheft 23). Münster, Nodus.
LAURÉN, Christer / NORDMANN, Marianne. 1996. *Wissenschaftliche Technolekte* (= Nordeuropäische Beiträge aus den Human- und Gesellschaftswissenschaften; 10). Frankfurt am Main et al., Lang.
LECLÈRE, Pierre. 1981. „Zu einigen Grundbegriffen einer vergleichenden Textologie des Deutschen und des Französischen". In: KÜHLWEIN, Wolfgang / THOME, Gisela / WILSS, Wolfram (Hgr.). 219-229.
LE HIR, Marie-Pierre. 1979. *Probleme der Übersetzungstheorie am Beispiel der deutschen und französischen Modalpartikel* (= Hausarbeit, Freie Universität Berlin). Berlin.

LEJOSNE, Jean-Claude. 1983. „Explication de la modalité et combinatoire des modaux dans une langue naturelle: l'Afrikaans". In: DAVID, Jean / KLEIBER, Georges (Hgr.). 145-164.
LEMARÉCHAL, Alain. 1989. *Les parties du discours Sémantique et syntaxe* (= Linguistique nouvelle). Paris, Presses Universitaires de France.
LEVINSON, Stephen C. 1990. *Pragmatik* (= Konzepte der Sprach- und Literaturwissenschaft; 39). Tübingen, Niemeyer.
LEWANDOWSKI, Theodor. [6]1994 [1.-6. Aufl.]. *Linguistisches Wörterbuch 1-3* (= Uni-Taschenbücher; 1518). Nachdruck der 5. überarb. Auflage. Heidelberg/Wiesbaden, Quelle & Meyer.
LHOTE, Elisabeth. 1994. „La fonction communicative de l'intonation". In: HALFORD, Brigitte K. / PILCH, Herbert (Hgr.). 97-105.
LIČEN, Marina. 1989. „Die serbokroatische Partikel 'PA'". In: WEYDT, Harald (Hg.). 171-184.
LIČEN, Marina / DAHL, J. 1981. „Die Modalpartikeln *ja* und *doch* und ihre serbokroatischen Entsprechungen". In: WEYDT, Harald (Hg.). 213-224.
LIEB, Hans-Heinrich. 1977. „Abtönungspartikel als Funktion: eine Grundlagenstudie". In: WEYDT, Harald (Hg.). 155-175.
LIEFLÄNDER-KOISTINEN, Luise. 1989. „Zum deutschen *doch* und finnischen *-han*. Beobachtungen zur Übersetzbarkeit der deutschen Abtönungspartikel". In: WEYDT, Harald (Hg.). 185-195.
LINDNER, Katrin. 1991. „'Wir sind ja doch alte Bekannte.' The use of German *ja* and *doch* as modal particles". In: ABRAHAM, Werner (Hg.). 163-202.
LINKE, Angelika / NUSSBAUMER, Markus / PORTMANN, Paul R. 1991. *Studienbuch Linguistik* (= Reihe Germanistische Linguistik; 121: Kollegbuch). Tübingen, Niemeyer.
LRL: HOLTUS, Günter / METZELTIN, Michael / SCHMITT, Christian (Hgr.). 1990. *Lexikon der Romanistischen Linguistik* V/1, *Le français*. Tübingen, Niemeyer.
LÜDTKE, Jens. 1981. „Klassifikatoren und wissenschaftliche Argumentation". In: BUNGARTEN, Theo (Hg.). 294-308.
LUDWIG, Ralph. 1988. *Modalität und Modus im gesprochenen Französisch* (= ScriptOralia; 7). Tübingen, Narr.
LÜTTEN, Jutta. 1979. „Die Rolle der Partikeln *doch, eben* und *ja* als Konsensus-Konstitutiva in gesprochener Sprache". In: WEYDT, Harald (Hg.). 30-38.
MACHATE, Joachim / HOEPELMAN, Jaap. 1992. „The Semantics of Focus as a Dialogue Function". In: JACOBS, Joachim (Hg.). 89-111.

MALBLANC, Alfred. 1966. *Stylistique comparée du français et de l'allemand. Essai de représentation linguistique comparée et Étude de traduction* (= Bibliothèque de stylistique comparée; II). Paris, Didier.
MAROUZEAU, J. 1933. *Lexique de la terminologie linguistique*. Paris, Geuthner.
MAROUZEAU, J. 1944. *La linguistique ou Science du langage*. Paris, Geuthner.
MARTIN, Robert. 1983. „Subjonctif et vérité". In: DAVID, Jean / KLEIBER, Georges (Hgr.). 117-128.
MARTINET, André. 1990. „La syntaxe de l'oral". In: HALFORD, Brigitte K. / PILCH, Herbert (Hgr.). 129-136.
MARTINET, Jeanne (Hg.). 1972. *De la théorie linguistique à l'enseignement de la langue* (= Le linguiste; 12). Paris, Presses Universitaires de France.
MARTINS-BALTAR, Michel. 1981. „Les valeurs non-marquées dans l'interprétation des énoncés". In: *Cahiers de linguistique française* 2, 161-182.
MEIBAUER, Jörg (Hg.). 1987. *Satzmodus zwischen Grammatik und Pragmatik. Referate anläßlich der 8. Jahrestagung der Deutschen Gesellschaft für Sprachwissenschaft, Heidelberg 1986* (= Linguistische Arbeiten; 180). Tübingen, Niemeyer.
MEIBAUER, Jörg. 1987. „Probleme einer Theorie des Satzmodus". In: MEIBAUER, Jörg (Hg.). 1-21.
MEIBAUER, Jörg. 1989. „'Ob sie wohl kommt?' - Zum Satzmodus von selbständigen Sätzen mit Endstellung des finiten Verbs". In: KATNY, Andrzej (Hg.). 11-33.
MEIBAUER, Jörg. 1994. *Modaler Kontrast und konzeptuelle Verschiebung. Studien zur Syntax und Semantik deutscher Modalpartikeln* (= Linguistische Arbeiten; 314). Tübingen, Niemeyer.
MEIER, Elisabeth (Hg.). 1972. *Sprachnot und Wirklichkeitszerfall. Dargestellt an Beispielen neuerer Literatur*. Düsseldorf, Patmos.
MEIER, Elisabeth. 1972. „'Abgründe dort sehen zu lehren, wo Gemeinplätze sind.' Zur Sprachkritik von Ödön von Horváth und Peter Handke". In: MEIER, Elisabeth (Hg.). 19-61.
MELIS, Ludo. 1990. *La voie pronominale. La systématique des tours pronominaux en français moderne*. Paris, Duculot.
MÉTRICH, René. 1993. *Lexicographie bilingue des particules illocutoires de l'allemand* (= Göppinger Arbeiten zur Germanistik; 582). Göppingen, Kümmerle.

MÉTRICH, René / FAUCHER, E. / COURDIER, G. (Hgr.). ³1993 [¹1992]. *Les invariables difficiles. Dictionnaire allemand-français des particules, connecteurs, interjections et autres 'mots de la communication'. Tôme 1: aber - außerdem.* Nancy, Université de Nancy.

MEYER, Meinert A. 1978. „Argumentation theory for everyday use". In: CONTE, Maria-Elisabeth / GIACALONE RAMAT, Anna / RAMAT, Paolo (Hgr.). 131-141.

MEYER, Wolfgang. 1991. „Modalität und Modalverb. Kompetenztheoretische Erkundungen zum Problem der Bedeutungsbeschreibung modaler Ausdrücke am Beispiel von *devoir* und *pouvoir* im heutigen Französisch". In: *Zeitschrift für französische Sprache und Literatur* 19 (Beihefte), 9-150.

MEYER-HERMANN, Reinhard. 1987. „Zur 'Empirizität' in der Diskussion des Grammatik-Pragmatik-Verhältnisses". In: ROSENGREN, Inger (Hg.). 187-196.

MOESCHLER, Jacques. 1980. „La réfutation parmi les fonctions interactives marquant l'accord et le désaccord". In: *Cahiers de linguistique française* 1, 54-78.

MOESCHLER, Jacques. 1985. „Structure de la conversation et connecteurs pragmatiques. Rapport sur le groupe de recherche de l'Unité de linguistique française de l'Université de Genève". In: GÜLICH, Elisabeth / KOTSCHI, Thomas (Hgr.). 367-376.

MOESCHLER, Jacques. 1992. „Théorie pragmatique, acte de langage et conversation". In: *Cahiers de linguistique française* 13, 108-124.

MOESCHLER, Jacques / REBOUL, Anne. 1994. *Dictionnaire encyclopédique de pragmatique.* Tours, Éditions du Seuil.

MOESCHLER, Jacques / SPENGLER, Nina de. 1981. „*Quand même*: De la concession à la réfutation". In: *Cahiers de linguistique française* 1, 93-112.

MOIGNET, Gérard. 1974. *Études de psycho-systématique française* (= Bibliothèque française et romane, série A: manuels et études linguistiques; 28). Paris, Éditions Klincksieck.

MOIGNET, Gérard. 1981. *Systématique de la langue française* (= Bibliothèque française et romane, série A: manuels et études linguistiques; 43). Paris, Éditions Klincksieck.

MOLNÁR, Anna. 1995. „Die Leistung der Abtönungspartikeln in einem literarischen Dialog: F. X. Kroetz: 'Oberösterreich'". In: KERTÉSZ, András (Hg.). 265-280.

MOSER, Hugo (Hg.). 1973. *Linguistische Studien IV. Festgabe für Paul Grebe zum 65. Geburtstag*, Teil 2 (= Sprache der Gegenwart; XXIV). Düsseldorf, Schwann.

MOTSCH, Wolfgang (Hg.). 1996. *Ebenen der Textstruktur: Sprachliche und kommunikative Prinzipien* (= Reihe Germanistische Linguistik; 164). Tübingen, Niemeyer.
MOTSCH, Wolfgang. 1996. „Zur Sequenzierung von Illokutionen". In: MOTSCH, Wolfgang (Hg.). 189-210.
MÜLLER, Bodo. 1990. „Gesprochene Sprache und geschriebene Sprache / Langue parlée et langue écrite". In: LRL: HOLTUS, Günter / METZELTIN, Michael / SCHMITT, Christian (Hgr.). 195-211.
NEUENDORF, Dagmar. 1989. „Überlegungen zur textualen Wirkung von Abtönungspartikeln". In: WEYDT, Harald (Hg.). 511-523.
NORD, Christiane. 1993. *Einführung in das funktionale Übersetzen. Am Beispiel von Titeln und Überschriften* (= UTB für Wissenschaft; 1734). Tübingen/Basel, Francke.
NORD, Christiane. ²1991. *Textanalyse und Übersetzen. Theoretische Grundlagen, Methode und didaktische Anwendung einer übersetzungsrelevanten Textanalyse*. Neubearb. Auflage. Heidelberg, Groos.
O'SULLIVAN, Emer / RÖSLER, Dietmar. 1989. „Wie kommen Abtönungspartikel in deutsche Übersetzungen von Texten, deren Ausgangssprachen für diese keine d i r e k t e n Äquivalente haben?". In: WEYDT, Harald (Hg.). 204-216.
OPALKA, Hubertus. 1977. „Zum syntaktischen verhalten der abtönungspartikeln 'aber', 'ja' und 'vielleicht' in satzkonstruktionen mit prädikativen ergänzungen". In: WEYDT, Harald (Hg.). 131-154.
PALMER, F. R. 1995. *Mood and modality* (= Cambridge textbooks in linguistics). Cambridge, University Press.
PARRET, Hermann. 1990. „Pragmalinguistik / Pragmatique linguistique". In: LRL: HOLTUS, Günter / METZELTIN, Michael / SCHMITT, Christian (Hgr.). 182-195.
PAVLIDOU, Theodossia. 1991. „Particles, pragmatic and other". In: *Multilingua* 10 1/2, 151-172.
PÉRENNEC, Marcel. 1988. „Über- und Unterschreitung eines Grenzwertes: Überlegungen zu *schon* und *noch*". In: *Cahiers d'Études Germaniques* 14, 43-56.
PÉREZ-ALONSO, Jesús. 1978. „Redundanz und Abtönung: Abgrenzung und gegenseitige Implikation". In: CONTE, Maria-Elisabeth / GIACALONE RAMAT, Anna / RAMAT, Paolo (Hgr.). 165-173.
PETÖFI, János S. 1986. „Weshalb Textologie. Aspekte der Analyse von Textkonstitution und Textbedeutung". In: HEYDRICH, Wolfgang / PETÖFI, János S. (Hgr.). 207-229.
PILCH, Herbert. 1990a. „Vorwort". In: HALFORD, Brigitte K. / PILCH, Herbert (Hgr.). VII-XII.

PILCH, Herbert. 1990b. „Syntax gesprochener Sprachen: Die Fragestellung". In: HALFORD, Brigitte K. / PILCH, Herbert (Hgr.). 1-26.
PISARKOWA, Krystyna. 1977. „Abweichung und Kreativität in der Umgangssprache". In: VIETHEN, Heinz Werner / BALD, Wolf-Dietrich / SPRENGEL, Konrad (Hgr.). 207-214.
PLACE, Terry. 1977. „Vorwort". In: WEYDT, Harald (Hg.). VII-XI.
POLZIN, Claudia. 1996. „Zu aktuellen Gebrauchsmöglichkeiten und Leistungen passivischen Ausdrucks im Deutschen und Französischen". In: GIL, Alberto / SCHMITT, Christian (Hgr.). 339-368.
POSNER, Harald. 1979. „Bedeutungsmaximalismus und Bedeutungsmiminalismus in der Beschreibung von Satzverknüpfern". In: WEYDT, Harald (Hg.). 378-394.
POTTIER, Bernard. 1983. „Chronologie des modalités". In: DAVID, Jean / KLEIBER, Georges (Hgr.). 55-64.
POULSEN, Sven-Olaf. 1981. „Textlinguistik und Übersetzungskritik". In: KÜHLWEIN, Wolfgang / THOME, Gisela / WILSS, Wolfram (Hgr.). 300-310.
QUASTHOFF, Uta. 1979. „Verzögerungsphänomene, Verknüpfungs- und Gliederungssignale in Alltagskommunikationen und Alltagserzählungen". In: WEYDT, Harald (Hg.). 39-57.
RAIBLE, Wolfgang. 1988. „Modus zwischen Mündlichkeit und Schriftlichkeit. Zur Arbeit von Ralph Ludwig". In: LUDWIG, Ralph. 13-18.
RASOLOSON, Janie Noëlle. 1994. *Interjektionen im Kontrast. Am Beispiel der deutschen, madagassischen, englischen und französischen Sprache* (= Arbeiten zur Sprachanalyse; 22). Frankfurt am Main et al., Lang.
RATHMAYR, Renate. 1985. „Partikeln als Moderatoren der Regelabweichung in alltäglicher Rede". In: *Slavistische Beiträge* 184, 236-301.
RÉCANATI, François. 1979. *La transparence et l'énonciation. Pour introduire à la pragmatique* (= L'ordre philosophique). Paris, Éditions du Seuil.
RÉCANATI, François. 1981. „Le potentiel illocutionnaire des phrases déclaratives". In: *Cahiers de linguistique française* 2, 23-40.
REHBEIN, Jochen. 1979. „Sprechhandlungsaugmente". In: WEYDT, Harald (Hg.). 58-74.
REISS, Katharina. 1971a. „Objektivität und Subjektivität beim Übersetzungsprozeß". In: *Der Übersetzer* 10/8. Jahrgang, 1-2.
REISS, Katharina. 1971b. *Möglichkeiten und Grenzen der Übersetzungskritik. Kategorien und Kriterien für eine sachgerechte Beurteilung von Übersetzungen*. München, Hueber.
REISS, Katharina. 1976. *Texttyp und Übersetzungsmethode. Der operative Text* (= Monographien Literatur + Sprache + Didaktik; 11). Kronberg/Ts., Scriptor.

REISS, Katharina. 1981. „Der Übersetzungsvergleich. Formen - Funktionen - Anwendbarkeit". In: KÜHLWEIN, Wolfgang / THOME, Gisela / WILSS, Wolfram (Hgr.). 311-319.
REISS, Katharina. 1983. „Quality in Translation oder Wann ist eine Übersetzung gut?". In: *Babel* XXIX 1, 198-208.
REISS, Katharina. 1995. „Wiener Vorlesungen". In: SNELL-HORNBY, Mary / KADRIC, Mira (Hgr.).
REISS, Katharina / VERMEER, Hans J. ²1991. *Grundlegung einer allgemeinen Translationstheorie* (= Linguistische Arbeiten; 147). Tübingen, Niemeyer.
REITER, Norbert. 1979. „Partikeln als gruppendynamische Regulative". In: WEYDT, Harald (Hg.). 75-83.
REUMUTH, Wolfgang / WINKELMANN, Otto. 1994. *Praktische Grammatik des Französischen*. Wilhelmsfeld, Egert.
RICHTER, Helmut. 1989. „Korrelat -*es* als Partikel". In: WEYDT, Harald (Hg.). 47-55.
RIEGEL, Martin / PELLAT, Jean Christophe / RIOUL, René. ²1996 [¹1994]. *Grammaire méthodique du français* (= Linguistique nouvelle). Paris, Presses Universitaires de France.
ROBERT, Paul. 1986/1988. *Le Petit Robert 1. Dictionnaire alphabétique et analogique de la langue française*. Paris, Robert.
ROBINS, R. H. 1992. „The Development of the Word Class System of the European Grammatical Tradition". In: SCHAEDER, Burkhard / KNOBLOCH, Clemens (Hgr.). 316-332.
ROHRER, Christian. 1983. „Quelques remarques sur l'analyse des propositions conditionnelles". In: DAVID, Jean / KLEIBER, Georges (Hgr.). 129-144.
ROLF, Eckard. 1997. *Illokutionäre Kräfte. Grundbegriffe der Illokutionslogik*. Opladen, Westdeutscher Verlag.
ROSENGREN, Inger (Hg.). 1987. *Sprache und Pragmatik. Lunder Symposium 1986* (= Lunder germanistische Forschungen; 55). Stockholm, Almqvist & Wilksell International.
ROSENGREN, Inger. 1987. „Das Zusammenwirken pragmatischer und grammatischer Faktoren in der Wortstellung". In: ROSENGREN, Inger (Hg.). 197-213.
ROTHACKER, Edgar / SAILE, Günter. 1986. *Grundfragen der Semantik*. Opladen, Westdeutscher Verlag.
ROULET, Eddy. 1980a. „Présentation". In: *Cahiers de linguistique française* 1, 2-3.
ROULET, Eddy. 1980b. „Stratégies d'interaction, modes d'implication et marqueurs illocutoires". In: *Cahiers de linguistique française* 1, 80-127.

ROULET, Eddy. 1987. „Complétude interactive et connecteurs reformulatifs". In: *Cahiers de linguistique française* 8, 111-140.
RUDOLPH, Elisabeth. 1986. „Partikeln und Text-Konnexität im Deutschen". In: HEYDRICH, Wolfgang / PETÖFI, János S. (Hgr.). 73-90.
RUDOLPH, Elisabeth. 1989. „Partikeln in der Textorganisation". In: WEYDT, Harald (Hg.). 498-510.
RUDOLPH, Elisabeth. 1991. „Relationships between particle occurrence and text type". In: *Multilingua* 10 1/2, 203-223.
SALEVSKY, Heidemarie (Hg.). 1992. *Wissenschaftliche Grundlagen der Sprachmittlung. Berliner Beiträge zur Übersetzungswissenschaft.* Frankfurt am Main et al., Lang.
SALTVEIT, Laurits. 1973. „Präpositionen, Präfixe und Partikel als funktionell verwandte Größen im deutschen Satz". In: MOSER, Hugo (Hg.). 173-195.
SANDIG, Barbara. 1979. „Beschreibung des Gebrauchs von Abtönungspartikeln im Dialog". In: WEYDT, Harald. (Hg.). 84-94.
SANDIG, Barbara. 1986. *Stilistik der deutschen Sprache* (= Sammlung Göschen; 2229). Berlin/New York, de Gruyter.
SCHAEDER, Burkhard / KNOBLOCH, Clemens (Hgr.). 1992. *Wortarten - Beiträge zur Geschichte eines grammatischen Problems* (= Reihe Germanistische Linguistik; 133). Tübingen, Niemeyer.
SCHANEN, François / CONFAIS, Jean-Paul. 1989. *Grammaire de l'allemand. Formes et fonctions* (= Collection Nathan-Université; série Études linguistiques et littéraires). Paris, Nathan.
SCHECKER, Michael (Hg.). 1977. *Theorie der Argumentation* (= Tübinger Beiträge zur Linguistik; 76). Tübingen, Narr.
SCHELLING, Marianne. 1983. „Remarques sur le rôle de quelques connecteurs (*donc, alors, finalement, au fond*) dans les enchaînements en dialogue". In: *Cahiers de linguistique française* 5, 168-188.
SCHILLING, Klaus von. 1996. „Bedeutung, Geltung und Interpretation. Zum Konzept einer kulturwissenschaftlichen Textinterpretation". In: KELLETAT, Andreas F. (Hg.). 247-286.
SCHMIDT, Renate. 1985. „Zur Darstellung der 'Partikeln' in Wörterbüchern der deutschen Sprache seit J.C. Adelung". In: *Linguistische Studien* (Reihe A, Arbeitsberichte) 122, 228-265.
SCHMIDT, Wilhelm. 1992. „Die deutschen Wortarten aus der Sicht der funktionalen Grammatik betrachtet". In: SCHAEDER, Burkhard / KNOBLOCH, Clemens (Hgr.). 295-314.
SCHMIDT-RADEFELDT, Jürgen. 1989. „Partikeln und Interaktion im deutsch-portugiesischen Sprachvergleich". In: WEYDT, Harald (Hg.). 256-266.

SCHMITT, Christian. 1981. „Traduction et linguistique". In: *Babel* XXVII/3, 150-166.
SCHMITT, Christian. 1991. „Kontrastive Linguistik als Grundlage der Übersetzungswissenschaft. Prolegomena zu einer Übersetzungsgrammatik für das Sprachenpaar Deutsch/Französisch". In: *Zeitschrift für französische Sprache und Literatur* CI, 227-239.
SCHMITT, M.P. / VIALA, A. ⁵1982. *Savoir-lire. Précis de lecture critique* (= Collection Faire/lire). Paris, Didier.
SCHOLZ, Ulrike. 1987. „Wunschsätze im Deutschen - formale und funktionale Beschreibung". In: MEIBAUER, Jörg (Hg.). 234-258.
SCHREIBER, Michael. 1993. *Übersetzung und Bearbeitung. Zur Differenzierung und Abgrenzung des Übersetzungsbegriffs* (= Tübinger Beiträge zur Linguistik; 389). Tübingen, Narr.
SEKIGUCHI, Tsugio. 1977. „Was heißt 'doch'?". In: WEYDT, Harald (Hg.). 3-9.
SETTEKORN, Wolfgang. 1977. „Minimale Argumentationsformen – Untersuchungen zu Abtönungen im Deutschen und Französischen". In: SCHECKER, Michael (Hg.). 391-415.
SETTEKORN, Wolfgang. 1981. „'...*Toi aussi on te téléphone comme ça...*' - '*Oui ben je j'sais pas ce que j'ferais...*' Connaissance situationnelle et compréhension d'actes". In: *Cahiers de linguistique française* 2, 183-204.
SETTEKORN, Wolfgang. 1985. „Konversationelle Bestätigungen im Französischen". In: GÜLICH, Elisabeth / KOTSCHI, Thomas (Hgr.). 191-232.
SHIMOKAWA, Yukata. 1986. „Zur thematischen Textstruktur. Thematische Progression und Thema-Rhema-Gliederung". In: HEYDRICH, Wolfgang / PETÖFI, János S. (Hgr.). 103-114.
SIEVER, Holger. 1996. „Äquivalenz und Differenz". In: KELLETAT, Andreas F. (Hg.). 169-176.
SINGH, Rajvinder. 1993. „Motiviertheit und Figuration. Sinnproduktion in literarischen Texten". In: KÜPER, Christoph (Hg.). 73-79.
SNELL-HORNBY, Mary (Hg.). 1986. *Übersetzungswissenschaft. Eine Neuorientierung* (= UTB für Wissenschaft/Uni-Taschenbücher; 1415). Tübingen, Francke.
SNELL-HORNBY, Mary. 1986. „Übersetzen, Sprache, Kultur". In: SNELL-HORNBY, Mary (Hg.). 9-29.
SNELL-HORNBY, Mary / KADRIC, Mira (Hgr.). 1995. *Grundfragen der Übersetzungswissenschaft. Wiener Vorlesungen von Katharina Reiß* (= WUV Studienbücher; 1). Wien, WUV-Universitätsverlag.
SÖLL, Ludwig. 1974. *Gesprochenes und geschriebenes Französisch* (= Grundlagen der Romanistik; 6). Berlin, Schmidt.

SOMMERFELDT, Karl-Ernst / STARKE, G. (Hgr.). 1988. *Einführung in die Grammatik der deutschen Gegenwartssprache*. Leipzig, VEB Bibliographisches Institut.

SPENGLER, Nina de. 1980. „Première approche des marqueurs d'interactivité". In: *Cahiers de linguistique française* 1, 128-155.

STAHL, Gerold. 1983. „Quelques caractéristiques des modalités logiques". In: DAVID, Jean / KLEIBER, Georges (Hgr.). 43-54.

STEMPEL, Wolf-Dieter. 1985. „Die französische Intonationsfrage in alltagsrhetorischer Perspektive". In: GÜLICH, Elisabeth / KOTSCHI, Thomas (Hgr.). 239-268.

STÖHR, Ingo. 1978. „Eigenschaften der deutschen Partikel <nur> in Beziehung zu den englischen Entsprechungen". In: *Muttersprache. Zeitschrift zur Pflege und Erforschung der deutschen Sprache* LXXXVIII, 326-339.

STOLT, Birgit. 1979. „Ein Diskussionsbeitrag zu *mal, eben, auch, doch* aus kontrastiver Sicht (Deutsch-Schwedisch)". In: WEYDT, Harald (Hg.). 479-487.

STOLZE, Radegundis. 1982. *Grundlagen der Textübersetzung* (= Sammlung Groos; 13). Heidelberg, Groos.

STOLZE, Radegundis. 1992. *Hermeneutisches Übersetzen. Linguistische Kategorien des Verstehens und Formulierens beim Übersetzen* (= Tübinger Beiträge zur Linguistik; 368). Tübingen, Narr.

STOLZE, Radegundis. 1994. *Übersetzungstheorien. Eine Einführung* (Narr Studienbücher). Tübingen, Narr.

SUEUR, Jean-Pierre. 1983. „Les verbes modaux sont-ils ambigus?". In: DAVID, Jean / KLEIBER, Georges (Hgr.). 165-182.

TASMOWSKI, Liliane / WILLEMS, Dominique (Hgr.). 1983. *Problems in syntax* (= Studies in language; 2). Ghent, Communication & Cognition.

THUN, Harald. 1978. *Probleme der Phraseologie. Untersuchungen zur wiederholten Rede mit Beispielen aus dem Französischen, Italienischen, Spanischen und Rumänischen* (= Zeitschrift für romanische Philologie: Beih.; 168). Tübingen, Niemeyer.

THURMAIR, Maria. 1989. *Modalpartikeln und ihre Kombinationen* (= Linguistische Arbeiten; 223). Tübingen, Niemeyer.

THURMAIR, Maria. 1991. „'Kombinieren Sie doch nur ruhig auch mal Modalpartikeln': Combinatorial regularities for modal particles and their use as an instrument of analysis". In: *Multilingua* 10 1/2, 19-42.

TOBIN, Yishai. 1991. „Existencial particles and paradigms in Modern Hebrew". In: *Multilingua* 10 1/2, 93-108.

TRÖMEL-PLÖTZ, Senta. 1979. „'Männer sind eben so': Eine Linguistische Beschreibung von Modalpartikeln aufgezeigt an der Analyse von dt. *eben* und engl. *just*". In: WEYDT, Harald (Hg.). 318-334.

TYVAERT, Jean-Emmanuel. 1983. „Modalité et symbolisation". In: DAVID, Jean / KLEIBER, Georges (Hgr.). 205-211.
ULRICH, Miorita. 1989. „Personalpronomina als Abtönungspartikeln?". In: WEYDT, Harald (Hg.). 39-46.
ULRICH, Winfried ²1975. *Wörterbuch. Linguistische Grundbegriffe.* Kiel, Hirt.
VERMEER, Hans J. 1986. „Übersetzen als kultureller Transfer". In: SNELL-HORNBY, Mary (Hg.). 30-53.
VERMEER, Hans J. ³1992a. *Skopos und Translationsauftrag - Aufsätze* (= thw - Translatorisches Handeln - Wissenschaft; 2). Frankfurt am Main, IKO-Verlag für interkulturelle Kommunikation.
VERMEER, Hans J. 1992b. „Eine kurze Skizze der scenes-&-frames-Semantik für Translatoren". In: SALEVSKY, Heidemarie (Hg.). 75-83.
VERMEER, Hans J. 1995. „Unterschiedliche Zielsetzungen von Übersetzungswissenschaft und komparativer Sprachwissenschaft. Zugleich Bemerkungen zum Begriff <Übersetzen> - Auch eine Art Buchbesprechung - Und ein Ausflug in die Historie". In: *TEXTconTEXT* 10, 243-286.
VERMEER, Hans J. 1996a. *A skopos theory of translation (Some arguments for and against).* (= TexTconTexT Wissenschaft; 1). Heidelberg, TEXTconTEXT.
VERMEER, Hans J. 1996b. *Übersetzen als Utopie. Die Übersetzungstheorie des Walter Bendix Schoenflies Benjamin* (= TexTconTexT Wissenschaft; 3). Heidelberg, TEXTconTEXT.
VIETHEN, Heinz Werner / BALD, Wolf-Dietrich / SPRENGEL, Konrad (Hgr.). 1977. *Grammatik und interdisziplinäre Bereiche der Linguistik. Akten des 11. Linguistischen Kolloquiums Aachen 1976,* Band 1. Tübingen, Niemeyer.
VISMANS, Roel. 1991. „Dutch modal particles in directive sentences and modalized directives in English". In: *Multilingua* 10 1/2, 111-122.
VOGEL, Bodo. 1979. „Zur pragmatischen Funktion von Adversativ- und Konzessivsätzen in Dialogen". In: WEYDT, Harald (Hg.). 95-108.
VÖLZING, Paul-Ludwig. 1978. „Zur Struktur von Argumentationen. Psycho- und soziolinguistische Grundlagen einer Argumentationstheorie". In: CONTE, Maria-Elisabeth / GIACALONE RAMAT, Anna / RAMAT, Paolo (Hgr.). 119-129.
VRIENDT, Sera de / VANDERWEGHE, Willy / VAN DE CRAEN, Piet. 1991. „Combinatorial aspects of modal particles in Dutch". In: *Multilingua* 10 1/2, 43-59.
WALTHER, C. 1986/87. „Les Îles (presque) Vièrges de la psycholinguistique française". In: *Cahiers de linguistique française* 15, 157-186.

WEBER, Ursula. 1983. „Zur Bedeutung von Partikeln in Interaktionsdialogen". In: WEYDT, Harald (Hg.). 301-311.
WEBER, Ursula. 1987. „Personalpronomina und die Partikeln *ja, also* und *ne?* in Instruktionsdialogen". In: ROSENGREN, Inger (Hg.). 385-404.
WEINRICH, Harald. 1976. *Sprache in Texten.* Stuttgart, Klett.
WEINRICH, Harald. 1989. *Grammaire textuelle du français.* Paris, Éditions Didier.
WEINRICH, Harald. 1993. *Textgrammatik der deutschen Sprache.* Mannheim et al., Dudenverlag.
WEINRICH, Lotte. 1992. *Verbale und nonverbale Strategien in Fernsehgesprächen. Eine explorative Studie* (= Medien in Forschung und Unterricht, Ser. A; 36). Tübingen, Niemeyer.
WEISS, Walter et al. (Hgr.). 1986. *Textlinguistik contra Stilistik?* (= Kontroversen, alte und neue; 3). Tübingen, Niemeyer.
WELTE, Werner. 1974. *Moderne Linguistik: Terminologie / Bibliographie. Ein Handbuch und Nachschlagewerk auf der Basis der generativ-transformationellen Sprachtheorie* (= Hueber Hochschulreihe; 17/I-III). 3 Teilbände. München, Hueber.
WESEMANN, M. 1981. „'Das ist doch kein Problem!' Zu den dänischen Entsprechungen der deutschen Abtönungspartikel *doch*". In: WEYDT, Harald (Hg.). 238-248.
WESTHEIDE, Henning. 1991. „Dutch 'maar' and North High German 'man' - on their use as downtoning particles in related speech economies". In: *Multilingua* 10 1/2, 123-138.
WETTLER, Manfred. 1980. *Sprache, Gedächtnis, Verstehen.* Berlin/New York, de Gruyter.
WEYDT, Harald. 1969. *Abtönungspartikel. Die deutschen Modalwörter und ihre französischen Entsprechungen* (= Linguistica et Litteraria; 4). Bad Homburg v.d.H. et al., Gehlen.
WEYDT, Harald (Hg.). 1977. *Aspekte der Modalpartikeln. Studien zur deutschen Abtönung.* Tübingen, Niemeyer.
WEYDT, Harald. 1977. „Nachwort". In: WEYDT, Harald (Hg.). 217-226.
WEYDT, Harald (Hg.). 1979. *Die Partikeln der deutschen Sprache.* Berlin/New York, de Gruyter.
WEYDT, Harald. 1979. „Partikelanalyse und Wortfeldmethode: *doch, immerhin, jedenfalls, schließlich, wenigstens*". In: WEYDT, Harald (Hg.). 395-416.
WEYDT, Harald (Hg.). 1981. *Partikeln und Deutschunterricht. Abtönungspartikeln für Lerner des Deutschen.* Heidelberg, Groos.
WEYDT, Harald. 1981. „Methoden und Fragestellungen der Partikelforschung". In: WEYDT, Harald (Hg.). 45-66.

WEYDT, Harald (Hg.). 1983. *Partikeln und Interaktion* (= Reihe germanistische Linguistik; 44). Tübingen, Niemeyer.
WEYDT, Harald. 1983. „Vorwort". In: WEYDT, Harald (Hg.). VII-VIII.
WEYDT, Harald. 1985. „Zu den Fragetypen im Französischen". In: GÜLICH, Elisabeth / KOTSCHI, Thomas (Hgr.). 313-322.
WEYDT, Harald. 1986. „Betonungsdubletten bei deutschen Partikeln". In: WEISS, Walter et al. (Hgr.). 393-403.
WEYDT, Harald (Hg.). 1989. *Sprechen mit Partikeln*. New York, de Gruyter.
WEYDT, Harald. 1989a. „Wie übersetzt man 'doch'?". In: ALTHOF, Hans-Joachim et al. (Hgr.). 417-429.
WEYDT, Harald. 1989b. „Partikelfunktionen und Gestalterkennen". In: WEYDT, Harald (Hg.). 330-345.
WEYDT, Harald. 1989c. „Was soll der Übersetzer mit deutschen Partikeln machen? - 'Nachts schlafen die Ratten doch' als Beispiel". In: KATNY, Andrzej (Hg.). 235-252.
WEYDT, Harald / EHLERS, Klaus-Hinrich (Hgr.). 1987. *Partikel-Bibliographie. Internationale Sprachenforschung zu Partikeln und Interjektionen*. Frankfurt am Main et al., Lang.
WILLKOP, Eva-Maria. 1988. *Gliederungspartikeln im Dialog* (= Studien Deutsch; 5). s.l., Iudicium.
WILSS, Wolfram. 1996. *Übersetzungsunterricht. Eine Einführung. Begriffliche Grundlagen und methodische Orientierung* (= Narr Studienbücher). Tübingen, Narr.
WOLSKI, Werner. 1989. „Modalpartikeln als einstellungsregulierende lexikalische Ausdrucksmittel". In: WEYDT, Harald (Hg.). 346-353.
WOTJAK, Gerd. 1982. „Äquivalenz, Entsprechungstypen und Techniken der Übersetzung". In: JÄGER, Gert / NEUBERT, Albrecht (Hgr.). 113-124.
WOTJAK, Gerd. 1987. „Illokutives, Pragmatisches und Semantisches - Pragmatisches im Semantischen?". In: ROSENGREN, Inger (Hg.). 127-136.
WURZEL, Wolfgang Ulrich. 1993. „Zur Motiviertheit in der Morphologie". In: KÜPER, Christoph (Hg.). 61-71.
ZEMB, Jean-Marie. 1983. „Les occurrences phématiques, rhématiques et thématiques des archilexèmes <modaux>". In: DAVID, Jean / KLEIBER, Georges (Hgr.). 75-116.
ZENONE, Anna. 1981. „Marqueurs de consécution: le cas de *donc*". In: *Cahiers de linguistique française* 2, 113-140.
ZIMMERMANN, Klaus. 1985. „Bemerkungen zur Beschreibung der interaktiven Funktion höflichkeitsmarkierender grammatikalischer Elemente". In: GÜLICH, Elisabeth / KOTSCHI, Thomas (Hgr.). 67-80.

ZUBER, Ryzard. 1981. „Mood markers and explicit performatives". In: *Cahiers de linguistique française* 3, 35-46.
ZYBATOW, Lew. 1990. *Was die Partikeln bedeuten. Eine kontrastive Analyse Russisch-Deutsch.* München, Sagner.

Horst W. Drescher (Hrsg.)

Transfer
Übersetzen – Dolmetschen – Interkulturalität

50 Jahre Fachbereich Angewandte Sprach- und Kulturwissenschaft der Johannes Gutenberg-Universität Mainz in Germersheim

Frankfurt/M., Berlin, Bern, New York, Paris, Wien, 1997. 672 S., zahlr. Abb.
FASK – Publikationen des Fachbereichs Angewandte Sprach- und Kulturwissenschaft der Johannes Gutenberg-Universität Mainz. Reihe A: Abhandlungen und Sammelbände. Herausgegeben von Horst W. Drescher.
Bd. 23
ISBN 3-631-31881-2 · br. DM 89.–*

Die zum 50jährigen Bestehen des Fachbereichs Angewandte Sprach- und Kulturwissenschaft der Johannes Gutenberg-Universität Mainz in Germersheim verfaßten Beiträge in deutscher, englischer, französischer und spanischer Sprache stehen unter dem Zeichen der kritischen Bestandsaufnahme und Standortbestimmung im Hinblick auf künftig zu erwartende Forderungen an Theorie und Praxis der Translation, an Studienqualität und Studieneffizienz. Thematische Bezugspunkte sind Übersetzungswissenschaft, Translation und kulturwissenschaftlicher Kontext, Modelle, Methoden und Strategien des Übersetzens/Dolmetschens, Didaktik, Geschichte des Übersetzens und Dolmetschens, literarische Übersetzung, Terminologie und Einfluß der elektronischen Informationstechnik auf das Ausbildungs- und Berufsprofil.

Frankfurt/M · Berlin · Bern · New York · Paris · Wien
Auslieferung: Verlag Peter Lang AG
Jupiterstr. 15, CH-3000 Bern 15
Telefax (004131) 9402131
*inklusive Mehrwertsteuer
Preisänderungen vorbehalten